中等职业教育农业部规划教材

# 园艺植物病虫害防治

吴雪芬 主编

中国农业出版社

# 内 容 提 要

《园艺植物病虫害防治》是中等职业教育农业部规划教材，本教材从介绍园艺植物病虫害防治的基本概念、基础知识着手，主要介绍了蔬菜、果树、观赏植物等主要病虫害的形态特征、主要类群、生物学特性、发生发展规律及综合治理的原理和方法等，各章节编有知识目标、能力目标、知识应用、复习思考题等。

教材编写遵循适应中职教学理念，以培养从事园艺植物病虫害防治的应用型与技术推广型人才为目标，在保证基本理论教学的前提下，突出新技术、新技能、新农药等的运用，将目前生产上经常发生的园艺植物病虫害内容编入教材内。教材后安排了实验、实训等项目，以培养学生的职业技能。在园艺植物病虫害种类安排上，以常见园艺植物病虫害为主，适当编入部分其他园艺植物病虫害。

本教材可供中等职业学校园艺、园林、蔬菜、农学、生物技术等相关专业的教学使用，也可作为农村园艺植物病虫害防治技术培训及园艺植保相关技术人员学习的参考书。

**主　编**　吴雪芬（江苏省苏州农业职业技术学院）
**副主编**　刘承焕（山东省济宁高级职业学校）
　　　　　刘　峰（江苏联合职业技术学院淮安
　　　　　　　　　生物工程分院）
**参　编**　杨少波（广西百色农业学校）
　　　　　钱兰华（江苏省苏州农业职业技术学院）
　　　　　赵敏英（河北省邢台农业学校）
**审　稿**　许志刚（南京农业大学）
　　　　　朱余清（江苏联合职业技术学院盐城
　　　　　　　　　生物工程分院）

# 前　言

本教材是落实《教育部关于进一步深化中等职业教育教学改革的若干意见》（教职成〔2008〕8号）的精神和要求进行编写的，为中等职业教育农业部规划教材，教材紧密结合园艺植物生产实际，理念先进，结构合理，遵循理论知识"必需、够用"，专业技能"适用、熟练"的原则，突出应用性和实践性，适合于中等职业院校园艺、农艺、生物技术等相关专业教学使用。在具体教学过程中，各学校可根据国家中等职业教育的特点，适应新的情况，结合各地当前生产上栽培的主要果树、蔬菜、观赏植物等上的主要病虫害发生情况，适当选取内容，开展教学。教学中要贯彻教学内容的实效性及前瞻性，并能做到点面结合，深入浅出，游刃有余。

学生通过学习，要求明确"预防为主，综合防治"的植保工作方针，掌握在基层生产实践中防治园艺植物病虫害所必须的基本知识、基本理论、原理、方法和实践操作技能。能识别当地当前主要园艺植物上的主要病虫害种类，了解它们的发生发展规律，从事病虫害的田间调查，科学试验和技术推广等工作。因地制宜地开展综合防治，应用现代科学技术，并能运用所学知识创新实践，在符合国家、国际规范，安全、经济、有效的原则下，为园艺植物生产的安全、优质高产、高效服务，为当地农业、农村经济及环境的可持续发展作出贡献。

本教材计划教学时数为128学时，教材绪论、第二章、第四章、第六章由吴雪芬编写；第一章由杨少波编写；第三章、实验实训由钱兰华编写；第五章由刘峰编写；第七章由刘承焕和赵敏英编写；全书统稿由吴雪芬完成。本书由许志刚、朱余清担任审稿，编写过程中参考了相关的书籍和资料，在此一并表示感谢。

由于编写时间仓促，水平有限，不妥之处在所难免，敬请读者提出宝贵意见，以便再版时修改。

编　者

2012年12月

# 目　　录

前言

绪论 ·············································································································· 1
　一、园艺植物病虫害防治的概念、性质和任务 ················································· 1
　二、园艺植物病虫害防治的重要性 ································································· 1
　三、园艺植物病虫害防治的历史、现状和发展趋势 ··········································· 3
　四、我国植物保护工作方针 ·········································································· 5
　五、学习本课程的目的和方法 ······································································· 5

## 第一章　园艺植物昆虫基础知识 ········································································· 7
### 第一节　昆虫概述 ···················································································· 7
　一、昆虫的特征及与近缘动物的区别 ······························································ 7
　二、昆虫与人类的关系 ················································································· 9
### 第二节　昆虫的形态特征 ········································································· 9
　一、昆虫的头部及附器 ················································································· 9
　二、昆虫的胸部及附肢 ··············································································· 13
　三、昆虫的腹部及附器 ··············································································· 16
　四、昆虫的体壁与防治的关系 ······································································ 17
### 第三节　昆虫的内部器官及功能 ····························································· 18
　一、昆虫内部器官的位置 ············································································ 18
　二、昆虫的内部器官与功能 ········································································· 19
### 第四节　昆虫的主要生物学特性 ····························································· 22
　一、昆虫的生殖方式 ·················································································· 23
　二、昆虫的发育与变态 ··············································································· 23
　三、昆虫个体发育各虫期的特点 ·································································· 24
　四、昆虫的世代和年生活史 ········································································· 26
　五、昆虫的主要行为习性及与防治的关系 ···················································· 28
### 第五节　昆虫分类和螨类概述 ································································· 29
　一、昆虫分类的依据和方法 ········································································· 30
　二、园艺昆虫主要目、科的分类特征及识别 ·················································· 30
　三、螨类概述 ···························································································· 36
### 第六节　园艺植物昆虫发生与环境的关系 ················································ 37
　一、气候因子对昆虫的影响 ········································································· 38
　二、生物因子对昆虫的影响 ········································································· 39
　三、土壤因子对昆虫的影响 ········································································· 41
　四、人类生产活动对昆虫的影响 ·································································· 42

## 第二章 园艺植物病害基础知识 …… 44
### 第一节 园艺植物病害的概念 …… 44
#### 一、园艺植物病害的定义 …… 44
#### 二、园艺植物病害发生的基本条件 …… 45
#### 三、园艺植物病害的分类 …… 46
#### 四、园艺植物病害的症状 …… 47
### 第二节 园艺植物病害的病原 …… 52
#### 一、园艺植物非侵染性病害的病原 …… 52
#### 二、园艺植物侵染性病害病原及所致病害 …… 56
#### 三、园艺植物病害的诊断 …… 91
### 第三节 园艺植物侵染性病害的发生与流行 …… 94
#### 一、病原物的寄生性和致病性 …… 94
#### 二、寄主植物的抗病性 …… 95
#### 三、植物侵染性病害的侵染过程 …… 98
#### 四、侵染性病害的侵染循环 …… 100
#### 五、侵染性病害的流行与预测 …… 102

## 第三章 园艺植物病虫害综合治理 …… 107
### 第一节 综合治理的概念 …… 107
#### 一、综合治理的含义 …… 107
#### 二、综合治理的原则 …… 108
### 第二节 综合治理的方法 …… 109
#### 一、植物检疫 …… 109
#### 二、园艺技术防治 …… 110
#### 三、生物防治 …… 112
#### 四、物理机械防治 …… 113
#### 五、化学防治 …… 114

## 第四章 园艺植物病虫害的调查统计和预测预报 …… 123
### 第一节 园艺植物害虫的调查统计和预测预报 …… 123
#### 一、园艺植物害虫的调查统计 …… 123
#### 二、园艺植物害虫预测预报 …… 126
### 第二节 园艺植物病害的调查统计和预测预报 …… 129
#### 一、园艺植物病害的调查统计 …… 129
#### 二、园艺植物病害的预测预报 …… 131

## 第五章 蔬菜病虫害 …… 134
### 第一节 十字花科蔬菜病虫害 …… 134
#### 一、十字花科蔬菜病毒病 …… 134
#### 二、十字花科蔬菜霜霉病 …… 135
#### 三、十字花科蔬菜软腐病 …… 136
#### 四、十字花科蔬菜菌核病 …… 138
#### 五、十字花科蔬菜其他病害 …… 139
#### 六、菜粉蝶 …… 140
#### 七、菜蛾 …… 141

八、夜蛾类 ………………………………………………………………………… 142
　　九、菜蚜 …………………………………………………………………………… 145
　　十、黄曲条跳甲 …………………………………………………………………… 147
　　十一、十字花科蔬菜其他害虫 …………………………………………………… 148
第二节　茄科蔬菜病虫害 ……………………………………………………………… 148
　　一、番茄灰霉病 …………………………………………………………………… 148
　　二、番茄病毒病 …………………………………………………………………… 150
　　三、番茄青枯病 …………………………………………………………………… 152
　　四、番茄晚疫病 …………………………………………………………………… 153
　　五、番茄早疫病 …………………………………………………………………… 154
　　六、茄子绵疫病 …………………………………………………………………… 155
　　七、茄子褐纹病 …………………………………………………………………… 156
　　八、茄子黄萎病 …………………………………………………………………… 157
　　九、辣椒炭疽病 …………………………………………………………………… 158
　　十、茄科蔬菜其他病害 …………………………………………………………… 159
　　十一、棉铃虫和烟青虫 …………………………………………………………… 161
　　十二、叶螨 ………………………………………………………………………… 163
　　十三、茄二十八星瓢虫 …………………………………………………………… 164
　　十四、茄科蔬菜其他害虫 ………………………………………………………… 165
第三节　葫芦科蔬菜病虫害 …………………………………………………………… 166
　　一、黄瓜霜霉病 …………………………………………………………………… 166
　　二、瓜类白粉病 …………………………………………………………………… 167
　　三、瓜类枯萎病 …………………………………………………………………… 168
　　四、黄瓜细菌性角斑病 …………………………………………………………… 170
　　五、瓜类病毒病 …………………………………………………………………… 171
　　六、葫芦科蔬菜其他病害 ………………………………………………………… 172
　　七、瓜蚜 …………………………………………………………………………… 174
　　八、瓜绢螟 ………………………………………………………………………… 175
　　九、温室白粉虱 …………………………………………………………………… 175
　　十、美洲斑潜蝇 …………………………………………………………………… 177
　　十一、黄足黄守瓜 ………………………………………………………………… 178
　　十二、瓜实蝇 ……………………………………………………………………… 179
第四节　豆科蔬菜病虫害 ……………………………………………………………… 180
　　一、豆类锈病 ……………………………………………………………………… 180
　　二、豇豆煤霉病 …………………………………………………………………… 181
　　三、菜豆细菌性疫病 ……………………………………………………………… 181
　　四、豆科蔬菜其他病害 …………………………………………………………… 183
　　五、豆野螟 ………………………………………………………………………… 184
　　六、豆荚螟 ………………………………………………………………………… 185
　　七、大豆毒蛾 ……………………………………………………………………… 186
第五节　其他蔬菜病虫害 ……………………………………………………………… 187
　　一、芹菜斑枯病 …………………………………………………………………… 187

二、莴苣霜霉病 ……………………………………………………………… 188
# 第六章　果树病虫害 …………………………………………………………… 191
## 第一节　苹果病虫害 ………………………………………………………… 191
  一、苹果树腐烂病 …………………………………………………………… 191
  二、苹果轮纹病 ……………………………………………………………… 193
  三、苹果斑点落叶病 ………………………………………………………… 194
  四、苹果炭疽病 ……………………………………………………………… 196
  五、山楂叶螨 ………………………………………………………………… 197
  六、苹果绵蚜 ………………………………………………………………… 198
  七、苹果瘤蚜 ………………………………………………………………… 199
  八、苹果小卷叶蛾 …………………………………………………………… 200
  九、梨网蝽 …………………………………………………………………… 201
  十、桃小食心虫 ……………………………………………………………… 202
## 第二节　梨树病虫害 ………………………………………………………… 203
  一、梨黑星病 ………………………………………………………………… 203
  二、梨锈病 …………………………………………………………………… 204
  三、梨黑斑病 ………………………………………………………………… 206
  四、梨树腐烂病 ……………………………………………………………… 207
  五、梨小食心虫 ……………………………………………………………… 207
  六、梨大食心虫 ……………………………………………………………… 209
  七、梨木虱 …………………………………………………………………… 210
  八、梨黄粉蚜 ………………………………………………………………… 211
  九、梨蚜 ……………………………………………………………………… 211
## 第三节　柑橘病虫害 ………………………………………………………… 212
  一、柑橘溃疡病 ……………………………………………………………… 212
  二、柑橘疮痂病 ……………………………………………………………… 214
  三、柑橘树脂病 ……………………………………………………………… 215
  四、柑橘黄龙病 ……………………………………………………………… 217
  五、柑橘锈壁虱 ……………………………………………………………… 219
  六、柑橘介壳虫类 …………………………………………………………… 219
  七、黑刺粉虱 ………………………………………………………………… 221
  八、柑橘蚜虫类 ……………………………………………………………… 222
  九、柑橘潜叶蛾 ……………………………………………………………… 222
  十、柑橘实蝇 ………………………………………………………………… 223
## 第四节　葡萄病虫害 ………………………………………………………… 225
  一、葡萄霜霉病 ……………………………………………………………… 225
  二、葡萄黑痘病 ……………………………………………………………… 226
  三、葡萄白腐病 ……………………………………………………………… 227
  四、葡萄炭疽病 ……………………………………………………………… 229
  五、葡萄灰霉病 ……………………………………………………………… 230
  六、葡萄透翅蛾 ……………………………………………………………… 231
## 第五节　桃、李、杏及其他果树病虫害 …………………………………… 232

一、桃褐腐病 ································································································ 232
　　二、桃缩叶病 ································································································ 233
　　三、桃李穿孔病 ···························································································· 235
　　四、桃蛀螟 ···································································································· 237
　　五、桃红颈天牛 ···························································································· 238
第七章　观赏植物病虫害 ······················································································ 241
　第一节　观赏植物苗期和根部病虫害 ······························································ 241
　　一、苗期病害 ································································································ 241
　　二、根部病害 ································································································ 244
　　三、地下害虫 ································································································ 246
　第二节　观赏植物叶部病虫害 ·········································································· 253
　　一、观赏植物叶部病害 ················································································ 253
　　二、观赏植物食叶性害虫 ············································································ 272
　　三、观赏植物吸汁类害虫 ············································································ 290
　第三节　观赏植物枝干病虫害 ·········································································· 304
　　一、腐烂、溃疡病类 ···················································································· 304
　　二、干锈病类 ································································································ 306
　　三、丛枝病类 ································································································ 307
　　四、枯萎病 ···································································································· 308
　　五、观赏植物枝干害虫 ················································································ 309
实验实训 ·················································································································· 320
　实验一　昆虫外部形态观察 ············································································ 320
　实验二　昆虫的变态和各虫态观察 ································································ 322
　实验三　直翅目、半翅目、同翅目及其常见科的形态特征观察 ················ 323
　实验四　鞘翅目、鳞翅目、双翅目、膜翅目等及其常见科的形态特征观察 ···· 324
　实验五　植物病害症状类型观察 ···································································· 325
　实验六　植物病原真菌形态特征观察 ···························································· 326
　实验七　植物病原细菌、线虫及寄生性种子植物形态观察 ······················ 327
　实验八　常用农药性状观察与质量检验 ························································ 328
　实验九　波尔多液的配制和质量检查 ···························································· 330
　实验十　园艺植物苗期和根部病虫害特征观察 ············································ 331
　实验十一　观赏植物病害症状和病原形态观察 ············································ 333
　实验十二　观赏植物害虫的形态和为害状观察 ············································ 334
　实验十三　蔬菜病害症状和病原菌形态观察 ················································ 335
　实验十四　蔬菜害虫形态和为害状观察 ························································ 336
　实验十五　果树病害症状和病原菌形态观察 ················································ 338
　实验十六　果树害虫形态和为害状观察 ························································ 340
　实训一　植物病害标本的采集、制作和保存 ················································ 341
　实训二　昆虫标本的采集、制作和保存 ························································ 344
　实训三　园艺植物病虫害田间调查与统计 ···················································· 348

实训四　病原物的分离与培养 …………………………………………………………… 350
实训五　园艺植物病虫害综合治理方案的制订 ………………………………………… 355

# 主要参考文献 ……………………………………………………………………………… 358

# 绪　　论

### 知识目标

1. 掌握园艺植物病虫害防治的概念、性质、研究内容和任务。
2. 了解园艺植物病虫害防治在园艺生产上的作用和重要地位。
3. 了解我国园艺植物病虫害防治的现状、发展趋势和本学科的进展。

### 能力目标

1. 明确我国植物保护工作的方针。
2. 明确学习本课程的目的、要求和学习方法。

## 一、园艺植物病虫害防治的概念、性质和任务

园艺植物病虫害防治，是研究园艺植物（果树、蔬菜、花卉等）病虫害的症状识别、形态特征、生物学特性、发生发展规律、预测预报、防治策略和防治方法等内容的一门科学，是一门直接服务于园艺植物生产的应用性科学。

园艺植物病虫害防治，要求以农业生态系统为基础，调整和控制生态系统中的各个因素，使有害生物的为害降低到最小限度，从而保证园艺植物的优质高产，收到最佳的经济、生态、社会效益。对于园艺植物主要病虫害，不仅要从理论上去认识它们发生的整个过程，更重要的是在实践中提出经济、安全、有效的防治措施，从而控制和减轻其危害，保护栽培植物正常生长发育，直至收获后的产品在贮藏与运输期间，减少危害和损失。

随着病虫害综合治理理论和技术向高、深层次发展和系统工程原理及方法在有害生物综合治理技术中的应用，病虫害的计算机优化管理也将逐步提高，这使园艺植物病虫害防治与信息学、环境学、社会学、经济学、决策学、计算机与信息科学等发生越来越密切的联系。

学习园艺植物病虫害防治的主要任务是：在认识园艺植物病虫害重要性的基础上，掌握主要园艺植物重要病虫害的发生、发展规律，吸取前人研究成果和国内外最新成就，结合生产实际，积极推广行之有效的综合防治措施，不断总结群众的防治经验，进一步提高现有的防治水平，创造新的防治方法。同时，对新出现的病虫害，目前不清楚其发生规律的，要加强科学研究，提高理论水平，解决生产中出现的实际问题，确保园艺植物生长健壮、优质、高产。

## 二、园艺植物病虫害防治的重要性

园艺植物又称作园艺作物，是指在露地或保护地中人工栽培的蔬菜、果树、花卉、草坪、观赏树木、香料及部分特用经济作物等。

园艺植物在生长发育及其贮运过程中，不可避免地会遭受多种病、虫、草、鼠的为害，使产量降低，品质变劣，给国民经济、人民生活带来严重的影响，甚至灾难性的后果。据统计，全世界因病、虫、草为害造成的损失，在蔬菜中占 27.6%，其中病害为 10.1%、虫害为 8.6%、草害为 8.9%；在果树中占 28.0%，其中病害为 16.4%、虫害为 5.8%、草害为 5.8%。

在中国历史上，蝗灾肆虐上千年而得不到有效治理，人们流离失所，哀鸿遍野。新中国成立前仅因小麦锈病和黑穗病的发生甚至流行，每年就损失粮食 60 万 t。20 世纪 40 年代，辽宁苹果树由于腐烂病大发生，造成几十万株苹果树死亡，病死株高达 140 多万株，减产 250 万 t。自 20 世纪 80 年代以后，梨树由于黑星病危害，病果率达 30%~60%，严重时减产 30%~50%。葡萄黑痘病在流行年份，长江流域及沿海地区减产高达 50% 以上。蔬菜病害中，茄科、瓜类病毒病、枯萎病等，都是生产上突出的病害。全国各地普遍发生的大白菜病毒病、霜霉病、软腐病和茄黄萎病等，迄今为止，仍然是生产上的重要问题。观赏植物方面，1995 年以来，昆明地区铁线莲枯萎病、白粉病的蔓延；唐菖蒲病毒病在云南的流行；鸡冠花褐斑病在昆明 1999 年世界博览会荷兰园的发生，给花卉生产在数量、品质上的提高产生重大影响；漳州、崇明水仙都是闻名世界的传统球根花卉，由于病毒病而影响到出口。林木方面，如松材线虫病自 1982 年我国在南京市中山陵首次发现以来，又相继在安徽、广东、浙江等省局部地区发现并流行成灾，导致大量松树枯死，对我国的松林资源、自然景观和生态环境造成严重破坏，而且有继续扩展蔓延之势。松疱锈病是世界有名的五针松枝干病害，1958 年在辽宁本溪县仅小面积发生，30 年后已在东北地区流行蔓延，给林业生产造成很大威胁。

世界上，19 世纪中叶（1845—1846 年），马铃薯晚疫病在欧洲大流行，导致爱尔兰饥荒，使 25 万人饿死，150 万人背井离乡，逃荒移居美洲；1860 年葡萄根瘤蚜由美国传入法国，25 年内使一百多万公顷葡萄毁灭；1880 年法国波尔多地区葡萄种植业因遭受霜霉病的为害，而使酿酒业濒临破产停业；1904 年板栗疫病传入美国后，25 年内几乎摧毁了美国东部的所有栗树；1910 年美国南部佛罗里达州的柑橘园因溃疡病的流行，而被迫烧毁了 25 万株成树，销毁了 300 万株树苗，损失 1 600 万美元；此病 1984 年再度发生，美国政府再次大面积烧毁病区的所有柑橘树。

随着我国改革开放和人民生活水平的提高，蔬菜、水果和花卉等的生产受到各级政府部门、生产者和广大消费者的高度重视，特别是近年来随着我国农业种植结构的调整，园艺作物品种增加、数量翻番，从而为某些病虫提供了丰富的营养物质，并为其创造了适于生活的环境条件。同时削弱或灭绝了非园艺植物和以园艺作物为营养物质和生活环境的其他生物及其天敌，减少了在园艺生物群落中的物种组分和种群之间的竞争，致使有害生物的种群数量急剧上升，给园艺生产带来不同程度的经济损失。在正常防治的情况下，每年病虫害仍造成较大的经济损失，蔬菜为 15%~25%，果品为 20%~30%。有时因防治失利，损失仍可以达到 50% 以上。

因此，病、虫、草、鼠害是园艺植物增产增收的一大障碍，没有园艺植物病虫害防治，园艺植物丰产就没有保证。人们为了保护园艺植物，避免或减少为害损失，不断开展病虫害防治工作。园艺植物病虫害防治就是人类长期与病虫的斗争中逐渐形成和发展起来的。由此可见，学习和研究园艺植物病虫害防治理论和方法，加强病、虫、草、鼠害的防治工作，保护园艺植物不受或少受病虫的危害，对于提高作物产量和品质，增加经济收入，使园艺植物病虫害防治事业适应并服务好于可持续农业，及建设好社会主义新农村，提高人民生活水平，改善生态环境具有重要的意义。

### 三、园艺植物病虫害防治的历史、现状和发展趋势

我国园艺植物病虫害研究与实践的历史悠久。2600年前就有治蝗、防螟的科学记载。2200年前已开始应用砷、汞制剂和藜芦杀虫。公元前1世纪的《氾胜之书》中关于谷种的处理，是世界上最早记载的药剂浸种。公元304年在广东就有黄惊蚁防治橘柑害虫的记载。公元528—549年开始运用调节播种期、收获期、选用抗虫品种防治害虫。在公元4世纪晋朝葛洪的《抱朴子》中提到"铜青涂木，入水不腐"。公元12世纪宋朝韩彦直的《橘录》中，也记载了多种病害的防治方法。宋人在《枇杷山鸟图》中，描述了枇杷叶斑病症状。在清代，当时一些先进分子翻译了大量外国著作，其中在农业、生物科学和害虫防治方面也都有大量译文。民国初期，在浙江和江苏相继成立了浙江昆虫局和江苏昆虫局，对浙江，江苏的害虫防治起了极好的作用。

19世纪中叶，欧洲资本主义兴起，社会生产力和自然科学都有了较大的发展。法国巴士德（1822—1895）证明了微生物是由原先已经存在的生物繁殖而来，植物由于被某种微生物寄生后才引起病害，从而彻底推翻了"病菌自生论"，树立了微生物病原学说。

近代园艺植物病虫害防治的发展甚为迅速，新中国成立后，国家对病虫防治工作极为重视，通过广大植保工作者的共同努力和实践，取得了举世瞩目的成就。特别是20世纪60年代以来，由于遗传学、微生物学、分子生物学、生物化学、电子显微技术、电子计算机等学科的发展和应用，植物保护的研究已经由宏观、微观向超微观发展，从一般形态观察进入分子生物学研究阶段。例如病原菌生理生化和致病性变异的研究、植物抗病机制和抗病性遗传的研究、植物病毒本质的研究、植物类病毒的发现等。在植物病虫害的流行中，应用电子计算机测报病虫害的发生；在化学防治上，高效、低毒、低残留内吸杀虫、杀菌剂的应用，抑制固醇杀菌剂的发现，以及利用抗生素防治植物病虫害等。各种高新技术在园艺植物病虫害的研究和实践中日益普及，遥感、遥控技术，已用于害虫的分布情况和为害程度的遥测侦察，为预测预报工作提供了可靠的依据；原子能、激光、超声波、激素、遗传工程已在病虫害的管理和防治上显示出愈来愈重要的作用。

随着农村经济管理体制的改革和市场经济的建立，产业结构大幅度调整，果树、蔬菜、花卉和中药材等园艺植物种植面积不断增加，耕作制度和栽培技术不断变化，作物品种和农药品种不断更新，农田水肥条件不断改善，加上气候和人为等因素的影响，致使园田昆虫群落结构不断演替，害虫种群消长规律也发生着相应的变化。如温室白粉虱、烟粉虱、甜菜夜蛾、东亚飞蝗、茶黄螨、二斑叶螨、韭菜迟眼蕈蚊、梨木虱、桃潜叶蛾、灰霉病等病虫害在我国许多地区呈猖獗发生的趋势，仍是影响园艺植物生产中最突出的问题。特别是20世纪90年代以来，良种繁育显著增加，国内外种苗调运频繁，有些如美洲斑潜蝇、南美斑潜蝇、苹果绵蚜、美国白蛾等检疫性害虫不断传入和蔓延，对园艺植物生产造成严重的经济损失。因此，病虫害防治是一项长期、复杂而又艰巨的工作，任重而道远，需要有志于该项事业的工作者，不断地刻苦学习，努力工作，与时俱进，开拓创新，因地因时制宜，进一步研究提高有害生物可持续治理的基本理论和方法，并积极推广和普及应用，为园艺作物和害虫天敌

创造良好的生态环境，将有害生物控制在经济损失允许水平以下，实现园艺作物的持续增产、增收。

纵观20世纪，园艺植物病虫害防治技术随着其他科学技术的突飞猛进也得到了迅速发展。进入21世纪后，由于世界经济全球化趋势增强，科技革命迅猛发展，人民生活水平不断提高，这对园艺植物生产和植保工作提出了新的要求。我国植保工作要适应21世纪新形势的要求，实现新的发展目标，必须树立"以人为本"的思想，重视资源和生态环境保护，加速引进和推广新的高效、低毒、低残留及与环境相协调的化学农药、生物农药新品种以及新的高效施药器械等，以保持国民经济的可持续发展。从狭义的植保工作来看，化学农药造成的植物产品污染与环境污染的问题已越来越引起人们的重视。我国每年有几十万吨化学农药在田间使用，由于我国是一个发展中国家，经济和社会因家与发达国家相比还有很大差距，化学农药品种结构不合理，其中高毒、高残留的农药所占的比例较高，杀虫剂占农药总量的60%，有机磷农药占杀虫剂的60%，高毒品种又占有机磷农药的60%的状况还十分突出。如何避免和减少化学农药使用造成的负面影响是一个值得更加重视的问题。

努力减少化学农药的使用量，发挥生物防治和农业防治等其他综合防治措施的作用，达到既有效防治有害生物，又不破坏生态环境，将有害生物控制在经济允许损失水平之下的范围之内，从而达到园艺植物的可持续生产，是植保工作者追求的一个重要目标。从国际上来看，发达国家提倡有机农业、精准农业、绿色食品生产等，与我国目前推广无公害产品病、虫、草害防治技术，生产绿色食品是完全一致的，并且我国传统农业生产方式还有很大的潜力可挖，可以避免发达国家走过的牺牲环境安全，大规模集约化生产带来的负面效应。

当前，我国园艺植物病、虫、草害防治的研究正在向着可持续发展的方向迈进，如在防治策略上，由追求短期行为开始向以生态学为基础的方向发展。头痛医头、脚痛医脚、粗放管理等短期行为产生的严重不良后果，使人们认识到园艺植物病虫害防治必须从生态学的观点出发，辩证地看待环境、植物、病害、害虫、杂草、天敌等和园艺植物病、虫、草害各种防治措施之间的内在联系，坚持可持续发展，克服短期行为，从控制病、虫、草害的基础抓起，把病、虫、草害防治纳入园艺植物生产或园艺建设的总体规划中去。如园艺病虫防治方面，采用因地制宜、选育良种、高温灭毒、通风透光、降温控湿、松土施肥、喷保护剂等栽培措施，改善园艺植物生长的条件，提高园艺植物的抗病、抗虫和抗逆能力。在农药选择上，积极选用生物源农药和与环境相容的高效、低毒、低残留的绿色环保型化学农药。在施药技术上，推广点片施药、局部施药、轮换施药。在施药方法上，提倡注射法、埋施法、溜根法、涂干法等，力求把环境污染减少到最低限度。在防治手段上，由单一化学防治向综合治理方向发展。如果树病虫害防治，应将品种选择、日常管理、冬夏修剪、果实套袋、树下种草与病虫防治综合考虑，才能取得经济效益和生态效益的双赢。观赏植物病虫防治，不应只考虑单一病虫和单一植物多种病虫，而应更多的防治景观区域内多种植物的多种病虫。在效果评价上，由单项指标评价向多指标综合评价方向发展，不追求所谓100%的理想防效，而应严格按照防治指标用药，将病、虫、草害控制在经济损失允许水平以下。

随着我国经济的发展和社会整体福利水平的提高，人们对食品品质、生存环境的要求越来越高，消费选择也从数量型向质量型转变。特别是绿色食品和有机食品的兴起，加速了这一转变进程，引起食品消费进入一个新的发展阶段。从而使人们对园艺植物病、虫、草害的防治要求也越来越高。

## 四、我国植物保护工作方针

1950年我国就提出了"防重于治"的植保工作方针，提倡有准备、有计划地防治农作物病虫害。随着农业、工业生产的迅速发展和植物保护工作经验的不断积累，针对不同时期的具体情况，我国曾对植保方针进行了几次修改、补充，但是"预防为主"一直是植保工作一贯的指导思想。20世纪60年代，由于连年大面积使用化学农药，忽视了化学农药的负面效应，结果引起了污染环境、天敌等有益生物急剧减少、有害生物产生抗药性和再猖獗等严重问题。60年代以后，人们对病虫害防治的认识进一步深化，加之世界范围内保护环境、保护生态平衡的呼声日益高涨，以农业防治为基础，多种措施协调配合的综合防治策略应运而生。1974年在广东韶关召开的全国农作物主要病虫害综合防治讨论会上，认真总结了病虫害治理的经验和教训，反复探讨一致认为："农作物病、虫害的防治，要考虑经济、安全、有效。防治病、虫害的目的是为了农业生产的高产、稳产、增收，同时也要注意保证人、畜安全，避免或减少环境污染和其他有害副作用"，这表明综合治理的必要性和迫切性。1975年在河南新乡召开的全国植保工作会议上进一步研究确定了"预防为主、综合防治"为我国植物保护工作的总方针，使我国的农作物病、虫防治进入了一个新阶段。1980年全国植保工作会议上提出："在一个地区，对一种作物的病虫草害防治应统盘考虑"；"因地因时因病虫制宜地协调，运用农业的、化学的、生物的和物理的各种手段，经济有效地将病虫草控制在经济为害水平之下"。20世纪80年代以来，农业生态系统工程原理、有害生物生态调控策略和可持续发展理论应用到病虫综合防治中，对"预防为主、综合防治"植保工作方针又赋予了新的内容。以生态学为基础，实施可持续的病虫害控制策略已成为病虫害综合治理战略的核心。

"预防"是贯彻植保工作方针的基础，"综合防治"不应被看成仅仅是防治手段的多样化，更重要的是以生态学为基础，协调应用各种必要的手段，经济、简易、安全、有效地持续控制病虫危害。任何防治有害生物的设计，如果脱离了这一指导思想，采用的措施再多，也不是好的综合防治。

## 五、学习本课程的目的和方法

通过本课程学习，要求同学们在较好地掌握园艺植物病虫害防治基本概念和理论、防治原理和各类植物病、虫、草害发生规律的基础上，理解环境因素与有害生物发生为害的关系，掌握和实施重要病、虫、草害的主要防治措施，控制有害生物的发生为害，促进园艺植物的优质高产。

"园艺植物病虫害防治"是一门既有理论又有极强实践性的课程。在学习方法上应注意：掌握好一些基本概念、基本理论和基本方法；在学习基础知识的单元时，除对一些基本内容要彻底弄清，并理解深透外，还应注意它与防治的关系，例如掌握昆虫口器的类型对运用杀虫剂和生物农药的关系等。也就是说要注意基础知识和应用之间的关系；要善于运用比较分析的方法掌握学习的内容。如蔬菜、果树、观赏植物涉及的病、虫种类达数百余种，学习时一一记住是不可能的，也无必要，衡量是否能掌握和理解课程的基本内容，重要的是在于能否将学到的知识，举一反三，灵活运用，提高分析问题和解决问题的能力。例如各类植物上的害虫，在其生物学特性上有其共性，也有其个性，同一类类别的几种害虫也是存在着同异之点，害虫防治措施常是以害虫生物学特性作为依据的。因此在学习时，可以通过重要的有代表性的害虫，进行比较分析，学会如何掌握害虫发生为害规律的特点，从中找出薄弱的环节，作为制定防治措施的依据。比较分析的方法，有助于加深理解和帮助记忆。

园艺植物病虫害防治具有较强的应用性，病、虫、草、鼠害发生为害规律及采取的防治措施，又有地域性和季节性的特点，必须因地、因时制宜。因此，不仅要学好本书的内容，还必须通过实验、实训和生产实习等实践性教学环节，不断巩固和加深理解课程的基本内容。

病虫发生是由环境、植物、病虫害和天敌等因子组成的复杂生态系统，"园艺植物病虫害防治"是以病菌、昆虫、化学、植物学、植物生理学、微生物学、园艺植物栽培学、遗传育种、土壤肥料学、气象学、生态学、统计学等有关学科为基础，研究园艺植物病虫害等的发生为害规律，并采用积极有效措施进行预防和治理的课程，是种植类专业的必修课。

## 知识应用

我国劳动人民，对植物病虫害防治积累了丰富的经验，并有很多创造发明。早在3 000年前就已经与蝗虫、螟虫开展了斗争，公元前300年左右开始应用农业技术和矿物药剂防治虫害，1 600多年前就开始以虫治虫，公元6世纪对注意选择抗害品种、轮作和种子处理方法就已有比较详细的记载。有些病虫害已基本上得到控制，例如，飞蝗、麦类黑穗病、麦类锈病、小麦线虫病及甘薯黑斑病等。

## 资料卡片

园艺植物由于发生病虫害，给国民经济、人民生活带来严重的影响，甚至灾难性的后果。松材线虫病自1982年我国在南京市中山陵首次发现以来，在短短的十几年内，又相继在安徽、广东、浙江等省局部地区发现并流行成灾，导致大量松树枯死，对我国的松林资源、自然景观和生态环境造成严重破坏，而且有继续扩展蔓延之势。马尾松毛虫20世纪70~80年代曾在苏州吴中区部分林地爆发成灾，2001—2003年在常熟虞山大发生。

## 复习思考题

1. 园艺植物病虫害防治的概念是什么？我国的植保工作方针是什么？
2. 举例说明园艺植物病虫害防治在园艺生产上的重要性。
3. 简述学习本课程的目的和方法。

# 第一章  园艺植物昆虫基础知识

## 知识目标

1. 掌握昆虫的一般形态特征，昆虫的繁殖、发育和变态类型。
2. 了解昆虫头部、胸部、腹部及其附器的特征。
3. 掌握园林植物主要害虫所属目、科的识别特征。
4. 掌握昆虫口器、体壁、消化系统、呼吸系统、神经系统在害虫防治上的应用。
5. 了解昆虫的发生与环境的关系。

## 能力目标

1. 能识别常见园林植物主要害虫所属目、科害虫。
2. 能采集及制作完整的昆虫标本。

## 第一节  昆虫概述

### 一、昆虫的特征及与近缘动物的区别

地球上动物的种类繁多，已知约有 250 万种，其中昆虫约 150 万种，是动物界中种类最多、数量最大、分布最广的一个类群。昆虫分类上属于动物界，节肢动物门，昆虫纲。

昆虫纲成虫的共同特征是：

①虫体左右对称，有许多体节组成，体壁高度骨化，称外骨骼。

②体躯分头部、胸部和腹部 3 个体段。头部着生有口器，1 对触角，1 对复眼，有的还有单眼，是昆虫的感觉和取食中心；胸部有 3 对胸足，一般有 2 对翅，是昆虫的运动中心；腹部多由 9～11 节组成，包含大部分内脏和生殖系统，末端具外生殖器，有的有 1 对尾须，是昆虫的代谢和生殖中心。

③在其生长发育过程中通常要经过一系列内部器官及外部形态上的变化，即变态过程，才转变为成虫（图 1-1）。

掌握了昆虫纲的特征，就可以将其与其他小型动物相区分。昆虫具有节肢动物所共有的特征，又具备不同于节肢动物门下其他纲的特征。

节肢动物门的特征是：体躯分节，由一系列的体节所组成；整个体躯被有含几丁质的外骨骼；有些体节上具有成对的分节附肢，"节肢动物"的名称即由此而来；体腔就是血腔；心脏在消化道的背面；中枢神经系统由脑和腹神经索组成。

节肢动物门的动物都是昆虫的近亲，与昆虫相近的纲主要有甲壳纲、蛛形纲、唇足纲、重足纲，它们的区别见表 1-1。

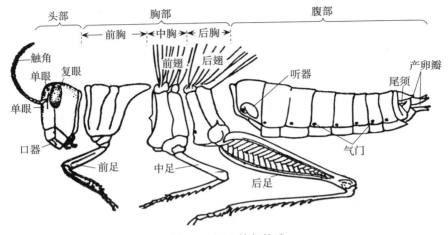

图 1-1 昆虫体躯构造

(广西壮族自治区农业学校，1996)

表 1-1 节肢动物门主要纲的区别

| 纲名 | 体躯分段 | 复眼 | 单眼 | 触角 | 足 | 翅 | 生活环境 | 代表种 |
| --- | --- | --- | --- | --- | --- | --- | --- | --- |
| 昆虫纲 | 头、胸、腹 | 1对 | 0～3个 | 1对 | 3对 | 2对或0～1对 | 陆生或水生 | 蝗虫 |
| 甲壳纲 | 头胸部、腹部 | 1对 | 无 | 2对 | 5对以上 | 无 | 水生或陆生 | 虾、蟹 |
| 蛛形纲 | 头胸部、腹部 | 无 | 2～6对 | 无 | 2～4对 | 无 | 陆生 | 蜘蛛 |
| 唇足纲 | 头部、胴部 | 1对 | 无 | 1对 | 每节1对 | 无 | 陆生 | 蜈蚣 |
| 重足纲 | 头部、胴部 | 1对 | 无 | 1对 | 每节2对 | 无 | 陆生 | 马陆 |

甲壳纲体躯分成头胸部和腹部2个体段。有2对触角；至少5对行动足；水生，以鳃呼吸。常见的如虾、蟹、水蚤等（图1-3）。

蛛形纲体躯分成头胸部和腹部2个体段。头部不明显，无触角；4对行动足；陆生，以肺叶或气管呼吸。常见的如蜘蛛、螨、蜱等（图1-2）。

唇足纲体躯分成头部和胴部2个体段。有1对触角；每一体节有1对行动足，第一对足特化为颚状的毒爪；陆生，以气管呼吸。蜈蚣为本纲典型代表（图1-4）。

重足纲与唇足纲很为接近，故也有将两者合称为多足纲。与唇足纲比较，重足纲的各个体节除前方第三、四节及末后第一、二节外，其他各由2节合并而成，所以各节有2对行动足。马陆为本纲典型代表（图1-5）。

   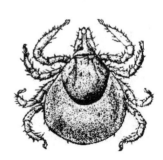

图 1-2 蛛形纲代表蜱　　图 1-3 甲壳纲代表蟹　　图 1-4 唇足纲代表蜈蚣　　图 1-5 重足纲代表马陆

## 二、昆虫与人类的关系

昆虫的种类和数量极多,分布很广。其中很多种类与人类有密切关系,有些对人类有害,有些对人类有益。

### (一)有害的昆虫

昆虫中有 48.2% 的种类是以植物为生,如蝗虫、天牛、象甲、蚜虫等为害农林植物,称农林害虫。蚊子、跳蚤等能吸人血并传播疾病,称卫生害虫。还有许多昆虫能为害牲畜,如牛虻、厩蝇、虱等叮咬牲畜,称家畜害虫。昆虫还能传播植物病害,植物的病毒病多数是由刺吸汁液的昆虫传播的,据记载蚜虫可传播 170 种病毒病,叶蝉可传播 133 种病毒病。

### (二)有益的昆虫

家蚕、紫胶虫、白蜡虫、五倍子蚜虫、胭脂虫等昆虫虫体及其代谢产物是重要的工业原料,称为原料昆虫。有的昆虫是以害虫为食物,称为天敌昆虫,如食虫瓢虫、草蛉、食蚜蝇、螳螂等能捕食害虫,赤眼蜂、小茧蜂、姬蜂等可寄生在害虫体内。有些昆虫可传播花粉,如蜜蜂、壁蜂,称为传粉昆虫,目前 85% 的显花植物是由昆虫传播花粉的。有些昆虫的虫体、产物可入中药,称为药用昆虫,如冬虫夏草、瓜黑蝽、斑蝥等。有些昆虫色彩鲜艳、形态奇异、鸣声悦耳,或有争斗性,可供人们欣赏娱乐,称为观赏昆虫,如蝴蝶画、斗蟋蟀都有较高的观赏和经济价值。有些昆虫的虫体可作为畜禽、蛙鱼的饲料,称为饲料昆虫,如黄粉虫、人工笼养家蝇。腐食性昆虫以动植物遗体或动物排泄物为食,是地球上的清洁工,加速了微生物对生物残体的分解,称为环保昆虫,如埋葬甲、蜣螂。这些昆虫对人类都有益,简称为益虫。

■ 知识应用

通过学习昆虫纲的特征及昆虫与人类的关系,可以区分日常生活中见到的虫子哪些是昆虫,哪些不是昆虫;还可以辨别哪些昆虫对人类有益,哪些对人类有害。通过辩证的分析,控制害虫的为害,充分利用有益昆虫资源,造福于人类。

■ 资料卡片

昆虫对人类的益害不是绝对的,会因条件不同而转化。如柑橘凤蝶,成虫主要是观赏昆虫,但其幼虫为害园林植物,又是害虫;又如寄生蝇类,寄生在害虫体内对人类有益,但寄生在柞蚕体内,则成为为害有益昆虫的害虫。

# 第二节 昆虫的形态特征

## 一、昆虫的头部及附器

头部是昆虫体躯的第一个体段,以膜质的颈与胸部相连。头壳坚硬,多呈圆形或椭圆形。在头壳形成过程中,由于体壁内陷形成许多沟和缝,将头壳表面分成若干区。位于头壳上方的是头顶，前方的是额区，下方是唇区，两侧为颊，后方为后头和后头孔。头部通常着生1对触角，1对复眼，1~3个单眼和口器，是昆虫的感觉和取食中心（图1-6）。

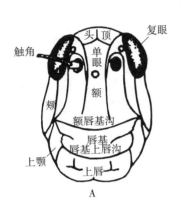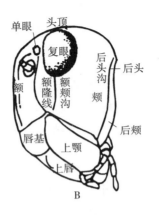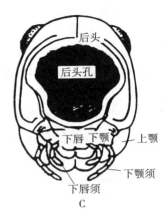

图1-6 昆虫头部构造图
A. 正面 B. 侧面 C. 后面
（广西壮族自治区农业学校，1996）

### （一）昆虫的头式

随着昆虫头部结构的变化，口器在头部着生的位置或方向也有所不同，常依据口器在头部的着生位置而把昆虫头部的类型（即头式）分为下列3种（图1-7）。

**1. 下口式** 口器着生在头部下方，与身体的纵轴垂直。多见于植食性昆虫，如蝗虫、蟋蟀、鳞翅目昆虫的幼虫等。

**2. 前口式** 口器着生在头部前方，与身体的纵轴呈钝角或几乎平行。多见于捕食性及钻蛀性昆虫，如蝼蛄、步甲、天牛幼虫等。

**3. 后口式** 口器向后伸，与身体的纵轴成锐角。多见于刺吸式口器的昆虫，如蝉、蚜虫、蝽类等。

昆虫头式的不同，反映了其取食方式的不同，是昆虫对环境的适应。因此头式是昆虫识别的依据之一，可依据头式的类型判别植物的被害状，为科学合理防治提供依据。

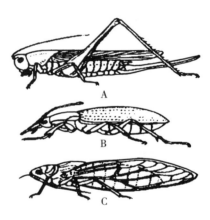

图1-7 昆虫的头式
A. 下口式 B. 前口式 C. 前口式

### （二）触角

触角位于额区着生于两复眼之间的1对触角窝内，是昆虫重要的感觉器官，具有嗅觉和触觉功能，昆虫借以觅食和寻找配偶等。

**1. 基本构造** 触角一般分为柄节、梗节和鞭节3部分（图1-8）。

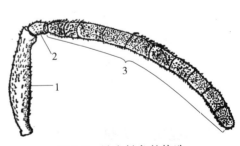

图1-8 昆虫触角的构造
1. 柄节 2. 梗节 3. 鞭节
（李清西等，2002）

**2. 触角的类型**　昆虫触角的形状因昆虫的种类和雌雄不同而多种多样。常见的有以下几种类型（图1-9）。

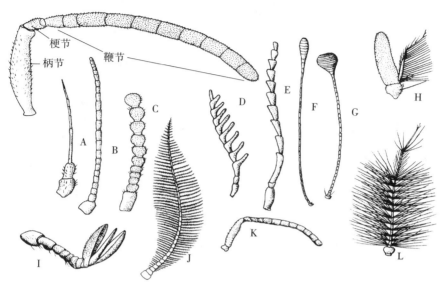

图1-9　昆虫触角的类型及结构图

A. 刚毛状（蜻蜓）　B. 丝状（飞蝗）　C. 念珠状（白蚁）　D. 栉齿状（绿豆象）　E. 锯齿状（锯天牛）　F. 球杆状（白粉蝶）　G. 锤状（长角蛉）　H. 具芒状（绿蝇）　I. 鳃片状（金龟甲）　J. 双栉齿状（樟天蚕蛾）　K. 膝状（蜜蜂）　L. 环毛状（库蚊）

■ 知识应用

了解昆虫触角的类型和功能，可用于：①鉴定昆虫种类。触角的形状、着生位置、分节数目等，常作为昆虫分类和雌雄识别的重要依据之一。②辨别昆虫的性别。如舞毒蛾雄蛾触角栉齿状，雌蛾触角丝状略带锯齿状。③防治害虫。如根据地老虎成虫、黏虫对糖、醋、酒味的喜好，配制毒饵来加以诱杀。又如利用黄守瓜对雷公藤，蚊子对酞酸二甲酯的拒避，可用这些药物作为拒避剂来防止特定害虫的危害等。

### （三）眼

眼是昆虫的视觉器官，分为复眼和单眼（图1-10）。

图1-10　昆虫的眼
A. 昆虫的复眼　B. 昆虫的单眼和复眼

**1. 复眼** 昆虫具复眼1对，位于头部上方两侧，由许多小眼组成，外形较大，是其主要的视觉器官。由许多六角形小眼组成，一般小眼数越多，视力越强。复眼能看清近距离移动物体的形状，分辨光的强弱、波长和颜色。

**2. 单眼** 昆虫具单眼0～3个。单眼只能分辨光线的强弱和方向，不能分辨物体形状和颜色。近来有人认为单眼是一种激动性器官，可使飞行、降落、趋利避害等活动迅速实现。

## ■ 知识应用

对昆虫单眼和复眼的研究，在实践中被广泛应用于仿生学和害虫防治中。如研究制成飞机对地速度计、新型照相机"昆虫眼"、提高雷达系统的灵敏度，用黑光灯诱杀害虫、黄板诱杀蚜虫、覆盖银灰色薄膜避蚜等。

### （四）口器

口器是昆虫的取食器官。各种昆虫因食性及取食方式不同，形成不同类型的口器，总的可分为三大类：一是取食固体食物的咀嚼式口器；二是取食液体食物的吸收式口器；三是兼食固体和液体食物的嚼吸式口器。其中吸收式口器又分为刺吸式、锉吸式、虹吸式、舐吸式、刮吸式口器。

**1. 咀嚼式口器** 咀嚼式口器是昆虫最原始的口器类型，其他口器都是由咀嚼式口器演化而来的。其结构由上唇、上颚、下颚、下唇和舌5部分组成（图1-11）。咀嚼式口器为害植物时可咬食植物各部位的组织，造成缺刻、孔洞、吃光、潜叶、卷叶、钻蛀、咬断等，如蝗虫、潜叶蛾、卷叶蛾、天牛、地老虎等。

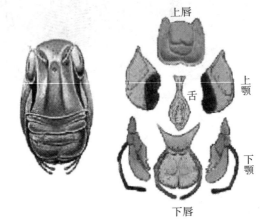

图1-11 昆虫咀嚼式口器构造

**2. 刺吸式口器** 刺吸式口器由咀嚼式口器特化而成。其结构特点是：上颚和下颚特化为细长的口针，下唇延长成为分节的喙，将口针包藏于其中（图1-12）。如蝉、叶蝉、蚜虫、椿象等的口器。刺吸式口器的昆虫吸食植物的汁液，被害叶片常出现斑点、变色、皱缩、卷曲，

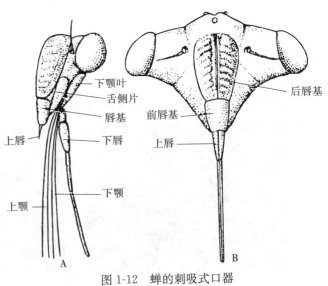

图1-12 蝉的刺吸式口器
A. 头部侧面观　B. 头部正面观
（雷朝亮等，2003）

如蚜虫、叶蝉、椿象、飞虱等；幼嫩枝梢被害后，往往变色萎蔫，如蚧类、蚜虫等；有的可形成虫瘿，如瘿蜂、角倍蚜等。

**3. 虹吸式口器** 虹吸式口器为蛾、蝶类成虫所特有的。其上唇、上颚消失退化；下颚的一对外颚叶非常发达，组成一个卷曲呈发条状的喙；下唇退化为一小三角形区，但下唇须发达；舌亦退化。

除以上 3 种口器外，还有锉吸式口器，如蓟马；刮吸式口器，如牛虻；舐吸式口器，如蝇类成虫；嚼吸式口器，如蜜蜂等（表 1-2）。

表 1-2 常见昆虫口器结构特征及为害特点

| 类型 | 结构特征及作用 | | | | | 为害特点（代表昆虫） |
|---|---|---|---|---|---|---|
| | 上唇 | 上颚 | 下颚 | 下唇 | 舌 | |
| 咀嚼式 | 位于口器上方，单片状，外硬内软，具味觉功能 | 位于上唇下方，1 对，坚硬带齿，能切磨食物 | 1 对，位于上颚后方，有 1 对具味觉功能的下颚须，辅助上颚取食 | 片状，位于口器底部，生有 1 对下唇须，具味觉和托持食物功能 | 柔软袋状，位于口腔中央，具味觉功能，帮助运送和吞咽食物 | 适于取食固体食物、能把植物叶片咬成缺刻、穿孔，啃叶肉留叶脉，全部吃光，花蕾残缺不全（蝗虫），潜食叶肉（美洲斑潜蝇幼虫），吐丝缀叶（樟巢螟），卷叶（各种卷叶虫），在果实（桃小食心虫）或枝干内钻蛀为害（天牛幼虫），咬断幼苗根部（小地老虎） |
| 刺吸式 | 三角形小片，贴于口器基部 | 上颚和下颚均延长呈针状，两下颚口针互相嵌合，包在喙内，形成食物道和唾液道 | | 延伸成分节的喙，保护口针 | 柔软袋状，位于口针基部 | 适于吸取植物汁液，常使植物呈现褐色斑点、卷曲、皱缩、枯萎、畸形、虫瘿，多数还可传播病害（蚜虫、飞虱、叶蝉、介壳虫等） |
| 虹吸式 | 退化 | 退化 | 延长并嵌合成管状卷曲的喙，内形成食物道 | 退化 | 退化 | 除部分夜蛾为害果实外，一般不造成危害（蛾、蝶类成虫） |
| 锉吸式 | 短小。与下唇组成喙 | 右上颚退化，左上颚和 1 对下颚特化成口针 | | 下唇与上唇组成喙，内藏有上、下颚口针和舌，下唇与舌构成唾液道 | | 先以上颚锉破植物表皮，后以喙吸取汁液（蓟马） |

■ **知识应用**

昆虫口器类型与害虫防治关系密切。防治咀嚼式口器的害虫，一般选用胃毒剂或触杀剂，如灭幼脲、菊酯类杀虫剂等。对于蛀茎、潜叶或蛀果等钻蛀性害虫，施药时间应在害虫蛀入之前；对于地下害虫，一般使用毒饵、毒谷。防治刺吸式口器害虫，使用内吸剂，如吡虫啉等，也可用触杀剂，如菊酯类杀虫剂等。防治虹吸式口器的昆虫，可将胃毒剂制成液体毒饵，使其吸食后中毒，如用糖醋酒混合液诱杀多种蛾类等。

## 二、昆虫的胸部及附肢

胸部是昆虫的第二体段，位于头部之后。由前胸、中胸和后胸 3 个体节构成。各体节由背板、腹板和两侧板构成。每胸节上分别着生有 1 对足，依次为前足、中足和后足。通常在中、后胸上还各生有 1 对翅，分别称为前翅和后翅。足和翅是昆虫主要运动器官，所以胸部是昆虫的运动中心（图1-13）。

（一）昆虫的胸足

**1. 胸足的结构** 胸足是昆虫体躯上最典型的附肢，着生于侧板和腹板之间，由基节、转节、腿节、胫节、跗节和前跗节（爪和中垫）组成（图1-14）。昆虫跗节和中垫的表面具有许多感觉器，害虫在喷有触杀剂的植物上爬行时，药剂容易由此进入虫体引起中毒死亡。

**2. 胸足的类型** 各种昆虫由于适应不同的生活环境和生活方式，胸足的构造和功能发生了相应的变化，演变成不同类型的足（图1-15）。

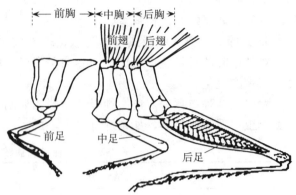

图1-13　昆虫胸部的构造

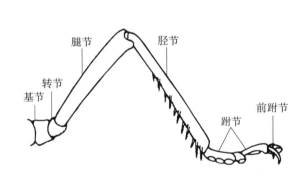

图1-14　昆虫胸足的基本构造
（黄少彬，2006）

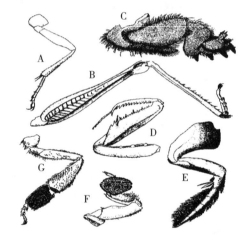

图1-15　昆虫胸足的类型
A. 步行足（步甲）　B. 跳跃足（蝗虫后足）
C. 开掘足（蝼蛄前足）　D. 捕捉足（螳螂前足）
E. 游泳足（龙虱后足）　F. 抱握足（雄龙虱前足）　G. 携粉足（蜜蜂后足）

（二）昆虫的翅

昆虫是无脊椎动物中唯一有翅的动物。多数昆虫的成虫有2对翅，少数只有1对，有的翅退化。

**1. 翅的基本构造** 昆虫的翅多为膜质薄片，一般呈三角形，有3条边（缘）、3个角、4个区。翅展开时前面的边称为前缘，后面的称为后缘或内缘，外面的称为外缘。连接身体的角称基角或肩角，外缘与后缘间的角称为臀角，前缘与外缘形成的角称为顶角。翅面上的褶线将翅面划分为臀前区、臀区、腋区和轭区（图1-16）。

**2. 翅脉和脉序** 翅脉是在翅的两层体壁之间由气管加厚形成的纵横分布的条纹，起支撑作用。翅脉在翅上的分布排列形式称为脉序，有纵脉和横脉之分。纵脉是从翅基部伸到外缘的翅脉，横脉是横列在纵脉之间的短脉。翅面上由纵脉和横脉或缘围成的小区称翅室。脉序是研究昆虫进化和分类的重要依据。为了便于比较研究，人们对现代昆虫和古代化石昆虫的翅脉加以分析比较，提出了假想模式脉序，作为鉴别现代昆虫脉序的科学标准（图1-17）。

**3. 翅的类型** 昆虫的翅因形状、质地和被覆物的不同，可分为以下几种类型（图1-18）。

（1）膜翅。翅膜质，透明，翅脉清晰可见。如蜜蜂、蚜虫、家蝇的翅。

（2）覆翅。翅坚韧如皮革，半透明，有翅脉，覆盖于后翅上面。如蝗虫、蝼蛄、蟋蟀的前翅。

（3）鞘翅。翅坚硬如角质，不用于飞行，用来保护背部和后翅。如金龟子、叶甲、天牛等甲虫类的前翅。

（4）半鞘翅。前翅基部为革质，端部为膜质，有翅脉。如椿象的前翅。

（5）鳞翅。翅膜质，翅面覆有鳞片，外观不透明。如蝶、蛾的翅。

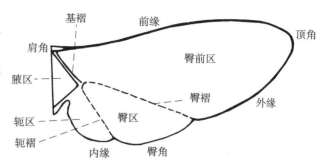

图1-16 昆虫翅的基本构造
（雷曹亮等，2003）

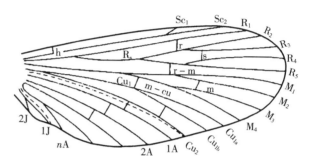

图1-17 昆虫翅的假想模式脉序图
（黄少彬，2006）

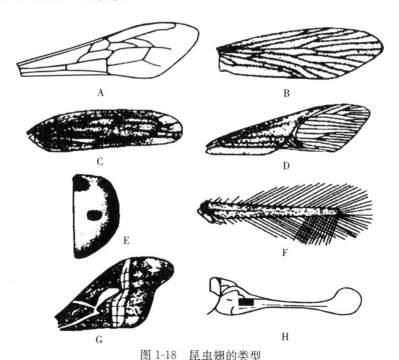

图1-18 昆虫翅的类型
A. 膜翅　B. 毛翅　C. 覆翅　D. 半鞘翅　E. 鞘翅　F. 缨翅　G. 鳞翅　H. 平衡棒
（张中社等，2005）

(6) 缨翅。翅狭长,膜质,边缘生有细长缨毛。如蓟马的翅。

(7) 平衡棒。后翅退化为很小的棒状体,飞行时用以平衡身体。如蚊蝇类的后翅。

(8) 毛翅。翅膜质,翅面布满细毛。如石蛾的翅。

昆虫获得了翅,扩大了它们的活动范围,便利了其觅食、求偶和逃逸等,增强了其生存的竞争能力。翅的类型是昆虫分类的重要依据之一,在昆虫纲内有近半数的目是以其翅的特征命名的,如直翅目、双翅目等。

## 知识应用

研究昆虫足的构造和类型,可以识别害虫,推断昆虫栖息场所,了解昆虫生活方式,有利于害虫防治和益虫的利用;足上具有各种感觉器,多位于跗垫和中垫上,是某些触杀剂进入虫体的通道。昆虫翅的质地、对数、大小、被物、脉相等的变异,是昆虫分类的重要依据。

### 三、昆虫的腹部及附器

#### (一) 腹部构造

腹部是昆虫的第三个体段,前端与胸部相连,里面包藏有消化、排泄、呼吸、循环、生殖等内脏器官,末端有尾须和外生殖器。腹部是昆虫的新陈代谢和生殖中心。

成虫的腹部一般由 9～11 节组成,各体节有背板和腹板,背板和腹板间以侧膜相连,前后相邻的两腹节间通过节间膜相连,可以互相套叠,使腹部能够弯曲、伸缩,有利于成虫交配、产卵等活动。腹部 1～8 节两侧各有 1 个气门,用于呼吸。

#### (二) 昆虫的外生殖器

昆虫的外生殖器是交配和产卵的器官,雌性的外生殖器称产卵器,雄性的外生殖器称为交配器或交尾器。

**1. 雄性外生殖器**(交配器) 交尾器着生在第九腹节上,由 1 个管状输送精子的阳具和交配时抱握雌体的 1 对抱握器组成(图 1-19)。不同种类的昆虫其交尾器的构造不同,造成种间隔离,以保持自然界中昆虫种的稳定性。常作为区分属种的依据之一。

**2. 雌性外生殖器**(产卵器) 产卵器一般为管状结构,着生于第八、九腹节上,由 3 对产卵瓣组成,即腹产卵瓣、内产卵瓣和背产卵瓣、生殖孔等组成(图 1-20)。

不同种类的昆虫因其产卵的环境、场所、习性等不同,产卵器的形状各异。如蝗虫的产卵器呈锥状;蟋蟀的产卵器呈矛状,可产卵于土中;螽斯的产卵器呈剑状或刀状;蝉、叶蝉的产卵器呈锯齿状,产卵时割破嫩树皮或植物叶片皮层,产卵于组织中;叶蜂的产卵器呈锯状,可锯破树皮产卵其中;姬蜂的产卵器呈细长针状,产卵于寄主体内。

了解昆虫外生殖器的形态和构造是识别昆虫种类和性别的重要依据。甲虫类、蚊蝇类和蛾、蝶类等多数昆虫,产卵器无产卵瓣形成,只是腹末几节互相套叠成管状缩藏于体内,产卵时伸出,称伪产卵器。这类昆虫仅能将卵产于物体表面或缝隙中。蜜蜂的毒刺(螫针),是由腹产卵瓣和内产卵瓣特化而成,与毒腺相连,成为御敌的工具,失去产卵功能。

**3. 尾须** 通常是 1 对须状突起,着生在腹部第 11 节。尾须在低等昆虫,如部分无翅亚

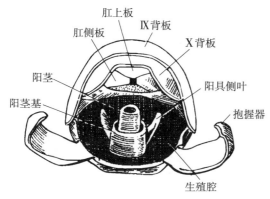

图 1-19　昆虫雄性外生殖器的构造
（雷曹亮等，2003）

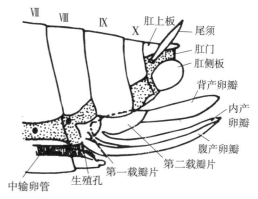

图 1-20　昆虫雌性外生殖器的构造
（雷曹亮等，2003）

纲（缨尾目，双尾目）及有翅亚纲的蜻蜓目、蜉蝣目、直翅类等中普遍存在，并且形状和构造等变化很大。

### ■ 知识应用

了解昆虫的产卵器和交配器，便于进行虫情调查和预测预报，同时也是识别昆虫的重要依据之一；根据产卵器的形状和构造，可以了解害虫的产卵方式和产卵习性，从而采取针对性的防治措施。

### 四、昆虫的体壁与防治的关系

昆虫的体壁是包在整个昆虫体躯（包括附肢）最外层的组织，具有皮肤和骨骼两种功能，又称外骨骼。体壁功能较多，具有支撑身体，着生肌肉，保护内部器官，防止体内水分的过量蒸发，调节体温，防止外部水分、微生物及其他有害物质的侵入，接受外界刺激，分泌各种化合物，调节昆虫的行为等作用。

#### （一）体壁的构造

昆虫体壁极薄，但构造复杂，可分为 3 个主要层次，由里向外，为底膜、皮细胞层和表皮层（图 1-21）。底膜是紧贴在皮细胞层的一层薄膜，是体壁与内脏的分界，由皮细胞分泌而成。皮细胞层是由单层细胞所组成的一层活细胞，虫体上的刚毛、鳞片和各种腺体，都是由皮细胞特化而来。表皮层是皮细胞向外分泌的非细胞性的物质层，由内向外分为内表皮、外表皮和上表皮。其上表皮由内向外又分为表皮质层（角质精层）、蜡层和护蜡层（图 1-21）。表皮层含几丁质、骨蛋白和蜡质等，因而体壁坚韧，对外来物

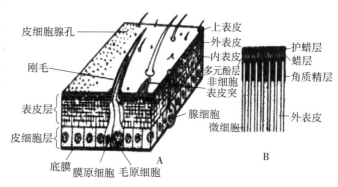

图 1-21　昆虫体壁的构造

质的侵入有较强的抵抗力。

### （二）体壁的衍生物

昆虫的体壁很少是光滑的，常向外凸出或向内陷入，形成体壁的衍生物。

体壁的外长物有非细胞性外突和细胞性外突两大类。非细胞性外突是表皮突起形成的，没有细胞参与，如小刺、微毛、脊纹等。细胞性外突可分为单细胞和多细胞的两类。单细胞突起是由部分皮细胞变形而成，如刚毛、鳞片、毒毛和感觉毛等。多细胞突起是由部分体壁向外突出而成，如刺、距（图1-22）。

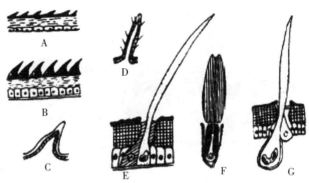

图1-22 体壁的外长物
A、B. 非细胞表皮突起　C. 刺　D. 距
E. 刚毛　F. 毒毛　G. 鳞片

■ 知识应用

昆虫体壁构造及性能与药剂防治关系密切。疏水性的表皮层的蜡层和护蜡层，油乳剂易渗透进入，杀虫效果比可湿性粉剂高。低龄幼虫体壁较薄，农药容易穿透，易于触杀，因此，防治害虫要"治早治小"。抑制昆虫表皮几丁质合成的杀虫剂，如灭幼脲、氟啶脲等，使幼虫蜕皮时不能形成新表皮，变态受阻或形成畸形而死亡。

## 第三节　昆虫的内部器官及功能

昆虫内部器官，按其功能分为消化、排泄、呼吸、循环、神经、内分泌、生殖等系统。

### 一、昆虫内部器官的位置

昆虫体壁包含体腔，体腔内充满血液，所以昆虫的体腔又称血腔，内部器官浸浴在血液中。整个体腔由背膈和腹膈分成背血窦、腹血窦、围脏窦3个部分。

消化道纵贯中央，在上方与其平行的是背血管，在下方与其平行的是腹神经索。与消化道相连的还有专司排泄的马氏管。消化道两侧，为呼吸系统的侧纵干，开口于身体两侧，即气门。生殖器官中的卵巢或睾丸位于消化道背侧面，以生殖孔开口于体外。这些内部器官虽各有其特殊功能，但它们联系紧密，成为不可分割的整体（图1-23）。

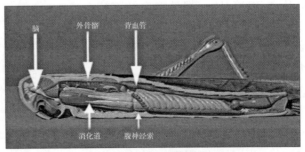

图1-23 昆虫内部器官构造

## 二、昆虫的内部器官与功能

### （一）昆虫消化系统的基本结构和功能

消化道由口到肛门，纵贯体躯中央，分前肠、中肠、后肠3部分组成（图1-24）。涎腺是成对的腺体，以涎管开口于舌后壁背部，其分泌物可以润滑口器，并含有消化酶，促使食物消化。咀嚼式口器消化系统包括前肠（包括口腔、咽喉、食道、嗉囊和前胃）、中肠和后肠（包括回肠、结肠和直肠）。前肠是食物通过或暂存的管道，具有接受食物、暂时贮存食物和部分消化食物的作用。有的昆虫前肠的后部扩大形成嗉囊，可以临时贮存食物。咀嚼式口器的昆虫在嗉囊后还有一个前胃，前胃内壁有齿，可以进一步磨碎食物。

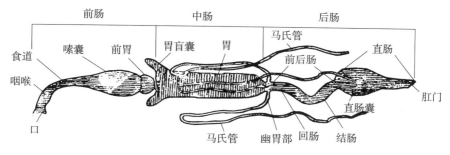

图1-24 昆虫消化道模式图

中肠又称胃，主要功能是分泌消化酶，消化食物和吸收营养。有些昆虫中肠前端向前突出形成管状或其他形状的胃盲囊，用以扩大分泌和吸收面积。胃盲囊的基部就是中肠和前肠的分界。

刺吸式口器昆虫，中肠一般细而长，常常首尾相贴接，其前后端分别与前肠和后肠相连，包藏于一种结缔组织中，形成滤室。滤室的作用是能将食物中不需要的或过多的游离氨基酸、糖分和水分等直接渗入中肠后端或后肠去，经后肠排出体外（即蜜露）。以保证输入中肠的液汁有一定的浓度，提高中肠的效率。

在中肠和后肠的交界处，生有许多细微的盲管，称为马氏管，是昆虫的一种排泄器官。所以后肠以马氏管（隐肾）着生处与中肠为界，常分为前后肠和直肠，二者之间肠道显著缢缩，直肠内常有直肠垫。后肠的功能是吸收食物和回收尿中的水分及无机盐类，并排出食物残渣和代谢产废物，形成粪便，以调节血淋巴渗透压和酸碱度等。

消化酶（涎腺分泌）的功能是：淀粉酶、麦芽酶可将淀粉分解为单糖；脂肪酶可将脂肪分解为甘油和脂肪酸；蛋白酶将蛋白质分解为各种氨基酸，经过各种酶分解后的物质，才能为昆虫吸收利用。昆虫食物的消化，主要依赖消化液中各种酶的作用，将糖类、脂肪、蛋白质等降解或水解为较简单的、可溶性小分子，这样才能被中肠的肠壁细胞所吸收，而各种消化酶必须在一定的酸碱度条件下才能起作用，一般昆虫消化液的酸碱度pH在6~8。胃毒剂在消化道内能否溶解并被中肠吸收，直接关系到药剂的杀虫效果。药剂在中肠内的溶解度，又与中肠液的酸碱度有关。

酶的活性要求一定的酸碱度，所以昆虫中肠液常有较稳定的pH，一般蛾、蝶类幼虫中肠pH为8~10。胃毒杀虫剂的作用与昆虫中肠pH有密切关系，因为pH的大小与农药的溶解度有关。了解昆虫中肠pH，有助于正确选用胃毒剂。

如敌百虫在碱性作用下水解形成更毒的敌敌畏，故对肠液偏碱性的蝶、蛾类幼虫效果好。苏云金芽孢杆菌在碱性条件下，水解释放出毒蛋白（毒素）、芽孢，毒素穿透昆虫肠壁引起败血症而使昆虫死亡。所以，了解昆虫消化液的性质对胃毒杀虫剂的选用具有指导意义。

**（二）昆虫呼吸系统的基本结构和功能**

大多数昆虫靠气管系统进行呼吸。在游离氧的参与下，有机物质被分解而释放能量，供昆虫生长发育、繁殖、运动的需要。

昆虫呼吸系统由气门、气门气管、侧纵干、背气管、内脏气管和微气管组成，某些昆虫气管的一定部分扩大形成膜质的气囊，用以增加贮气和促进气体的流通。

气门是气管在体壁上的开口，在昆虫身体的两侧，一般昆虫的气门有 10 对，即中、后胸及腹部第 1~8 节各 1 对，圆形或椭圆形，孔口有骨片、筛板或毛刷遮盖，有开闭机构，依需要而开关。气门通常属疏水性，同一种毒剂的油乳剂比水剂杀虫力大。

气门连通两侧的侧纵干，通过横走气管，连接主气管及分布于昆虫组织细胞中的微气管，进行呼吸系。昆虫呼吸作用进行气体交换，主要靠虫体运动的鼓（通）风作用和空气的扩散作用，即虫体内外气体浓度压力差，气管内和大气中不同气体的分压不同而进行。

某些杀虫剂的辅助剂，如肥皂水、面糊水等，能堵塞气门，使昆虫因缺氧而死亡。

**（三）昆虫循环系统的基本结构和功能**

昆虫的循环器官是一条结构简单的背血管。昆虫的循环系统背血管由一系列心室构成的心脏和前端的大动脉组成。昆虫的循环作用是开放式循环：即心脏收缩时，心室两侧心门关闭，血液由心室经前端大动脉，流入昆虫头腔，压入体腔（血腔）。心脏舒展时，心室两侧心门打开，血液由体腔（血腔）进入心室，循此往复，从而完成昆虫的血液循环。在这个循环过程中，昆虫主要完成了对营养物质的运送和代谢废物的排出。

昆虫的血液又称体液，一般为无色、绿色、黄色、棕色，没有红血球，不能输送氧气。昆虫血液的主要功能是：运送营养物质给全身各部组织；将代谢废物送入排泄器官；吞噬脱皮时解离的组织细胞、死亡的血细胞和入侵的微生物；愈合伤口；调节体内水分；传递压力以利孵化、蜕皮、羽化和展翅等，某些昆虫的血液具有毒性，能分泌到体外御敌。

血液循环与药剂防治的关系是：某些无机盐类杀虫剂能使昆虫血细胞发生病变，破坏血细胞；烟碱类药剂能扰乱血液的正常运行；除虫菊素能降低昆虫血液循环的速度；有机磷杀虫剂低浓度加速心脏搏动，高浓度则抑制心脏搏动甚至致使昆虫死亡。

**（四）昆虫神经系统的基本结构和功能**

昆虫的神经系统是一个重要的系统。神经系统是生物有机体传导各种刺激，协调各器官系统产生反应的机构。

昆虫的神经系统包括中枢神经系统、交感神经系统和周缘神经系统 3 部分。中枢神经系统包括起自头部消化道背面的脑，通过围咽神经连索与消化道腹面的咽喉下神经节联结，再由此沿消化道腹面，联结胸部和腹部的各个神经节纵贯于腹血窦的腹神经索。构成神经系统的基本单位是神经元，一个神经元包括一个神经细胞体和由此发出的神经纤维。由神经细胞体分出的一根较长的神经纤维主枝称为轴状突，由轴状突侧生分出的一支副支称为侧支。轴状突和侧支端部都一分再分而成为树枝状的细支称为端丛。由神经细胞体本身向四周分出的短小端丛状纤维称为树状突。

昆虫的一切生命活动都受神经支配。一切刺激与反应相互联系的一条基本途径就是一个反射弧。构成反射弧的各神经元的神经末端并不直接相连，它们由囊泡中分泌出一种化学物质——乙酰胆碱来传导冲动的，靠这种物质才能把冲动传到另一神经元的端丛（即称为化学传导），完成神经的传导作用。乙酰胆碱完成传导冲动后，就被吸附在神经末梢表面的乙酰胆碱酯酶很快水解为胆碱和乙酸而消失，使神经恢复常态。下一个冲动到来时，重新释放出乙酰胆碱而继续实现冲动的传导。

目前使用的有机磷杀虫剂和氨基甲酸酯类杀虫剂都属于神经毒剂，其杀虫机理就是抑制乙酰胆碱酯酶的活性，使神经末梢释放出来的乙酰胆碱无法进行水解，从而扰乱正常的代谢作用，使昆虫神经长时间过度兴奋，虫体最后因疲劳而死亡。

### （五）昆虫生殖系统的基本结构和功能

生殖系统是昆虫的繁殖器官。雌性生殖器官包括1对卵巢、1对侧输卵管、1根中输卵管、受精囊、生殖腔（或阴道）、附腺等；雄性生殖器官包括1对睾丸、1对输精管、储精囊、1根射精管、附腺等。

**1. 交配** 交配又称交尾，是指同种异性个体交配的行为和过程。昆虫的交配是以性外激素、鸣声、发光、发音等因子刺激后，雌雄个体才能求偶和配偶，通过交尾，雄虫才能将精液或精珠注入雌虫的生殖器内。多数昆虫的交配是由雌虫分泌性外激素引诱雄虫的，但也有一些昆虫，如蝶类是由雄虫分泌性外激素引诱雌虫的。不同种昆虫一生交配次数不同，有的一生只交配1次，有的则交配多次，往往雌虫比雄虫交配次数少。例如，棉红铃虫雌虫一生交配1~2次，而雄虫交配6~7次。昆虫交配的时间与分泌性外激素的节律是一致的，多数昆虫都发生在每日的黄昏时候，有些雌雄虫羽化时间相差1~2d，以免与同批雌雄个体近亲交配。昆虫交配的地点多与下一代幼虫的取食有关。鳞翅目昆虫多在幼虫的寄主植物附近交配，这些植物的气味能刺激雌虫释放性外激素，从而吸引雄虫；寄生性昆虫常在寄主密集的场所交配和产卵，使幼虫孵化后迅速找到寄主。雌虫在交配以后，交配囊内的精子又能刺激其释放一种激发产卵的体液因子，促进雌蛾的产卵活动。

**2. 授精** 授精是指两性交配时，雄虫将精液或精珠注入雌虫生殖器官，使精子贮存于雌虫受精囊中的过程。昆虫的授精方式可分为间接授精和直接授精2种。间接授精是指雄虫将精包排出体外，置于各种场所，再由雌虫拾取；直接授精是雄虫在交配时将精子以精液或精包形式直接送入雌虫生殖道内。多数昆虫都是采用直接授精方式进行授精。鳞翅目、膜翅目、鞘翅目和双翅目中某些昆虫，雄性附腺分泌物在精子排出前后，按一定顺序直接射入阴道或交配囊内，形成一定形状的精包。

**3. 受精** 受精是指雌雄成虫交配后，精子被贮存在雌虫的受精囊中，当雌虫排卵经过受精囊孔时，精子由卵孔进入卵子中，精子核与卵核结合成合子的过程。

利用雌虫释放的性外激素诱杀雄虫。目前使用的性诱引剂多数是根据或模拟天然的性外激素的化学结构而合成的，并用于生产上诱集和诱杀害虫。还可通过解剖观察雌虫卵巢管内卵子发育情况，预测其产卵为害时期。此外利用某些方法使雌虫卵不能受精，造成不育，从而得到防治效果。

### （六）昆虫分泌系统的基本结构和功能

昆虫的生长发育和繁殖等一系列生命活动，除决定于遗传特性外，还受到产生于昆虫体内的一种特殊化学物质的控制，这种物质就是激素。激素是属于受神经系统节制的内分泌器官和腺体分泌的微量化学物质。按激素的生理作用和作用范围可分为内激素和外激素 2 类。内激素分泌于体内，调节内部生理活动。外激素是腺体分泌物挥发于体外，作为种内个体间传递信息之用，故又称信息激素。内激素的种类很多，主要的是脑激素（或称活化激素）、脱皮激素、保幼激素。外激素中，目前已经发现的主要有性外激素、性抑制外激素、示踪外激素、警戒外激素和群集外激素等。目前只有性外激素和性诱剂在害虫预测预报和防治上应用。

## 知识应用

利用昆虫性外激素，以诱捕器作为防治工具。根据当地主要害虫，正确选用靶标害虫性外激素诱芯，在田间设置诱捕器（通常使用水盆式诱捕器）。在靶标害虫成虫发生期间，在田间大量设置性外激素诱捕器，大面积统一放置，雄蛾受诱芯释放的性外激素引诱投入水盆中而死亡。诱芯的有效期一般 30 d 左右，田间盆式诱捕器一般每 667 $m^2$ 设置 2～3 个，诱捕器的间隔距离为 60～80 m，当晚盆内诱集的成虫次日上午捞出，便于次日晚上继续诱杀。

昆虫的排泄器官主要是马氏管。此外，昆虫体内的脂肪体、肾细胞、体壁，以及由体壁特化而成的一些腺体，也具有排泄作用。

昆虫的内部器官及生理特点是科学制定防治措施的基础（表 1-3）。

表 1-3 昆虫内部器官结构、功能与防治的关系

| 内部器官 | 结 构 | 功 能 | 与药剂防治的关系 |
| --- | --- | --- | --- |
| 消化系统 | 消化道（前肠、中肠、后肠）、唾腺 | 消化食物，回收食物残渣里的水分 | 胃毒剂、内吸剂和拒食剂等都是在害虫的消化道内作用的。药剂在消化道内的溶解度与中肠液的酸碱度及其他因素有关，另外这些药剂可以破坏害虫的食欲和消化能力 |
| 呼吸系统 | 气门、气管（侧纵干、支气管、微气管） | 调节气流，防止水分蒸发，进行气体交换 | 通过气门开放，增强昆虫的呼吸作用，加速对熏蒸药剂的吸收从而达到较高的熏杀效果 |
| 循环系统 | 血液、背血管（大动脉、心室、心门） | 运输，排泄，吞噬，愈伤，孵化，脱皮及羽化 | 破坏血细胞，扰乱血液的正常运行，抑制心脏搏动 |
| 排泄系统 | 马氏管 | 吸收各组织新陈代谢排出的废物、水分及盐基的吸收、排泄 | 破坏对各组织新陈代谢排出的废物的吸收从而累积中毒 |
| 神经系统 | 中枢、交感、周缘神经系统，神经元 | 传导外部刺激和内部反应的冲动作用，形成一定的习性行为和生命活动 | 破坏乙酰胆碱的分解作用，使昆虫神经传导一直处于过度兴奋和紊乱状态，破坏了正常的生理活动，以致其麻痹衰竭而死 |
| 生殖系统 | 雌性生殖器官，雄性生殖器官 | 繁殖后代 | 破坏受精过程造成卵的不受精，形成不育 |

# 第四节 昆虫的主要生物学特性

昆虫的生活、繁殖和习性行为是在长期演化过程中逐步形成的。昆虫种类不同，生活习性多不一样。了解昆虫的生物学特性，对于开展害虫防治工作，具有非常重要的意义。

## 一、昆虫的生殖方式

昆虫的繁殖方式主要有两性生殖、孤雌生殖、多胚生殖和卵胎生等。

### （一）两性生殖

昆虫绝大多数是雌雄异体，通过两性交配后，雌虫产出受精卵，每粒卵发育为一个新个体，这种繁殖方式又称为两性卵生，是昆虫繁殖后代最普通的方式（图1-25）。

### （二）孤雌生殖

指雌虫不经交配，或卵不经受精而产生新个体的生殖方式，这种生殖方式又叫单性生殖。有些昆虫完全或基本上以孤雌生殖进行繁殖，这类昆虫一般没有雄虫或雄虫极少，如介壳虫。另外，一些昆虫是两性生殖和孤雌生殖交替进行，故称异态交替，如棉蚜。

图 1-25　昆虫的两性生殖

### （三）多胚生殖

昆虫由1个卵发育成2个或更多的胚胎，每个胚胎发育成一个新个体的生殖方式，如内寄生性蜂类。

### （四）卵胎生

昆虫的卵在母体内发育成熟，胚胎发育所需营养来自卵黄而不是母体，孵化直接产下新个体的生殖方式，如蚜虫和一些蝇类。

## 二、昆虫的发育与变态

昆虫的个体发育是指昆虫的自卵产下起至成虫性成熟为止的发育过程。昆虫在个体发育过程中，在外部形态和内部构造上，要发生一系列的变化，形成几个不同的虫态，这种现象称为变态。昆虫的变态可分为下列两大类，即不全变态与完全变态（图1-26）。

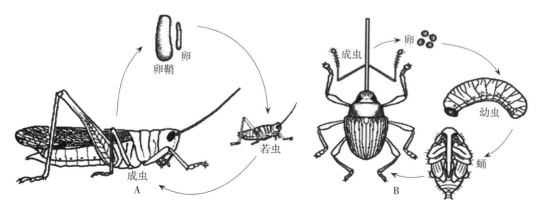

图 1-26　昆虫的变态类型
A. 不全变态　B. 完全变态

## （一）不全变态

昆虫一生中只经过卵、幼虫（若虫或稚虫）、成虫 3 个虫期。幼虫与成虫的外部形态和生活习性很相似，仅个体的大小、翅及生殖器官发育程度不同。属于这类的昆虫主要有蝗虫、椿象、叶蝉等。

## （二）完全变态

昆虫一生具有卵、幼虫、蛹、成虫 4 个虫态。成虫和幼虫在形态上和生活习性上完全不同。属于此类的昆虫占大多数，主要有金龟子、蛾类、蝶类、蜂、蝇、蚊等。

## 三、昆虫个体发育各虫期的特点

昆虫的个体发育过程，可分为胚胎发育和胚后发育两个阶段。胚胎发育是从卵发育成为幼体的发育期，又称卵内发育。胚后发育是从卵孵化后开始，至成虫性成熟的整个发育期。昆虫在胚后发育过程中，要经过一系列形态和内部器官的变化，出现幼期、蛹期和成虫期。

### （一）卵期

卵自母体产下后到孵化成幼体经过的时间称卵期。卵期短的只需 1～2 d，多数为 6～10 d，也有时间更长的。

昆虫的卵外面是一层坚硬的卵壳，起着保护作用。卵内有卵黄膜、细胞质、卵黄、细胞核。卵壳的顶部有孔，是精子进入卵内的通道，叫做受精孔。各种昆虫卵的大小差异较大，大小为 0.5～2 mm。其大者如某些蟊斯的卵，可长达 40 mm；小者如寄生蜂卵，仅 0.02 mm。昆虫卵的形状也各不相同。常见的有椭圆形、球形、半球形、鱼篓形、有柄形、弹形（图 1-27）。

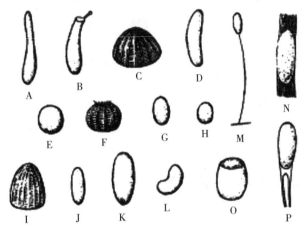

图 1-27 昆虫卵的形状

A. 长茄形（飞虱） B. 袋形（三点盲蝽） C. 半球形（小地老虎） D. 长卵形（蝗虫） E. 球形（甘薯天蛾） F. 篓形（棉金刚钻） G. 椭圆形（蝼蛄） H. 椭圆形（大黑鳃金龟） I. 馒头形（棉铃虫） J. 长椭圆形（棉蚜） K. 长椭圆形（豆芫菁） L. 肾形（棉蓟马） M. 有柄形（草蛉） N. 被绒毛的椭圆形卵块（三化螟） O. 桶形（椿象） P. 双瓣形（豌豆象）

昆虫的产卵方式也有差别，有单粒散产的，如棉铃虫；有多粒产在一起成为卵块的，如玉米螟。有的昆虫卵产下后，卵块上覆盖着一层绒毛，如三化螟。蝗虫的卵块则包在分泌物所造成的泡沫塑料状卵袋内，对卵起保护作用。产卵场所也因虫而异，多数是产在植物枝叶的表面，如三化螟；有的产在寄主植物组织内，如稻飞虱；有的则产在土壤中，如蝼蛄。此外，有些体内寄生蜂的卵，产在其他昆虫的卵、幼虫、蛹或成虫体内。另外根据卵的颜色变化，可预测幼虫出现期。

卵的形状、大小、卵壳上的花纹，各种昆虫不同，在鉴别昆虫种类和组织防治上都有重要作用。昆虫卵期静止不动，卵壳有保护作用，加之产卵时的各种保护措施，因此，卵期药剂防治效果很差。但掌握害虫卵期长短，在幼虫初孵时进行防治，则效果好。

### ■ 知识应用

了解害虫卵的形态，掌握其产卵方式及场所，对鉴定昆虫、预测预报和防治害虫具有十分重要的意义。特别是对那些比较集中的害虫，可进行人工采卵，如秧田摘除二化螟、三化螟卵块，剪除天幕毛虫的产卵枝等都是十分有效的防治措施。

#### （二）幼虫（若虫）期

昆虫幼体在卵内完成胚胎发育，从卵内破壳而出，称为孵化。幼体从孵化到出现成虫（或蛹特征）所经历的日期，称为幼期（幼虫或若虫期）。幼期是昆虫取食生长时期，也是主要的危害时期。因为昆虫是外骨骼动物，体壁坚硬，限制了它的生长，所以幼虫生长到一定程度，必须将束缚过紧的旧表皮脱去，重新形成新的表皮，才能继续生长。脱下的旧皮，称为蜕。

昆虫在蜕皮前常不食不动，每蜕皮1次，虫体的体积、重量都显著地增大，食量也增加，在形态上也发生相应的变化。从卵孵化至第一次蜕皮前称为第一龄幼虫（若虫），以后每蜕皮1次增加1龄。所以，计算虫龄是蜕皮次数加1。相邻两次蜕皮之间所经历的时间，称为龄期。

昆虫蜕皮的次数和龄期的长短，因种类及环境条件而不同。一般幼虫蜕皮4～5次。在2龄、3龄前，昆虫活动范围小，取食很少，抗药能力很差；生长后期，则食量骤增，常暴食成灾，而且抗药力增强。所以，常在3龄前的幼龄阶段施药防治效果好。

不同种类的昆虫，幼期形态多不相同。有的幼体和成虫相似，体型无甚变化，称若虫型。有的与成虫迥异，称为幼虫。完全变态昆虫的幼虫由于其对生活环境长期适应的结果，在形态上发生了很大的变化，主要有以下类型（图1-28）。

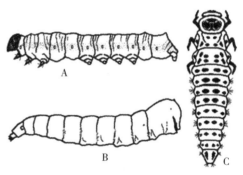

图1-28 昆虫幼虫的类型
A. 多足型 B. 无足型 C. 寡足型

①原足型。胸足仅为简单突起，口器发育不全，不能独立生活，需要吸收寄主的营养继续发育，如膜翅目的一些寄生蜂。

②无足型。完全无足，如蝇类和象虫的幼虫。

③寡足型。只有3对发达的胸足，无腹足，如瓢虫、金龟甲、步甲的幼虫。

④多足型。除有胸足3对外，还有多对腹足，如蝶、蛾类幼虫，有3对胸足和2～5对腹足，叶蜂类幼虫有3对胸足和6～8对腹足。

#### （三）蛹期

由幼虫转变为蛹的过程称为化蛹。从化蛹到成虫羽化所经历的时间称为蛹期。蛹是幼虫转变为成虫的过渡时期，此时昆虫表面不食不动，但内部进行着分解旧器官，组成新器官的剧烈新陈代谢活动。各种昆虫蛹的形态不同，可分为3种类型（图1-29）。

①离蛹（裸蛹）。离蛹的触角、足、翅等与蛹体分离，有的还可以活动，如金龟甲、蜂类的蛹。

②被蛹。被蛹的触角、足、翅等紧紧贴在蛹体上，表面只能隐约见其形态，如蝶、蛾的蛹。

③围蛹。围蛹的蛹体被幼虫最后脱下的皮形成桶形外壳所包围，里面是离蛹，这是蝇、虻类所特有的蛹。

蛹是静止的，不能活动，容易受到敌害和外界不良环境条件的影响，利用这一习性可以防治一些害虫。如有固有的场所一定程度上可用人工清除，可进行蛹体密度调查，由蛹期推算成虫期和产卵期等。在测报和防治上都有实践意义。

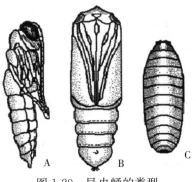

图 1-29　昆虫蛹的类型
A. 离蛹　B. 被蛹　C. 围蛹

### （四）成虫期

成虫是昆虫个体发育最后的一个阶段。不全变态的若虫和全变态的蛹，蜕去最后一次皮变为成虫的过程称为羽化。成虫主要是交配产卵，繁殖后代。因此，成虫期本质上是昆虫的生殖期。有些昆虫在羽化后，性器官已经成熟，不再需要取食即可交尾，产卵。这类成虫口器往往退化，寿命很短，对作物危害性不大，如一些蛾、蝶类。大多数昆虫羽化为成虫时，性器官还没有完全成熟，需要继续取食，才能达到性成熟，这类昆虫成虫阶段对农作物仍能造成危害。成虫阶段需要继续取食，以满足其卵巢发育对营养的需要，这种对性成熟必不可少的成虫期营养，称为补充营养。如盲蝽、叶蝉、守瓜等。也有一些成虫，没有取得补充营养时虽可交配产卵，但产卵量不高。了解昆虫对补充营养的要求，对预测预报和设置诱集器等都是重要的依据。

成虫从羽化到第一次交配的间隔期，称交配前期。从羽化到第一次产卵的间隔期，称为产卵前期。由第一次产卵到产卵终止的时间，称为产卵期。各种昆虫交配前期、产卵前期和产卵期常有一定的天数，但也受环境条件的综合影响而变动。掌握了昆虫的上列生物学特性，抓住产卵前期诱杀成虫，产卵盛期释放卵寄生蜂，可以提高防治效果。

有些昆虫雌雄体除了生殖器官不同外，在形态上还有其他差异，表现在触角形状、身体大小、颜色等方面，如小地老虎成虫雄蛾为发达的羽毛状触角，而雌蛾为线状触角，这种现象称雌雄二型。

还有些昆虫，同一种昆虫具有两种以上不同类型的个体，这种现象称为多型现象。如白蚁、蚂蚁、蜜蜂等。

## 四、昆虫的世代和年生活史

### （一）世代

昆虫由卵开始到成虫性成熟繁殖后代为止的个体发育史，称为一个世代。昆虫可以 1 年发生 1 代，也可以 1 年发生多代，有的多年发生 1 代。有些 1 年发生多代的昆虫，由于成虫期和产卵时间很长，后代个体发育不整齐，世代之间无法划分清楚，同一时期可以见到一个世代不同的虫态或不同世代的昆虫，这种现象称世代重叠。

计算昆虫的世代以卵期为起点。1 年发生多代的昆虫，依次称第一代、第二代……凡是上一年未完成生活周期，以幼虫（若虫）、蛹越冬，第二年继续发育为成虫，应是上一年最后 1 代的继续，也可以称为越冬代，其成虫产的卵才能算作当年的第一代。

## （二）年生活史

一种昆虫在1年内发生的世代数及其生长发育的过程，即由当年越冬虫态开始活动，到第二年越冬结束为止1年内的发育史，称为年生活史（简称生活史）。昆虫年生活史包括昆虫的越冬虫态，1年中发生的代数，各世代、各虫态的发生时间和历期，常用图表的方式表示（表1-4）。

表1-4　葱斑潜蝇生活史

（潘秀美等，葱斑潜蝇生物学特性研究）

| 世代＼月旬 | 1～3 | 4 | 5 | 6 | 7 | 8 | 9 | 10 | 11 | 12 |
|---|---|---|---|---|---|---|---|---|---|---|
|  | 上中下 | 上中下 | 上中下 | 上中下 | 上中下 | 上中下 | 上中下 | 上中下 | 上中下 | 上中下 |
| 越冬代 | ▲▲▲ | ▲▲▲<br>+++ | ▲▲▲<br>+++ | ▲▲▲<br>+++ | ▲<br>+++ |  |  |  |  |  |
| 1 |  |  | ●●<br>—<br>▲ | ●●●<br>— — —<br>▲▲▲<br>+++ | ●●●<br>— — —<br>▲▲▲<br>+++ | ●●<br>— —<br>▲<br>++ |  |  |  |  |
| 2 |  |  |  | ●●<br>— —<br>▲ | ●●●<br>— — —<br>▲▲▲<br>+++ | ●●●<br>— — —<br>▲▲▲<br>+++ | ●●<br>— —<br>▲<br>++ |  |  |  |
| 3 |  |  |  |  | ●●●<br>▲▲<br>+ | ●●●<br>▲▲▲<br>+++ | ●●●<br>▲▲▲<br>+++ | ●●<br>▲<br>++ |  |  |
| 4 |  |  |  |  | ●<br>— | ●●●<br>▲▲▲<br>++ | ●●●<br>▲▲▲<br>+++ | ●●<br>▲▲▲<br>+++ | ▲▲▲ | ▲▲▲ |
| 5 |  |  |  |  |  | ●●<br>— —<br>▲ | ●●●<br>— — —<br>▲▲▲<br>+++ | ●●●<br>▲▲▲<br>+++ | ▲▲▲ | ▲▲▲ |
| 6 |  |  |  |  |  | ●●<br>— —<br>▲<br>+ | ●●●<br>— — —<br>▲▲▲<br>+++ | ●●●<br>▲▲▲<br>+++ | ▲▲▲ | ▲▲▲ |
| 越冬代 |  |  |  |  |  | ●<br>▲▲▲ | ●●●<br>— —<br>▲▲▲ | ●●●<br>— —<br>▲▲▲ | ▲▲▲ | ▲▲▲ |

注：●表示卵；—表示幼虫；▲表示蛹；+表示成虫。

研究昆虫的年生活史，目的是摸清昆虫在1年之内的发生规律、活动和为害情况，以便针对昆虫年生活史中的薄弱环节与有利时机，进行防治。

## （三）休眠和滞育

昆虫在生活周期中，常常发生生长发育或生殖暂时停止的现象，这种现象多发生在严冬或盛暑来临之前，故称越冬或越夏。从生理上可区分为休眠和滞育2种。

有些昆虫，当环境条件恶化时（主要指低温或饥饿）处于不食不动，停止生长发育的状态，当不良环境条件消除后，这些昆虫就可以恢复正常的生长发育状态，这种现象称休眠。还有些昆虫，在不良环境尚未到来之前就进入停育状态，即使不良环境解除也不能恢复生长发育，必须经过一定的外界刺激如低温、光照等，才能打破停育状态，这种现象称滞育。滞育具有遗传稳定性。具有滞育特性的昆虫都有各自固定的滞育虫态，如玉米螟只以老熟幼虫滞育。

### 资料卡片

昆虫滞育持续时间的长短，因昆虫种类而不同，有的数月，有的可达数年之久，例如小麦红吸浆虫幼虫在土内滞育可达10年以上。

### 五、昆虫的主要行为习性及与防治的关系

昆虫的习性是种或种群的生物学特性，包括昆虫的活动和行为。了解害虫的习性，掌握其特点和弱点，有利于控制其发生为害，又可利用某些习性进行测报和防治。

#### （一）食性

食性指昆虫对食物的适应性。根据食物的性质不同，昆虫的食性可分为5类。

**1. 植食性** 植食性昆虫以植物为食料。包括绝大多数的农林害虫和少部分益虫，如蝗虫、家蚕。

根据昆虫取食范围的广窄，进一步可分为：

①单食性。单食性昆虫只取食一种植物，如三化螟、澳洲瓢虫。

②寡食性。寡食性昆虫能食同属同科和近缘科的几种植物，如菜粉蝶。

③多食性。多食性昆虫能取食很多科、属的植物，如小地老虎。

**2. 肉食性** 肉食性昆虫主要以动物为食料。绝大多数是益虫。按其取食的方式又可分为捕食性，如瓢甲；寄生性，如赤眼蜂。

**3. 杂食性** 杂食性昆虫既吃植物，又吃动物，如胡蜂。

**4. 粪食性** 粪食性昆虫专以动物的粪便为食，如蜣螂。

**5. 腐食性** 腐食性昆虫以死亡的动植物组织及其腐败物质为食，如埋葬甲。

了解害虫的食性及其食性专门化，可以实行轮作倒茬，合理的作物布局，中耕除草等农业措施防治害虫，同时对害虫天敌的选择与利用也有实际价值。

#### （二）趋性

趋性指昆虫对外界刺激发生的定向反应。凡是向着刺激物定向运动的为正趋性，背避刺激物运动的称负趋性。按刺激物性质，趋性可分为：

**1. 趋光性** 昆虫通过视觉器官，趋向光源而产生的反应行为，称为正趋光性；反之，则为负趋光性。一般夜出活动的夜蛾、螟蛾等对灯光为正趋光性，很多在白昼日光下活动的蝶类、蚜虫等对灯光为负趋光性。各种昆虫对光度强弱和光波长短反应不同，一般讲，短光波对昆虫诱集力很强，如二化螟对于330~400nm的趋性最强。因此，可利用黑光灯、双色灯来诱杀害虫和进行预测预报。

**2. 趋化性** 昆虫通过嗅觉器官对于化学物质的刺激产生的反应行为，称为趋化性。趋

化性也有正负之分,这对昆虫取食、交配、产卵等活动,均有重要意义。如菜粉蝶趋向含有芥子油气味的十字花科蔬菜上产卵的习性。对具有强烈趋化性的害虫,可进行诱杀,如用糖、醋、酒等混合液诱集地老虎、黏虫等。

**3. 趋温性** 昆虫是变温动物,本身不能保持和调节体温,必须主动趋向环境中的适宜温度,这就是趋温性的本质所在。如东亚飞蝗蝗蝻每天早晨要晒太阳,当体温升到适合时才开始跳跃取食等活动。严冬酷暑某些昆虫要寻找适合场所来越冬越夏,这也是趋温性的一种表现。

### (三) 假死性

有些昆虫受到突然的接触或振动时,全身表现一种反射性的抑制状态,身体蜷曲,或从植株上坠落地面,一动不动,片刻,才又爬行或飞起,这种特性称为假死性。对具有假死性的害虫,可以用骤然振落方法,加以捕杀,如金龟子。

### (四) 群集性和迁移性

群集性是同种昆虫的个体高密度地聚集在一起的习性。这种习性是昆虫在有限的空间内,个体大量繁殖或大量集中的结果。如蚜虫常群集在作物嫩芽上;粉虱群集在茄科蔬菜的叶背上等。

不少害虫,在成虫羽化到翅骨化变硬的羽化初期,有成群从一个发生地长距离迁移到另一个发生地的特性,如蝗虫、黏虫等。这些昆虫成虫开始迁移时,雌虫的卵巢还没有发育,大多数没有交尾产卵,这种迁移是昆虫的一种适应性,有助于种的延续生存。了解害虫的迁移特性,查明其来龙去脉及扩散、转移的时期,对害虫的测报与防治具有重大意义。

■ 知识应用

黄板诱杀法选用长20cm、宽15cm的硬纸板或木板一块,上面贴上黄纸,然后在黄纸上涂一层黄油,制成诱杀板,将诱杀板插在花盆间,利用蚜虫对黄色的趋性,将蚜虫粘在诱杀板上,达到消灭蚜虫的目的。

## 第五节 昆虫分类和螨类概述

分类学是适应生活和生产实践的要求而产生的科学。分类是认识客观事物的最基本的方法。分类不仅是对世界上浩如繁星的物种进行分门别类列成系统,而且探索各个分类阶元之间的内在联系,目的是能够更好地反映生物界中的自然关系。此外,昆虫分类在生产实践上也有极其重要的意义:

①在益虫利用和害虫防治方面。对某些具有重要经济意义的种类,因形态近似而易混淆,若忽视分类鉴别,可能给工作带来巨大损失。

②在卫生害虫方面。区别能传播疾病的种类,对划分疫区及制订防治措施均有重要意义。如我国按蚊共40多种,但能传播疟疾的主要是中华按蚊等10余种。弄清了这一基本情况,我们可根据这些传疟种类的分布进行重点防治。

③在植物检疫方面。正确鉴定害虫种类并查明分布区,有助于准确划分疫区和确定对外对内植树物检疫对象名单。如棉红铃虫在新疆尚未发现。

④在国防上。昆虫分类工作也很重要，如一些敌对国家在战争中曾空投携带细菌的昆虫，查明空投下来的大量带菌昆虫和病菌种类，对揭露敌人罪行，迅速扑灭病菌害虫，保障人民的健康与生命安全都有巨大意义。

⑤在农业上。对于农业害虫的防治更是不言而喻，进行农作物、果树、蔬菜等方面害虫的科学研究工作，首先必须正确的鉴别种类。

## 一、昆虫分类的依据和方法

昆虫分类和其他动物分类一样，目前仍以外部形态特征作为主要依据，并以成虫形态由简单到复杂的进化规律，所鉴别的种类绝大部分是正确的，而且使用简便。昆虫分类的单元和其他动植物相同，包括界、门、纲、目、科、属、种 7 个等级，分类阶元书写时，必须按阶梯排列。以蔷薇白轮盾蚧为例，其分类地位如下：

界：动物界
　门：节肢动物门
　　纲：昆虫纲
　　　亚纲：有翅亚纲
　　　　目：同翅目
　　　　　亚目：胸喙亚目
　　　　　　总科：蚧总科
　　　　　　　科：盾蚧科
　　　　　　　　属：白轮盾蚧属
　　　　　　　　　种：蔷薇白轮盾蚧

有时因实际需要，在纲、目、科、属、种等分类单位下，还分设亚纲、亚目、亚科、亚属、亚种等分类单位。种是分类的基本单位，种间有相对明确的界限，种是以种群的形式存在，具有相同的形态特征，能自由交配繁衍后代，与其他物种有生殖隔离的一种类型。

通过对昆虫形态特征、幼期特征（胚胎期、卵期、幼虫期、蛹期）、生态学特征、地理分布上的特征、生理学的特征、细胞学的特征等多方面分析特性与归纳共性是分类的基本方法。

昆虫每个种都有一个学名。学名采用国际上统一规定的双名法，由属名和种名共同组成，用拉丁字母来书写。前面是属名，后面是种名，一般在最后还要加上命名人的姓氏或其缩写。属名的第一个字母要大写，种名全部小写，属名和种名都要用斜体，后面姓氏的第一个字母也要大写，但是不要用斜体。

如马尾松毛虫（中文名称）的学名为：$Dendrolimus\ punctatus$（Walker）
　　　　　　　　　　　　　　　　　　属名　　　种名　　定名人

若是亚种，则采用"三名法"，将亚种名排在种名之后，第一个字母小写。如天幕毛虫：$Malacosoma\ neustria\ testacea$ Motschulsky，是由属名、种名、亚种名组成，命名者的姓置于亚种名之后。

## 二、园艺昆虫主要目、科的分类特征及识别

昆虫纲的分目主要是根据它们的外部形态特征（包括口器构造、触角形状、翅的有无、

翅的质地、足的类型)、变态和生活习性等区分。目前国内多数学者将昆虫纲分为33目，现将其中与园艺植物关系密切的8个目及科的特征概述如下。

## (一) 直翅目

直翅目昆虫体多为中至大型；咀嚼式口器，触角多为丝状；前胸背板发达，呈马鞍形；前翅为覆翅，后翅膜质纵折；后足跳跃式或前足开掘式；腹部有尾须，产卵器发达；多为植食性；不完全变态（表1-5，图1-30）。

**表1-5 直翅目昆虫重要科特征**

| 科 | 主 要 特 征 | 常见种类 |
|---|---|---|
| 蝗科 | 触角短于体长，听器着生在第一腹节两侧，后足跳跃足，产卵器凿头状，尾须短不分节 | 东亚飞蝗 中华稻蝗 |
| 蝼蛄科 | 触角短于体长，听器在前足胫节内侧，前足开掘足，后翅长，纵折伸过腹末如尾状，尾须长，产卵器不发达，不外露，植食性，土栖 | 华北蝼蛄 东方蝼蛄 |
| 蟋蟀科 | 触角长于体长，听器在前足胫节内侧，后足跳跃足，产卵器发达呈剑状，尾须长 | 姬蟋蟀 |

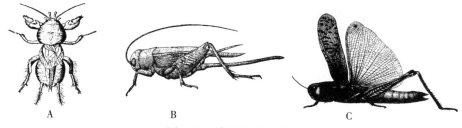

图1-30 直翅目代表昆虫
A. 蝼蛄 B. 蟋蟀 C. 蝗虫

## (二) 半翅目

半翅目昆虫小至中型，个别大型，体多扁平坚硬；刺吸式口器，触角丝状或棒状，复眼发达，单眼2个或缺；前胸背板发达，中胸小盾片三角形；陆生种类多有发达的臭腺。不全变态，多为植食性的害虫；少数为肉食性的天敌种类，如猎蝽、小花蝽等。根据触角节数、着生位置、前翅的分区、翅脉及喙的节数等特征分科（表1-6，图1-31）。

**表1-6 半翅目昆虫重要科特征**

| 科 | 主 要 特 征 | 常见种类 |
|---|---|---|
| 蝽科 | 体小至大型，体色多变；头小三角形，触角多5节，喙4节，具单眼；小盾片发达三角形；前翅膜区有纵脉，且多出自一基横脉上 | 荔枝蝽 菜蝽 |
| 网蝽科 | 体小型而扁，前胸背板常向两侧或向后延伸，盖住小盾片，胸部与前翅具网状花纹 | 梨网蝽 |
| 缘蝽科 | 中到大型，体狭，两侧缘略平行；触角4节，喙4节，有单眼；胸背板梯形，侧角常呈刺状或叶状突出；膜区从一基横脉上发出很多纵脉 | 黄伊缘蝽 |
| 猎蝽科 | 中型；头狭长，长度大于宽度；触角4节；复眼发达，2单眼或无；喙3节，基部弯曲，不能平贴腹面；膜片发达，有2~3个大基室，上伸出2纵脉 | 黄足猎蝽 |

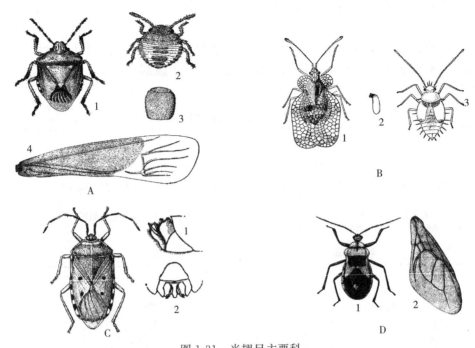

图1-31 半翅目主要科
A. 蝽科 1. 蝽科成虫 2. 若虫 3. 卵 4. 前翅 B. 网蝽科 1. 成虫 2. 卵 3. 若虫
C. 缘蝽科 1. 侧面观 2. 腹面观 D. 猎蝽科 1. 成虫 2. 前翅

## （三）同翅目

同翅目昆虫体小至大型；刺吸式口器，喙分节，复眼发达，触角刚毛状或丝状；前翅质地均匀，膜质或革质，少数种类无翅。繁殖方式多样，常有转主和世代交替现象，不全变态。植食性，以刺吸式口器吸食植物汁液，有些种类并能传播植物病毒，如叶蝉。部分种类排泄物中多糖分，常诱致植物发生煤烟病，如蚜虫、介壳虫等。根据触角类型、节数及着生位置等分科（表1-7，图1-32）。

表1-7 同翅目昆虫重要科特征

| 科 | 主 要 特 征 | 常见种类 |
| --- | --- | --- |
| 叶蝉科 | 体小至中型，一般细长；头部较圆，不窄于胸部，触角刚毛状，生于两复眼间；前翅加厚不透明；后足胫节密生两排刺 | 茶小绿叶蝉 黑尾叶蝉 |
| 蚜科 | 体小型；触角丝状，翅透明，前翅翅痣发达；腹部第六节背面两侧生腹管1对，腹部末节中央有突起尾片 | 瓜蚜 |
| 粉虱科 | 体微小，体表具纤细白蜡粉；触角6节；前翅最多3条翅脉，后翅1条翅脉；腹部第九节背面凹入称为皿状孔 | 温室白粉虱 |
| 蚧总科 | 通称介壳虫，是形态非常特殊的一类昆虫。雌虫终生固着在植物上，不能活动，只有幼龄若虫行动活泼。虫体表面大多被覆各种蜡质的介壳，腹末有卵囊，产卵量很大。无翅，大多足、触角、眼等附器也极度退化，唯口中的口针极细长，刺入植物组织内吸汁。雄成虫体小，仅具前翅1对，后翅退化成平衡棍，腹末常有细蜡丝。 | 吹绵蚧、角蜡蚧、矢尖蚧、柑橘小粉蚧 |

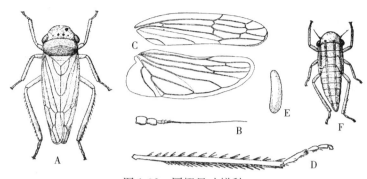

图 1-32 同翅目叶蝉科
A. 大青叶蝉成虫　B. 触角　C. 前后翅　D. 后足胫节　E. 卵　F. 若虫

## （四）鞘翅目

鞘翅目昆虫大小悬殊；水生和陆生；植食、肉食、腐食和粪食；复眼1对，生于头部两侧，一般无单眼；触角形状多样，10～11节；成、幼虫同为咀嚼式口器；前翅鞘翅，后翅膜质；完全变态；大多数成虫具趋光性和假死性；幼虫为寡足型或无足型；蛹为离蛹。依据触角和复眼的形状、口器与足的形状及幼虫的类型等分科（表1-8，图1-33）。

表 1-8　鞘翅目昆虫重要科特征

| 科 | 主 要 特 征 | 常见种类 |
| --- | --- | --- |
| 金龟科 | 体小至大型，圆筒形；触角鳃叶状；前足近乎开掘足，胫节扁，其上具齿，适于开掘；鞘翅常不及腹末，中胸小盾片多外露（食粪者，多不外露） | 华北大黑鳃金龟铜绿丽金龟 |
| 瓢甲科 | 体小至中型，体背隆起呈半球形；鞘翅常具红、黄、黑等星斑；头小，部分隐藏在前胸背板下；触角短小，锤状 | 澳洲瓢虫、七星瓢虫、马铃薯瓢虫 |
| 叶甲科 | 体小至中型，体色美丽；触角丝状，复眼圆形；跗节隐5节 | 大猿叶虫 |
| 步甲科 | 头前口式；前胸背板比头宽；触角11节，丝状；后足步行足 | 金星步甲 |
| 叩头虫科 | 触角锯齿状或栉齿状；前胸背板两后角常尖锐突出，前胸腹板后方有突出物，嵌在中胸腹板的凹陷内；跗节5节 | 细胸金针虫 |

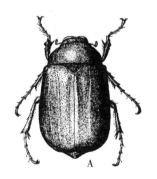 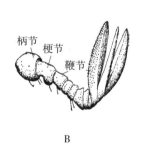 

图 1-33　鞘翅目金龟甲科
A. 成虫　B. 触角　C. 幼虫

**1. 肉食亚目**　肉食亚目昆虫前胸有背侧缝；后翅具2条m-cu横脉构成的小纵室（后翅肉食甲型）；后足基节固定在后胸腹板上，不能活动，并将第一可见腹板完全分割开；可见腹板6节；跗节5-5-5式；触角多丝状；雄虫睾丸管状、卷曲；雌卵巢管端滋式。

**2. 多食亚目** 多食亚目昆虫后足基节不固定在后胸腹板上,不将第一可见腹板分割;后翅无小纵室;前胸无明显背侧缝;跗节3～5节,触角形状各异,跗式多样;大多数植食性,有些捕食性,粪食性等;幼虫形式多样。

## (五) 鳞翅目

鳞翅目昆虫体小至大型,体披鳞片及鳞毛,并由鳞片构成各种色泽与花纹;触角丝状、球杆状、羽毛状或栉齿状等;复眼发达,单眼2个或无,口器虹吸式或退化;前翅大于后翅,少数种类雌虫无翅;幼虫体型变化较大,多为多足型,咀嚼式口器,腹足2～5对,有趾钩;多数被蛹。鳞翅目昆虫生活习性比较复杂,成虫一般不为害植物,仅取食一些花蜜或露水。幼虫大多为植食性,取仿为害方式有食叶、卷叶、潜叶、钻蛀茎、根或果实等(表1-9,图1-34)。

表1-9 鳞翅目昆虫重要科特征

| 科 | 主 要 特 征 | 常见种类 |
| --- | --- | --- |
| 粉蝶科 | 体中型,多为白色、黄色、橙色,或杂有黑色或红色斑点;前翅三角形,后翅卵圆形 | 菜粉蝶、斑粉蝶、山楂粉蝶 |
| 弄蝶科 | 体小至中型,体粗壮,黑褐色;触角锤状,端部带钩;休止时两翅竖起两翅平铺 | 直纹稻弄蝶 |
| 蛱蝶科 | 中或大型,有各种鲜艳的色斑;飞翔迅速而活泼,有的休息时四翅不停扇动;前足退化,短小,常缩起;触角锤状部特膨大 | 小红蛱蝶 |
| 螟蛾科 | 体小至中型,瘦长,色淡;触角丝状,下唇须发达多直伸前方;前翅狭长三角形,鳞片排列紧凑,翅面平滑有光泽,后翅有发达臀区,臀脉3条 | 玉米螟、桃蛀螟 |
| 夜蛾科 | 体多中至大型,色淡;触角丝状或羽状;前翅浆状或三角形,多斑纹,后翅宽色淡,臀脉有2条或者1条 | 小地老虎、烟青虫 |
| 菜蛾科 | 体小而狭,色暗;成虫休息时,触角伸向前方,下唇须伸向上方;翅狭,前翅披针形,后翅菜刀形 | 菜蛾 |
| 卷蛾科 | 前翅略呈长方形,有些种类休息时呈吊钟状 | 梨小食心虫、大豆食心虫 |
| 尺蛾科 | 体中、小型,细弱;多暗色,夜出性;休息时翅平放 | 棉大造桥虫 |

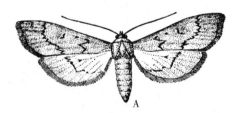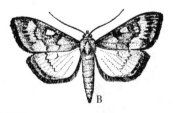

图1-34 鳞翅目螟蛾科
A. 玉米螟雌虫  B. 雄虫

根据触角的类型与活动习性,分为锤角亚目与异角亚目。

锤角亚目触角球杆状,白天活动,休止时四翅立竖于背,被蛹多有棱角;异角亚目触角多样,但非球杆状,成虫多夜间活动,休止时四翅覆于腹背或平展,被蛹无棱角。

## (六) 膜翅目

膜翅目既有益虫又有害虫。虫体大小悬殊,最小的寄生蜂只有0.21mm,最大的马尾蜂可达160mm。触角丝状或膝状,口器咀嚼式或嚼吸式;2对翅同为膜质,前后翅以翅钩相连;全变态;幼虫多足型或无足型;裸蛹,有的有茧;食性复杂,有植食性、捕食性和寄生性等（表1-10，图1-35）。

表1-10　膜翅目昆虫重要科特征

| 科 | 主要特征 | 常见种类 |
|---|---|---|
| 叶蜂科 | 身体短粗；触角丝状；有明显翅痣；前足胫节有2端距；产卵器锯状 | 菜叶蜂 |
| 茧蜂科 | 体小型；触角丝状，多节；翅仅有第一回脉，无第二回脉，多无小室或极不明显，翅面上有花纹 | 粉蝶小茧蜂 |

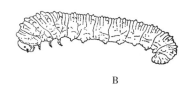

图1-35　膜翅目叶蜂科
A. 成虫　B. 幼虫

## （七）双翅目

双翅目昆虫体小到中型；成虫多为刺吸式或舔吸式口器，触角丝状、具芒状或其他形状；前翅膜质，后翅退化为平衡棍；全变态；幼虫蛆形，无足型，多数围蛹，少数被蛹；肉食、粪食或腐食性（表1-11，图1-36）。

表1-11　双翅目昆虫重要科特征

| 科 | 主要特征 | 常见种类 |
|---|---|---|
| 食蚜蝇科 | 中至大型，体具色斑；一部分翅脉与外缘平行，R与M脉间具一伪脉 | 凹带食蚜蝇 |
| 潜蝇科 | 体小型；具口鬃；无腋瓣，C脉有一处中断，Sc脉退化或与R1脉合并，或仅在基部与R1分开，第二基室与臀室均小；腿节具刚毛 | 豌豆潜叶蝇 |
| 实蝇科 | 小至中型，体常呈棕、黄、黑等色；头大，具细颈，触角芒光滑或有细毛；翅面常有雾状褐色斑纹；雌蝇腹末数节形成细长的产卵器。 | 柑橘大实蝇 |

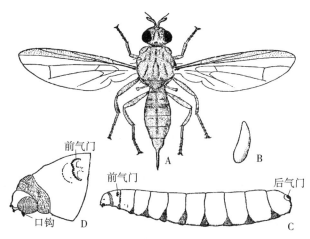

图1-36　双翅目实蝇科
A. 成虫　B. 卵　C. 幼虫　D. 幼虫头部及前气门

## （八）缨翅目

缨翅目昆虫为过渐变态；口器锉吸式；2对翅全为缨翅，翅狭长，翅缘密生长毛，翅脉少或无翅脉；步行足，足末端有可伸缩的泡（中垫），爪退化；触角短，6～9节。主要科为蓟马科，该科特征为体扁；触角6～8节，末端1～2节形成端刺，3～4节上有感觉器；雌虫具锯状产卵器，向下弯曲，如葱蓟马（图1-37）。

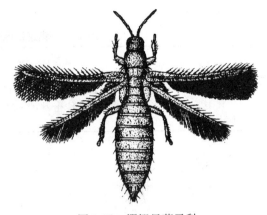

图1-37 缨翅目蓟马科

## 三、螨类概述

螨类属节肢动物门蛛形纲蜱螨亚纲。它是一群形态、生活习性和栖息场所多种多样的小型节肢动物。它们有的是植食性，有的是捕食性，有的是其他无脊椎动物和脊椎动物外部和内部的寄生物，广泛分布于世界各地。

螨类微小至小型，小的仅0.1mm左右，大的可达1cm以上。一般为圆形和卵圆形。虫体基本分为颚体（又称假头）与躯体两部分（图1-38）。

①颚体。颚体位于躯体前端或前部腹面，由口下板、螯肢、须肢及颚基组成。

②躯体。躯体呈袋状，表皮有的较柔软，有的形成不同程度骨化的背板。此外在表皮上还有各种条纹、刚毛等。

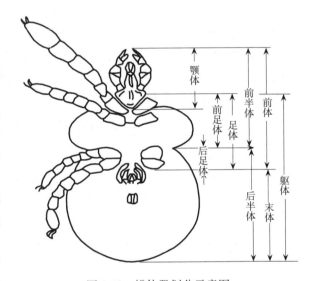

图1-38 螨体段划分示意图

有些种类有眼，多数位于躯体背面；腹足4对；气门或有或无，位于第四对足基节的前或后外侧；生殖孔位于躯体前半部，肛门位于躯体后半部。

螨类生活史可分为卵、幼螨、若螨和成螨4个发育阶段。幼螨有足3对，若螨和成螨则有4对。若螨和成螨形态很相似，但生殖器官未成熟。在年生活史发育过程中有1～3个或更多若螨期。成熟雌螨可产卵、幼螨，有的可产若螨，有些种类可行孤雌生殖。

目前，全世界已经描述记载的蜱螨40万余种。按经济意义可以把蜱螨亚目分为农业螨类、医学螨类和环境螨类，这里介绍农业螨类。农业螨类包括生活于植物体上以及动植物产品上的螨类。按食性分植食性和肉食性两类。

### （一）植食性螨类

植食性螨类主要有叶螨、瘿螨、粉螨、跗线螨等螨类，刺吸或咀嚼为害，多数是人类生产的破坏者。

**1. 叶螨** 叶螨是世界性五大害虫（实蝇、桃蚜、二化螟、盾蚧、叶螨）之一。它们吸食植物汁液，造成褪绿斑点，引起叶片黄化、脱落。近40多年来，由于人类在害虫防治措施上一度采用单一的化学药剂防治，使得叶螨由次要害虫上升为主要害虫，目前叶螨问题已成为农林生产的突出问题。

**2. 瘿螨** 瘿螨是仅次于叶螨的一类害螨，取食植物汁液并常造成枝叶畸形，如螨瘿、毛毡状或海绵状叶片，其中有些种类的防治难度甚至超过了叶螨。

**3. 粉螨** 粉螨是生活于仓库、房室等空间的害螨，咀嚼贮藏物品，还可传播真菌等微生物，使贮藏物品变质，是仓库中最难防治的一类害虫，而且不少种类还可以引起人类疾病，如皮炎、疥疮、瘙痒、肺螨病等。

### （二）肉食性螨类

肉食性螨类主要有植绥螨、长须螨、半疥螨、巨须螨、吸螨、肉食螨、绒螨、大赤螨等，捕食或寄生其他螨类、昆虫等节肢动物，多数可用于生物防治。其中以植绥螨的研究最为深入，目前已知近2 000种。长须螨是叶螨、瘿螨、跗线螨等害螨的常见捕食者，在生物防治中的作用仅次于植绥螨。半疥螨、巨须螨、吸螨、肉食螨、绒螨、大赤螨等也具有十分广阔的应用前景，在可预见的将来会得到进一步开发。

工厂化生产捕食螨，防治农林害虫，是当今害虫防治的一个亮点；用捕食螨防治大棚、温室害螨，效率远高于化学农药，且无污染等后遗症；在欧、美的一些发达国家，捕食螨已成为取代化学农药的主要产品。

■ 资料卡片

山东寿光市留吕镇菜农李振德和妻子经营2个大棚，他向生防专家们讲述了自己使用捕食螨一年来的情况。他说，这一季已经放了3次了捕食螨了。蓟马、红蜘蛛和烟粉虱等，以前每个月要用药2～3次，否则花、果被害，严重的整棚拔掉。他介绍，这茬彩椒前年11月份种，一直使用捕食螨，到目前半年时间才用了2次药。而在往年，每半个月左右就要打1次药，花费100多元。

## 第六节　园艺植物昆虫发生与环境的关系

研究昆虫与周围环境关系的科学，称为昆虫生态学。其为害虫测报、害虫防治和益虫利用的理论基础。

每一种生物都有相当数量的个体，同种的个体在生活环境内，组成一个相对独立的生殖繁衍单位，称为种群。在生态环境中，各生物群落间相互联系的总体，构成生物群落。种群、生物群落与环境组成一个相互关联的体系，称为生态系。生态系分为农田生态系、果园生态系、茶园生态系等。生态系统中诸因素的变化，常导致昆虫群落组分和种群数量的变动。反之，昆虫种群和群落的改变，也影响生态系统。因此，研究农田、果园、茶园生态系统的构成和动态，对控制害虫数量和增加天敌种群数量，减少农药施用和污染，提高害虫种群的管理水平，具有重要意义。

生态因子错综复杂,并综合作用影响昆虫种群的兴衰,其中以气象因素、土壤因素、生物因素影响最大。

## 一、气候因子对昆虫的影响

### (一)温度

昆虫是变温动物,它们的体温随周围环境温度的变化而变化,所以其活动、分布、生长发育、繁殖受温度的直接影响和支配。

**1. 温度对昆虫生长发育的影响** 昆虫的生活直接受温度的影响,环境温度高发育快,环境温度低发育慢。昆虫对环境温度的要求是有一定范围的,温带地区的昆虫一般要求的范围是在8~40℃,称之为有效温度区。当然还有最适合昆虫生长发育的温度,一般在22~30℃。如果温度太低就停止发育,过低就会死亡;反之,如果温度太高就会使其发育速度放慢,过高则引起死亡。使昆虫开始生长发育的温度,称为发育起点。一般而言,温度直接影响昆虫的生长发育、繁殖、寿命、活动及分布,从而影响昆虫的发生期、发生量及其地理上的分布。应当指出,不同种类的昆虫对环境温度的反应是不同的,例如稻纵卷叶螟卵期的适宜温度为22~28℃,而黏虫却在19~22℃较适宜。所以对任何一种害虫都应研究和了解其对环境温度的反应,才能较好地做好测报和抓住防治适期。

温带和寒带地区昆虫的越冬虫态,往往抗寒力强,能够经受严寒的袭击,是因为其在冬季来临前进行了越冬准备,减少体内水分,增加碳水化合物与脂肪的积累。但是,秋末气温骤降,昆虫常因准备未绪,抗寒力弱而大量死亡。春季骤寒昆虫已解除越冬虫态,避寒能力差,也易死亡。

**2. 有效积温定律(有效积温法则)** 在有效温度范围内,昆虫的生长发育速度常随温度的升高而加快。实验测得,昆虫完成一定的发育阶段(世代或虫期等),所需天数与该天数内温度的乘积,理论上是一个常数。用公式表示:K=NT,其中K表示常数,N表示发育天数,T表示平均温度。又因为昆虫的发育起点,不是从0℃开始,因此昆虫的发育温度应减去发育起点C。

有效积温公式是:

$$K=N(T-C) \text{ 或 } N=\frac{K}{T-C}$$

这公式说明了昆虫的发育速度与温度之间的一定关系,称为有效积温定律(或法则)。有效积温定律的应用可有下列几个方面:

(1)预测害虫发生期。如东亚飞蝗的发育起点温度为18℃,从卵发育到3龄若虫所需有效积温为130日度当地当时平均气温为25℃。问几日后达到3龄若虫高峰?

根据公式:$N=K/(T-C)=130/(25-18)≈19$(日)

即19日后东亚飞蝗3龄若虫达到高峰。

(2)预测某一地区,某种昆虫可能发生的代数。世代数=某地一年内的有效积温K1(日度)/某虫完成一代所需的有效积温K2(日度)

(3)预测昆虫的地理分布。

(4)控制昆虫的发育进度。

应当指出,有效积温定律的应用有一定的局限性,有时会产生误差,因此,对具体问题要作具体分析，才能正确反映客观规律。

### （二）湿度

湿度事实上是水的问题。水是虫体的组成成分和生命活动的重要物质与媒介。不同的昆虫或同种昆虫的不同发育阶段，对水的要求不同，水分过高或过低都能直接或间接影响昆虫正常生命活动直到死亡。昆虫对湿度的要求有一定范围，湿度对昆虫的发育速度、繁殖力和成活率有明显影响，因而在自然条件下湿度主要影响害虫的发生量。不少农业昆虫如小地老虎和盲蝽等要求高湿条件，湿度越大，产卵愈多，卵的孵化率也显著增高。但有些害虫如蚜虫和螨类等，在低湿条件下发育生殖较为适宜，尤其因干旱作物缺水的情况下，由于汁液浓度增高而提高了营养价值，从而更有利于繁殖，所以在干旱年份易造成其猖獗发生。

### （三）温湿度的综合影响

温度与湿度这对因子总是同时存在，互相影响并综合作用于昆虫的，对一种昆虫来说，适宜的湿度范围常因温度的变化而变化，反之适宜温度范围也会因湿度的变化而变化，只有在温湿度都适宜条件下，才真正有利于害虫的发生和发育。

### （四）光因素

光因素主要影响昆虫的活动规律与行为，起信号作用。

光是以波长表示，不同波长显示出不同的颜色。人类可见光波长在390～780nm，而昆虫可见光在253～600nm，许多昆虫对紫外光表现正趋性。广泛应用的黑光灯，是短光波，波长在360nm左右。昆虫对不同光的颜色，有明显的分辨能力。蜜蜂能区分红、黄、绿、紫4种颜色，蚜虫对黄色反应敏感。因此不同颜色的光，自然成为不同种类昆虫产卵，觅食及寻找栖息场所等生命活动的信息。光的强度对昆虫的活动与行为影响十分明显，菜粉蝶在强光下飞行，地老虎和吸果夜蛾等喜在夜间活动，一些钻蛀性昆虫，习惯于弱光。昼夜交替时间，在一年中周期性的变化，称为光周期。光周期是时间与季节变化最明显的标志。不同的昆虫，对光周期的变化，有不同的反应。棉蚜在长日照条件下大量产生无翅蚜，在秋末短光照条件下，则产生有性雌蚜与有性雄蚜交配产卵越冬。桃小食心虫在不足13h的光照下，则不论何种温度，幼虫几乎全部滞育。凡使昆虫种群50%的个体步入滞育的光照时间，称为临界光周期。

### （五）风

风直接影响昆虫的地理分布与垂直分布，又影响大气温度与湿度，间接影响昆虫的生长发育，对迁飞与扩散尤为明显。如黏虫等借大气环流远距离迁飞，小龄幼虫与叶螨等借风扩散与转移。但大风，尤其暴风雨，常给弱小昆虫或初龄幼虫（若虫）以致命打击。

昆虫栖息地的小气候，也不容忽视，大气候虽不适于某种害虫的大发生，但由于栽培条件、肥水管理、植被状况的影响，适于某种害虫发生为害的小环境（田间气候），也会出现局部严重发生。如黏虫、韭蛆等。

## 二、生物因子对昆虫的影响

### （一）食物对昆虫的影响

昆虫食料的种类和数量可直接影响到其生长发育、繁殖及分布。例如二化螟取食茭白比取食水稻长得好。单食性昆虫的生存决定于食物种类。同一种植物，由于不同生育期营养条件不同，对昆虫也有明显影响。例如，稻苞虫幼虫取食分蘖、圆杆期的水稻成活率为

32.4%，而取食孕穗期的水稻成活率仅为3.3%。由此可见，食物的种类和成分，直接影响昆虫的发育速度、成活率、生殖力等。当寄主植物营养条件恶化之后，不但造成大量害虫死亡，而且使许多害虫变形，迁移和进入休眠。

### （二）食物链

自然界同一区域内生活着各种生物，构成一个生物群落。凡是未经过人们开垦而自然形成的，称原始生物群落；反之称次生生物群落。两种群落各有特点，前者生物种类多，但优势种不很明显，后者种类少但优势种明显。在一块桃园里，除桃树外，还有各种杂草及以桃树为食料的害虫，又有以害虫为食料的天敌，这种动物与植物、害虫与益虫之间取食与被取食的关系，把多种生物联系在一起，恰如一条链条，一环扣一环，称为食物链。食物链通常开始于植物而终止于猛禽或猛兽。在一个链条中，各种生物都占有一定的比重，相互制约和依存，达到生物间的相对平衡即生态平衡，其中任何一环的变动（减少或增加），都会影响整个食物链。如瓜田蚜虫大发生后，便会有瓢虫大发生，瓢虫消灭了蚜虫，瓜田便恢复平衡；反之滥用农药，大量杀伤瓢虫，瓜蚜又会猖獗为害。了解当地食物链的特点及内在联系，选择最佳的综合治理措施，确保有益生物兴旺，达到控制或减轻害虫发生和为害的目的。

### （三）植物的抗虫性

昆虫可以取食植物，植物对昆虫的取食也会产生抵抗性，甚至有的植物还可"取食"昆虫。植物对昆虫取食为害所产生的抗性反应，称植物的抗虫性，植物抗虫性可表现为排趋性、抗生性和耐害性。

**1. 排趋性** 排趋性是由于植物的形态、组织上的特点和生理生化上的特性，或体内的某些特殊物质的存在，阻碍昆虫对植物的选择，或由于植物物候期与害虫的危害期不吻合，使局部或全部避免受害。

**2. 抗生性** 抗生性是指植物体内某些有毒物质害虫取食后，引起生理失调甚至死亡，或植物受害后，产生一些特殊反应（如极强愈合能力）阻止害虫危害。

**3. 耐害性** 耐害性是指植物受害后，由于本身的强大补偿能力，使产量减少很小。

利用植物的抗虫性来选育种植抗虫高产作物品种在农业害虫防治上具有重要意义。

### （四）天敌因素

在自然界，昆虫本身是食物链的一个环节，一方面它以其他生物为食，另一方面它又被某些生物所食，昆虫在自然界的生物性敌害叫昆虫的天敌。在害虫天敌中，昆虫应用最早，种类最多。

**1. 天敌昆虫** 天敌昆虫分寄生性与捕食性两大类。

（1）寄生性天敌昆虫。寄生性天敌昆虫在寄主体内完成个体发育，如赤眼蜂产卵于玉米螟卵内，就在寄主卵内完成卵、幼虫、蛹的发育，最后羽化为蜂，飞出寄主。寄生性天敌昆虫种类多，其中膜翅目、双翅目的昆虫利用价值最大。根据寄生和取食方式分内寄生与外寄生两类。凡是寄生在寄主的卵、幼虫、蛹和成虫内的称内寄生，反之称外寄生。

（2）捕食性天敌昆虫。捕食性昆虫，从幼虫到成虫性成熟再产卵，则需要捕食很多个寄主，最后才完成发育。捕食性天敌昆虫种类很多，最常见的如螳螂、蜻蜓、草蛉、虎甲、步甲、瓢虫、食虫虻、食蚜蝇等。这些益虫在自然界中帮助人们消灭大量害虫，许多在生物防治中已发挥了巨大的作用。如澳洲瓢虫、大红瓢虫、异色瓢虫。

**2. 天敌微生物**　昆虫在其生长发育过程中，常因致病微生物的侵染而生病死亡，因此利用天敌微生物治虫，应用越来越广泛。

（1）细菌。已发现昆虫感染的病原细菌近100种，分属于芽孢杆菌、肠杆菌、假单胞杆菌等。目前研究和应用较多的为芽孢杆菌，如苏云金杆菌和日本金龟甲芽孢杆菌等。昆虫感染细菌病害之后的显著特征是行动迟缓，食欲减退，死后身体软化变色，带黏性，发臭。

## 知识应用

苏云金杆菌是一种细菌杀虫剂，它在形成芽孢的同时能产生伴胞晶体。伴胞晶体（主要成分为蛋白质）进入昆虫消化道后，被碱性肠液破坏成较小单位的 δ-内毒素，使中肠停止蠕动，瘫痪，中肠上皮细胞解离，停食，芽孢则在肠中萌发，经被破坏的肠壁进入血腔后大量繁殖，使昆虫得败血症而死。苏云金杆菌对人畜安全，大鼠急性口服半数致死量为8 000mg/kg，对作物无药害，不伤害蜜蜂和其他益虫，但对蚕有毒。苏云金杆菌杀虫谱广，对鳞翅目特别有效。该产品通过有机产品认证，可以广泛应用于有机农产品生产中害虫防治。

（2）真菌。昆虫感染的真菌种类较多，约500余种，分属于鞭毛菌、子囊菌、担子菌及半知菌类，其中重要的有虫霉菌、白僵菌、绿僵菌等。一般真菌侵染昆虫后，以分生孢子在虫体表面萌发，形成附着孢而侵入，以菌丝体在血腔中增殖，最后穿出体壁，放出孢子。虫生真菌的寄生范围很广，可侵染半翅目、同翅目、鳞翅目和鞘翅目等许多昆虫。不少真菌的分生孢子寿命很长，可制成菌粉长期保存，便于工业生产和田间使用。染病死虫身体变硬，体表有白色、绿色、黄色等不同色泽的霉状物。

（3）病毒。一些病毒可引起多种昆虫的病毒性病害。常见的有细胞核多角体病毒、细胞质多角体病毒、颗粒体病毒等，其中以细胞核多角体病毒感染昆虫最多，如斜纹夜蛾、菜青虫等。在自然状态下，病毒主要通过带毒食物或排泄物或借媒介传播而感染。昆虫感病后表现为食欲减退，腹足紧抓树梢下垂而死，皮破流出大量病毒液体，但无臭味。用病毒防治害虫，用量少，效果好，且持久，但繁殖受限，必须活体培养，因此在防治上受到限制。

（4）线虫。线虫在昆虫防治上的应用，近年来渐渐受到重视。

（5）蜘蛛及其他食虫动物。鸟类的应用，早就为人们所见。尤其蜘蛛的应用，在生物防治中越来越受到人们的重视。

### 三、土壤因子对昆虫的影响

土壤是昆虫的一个特殊生态环境，对昆虫的影响主要表现在以下几方面：

#### （一）土壤的温度

不同的昆虫可以在不同的土壤深度找到其所需温度，加上土壤本身的保护作用，土壤成了昆虫越冬和越夏的良好场所。随着季节的更替和土壤温度的变化，土壤中生活的昆虫，如蛴螬、蝼蛄等地下害虫常作上下垂直移动。如生长季节到土表下为害，严冬季节可潜入土壤深处越冬等。

## (二) 土壤湿度

土壤空隙中的湿度除表层外,一般处在饱和的状态。昆虫的卵、蛹及休眠状态的幼虫等,多以土壤作栖息地。在土壤中生活的昆虫,对土壤湿度的变化有一定适应能力。

## (三) 土壤的理化性质

土壤的理化性质如土壤酸碱度及含盐量,对上栖昆虫或半上栖昆虫的活动与分布有很大影响。如麦红吸浆虫幼虫适生于 pH 为 6~11 的土壤中,在 pH 小于 6 的土壤中不能生存。土壤结构对土栖昆虫也有影响。如黄守瓜幼虫在黏土中化蛹及蛹羽化率均比沙土地高。

## 四、人类生产活动对昆虫的影响

### (一) 改变一个地区的昆虫组成

人类生产活动中,常有目的的从外地引进某些益虫,如澳洲瓢虫相继被引进各国,控制了吹绵蚧。但人类活动中无意地带进一些危险性害虫,如地中海实蝇、美国白蛾、棉红铃虫等,也给带进国带来灾难。

### (二) 改变昆虫的生活环境和繁殖条件

人类培育出抗虫耐虫的作物、蔬菜良种及果树、茶树苗木,大大减轻了受害程度;大规模的兴修水利,植树造林和治山改水的活动,改变自然面貌,从根本上改变了昆虫的生存环境,从生态上控制了害虫的发生,如对东亚飞蝗的防治就是一个典型的例子。

### (三) 人类直接治理害虫

新中国成立后开展大规模的治虫运动,如对东亚飞蝗的飞机防治,对果树食心虫、果树红叶螨和卷叶蛾的成功防治,就是最明显的鉴证。但是,在化学治虫过程中,由于用药不当又常出现某些害虫猖獗为害的现象。另外,在人类的生产活动和贸易往来中,一些为害严重的新的害虫,也常随人类的频繁交往传播蔓延,给农业生产带来新的为害,因此加强植物检疫,增强检疫意识是十分必要的。

## ■ 本章小结

昆虫基本知识
- 昆虫形态
  - 昆虫的特征
  - 触角结构和类型
  - 口器结构和类型
  - 足结构和类型
  - 翅结构和类型
- 昆虫内部构造 → 消化、呼吸、生殖和神经系统与害虫防治的关系
- 昆虫生物学 → 变态类型
  - 不全变态
  - 完全变态
- 昆虫分类 → 直翅目、半翅目、同翅目、鞘翅目、鳞翅目、膜翅目、双翅目等
- 昆虫生态学
  - 非生物因素
  - 生物因素
  - 人为因素

## 复习思考题

### 一、简答题

1. 你见到的动物中哪些是昆虫？请说明理由。
2. 为害植物的昆虫口器主要有哪两大类？为害植物后各有何为害状？如何防治这两类口器的害虫？
3. 根据体壁的结构如何加强对害虫的防治？
4. 昆虫有哪些习性？如何根据昆虫的习性来防治害虫？
5. 为什么使用化学药剂防治害虫的幼虫要在3龄之前？
6. 如何区分鳞翅目蛾类幼虫和膜翅目叶蜂幼虫？
7. 简述昆虫的消化系统与药剂防治的关系。
8. 直翅目、鳞翅目、鞘翅目的主要特征有哪些？
9. 昆虫和螨类形态结构有什么不同？昆虫感知外界信息的器官有哪些？功能是什么？
10. 昆虫呼吸、神经、生殖系统与其防治有何关系？
11. 何谓昆虫，有哪些特征？其分类地位如何？昆虫是怎样感觉到外界消息的？
12. 简述昆虫触角、眼、口器、胸足、翅的基本构造及类型。
13. 简述昆虫纲与蛛形纲、甲壳纲、多足纲等的区别。
14. 昆虫的眼与趋光性的关系及其在防治上的应用？
15. 何谓世代、年生活史？温度、湿度和食物对昆虫的影响各有哪些特点？
16. 农业害虫的天敌有哪些类型？各举1～2例。
17. 如何理解害虫的生态对策及害虫防治的经济学原则。
18. 说明农业生态系统的基本特点。

### 二、搭配题（用线将下列对应的部位连接起来）

1. 丝状　　　　A. 麻皮蝽　　　　a. 咀嚼式口器
2. 刚毛状　　　B. 金龟甲　　　　b. 刺吸式口器
3. 鞭状　　　　C. 凤　蝶　　　　c. 虹吸式口器
4. 鳃状　　　　D. 白　蚁
5. 球杆状　　　E. 黑蚱蝉
6. 念珠状　　　F. 星天牛

### 三、判断题（对的打"√"，错的打"×"）

1. 金龟甲、叶甲、步甲均有假死性。　　　　　　　　　　　　　　　（　　）
2. 地老虎的幼虫喜食酸甜物。　　　　　　　　　　　　　　　　　　（　　）
3. 蝗虫、椿象、蝉、蜂类均为不全变态昆虫。　　　　　　　　　　　（　　）
4. 化学防治幼虫的最佳时期是初龄幼虫期和脱皮期。　　　　　　　　（　　）
5. 以卵越冬的昆虫具越冬代。　　　　　　　　　　　　　　　　　　（　　）
6. 直翅目昆虫的后足为跳跃足。　　　　　　　　　　　　　　　　　（　　）
7. 同翅目昆虫的触角为刚毛状。　　　　　　　　　　　　　　　　　（　　）
8. 半翅目昆虫的前翅为鞘翅。　　　　　　　　　　　　　　　　　　（　　）

# 第二章 园艺植物病害基础知识

## 知识目标

1. 掌握植物病害的基本概念。
2. 了解植物病害发生的原因，及病原、植物、环境三者的关系。
3. 掌握植物病害的症状和类型及症状在诊断植物病害中的作用。
4. 掌握常见侵染性病害病原物的类群和侵染性病害的发生发展规律。

## 能力目标

1. 能掌握显微镜使用技术、制片技术及切片技术。
2. 能掌握识别和诊断植物病害的基本技能。

## 第一节 园艺植物病害的概念

### 一、园艺植物病害的定义

园艺植物在生长发育和贮藏运输过程中，由于遭受病原生物的侵染和不良环境条件等非生物因素影响，其正常的生长发育受到抑制，代谢发生改变，生理机能遭到干扰，组织结构以及外部形态遭到破坏或改变，最后导致产量降低，品质变劣，甚至死亡的现象，称为植物病害。

植物由于发生病害，对人类社会产生重大影响，造成巨大的损失。如新中国成立前夕，东北地区由于苹果树腐烂病严重发生，苹果树病死达140多万株，减产25万t。1845—1846年爱尔兰大饥荒，因发生严重的马铃薯发生晚疫病，而饿死25万人，并迫使150万人逃荒到北美洲。植物病害的主要不良后果如下：

①作物减产。平均减产15%，严重时超过50%，甚至绝产。

②作物品质下降。纤维、油料和糖料作物发生虫害后，除减产外，还可使纤维质量低劣，油料含油率和糖料含糖量下降，品质低，降低商品价值。

③引起人畜中毒。赤霉病的赤霉烯酮，可使人头昏、恶心、呕吐、抽风，严重者死亡。

④限制作物种植。东北、华北因红麻炭疽病停种。

⑤增加生产投入。因防治病害投入人力、物力和各种设备增加开支，降低经济效益。

⑥造成环境污染。大量使用农药，会造成环境污染。

### （一）病理程序

植物发生病害后，由于病原的影响，在生理上、组织上和形态上发生不断变化而持续发展的过程，称为病理程序，各种植物病害的发生都必须经过一定的病理程序。与植物病害相比，风、雹、昆虫以及高等动物对植物造成的机械损伤，没有逐渐发生的病理程序，因此属于伤害而不属病害。

### （二）植物病害的相对性

从生物学观点考虑，韭菜在弱光下栽培成为幼嫩的韭黄，菰草感染黑粉菌后幼茎形成肉质肥嫩的茭白，花椰菜花序膨大后可食用，羽衣甘蓝变形的叶片提高了观赏价值等，这种由于植物本身正常生理机制受到干扰而造成的异常现象，也属于植物病害。但从经济学观点考虑，植物的这种异常现象却使其经济价值提高了，故人们认为这些就不属于植物病害的范畴。

一般来讲，植物病害概念的界定可根据以下特点：

①植物病害是根据植物外观的异常与正常相对而言的。健康相当于正常，病态相当于异常。

②植物病害与机械创伤不同。其区别在于植物病害有一个生理病变过程，而机械创伤是往往是瞬间发生的。

③植物病害必须具有经济损失观点。美丽的郁金香杂色花是病毒侵染所致，韭黄是遮光栽培所致，上述不但没有经济损失，而且提高了经济价值，故不属病害范畴（图2-1）。

A　　　　　　　　　　　　　B

图 2-1　植物病害的相对性
A. 茭白　B. 韭黄

## 二、园艺植物病害发生的基本条件

植物病害是感病植物与病原在外界条件影响下相互斗争并导致植物生病的过程，感病植物、病原和环境条件成为构成植物病害并影响其发生发展的基本因素。

### （一）植物

为病原物提供必要的营养物质及生存场所的感病植物，称为寄主。当病原作用于植物时，植物本身会对病原进行积极的抵抗。当植物的抵抗能力远远超过某一因素的侵害能力时，病害就不能发生。

### （二）病原

引起植物病害发生的原因称为病原，是指病害发生过程中起直接作用的主导因素。分为生物性病原和非生物性病原两大类。

**1. 生物性病原**　由生物性病原（生物因素）引起的病害能够互相传染，能从一个植物传染给另一个植物，有侵染过程，所以称为侵染性病害或传染性病害。如白菜霜霉病、美人焦病毒病等。

引起侵染性病害的生物性病原简称病原物。病原生物大多数是肉眼难于看见的微生物（图2-2），包括菌物界的真菌；原核生物界的细菌、植原体、螺原体、类立克次体和放线菌；动物界的线虫；非细胞形态（结构）病毒界的病毒和类病毒；植物界的寄生性种子植物和寄生性藻类等。

**2. 非生物性病原** 由非生物性病原（非生物因素）引起的病害无侵染过程，不能相互传染，不能从一个植物传染给另一个植物，所以称为非侵染性病害、生理性病害、非寄生性病害。包括植物所处的环境中营养元素不足或不均衡或者比例失调，如缺素症、肥害等；水分

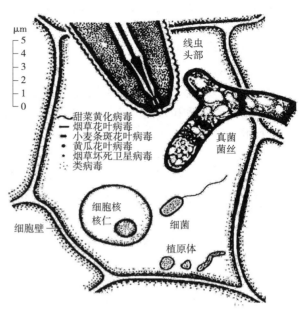

图2-2 几类植物病原物与植物细胞大小的比较

供应失调；温度过高过低或骤然改变；光照度或光周期的不正常变化；土壤中盐分过多；环境污染；农药使用不当等。这些因素连续不断地影响植物，其强度超过了植物的适应范围，就会引起植物病害。

### （三）环境条件

环境条件是指直接或间接影响寄主及病原的一切生物和非生物条件。环境条件一方面直接影响病原物，促进或抑制其生长发育，另一方面影响寄主的生活状态及其抗病性，当环境条件有利于病原物而不利于寄主时，病害才能发生和发展。

### （四）病害三角

植物病害需要有病原、寄主植物和一定的环境条件三者配合才能发生，三者相互依存，缺一不可，称为病害三角或病害三要素（图2-3）。

图2-3 病害三角（自然生态体系）

病害三角在植物病理学中占有十分重要的位置，在分析病因、侵染过程和流行，以及制订防治对策时，都离不开对病害三角的分析。

### （五）侵染性病害和非侵染性病害的关系

不适宜的环境条件不仅是非侵染性病害的病原，同时还是侵染性病害的主要诱因。非侵染性病害降低寄主植物的抗病性，促进侵染性病害的发生。植物发生侵染性病害后，可以促进非侵染性病害的发生，二者相互促进，往往导致病害加重。

## 三、园艺植物病害的分类

植物病害的分类依据不同，病害类型就不同。

### （一）根据病原类别划分（或有无生物因素或致病因素的性质）

根据病原类别，病害可分为侵染性病害和非侵染性病害。侵染性病害按病原物种类分为真菌病害、原核生物细菌病害、病毒病害、线虫病害和寄生性种子植物病害等。真菌病害又可细分为霜霉病、疫病、白粉病、菌核病、锈病、炭疽病等。这种分类方法便于掌握同一类病害的症状特点、发病规律和防治方法。

### （二）根据病原物的传播方式分

按病原物传播方式，可分为气传病害、土传病害、水流传播病害、种苗传播病害以及虫媒（介体）传播病害等。这种分类方法有利于依据传播方式考虑防治措施。

### （三）根据表现的症状类型

按症状类型可分为花叶病、斑点病、溃疡病、腐烂病、枯萎病、疫病、癌肿病等。

### （四）根据被害寄主植物类别

根据寄主植物可分为大田作物病害、经济作物病害、蔬菜病害、果树病害、观赏植物病害、林木病害、药用植物病害等。这种分类方法便于统筹制定某种植物多种病害的综合防治计划。

### （五）根据植物的发病部位

根据发病部位分为叶部病害、根部病害、茎干（枝干）病害、花器病害和果实病害等。

### （六）根据寄主植物的发育阶段（生育期）

根据寄主植物发育阶段可分为苗期病害、成株病害和产后病害、储藏期病害等。

另外，还可以根据病害的传播流行速度和流行特点分为单年流行病、积年流行病。根据病原物生活史分为单循环病害、多循环病害等。

## 四、园艺植物病害的症状

### （一）症状

症状是指植物感染病原物后在一定环境条件下，在生理上、组织上、形态上发生病变所表现的特征，植物病害的症状包括病状和病征。

无论是非侵染性病害还是侵染性病害，都是由生理病变开始，随后发展到组织病变和形态病变。因此，症状是植物内部一系列复杂病理变化在植物外部的表现。各种植物病害的症状都有一定的特征和稳定性，对于植物的常见病和多发病，可以依据症状进行识别，所以症状是诊断病害的重要依据之一。

### （二）病状及类型

植物感病后本身的不正常表现称为病状，其类型主要有：

**1. 变色** 变色是指植物的局部或全株失去正常的颜色或发生的颜色变化（图2-4）。变色是由于色素比例失调造成的，本质是叶绿素受到破坏，其细胞并没有死亡。以叶片变色最为明显多见，以花叶最为常见。如花叶、斑驳、褪绿、黄化、红化、紫化和明脉等。

**2. 坏死** 坏死指植物细胞和组织的死亡。多为局部小面积发生，如各种病斑、穿孔、叶枯、叶烧、疮痂、溃疡、角斑、流胶等（图2-5）。

**3. 腐烂** 植物较大面积组织的分解和破坏称为腐烂，如干腐、湿腐和软腐等。腐烂和坏死有时很难区别。一般来说，腐烂是整个组织和细胞受到破坏和消解，而坏死则多少还保持原有组织和细胞的轮廓。

图 2-4 变色类型
A. 褪绿  B. 花叶  C. 斑驳  D. 黄化  E. 红化、紫化  F. 明脉

图 2-5 坏死类型
A. 叶斑  B. 疮痂  C. 穿孔  D. 流胶  E. 猝倒  F. 立枯

含水分较多的组织发病后，如细胞消解较快，腐烂组织不能及时失水，则称为湿腐。比较坚硬而含水较少的组织，若细胞消解较慢，腐烂组织中的水分能及时蒸发而消失，则称为干腐，如苹果干腐病等。若含水分较多的组织发病，细胞中胶层先受到破坏，腐烂组织的细胞出现离析，以后再发生细胞的消解，则称为软腐。如大白菜软腐病和君子兰软腐病等。根据腐烂的部位不同又有根腐、茎基腐、果腐和花腐等（图 2-6）。

**4. 萎蔫**　萎蔫是指植物的整株或局部因脱水而枝叶下垂的现象。萎蔫有生理性和病理性之分。病理性萎蔫主要由于植物维管束受到毒害或破坏，水分吸收和运输困难造成的。病

图 2-6　腐烂类型

原物侵染引起的萎蔫一般不能恢复，萎蔫有局部性萎蔫和全株性萎蔫。植株失水迅速仍能保持绿色的称青枯；不能保持绿色的称枯萎和黄萎（图 2-7）。

图 2-7　萎蔫类型

**5. 畸形**　植物受害部位的细胞生长发生促进性或抑制性的病变，使被害植物全株或局部形态变异。

如矮化、矮缩、丛枝、皱缩、卷叶和瘤肿等。畸形多由病毒、类病毒和植原体等病原物侵引发的。例如枣疯病、桃缩叶病、李袋果病、根结线虫病等。此外，植物花器变成叶片状结构，使植物不能正常开花结实，称为花变叶（图 2-8）。

图 2-8　畸形类型

### （三）病征及类型

病原物在寄主植物发病部位的特征性表现称为病征。

凡植物病害都有病状，而病征只有在由真菌、细菌和寄生性种子植物等所引起的病害上表现较明显，而且一般发病到一定时候和高湿条件下才产生。病毒、类菌原体和类病毒等寄生在植物细胞内，在植物体外无表现，故它们所致的病害无病征。植物病原线虫多数在植物体内寄生，一般植物体外也无病征。非侵染性病害不是由病原物引发的，因而没有病征。

**1. 霉状物** 植物发病部位常产生各种霉，如真菌的菌丝、孢子梗和孢子在植物表面构成的特征，其着生部位、颜色、质地、疏密变化较大。可分为霜霉、绵霉、灰霉、青霉及黑霉等。霉层是由病原真菌的菌丝体、孢子梗和孢子所组成，如黄瓜霜霉病等（图2-9）。

图 2-9 霉状物

**2. 粉状物** 粉状物是病原真菌在病部产生的一些孢子和孢子梗聚集在一起所表现的特征。根据粉状物的颜色不同可分为锈粉、白粉、黑粉和白锈等，如凤仙花白粉病、月季白粉病等（图2-10）。

图 2-10 粉状物

**3. 锈状物** 某些真菌孢子在病部表现的特征。根据锈状物的颜色不同可分为锈粉、白锈等，如海棠锈病、牵牛花白锈病等（图2-11）。

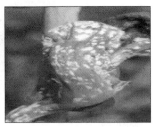

图 2-11 锈状物

**4. 点（颗）粒状物** 点（颗）粒状物是病原真菌在病部产生的形状、大小、色泽和排列方式各不相同的小颗粒，如分生孢子器、分生孢子盘、闭囊壳等，为真菌的繁殖体，颜色多为黑色、褐色，如梨轮纹病、山茶炭疽病等病部的黑色点状物（图2-12）。

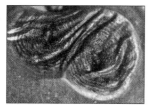  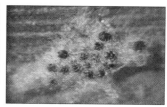

图 2-12　点（颗）粒状物

**5. 菌核和菌索**　菌核和菌索是真菌为度过不良环境由菌丝交织形成的一种形状、大小不一，质地坚硬，外有皮层，内为髓质的休眠体，褐色或黑色，小的如菜籽状、鼠粪状、角状，大的如拳头状。如白绢病发病后期在茎基部形成的茶褐色油菜籽状的菌核，油菜、萝卜、莴苣等菌核病的菌核（图 2-13）。

图 2-13　菌核和菌索

**6. 脓状物**（溢脓）　脓状物是植物病原原核生物中细菌性病害所特有的病征菌痂或菌胶粒，如桃细菌性穿孔病、番茄青枯病和马蹄莲细菌性软腐病等（图 2-14）。

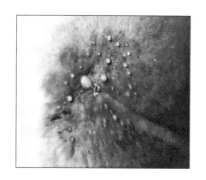 

图 2-14　脓状物

### （四）症状的作用和变化

植物病害的症状对于病害诊断有着重要意义。常见病害可以根据症状诊断，但是对某些病害又不能单凭症状进行识别，主要是植物病害的症状表现有复杂性。如环境条件和作物品种不同会使症状发生改变；36℃以上或10℃以下，或光照不足，会使烟草病毒病症状不明显或隐症（症状消失）；一种病害往往有几种症状；植株感病时的生育期不同，症状也有变化。因此，对于一种新发生的病害，不能简单地根据一般症状确定病害种类。

**1. 典型症状**　对于植物病害常见的一种症状，就称为典型症状。如烟草花叶病毒侵染多种植物后都表现为花叶症状，但它在心烟或苋色藜上却表现为枯斑。

**2. 症状潜隐或隐症现象**　一种病害症状出现后，由于环境条件的改变，或者使用农药治疗后，原有症状逐渐减退或暂时消失，隐症的植物体内仍有病原物存在，是带菌植物，一旦环境条件恢复或农药作用消失后，隐症的植物还会重新显症，症状又会重新出现。如丝瓜病毒病在高温条件下，花叶症状会暂时消失，当环境条件适宜时，又会恢复典型的花叶症状。

**3. 潜伏侵染**　有些病原物侵染寄主植物后，暂时不表现明显的症状，当寄主抗病性减弱或环境条件适宜时，症状才开始表现的现象。如米兰炭疽病，当米兰生长衰弱或高湿条件下，发病严重，表现症状；当米兰生长健壮抗性强，或环境条件不适宜发病时，不发病表现症状。

**4. 综合征**　有的病害在一种植物上可以同时或先后表现两种或两种以上不同类型的症状，这种情况称谓综合征。例如稻瘟病在芽苗期发生引起烂芽，在株期侵染叶片则表现枯斑，侵染穗部导致穗茎枯死引起白穗。

**5. 并发症**　当两种或多种病害同时在一株植物上混发时，可以出现多种不同的类型的症状，这种现象称为并发症。有时会发生彼此干扰的颉颃现象，也可能出现加重症状的协生作用。

# 第二节　园艺植物病害的病原

## 一、园艺植物非侵染性病害的病原

园艺植物的非侵染性病害是由于植物自身的生理缺陷或遗传性疾病，或由于在生长环境中有不适宜的物理、化学等因素直接或间接引起的一类病害。它和侵染性病害的区别在于没有病原生物的侵染，在植物不同的个体间不能互相传染，所以又称为非传染性病害或生理病害。

### （一）非侵染性病害的发生原因

**1. 营养失调**　营养失调包括植物缺乏某种元素或各种营养元素间的比例失调或营养过量，这些因素可以诱使植物表现出各种病状。过去一般称为缺素症或多素症，常见的有缺氮、缺磷、缺钾、缺铁、缺镁、缺硼、缺锌、缺钙、缺锰、缺硫等。

症状在植株下部老叶首先出现时一般可见黄化（缺乏氮）、紫色（缺磷）、叶枯（缺钾）、明脉（缺镁）、小叶（缺锌）；如果症状在植株上部新叶出现时一般表现畸形果（缺乏硼）、芽枯（缺钙）、白叶（缺铁）、黄化（缺硫）、失绿斑（缺锰）、叶畸形（缺钼）、幼叶萎蔫（缺铜）。某些元素过量也可导致植物中毒，主要是微量元素过量所致（多素症），如饲料类、肥害、药害、盐碱地（图 2-15）。

造成植物营养元素缺乏的原因有多种，一是土壤中缺乏营养元素；二是土壤中营养元素的比例不当，元素间的颉颃作用影响植物吸收；三是土壤的物理性质不适，如温度过低，水分过少，pH过高或过低等都影响植物对营养元素的吸收。在大量施用化肥、农药的地块，在连作频繁的保护地栽培等情况下，土壤中大量元素与微量元素的不平衡日益突出，在这种土壤环境中生长的作物往往会表现出营养失调症状。土壤中某些营养元素含量过高对植物生长发育也是不利的，甚至造成严重伤害。

图 2-15 营养失调

表 2-1 各营养元素缺乏或过量所引起的症状

| 元素种类 | 缺乏症状 | 过量症状 |
| --- | --- | --- |
| 氮（N） | 症状先在下部老组织中出现，老叶黄化枯焦，新叶淡绿，植株早衰，成熟提早，产量降低 | 叶暗绿色，徒长，延迟成熟，茎叶变软弱，抗病力下降，易受害虫为害 |
| 磷（P） | 先在下部老组织上表现症状，茎叶暗绿或呈紫红色，生育期推迟 | 株高变矮，叶变肥厚，成熟提早，产量降低 |
| 钾（K） | 老叶先端黄化，后叶尖及叶缘发生枯焦，症状随生育期延长而加重，早衰 | 表现出镁的缺乏症 |
| 钙（Ca） | 生长受阻，节间缩短，矮小，组织柔软；茎生长点死亡；根系不发达，根尖停止伸长。幼叶往往黄化，叶片顶端和叶缘生长受阻，叶片中部继续生长，出现扭曲症状 | 表现出锰、铁、硒、锌的缺乏症 |
| 铁（Fe） | 症状先在幼叶上出现，先是脉间失绿，叶仍保持绿色，后叶片逐渐变白，叶脉变黄，导致叶片死亡 | 表现出锰的缺乏症 |
| 锰（Mn） | 新叶脉间失绿黄化，严重时褪绿部分呈黄褐色，逐渐增多扩大，有时叶片发皱，卷曲，甚至凋萎 | 叶先端出生褐色或紫褐色小斑点，表现铁、钼的缺乏症 |
| 镁（Mg） | 叶脉间失绿，出现网状脉纹，有多种色泽斑点 | 表现为叶缘灼伤，严重影响根系生长等。可诱发叶片失绿的缺铁症。田间较少发生 |
| 硼（B） | 茎尖生长点受抑，节间缩短；根系发育不良；老叶增厚变脆，色深，无光泽，新叶皱缩，卷曲失绿，叶柄短缩加粗，花蕾脱落，果实发育不良 | 抑制种子萌发，引起幼苗死亡，叶片变黄枯焦，植株矮化 |
| 锌（Zn） | 新叶开始叶片失绿，变小，节间缩短，植株矮小 | 褐色斑点，表现铁、锰的缺乏症 |
| 铜（Cu） | 幼叶褪绿、坏死畸形及叶尖枯死，植株纤细。双子叶植物叶片卷曲，植株凋萎，叶片易折断，叶尖呈黄绿色；果树发生顶枯，树皮开裂、流胶 | 根伸长停止，表现铁的缺乏症 |

**2. 水分失调** 植物在长期水分供应不足的情况下，营养生长受到抑制，各种器官的体积和质量减少，导致植株矮小、细弱。缺水严重时，可引起植株干枯萎蔫，叶缘枯焦等症

状，造成落叶、落花和落果，甚至整株凋萎枯死。土壤水分过多会影响土壤温度的升高和土壤的通气性，使植物根系活力减弱，甚至受到毒害，引起水淹（沤根）、烂根，植株生长缓慢，下部叶片变黄、下垂，落花、落果，严重时导致植株枯死。水分供应不均或变化剧烈时，可引起根菜类、甘蓝及番茄果实开裂，或使黄瓜形成畸形瓜，番茄发生脐腐病等（图2-16）。

图 2-16　水分失调

**3. 温度不适**　高温可使光合作用减弱，呼吸作用增强，糖类积累减少，生长减慢，有时使植物矮化和提早成熟。温度过高常使植物的茎、叶、果等组织产生灼伤。保护地栽培通风散热不及时，也常造成高温伤害。高温干旱常使辣椒大量落叶、落花和落果。

低温对植物为害也很大。0℃以上的低温所致病害称冷害。一些喜温植物以及热带、亚热带和保护地栽培的植物较易受冷害，当气温低于10℃时，就会出现变色、坏死和表面斑点等常见冷害症状，木本植物上则出现芽枯、顶枯。植物开花期遇到较长时间的低温，也会影响结实。0℃以下的低温所致病害称冻害。冻害的症状主要是幼茎或幼叶出现水浸状暗褐色的病斑，之后组织逐渐死亡，严重时整株植物变黑、枯干、死亡。土温过低往往导致幼苗根系生长不良，引起瓜类等作物幼苗沤根，容易遭受根际病原物的侵染。

剧烈变温对植物的影响往往比单纯的高、低温更大。如昼夜温差过大，可以使木本植物枝干发生灼伤或冻裂，这种症状常见于树干的向阳面。

光照过强引起露地植物日灼病，光照不足引起保护地植物徒长（图2-17）。

A　　　　　　　　　　B　　　　　　　　　　C

图 2-17　温度不适
A、B. 冷害　C. 冻害

**4. 有害物质**

（1）农药、激素使用不当。各种化学农药、化学肥料、除草剂和植物生长调节剂若选用种类不当,施用方法不合理,使用时期不适宜,施用浓度过高等可对植物造成急性药害、慢性药害、残留药害。高温环境下容易发生药害。

①急性药害。一般在植物施药后 2~3d 发生,表现为叶片出现斑点、穿孔、黄化、失绿、畸形、卷叶及落叶;果实出现斑点、畸形、变小和落果;花瓣表现为枯焦、落花、落蕾、变色及腐烂;植株生长迟缓、矮化,茎干扭曲,甚至全株死亡。植物的幼嫩组织或器官容易发生此类药害。许多植物对无机铜、硫制剂敏感,容易发生,如石硫合剂、波尔多液等。

②慢性药害。慢性药害并不很快表现明显的症状,而是逐渐影响植株的正常生长发育,使植物生长缓慢,枝叶不繁茂,进而叶片变黄以至脱落。还可表现开花减少,结实延迟,果实变小,早期落果,品质下降,色淡,味差,籽粒不饱满和种子发芽率降低等。植物幼苗和开花期比较敏感。

③残留药害。施药时,会有部分药剂落在地面或表土中,这些药剂有的可能分解很慢,特别是除草剂容易在土壤中积累,待残留药物积累到一定程度,就会影响作物生长而表现药害。植物受残留药害显示的症状与慢性药害的症状相似。不适当地使用除草剂或植物生长调节剂也会引起药害。

(2) 环境污染。环境污染主要是指空气污染、水源污染、土壤污染和酸雨($SO_2$ 和 $H_2O$)的污染等,这些污染物对不同植物的为害程度不同,引起的症状各异(图 2-18,表 2-2)。

图 2-18 有害物质危害

表 2-2 环境污染物种类、来源、敏感植物及引起主要症状

| 污染物种类 | 污染来源 | 敏感植物 | 主要症状 |
| --- | --- | --- | --- |
| 臭氧($O_3$) | 空气中的光化学反应、风暴中心等 | 烟草、菜豆、石竹、菊花、矮牵牛、丁香、柑橘及松等 | 叶面产生褪绿及坏死斑,有时植株矮化,提前落叶 |
| 二氧化硫($SO_2$) | 煤和石油的燃烧、天然气工业、矿石冶炼等 | 豆科植物、辣椒、菠菜、南瓜、胡萝卜、苹果、葡萄、桃及松等 | 生长受抑,低浓度导致叶缘及叶脉间产生褪绿的坏死斑点,高浓度使叶脉间漂白 |
| 氢氟酸(HF) | 铝工业、磷肥制造、钢铁厂、制砖业等 | 唐菖蒲、郁金香、石竹、杜鹃、桃、蚕豆及黄瓜等 | 双子叶植物的叶缘或单子叶植物的叶尖产生枯焦斑,病健交界处产生红棕色条纹 |
| 过氧酰基硝酸盐(PAN) | 空气中的光化学反应和内燃机的废气等 | 多种植物对其敏感,特别是菠菜、番茄、大丽花及矮牵牛等 | 叶漂白,叶背呈铜褐色 |

(续)

| 污染物种类 | 污染来源 | 敏感植物 | 主要症状 |
| --- | --- | --- | --- |
| 氮化物<br>($NO_2$,NO) | 内燃机废气、天然气、石油或煤燃烧等 | 菜豆、番茄、马铃薯、杜鹃、水杉、黑杉及白榆等 | 幼嫩叶片的叶缘变红褐色或亮黄褐色。低浓度时只抑制植物生长而无症状表现 |
| 氯化物<br>($Cl_2$,HCl) | 精炼油厂、玻璃工业、塑胶焚化等 | 月季、郁金香、百日草、紫罗兰及菊花等 | 主要为害新叶,在叶脉间产生边缘不明显的褪绿斑;严重时,全叶变白,枯卷,脱落 |
| 乙烯<br>($C_2H_4$) | 汽车废气、煤或油燃烧、后熟的果实等 | 石竹、东方百合、兰花、月季及金盏菊等 | 偏上性生长,叶片早衰,植株矮化,花、果减少 |

### (二) 非侵染性病害与侵染性病害的关系

非侵染性病害常使植物抗病性降低,利于侵染性病原的侵入和发病。如冻害不仅可以使细胞组织死亡,还往往导致植物的生长势衰弱,使许多病原物更易于侵入。侵染性病害有时也削弱植物对非侵染性病害的抵抗力,如某些叶斑病害不仅引起木本植物提早落叶,也使植株更容易受冻害和霜害。加强栽培管理,改善植物的生长条件,及时处理病害,可以减轻两类病害的恶性互作。

### (三) 非侵染性病害的诊断和防治

引起非侵染性病害的原因很多,而且有些非侵染性病害的症状与侵染性病害的症状又很相似,因而给诊断带来一定的困难。生理性病害与病毒病因为均无病征,容易混淆,区别是一般病毒病的田间分布是分散的,且病株周围可以发现完全健康的植株,生理病害常常成片发生。

**1. 诊断的目的** 查明和鉴别植物发病的原因,进而采取相应的防治措施。非侵染性病害一般具有以下3个特点:一是病害往往大面积同时发生,表现同一症状;二是病害没有逐步传染扩散现象,没有传染性;三是病株上无任何病征,组织内也分离不到病原物,但是患病后期由于抗病性降低,病部可能会有腐生菌类出现。一般病害突然大面积同时发生,多是由于三废污染、气候因素所致;病害产生明显的枯斑、灼烧、畸形等症状,又集中于某一部位,无病史,多为使用农药、化肥不当造成的伤害;植株下部老叶或顶部新叶颜色发生变化,可能是缺素病,可采用化学诊断和施肥试验进行确诊;病害只限于某一品种,表现生长不良或有系统性的一致表现,多为遗传性障碍;日灼病常发生在温差变化大的季节及向阳面。

**2. 诊断方法** 现场调查,首先排除侵染性病害,及时治疗诊断。现场调查和观察时,不仅要观察病害的症状特点,还要了解病害发生的时间、范围、有无病史、气候条件以及土壤、地形、施肥、施药、灌水等因素,进行综合分析,找出病害发生的真正原因。

## 二、园艺植物侵染性病害病原及所致病害

园艺植物病害主要是由各类生物性病原物侵染引起的侵染性病害。生物性病原物包括真菌、原核生物、病毒、线虫、寄生性植物等。

### (一) 植物病原真菌

已知的植物病原真菌有8 000种以上。真菌可引起3万余种植物病害,占植物病害总数

的80%，属第一大病原物。植物上常见的霜霉病、白粉病、锈病和黑粉病四大病害都是由真菌引起的，历史上大流行的植物病害多数是真菌引致的。几乎所有的高等植物都受到1种或几种真菌侵染。因此，了解真菌的一般性状对于有效地防治植物真菌病害是必不可少的。

真菌的主要特征：真菌是真核生物的一种，有固定的细胞核和细胞壁，细胞壁主要成分是几丁质，少数种类是纤维素，不含叶绿素（无光合色素）。典型的营养体多为分枝的丝状体（菌丝体），少数类群为单细胞（如酵母菌）。营养方式为异养型吸收方式（腐生和寄生），需要从外界吸收营养物质。真菌大多腐生，以已死的有机体作为营养来源，少数寄生的真菌主要寄生在活植物上。繁殖方式为产生各种类型孢子。

植物病原真菌的一般性状：真菌生长和发育的一般过程，先是经过一定时期的营养生长阶段，然后产生孢子繁殖。营养生长阶段的结构称为营养体，是真菌生长和营养积累时期。当营养生长进行到一定时期时，真菌转入繁殖阶段形成繁殖体，是真菌产生各种类型孢子进行繁殖的时期。大多数真菌的营养体和繁殖体形态差别明显。

**1. 真菌的营养体** 真菌营养生长阶段的结构称为真菌的营养体。除极少数真菌的营养体是单细胞外，典型的真菌营养体都是分枝的丝状（体）结构，呈纤细的管状体，直径5～6μm，单根丝状体称为菌丝，许多根菌丝交织集合在一起的结构称为菌丝体。菌丝的主要功能是吸收、输送和贮存营养，为繁殖生长做准备。菌丝多数无色，有的呈粉、黄、绿、褐等颜色。高等真菌的菌丝内有横隔膜，将菌丝隔成多个长圆筒形的小细胞，称为有隔菌丝，每个隔开的小细胞就是一个细胞，为多细胞真菌；低等真菌的菌丝内一般无横隔膜，称为无隔菌丝，整个菌丝体为一个无隔多核的单细胞，为单细胞真菌。

菌丝一般由孢子萌发产生的芽管生长而成，以顶部生长并延伸。菌丝每一部分都潜存着生长的能力，每一断裂的小段菌丝在适宜的条件下均可继续生长。酵母菌芽殖产生的芽孢子相互连接呈链状，与菌丝相似称假菌丝（图2-19）。

寄生真菌以菌丝侵入寄主的细胞间或细胞内吸收营养物质。当菌丝体与寄主细胞壁或原生质接触后，营养物质和水分进入菌丝体内。生长在细胞间的真菌，特别是专性寄生菌在菌丝体上形成吸器，伸入寄主细胞内吸收养分和水分。吸器的形状因真菌的种类不同而异，有掌状、分枝状、指状、球状等（图2-20）。

真菌的菌丝体有时可以密集形成菌组织。真菌的菌组织还可以形成菌核、子座和菌索等变态类型。

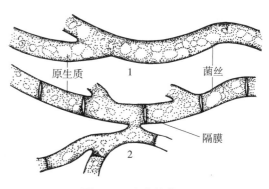

图2-19 真菌的菌丝
1. 无隔菌丝 2. 有隔菌丝

（1）菌核。菌核是由菌丝紧密交织而成的较坚硬的休眠体（图2-21），菌核的形状和大小差异较大，通常似菜籽状、鼠粪或不规则状。大的如鼠粪，小的需在显微镜下才能观察到。初期常为白色或浅色，成熟后为褐色或黑色，多较坚硬。菌核的功能主要是抵抗不良环境，当条件适宜时，菌核能萌发产生新的菌丝体或在上面形成产孢结构。

（2）子座。垫状，其主要功能是形成产孢结构，也有度过不良环境的作用。

（3）假根。有些真菌的菌丝体长出的根状菌丝称为假根，可以深入基质内吸取养分并固

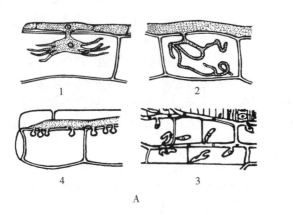

图 2-20　真菌吸器的类型和菌索
A. 吸器类型　B. 菌索
1. 掌状（白粉菌）　2. 分枝状（霜霉菌）　3. 球状（白锈菌）　4. 指状（锈菌）

图 2-21　菌核及其萌发
A. 菌核　B. 菌核萌发形成子囊盘

着菌体，如根霉、芽枝霉等（图 2-22）。

（4）附着胞。真菌孢子萌发形成的芽管或菌丝顶端的膨大部分，功能是牢固地附着在寄主体表，其下方产生侵入钉穿透寄主植物的角质层和表层细胞壁。

**2. 真菌的繁殖体**　真菌营养生长到一定时期所产生的繁殖器官称为真菌的繁殖体。低等真菌繁殖时，营养体全部转为繁殖体时称整体产果。高等真菌繁殖时，营养体部分分化为繁殖体，其余营养体仍然进行营养生长，称为分体产果。真菌的繁殖方式分为无性和有性 2 种，无性繁殖产生无性孢子，有性生殖产生有性孢子。孢子是真菌繁殖的基本单位，孢子的功能相当于高等植物

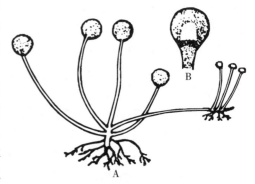

图 2-22　根霉属假根
A. 具有假根和匍匐枝的丛生孢囊梗和孢子囊
B. 放大的孢子囊

的种子。真菌产生孢子体或孢子的结构称为子实体。

（1）无性繁殖及无性孢子的类型。无性繁殖是指真菌不经过两性细胞或性器官的结合，直接从营养体上以断裂、裂殖、芽殖和割裂等方式产生孢子的繁殖方式，无性繁殖产生的各种孢子称为无性孢子。无性孢子多种多样，繁殖能力强，在植物一个生长季节中，环境适宜的条件下可以重复产生多次，数量巨大，使病害迅速蔓延扩散，在病害传播和流行中起着重要作用。但其抗逆性差，若环境不适宜则很快失去生活力（图2-23）。

①游动孢子。游动孢子是在游动孢子囊中产生的内生孢子，是鞭毛菌的无性孢子。游动孢子囊由菌丝或孢囊梗顶端膨大而成，球形、卵形或不规则形的一种囊状物。游动孢子肾形、梨形，单细胞，无细胞壁，只有原生质膜，具1～2根鞭毛，可在水中游动。

②孢囊孢子。孢囊孢子是在孢子囊中产生的内生孢子，是接合菌的无性孢子。孢子囊由孢囊梗的顶端膨大而成。孢囊孢子球形，单细胞，有细胞壁，无鞭毛，释放后可随风飞散。

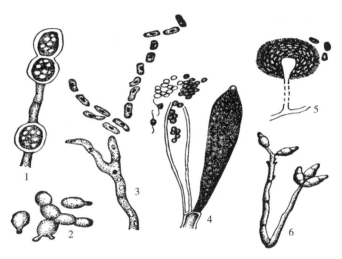

图2-23　真菌无性孢子类型
1. 游动孢子　2. 孢囊孢子　3. 分生孢子
4. 芽孢子　5. 粉孢子　6. 厚垣孢子

③分生孢子。分生孢子在由菌丝分化而形成的分生孢子梗上产生，成熟后分生孢子从孢子梗上脱落，是子囊菌、半知菌的无性孢子。分生孢子种类多，形状、大小、色泽、形成和着生的方式各异。不同真菌的分生孢子梗散生或丛生，有些真菌的分生孢子梗着生在特定形状的结构中，如近球形、具孔口的分生孢子器和杯状或盘状的分生孢子盘。

④厚垣孢子。厚垣孢子是真菌菌丝生长到一定阶段，菌丝的某些细胞原生质浓缩，细胞壁加厚而形成的厚壁休眠孢子。与无性孢子不同，厚垣孢子可以抵抗不良环境，存活多年，条件适宜时萌发形成菌丝。

（2）有性生殖及有性孢子的类型。有性生殖指真菌通过两性细胞或性器官的结合，经过质配、核配和减数分裂产生后代的繁殖方式。真菌有性生殖产生的孢子称为有性孢子（图2-24）。真菌的性细胞称为配子，性器官称为配子囊。真菌的有性生殖和有性孢子多数是一个生长季节只产生1次，且多在寄主生长后期，有性孢子有较强的生活力和对不良环境的忍耐力，

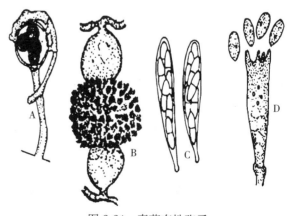

图2-24　真菌有性孢子
A. 卵孢子　B. 接合孢子　C. 子囊孢子　D. 担孢子

常是越冬的孢子类型和次年病害的初侵染来源。

①卵孢子。异型配子囊经过质配、核配交配形成的厚壁双倍体的休眠孢子，萌发时经过减数分裂产生芽管，恢复单倍体。一般发生在鞭毛菌中，如鞭毛菌亚门卵菌的有性孢子。

②接合孢子。同型异质配子囊经过质配、核配交配形成的厚壁双倍体的休眠孢子，萌发时经过减数分裂恢复单倍体。一般发生在接合菌中，接合菌的有性孢子称为接合孢子。

③子囊孢子。在子囊中产生，异型配子囊经过质配、核配和减数分裂形成的薄壁单倍体的孢子，每个子囊通常产生8个子囊孢子。子囊是无色透明、棒状或卵圆形的囊状结构。子囊孢子形态差异很大。子囊通常产生在有包被的子囊果内。子囊果一般有4种类型：球状无孔口的称为闭囊壳；瓶状或球状有真正壳壁和固定孔口的称为子囊壳；盘状或杯状的称为子囊盘；由子座组织消解形成的称为子囊座。如子囊菌的有性孢子。

④担孢子。由体细胞或菌丝接合形成的棒状物——担子，通常在担子上产生，经减数分裂后在外面形成的小孢子叫担孢子。发生在担子菌中，1个担子产生4个外生担孢子。如担子菌亚门真菌的有性孢子。

**3. 真菌的生活史**

(1) 典型生活史。真菌从一种孢子萌发开始，经过一定的营养生长和繁殖阶段，最后又产生同一种孢子的过程，称为真菌生活史。真菌的典型生活史包括无性繁殖和有性生殖2个阶段。真菌的菌丝体在适宜条件下生长一定时间后，进行无性繁殖产生无性孢子，无性孢子萌发形成新的菌丝体。菌丝体在植物生长后期或病菌侵染的后期进入有性阶段，产生有性孢子，有性孢子萌发产生芽管进而发育成为菌丝体，菌丝体产生下一代无性孢子，进入下一个无性阶段（图2-25）。

真菌无性繁殖阶段产生无性孢子的过程，在一个生长季节可以连续循环多次，是病原真菌侵染寄主的主要阶段，在生活史中往往可以独立地多次重复循环，完成1次无性循环的时间较短，一般6～10d，产生的无性孢子的数量极大，对植物病害的传播和发生发展甚至流行起着重要作用。在营养生长后期、寄主植物休闲期或环境不适情况下，真菌转入有性生殖产生有性孢子，这就是它的有性阶段，在整个生活史中往往仅出现1次，一般只产生1次有性孢子，植物病原真菌的有性孢子多半是在侵染后期或经过休眠后才产生，其作用除了繁衍后代外，主要是度过不良环境，成为翌年病害初侵染的来源。

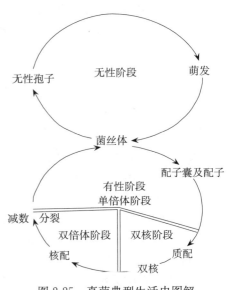

图2-25 真菌典型生活史图解

(2) 不典型生活史。在真菌生活史中，有的真菌不止产生1种类型的孢子，可以产生2种或2种以上不同类型的孢子，这种形成几种不同类型孢子的现象，称为真菌的多型性。如典型的锈菌在其生活史中可以形成冬孢子、担孢子、性孢子、锈孢子和夏孢子5种不同类型的孢子。一般认为多型性是真菌对环境适应性的表现。多数植物病原真菌在 1 种寄主植物上就可以完成生活史,这种现象称为单主寄生,大多数真菌都是单主寄生。在真菌的生活史中,有的真菌需要在 2 种或 2 种以上亲缘关系不同的寄主植物上交替寄生,才能完成其生活史,无性阶段在一种植物上寄生,有性阶段在另一种植物上,称为转主寄生,如锈菌。一般情况下都把经济价值较大的植物称为寄主,另一寄主植物称为转主寄主或中间寄主。如梨锈病菌冬孢子和担孢子产生于桧柏上,性孢子和锈孢子则产生于梨树上,转主寄主为桧柏。

(3) 不完全生活史。有些真菌生活史只有营养体阶段或有性阶段,没有无性阶段,没有无性孢子,如担子菌;有些真菌的有性阶段到目前还没有发现,没有有性孢子,其生活史仅指其无性阶段,生活史只有营养体阶段和无性阶段,如半知菌;有些真菌生活史只有营养体阶段,既没有有性阶段,也没有无性阶段,生活史中不产生任何类型的孢子,依靠菌丝体和菌核完成其生活史,如立枯丝核菌。

了解真菌的生活史,可根据病害在一个生长季节的变化特点,有针对性地制定相应的防治措施。

**4. 植物病原真菌的主要类群**　真菌分布广泛,遍布地上土中和水中,以及各种生物体的内外。真菌的种类繁多,在医药、农业、工业上也有各种真菌的应用。

(1) 分类。真菌分类主要是以有性繁殖和无性繁殖的特征以及营养体的结构等为依据。目前多采用安思沃斯系统,将真菌界分为黏菌门和真菌门。黏菌的营养体是变形体或原质团;而真菌门真菌的营养体典型的是菌丝体。根据营养体(菌丝有无隔膜)及无性繁殖和有性繁殖的特征(有性孢子与无性孢子的类型),将真菌门分为 5 个亚门:鞭毛菌亚门、接合菌亚门、子囊菌亚门、担子菌亚门和半知菌亚门。

真菌的分类单元

| 英文 | 拉丁文固定词尾 |
|---|---|
| 界 Kingdom | 无 |
| 门 Phylum | (-mycota) |
| 亚门 Sub-Phylum | (-mycotina) |
| 纲 Class | (-mycetes) |
| 亚纲 Subclass | (-mycetidea) |
| 目 Order | (-ales) |
| 科 Family | (-aceae) |
| 属 Genus | 无 |

(2) 命名。真菌命名与其他生物一样,采用林奈提出的拉丁双名法。

属名+种名+(最初定名人)最终定名人

属名的首字要大写,种名则一律小写,拉丁学名要求斜体,命名人的姓名写在种名之后。如学名已改动,原命名人置于括号中。如果命名人是俩人,则用"et"或"&"连接。如果加"ex"则表示前一个是命名人,后一个是公布发表这个种的人。

如:寄生霜霉 [*Peronospora parasitica* (Persoon) Fries]

灰葡萄孢 (*Botrytis cinerea* Pers. ex Fr.)

(3) 主要类群。

表2-3　真菌5个亚门的主要特征

| 亚门 | 营养体 | 无性繁殖体 | 有性繁殖体 |
| --- | --- | --- | --- |
| 鞭毛菌亚门 | 无隔菌丝或单细胞 | 游动孢子 | 卵孢子 |
| 接合菌亚门 | 无隔菌丝 | 孢囊孢子 | 接合孢子 |
| 子囊菌亚门 | 有隔菌丝或单细胞 | 分生孢子 | 子囊孢子 |
| 担子菌亚门 | 有隔菌丝 | 少有分生孢子 | 担孢子 |
| 半知菌亚门 | 有隔菌丝 | 分生孢子 | 无 |

①鞭毛菌亚门。本亚门真菌的特征是水生或潮湿利于其生长发育，其营养体多为无隔菌丝体，少数是单细胞，无性繁殖产生游动孢子，有性生殖产生卵孢子。其中腐霉属、疫霉属、霜霉属、假霜霉属、单轴霉属、白锈属与园艺植物病害关系密切（表2-4）。

表2-4　鞭毛菌亚门常见园艺植物病害病原及其所致病害特点

| 属名 | 病原形态特点 | 所致病害特点 | 代表病害 |
| --- | --- | --- | --- |
| 腐霉属（图2-26） | 孢囊梗菌丝状，孢子囊球状或姜瓣状，成熟后一般不脱落，萌发时产生泡囊 | 根腐、猝倒、腐烂 | 瓜果腐霉 |
| 疫霉属（图2-27） | 孢囊梗分化不显著至显著，孢子囊球、卵或梨形，成熟后脱落，萌发时产生游动孢子或直接产生芽管 | | 马铃薯晚疫病、黄瓜疫病、芍药疫病 |
| 霜霉属（图2-28） | 孢囊梗顶部对称二叉状锐角分枝，末端尖细 | 病部产生白色或灰黑色霜霉状物 | 十字花科蔬菜、葱和菠菜霜霉病 |
| 假霜霉属（图2-28） | 孢囊梗主干单轴分枝，以后又作2～3回不对称二叉状锐角分枝，末端尖细 | | 黄瓜霜霉病（图2-28） |
| 单轴霉属（图2-28） | 孢囊梗单轴分枝，分枝呈直角，末端平钝 | | 葡萄霜霉病（图2-28） |
| 白锈属（图2-29） | 孢囊梗不分枝，短棍棒状，密集在寄主表皮下呈栅栏状，孢囊梗顶端串生孢子囊 | 白色疱状突起，表皮破裂散出白色锈粉 | 十字花科蔬菜白锈病（图2-29） |

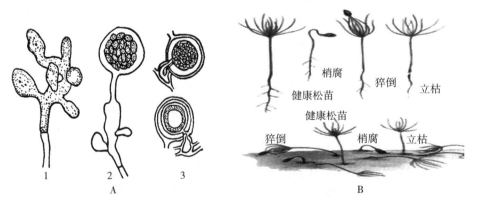

图2-26　腐霉属及引起的病害
A. 腐霉属无性孢子和有性孢子　B. 松苗发病状
1. 孢子囊　2. 孢子囊萌发形成泡囊孢子　3. 卵孢子

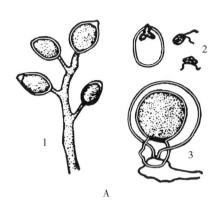

图 2-27 疫霉属及引起的病害
A. 疫霉属孢子  B. 百合疫病
1. 孢囊梗、孢子囊  2. 游动孢子  3. 卵孢子

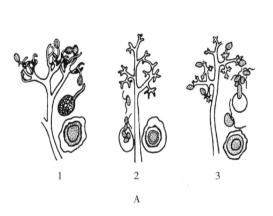

图 2-28 鞭毛菌亚门代表属及引起的病害
A. 鞭毛菌亚门代表属  B. 黄瓜霜霉病
1. 霜霉属  2. 假霜霉属  3. 单轴霉属

②接合菌亚门。接合菌亚门真菌多数为陆生型，营养体为无隔菌丝体；无性繁殖在孢子囊内产生孢囊孢子；有性生殖产生接合孢子。绝大多数为腐生菌，少数为弱寄生菌。根霉属与园艺植物病害关系密切（图2-30），主要引起贮藏期瓜果的腐烂。无隔菌丝分化出假根和匍匐丝，在假根对应处向上长出孢囊梗。孢囊梗单生或丛生，分枝或不分枝，顶端着生孢子囊。孢子囊球形，囊轴明显，成熟后囊壁消解或破裂，散出孢囊孢子。接合孢子表面有瘤状突起。根霉属真菌可引起薯类、水果和南瓜等软腐病。

③子囊菌亚门。全世界发现子囊菌亚门真菌32 000种，占真菌的1/3，都是高等真菌，全部陆生，寄生，形态千差万别，但共同点是形成子囊。营养体简单，大多数有发达的菌丝体，菌丝有分隔，少数为单细胞。无性繁殖产生分生孢子，有性生殖产生子囊和子囊孢子，

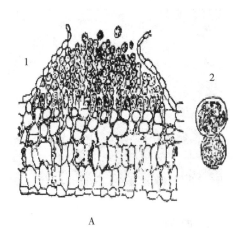
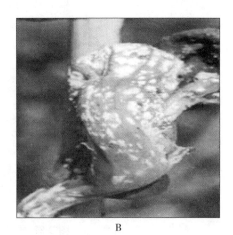

图 2-29 白锈菌属及引起的病害
A. 白锈菌属  B. 十字花科蔬菜白锈病
1. 突破寄主表皮的孢囊堆  2. 卵孢子萌发

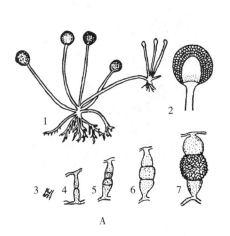

图 2-30 根霉属及引起的病害
A. 根霉属真菌  B. 百合鳞茎根霉软腐病
1. 假根  2. 孢子囊  3. 原配子囊  4、5. 配囊柄及原配子囊  6、7. 接合孢子

子囊孢子产生于子囊内，而子囊产生于闭囊壳、子囊壳、子囊盘、子囊座等子囊果中（图2-31）。

子囊菌亚门真菌除酵母菌为单细胞外，其他子囊菌的营养体都是分枝繁茂的有隔菌丝体。无性繁殖在孢子梗上产生分生孢子，产生分生孢子的子实体有分生孢子器、分生孢子盘、分生孢子束等。有性生殖产生子囊和子囊孢子，大多数子囊菌的子囊产生在子囊果内，少数是裸生的（表2-5）。

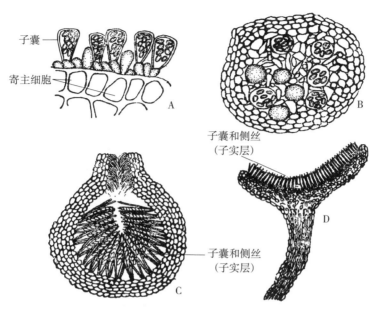

图 2-31 子囊果类型
A. 裸露的子囊果  B. 闭囊壳  C. 子囊壳  D. 子囊盘

表 2-5 子囊菌亚门常见病害病原及其所致病害特点

| 纲 | | 目 | | 属 | | 所致病害特点 | 代表病害 |
|---|---|---|---|---|---|---|---|
| 名称 | 形态特点 | 名称 | 形态特点 | 名称 | 形态特点 | | |
| 半子囊菌纲 | 无子囊果,子囊裸生 | 外囊菌目 | 子囊以柄细胞方式形成 | 外囊菌属（图2-32） | 子囊平行排列在寄主表面,呈栅栏状 | 皱缩、丛枝、肥肿 | 桃缩叶病、子囊果病 |
| 核菌纲 | 子囊果是闭囊壳或子囊壳,子囊有规律地排列于子囊果内 | 白粉菌目 | 子囊果是闭囊壳。菌丝体外生,以吸器深入寄主组织中 | 叉丝壳属 | 闭囊壳内含多个子囊,附属丝二叉状分枝 | 病部表面通常有一层明显的白色粉状物,后期可出现许多黑色的小颗粒 | 栎树、榛树和栗树白粉病 |
| | | | | 球针壳属 | 闭囊壳内含多个子囊,附属丝基部膨大成球状,端部针状 | | 梨树、柿树、核桃白粉病 |
| | | | | 白粉菌属 | 闭囊壳内含多个子囊,附属丝菌丝状,不分枝 | | 萝卜、菜豆、瓜类白粉病 |
| | | | | 钩丝壳属 | 闭囊壳内含多个子囊,附属丝顶端弯曲呈钩状 | | 葡萄、桑树、槐树白粉病 |
| | | | | 单丝壳属 | 闭囊壳内含1个子囊,附属丝菌丝状,不分枝 | | 瓜类、豆类、蔷薇白粉病 |
| | | | | 叉丝单囊壳属 | 闭囊壳内含1个子囊,附属丝二叉状分枝 | | 苹果、山楂白粉病 |

（续）

| 纲 | | 目 | | 属 | | 所致病害特点 | 代表病害 |
| --- | --- | --- | --- | --- | --- | --- | --- |
| 名称 | 形态特点 | 名称 | 形态特点 | 名称 | 形态特点 | | |
| 核菌纲 | 子囊果是闭囊壳或子囊壳，子囊有规律地排列于子囊果内 | 球壳目 | 子囊果是子囊壳 | 小丛壳属（图2-33） | 子囊壳小，壁薄，多埋生于子座内 | 病斑、腐烂、小黑点 | 瓜类、番茄、苹果、葡萄和柑橘炭疽病 |
| | | | | 黑腐皮壳属（图2-34） | 子囊壳具长颈，成群埋生于寄主组织中的子座基部 | 树皮腐烂、小黑点 | 苹果树、梨树腐烂病 |
| | | | | 内座壳属 | 子座肉质，橘黄或橘红色，子囊壳埋生子座内，有长颈穿过子座外露 | 树皮腐烂、溃烂 | 栗干枯病 |
| | | | | 间座壳属 | 子座黑色，子囊壳埋生子座内，以长颈伸出子座 | 枯枝、流胶、腐烂 | 茄褐纹病、柑橘树脂病 |
| 腔菌纲 | 子囊果为子囊座，子囊双层壁，着生于子囊腔内 | 多腔菌目 | 每个子囊腔内含有1个子囊 | 痂囊腔菌属 | 子囊座生在寄主组织内，子囊孢子具有3个横隔膜 | 增生、木栓化、病斑表面粗糙或突起 | 葡萄黑痘病、柑橘疮痂病 |
| | | 座囊菌目 | 每个子囊腔内含有多个子囊，子囊间无拟侧丝 | 球座菌属 | 子囊座小，生于寄主表皮下，子囊孢子单胞 | 腐烂、干枯、斑点 | 葡萄黑腐病、葡萄大房枯病 |
| | | | | 球腔菌属 | 子囊座散生在寄主组织内，子囊孢子有隔膜 | 裂蔓 | 瓜类蔓枯病 |
| | | 格孢腔菌目 | 每个子囊腔内含有多个子囊，子囊间有拟侧丝 | 黑星菌属（图2-35） | 子囊座孔口周围有黑色、多隔的刚毛，子囊孢子双胞 | 黑色霉层、疮痂、龟裂 | 苹果、梨黑星病 |
| | | | | 格孢腔菌属 | 子囊座球形或瓶形，光滑无刚毛。子囊孢子卵圆形，多胞，砖格状 | 病斑 | 葱类叶枯病 |
| 盘菌纲 | 子囊果是子囊盘 | 星裂盘菌目 | 子囊盘在子座内发育，子座多生在植物组织内，成熟的子实层通过子座组织的裂缝外露，子囊顶端加厚 | 散斑壳属 | 子囊孢子单胞，周围有胶质鞘 | 病斑 | 松、杉苗落针病 |
| | | 柔膜菌目 | 子囊盘不在子座内发育，子座多生在植物表面，子实层成熟前即外露，子囊顶端不加厚 | 核盘菌属（图2-36） | 子囊盘盘状或杯状，由菌核上产生 | 腐烂 | 十字花科蔬菜菌核病 |
| | | | | 链核盘菌属 | 子囊盘盘状或杯状，由假菌核上产生 | 腐烂 | 苹果、梨、桃褐腐病 |

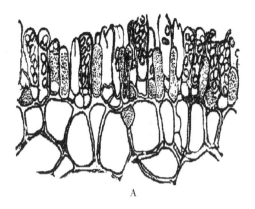

图 2-32 外囊菌属及其引起的病害
A. 外囊菌属子囊及子囊孢子　B. 桃缩叶病

图 2-33 小丛壳属及其引起的病害
A. 小丛壳属真菌　B. 兰花炭疽病
1. 子囊壳　2. 子囊及子囊孢子

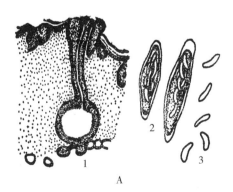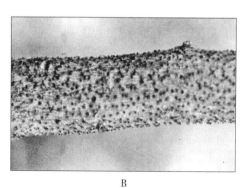

图 2-34 黑腐皮壳属及其引起的病害
A. 黑腐皮壳属真菌　B. 杨树腐烂病
1. 子囊壳着生子座组织内　2. 子囊　3. 子囊孢子

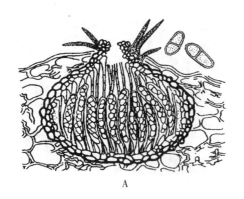

图 2-35 黑星菌属及其引起的病害
A. 黑星菌属真菌子囊壳、子囊及子囊孢子  B. 梨黑星病

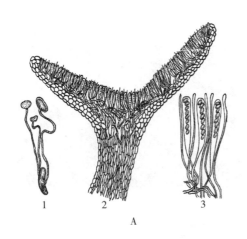

图 2-36 核盘菌属及其引起的病害
A. 核盘菌属真菌  B. 菊花菌核病
1. 菌核萌发形成子囊盘  2. 子囊盘  3. 子囊、侧丝及子囊孢子

根据子囊菌亚门有性阶段子囊果的特征，将其分为 6 个纲。

a. 半子囊菌纲。半子囊菌纲无子囊果，子囊裸生。

b. 不整囊菌纲。不整囊菌纲为闭囊壳，子囊散生，子囊孢子成熟后子囊壁消解。

c. 核菌纲。核菌纲的子囊生在有孔口子囊壳内，或子囊整齐排列在无空口的闭囊壳基部。

d. 腔菌纲。腔菌纲有子囊座，子囊双层壁。

e. 盘菌纲。盘菌纲子囊果为子囊盘。

f. 虫囊菌纲。虫囊菌纲子囊果为子囊壳，无菌丝体，均为节肢动物的外寄生菌。

半子囊菌纲子囊长圆筒形，平行排列在寄主表面，不形成子囊果。子囊孢子芽殖产生分生孢子。代表病害：外囊菌属的桃树缩叶病。

核菌纲是子囊菌中最大一个纲，包括很多重要植物病原菌。共同点：形成闭囊壳或子囊壳，子囊不溶解，子囊单层壁，有性和无性都很发达。核菌纲共分 4 个目。

白粉菌目子囊果为闭囊壳，菌丝白色，专性寄生（图 2-37）。

球壳菌目子囊果为子囊壳，子囊单层壁。

小煤炱目子囊果为闭囊壳，菌丝暗色，专性寄生（图 2-38）。

冠囊菌目子囊果为闭囊壳，非专性寄生（与植病无关）。

### 白粉菌目分属检索表

1. 闭囊壳内有几个至几十个子囊 ································································································ 2
1. 闭囊壳内只有 1 个子囊 ·············································································································· 3
2. 附属丝柔软，菌丝状 ······································································································ 白粉菌属
2. 附属丝坚硬，基部膨大，顶端尖锐 ··············································································· 球针壳属
2. 附属丝坚硬，顶部双分叉 ······························································································ 叉丝壳属
2. 附属丝坚硬，顶端卷曲成钩状 ······················································································ 钩丝壳属
3. 附属丝似白粉菌属 ·········································································································· 单丝壳属
3. 附属丝似叉丝壳属 ····································································································· 叉丝单囊壳属

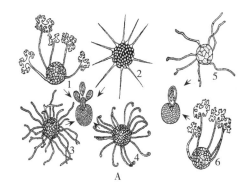 

图 2-37　白粉菌目代表属及其引起的病害
A. 白粉菌目真菌　B. 紫薇白粉病
1. 叉丝壳属　2. 球针壳属　3. 白粉菌属　4. 钩丝壳属　5. 单丝壳属　6. 叉丝单囊壳属

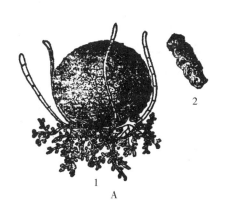 

图 2-38　小煤炱属及其引起的病害
A. 小煤炱属真菌　B. 非洲菊煤污病
1. 产生在菌丝体上的闭囊壳　2. 子囊孢子

④担子菌亚门。担子菌亚门真菌的营养体为发达的有隔菌丝体（图 2-39）。菌丝体发育有 2 个阶段，由担孢子萌发产生的单核菌丝，称为初生菌丝。性别不同的初生菌丝结合形成双核的次生菌丝。双核菌丝体可以形成菌核、菌索和担子果等机构。无性繁殖一般不发达，有性生殖除锈菌外，都产生担子和担孢子。高等担子菌产生担子果，担子散生或聚生在担子果上，如蘑菇、木耳等。担子上着生 4 个担孢子。低等的担子菌不产生担子果，如锈菌和黑粉菌，担子从冬孢子萌发产生，不形成子实层，冬孢子散生或成堆着生在寄主组织内。

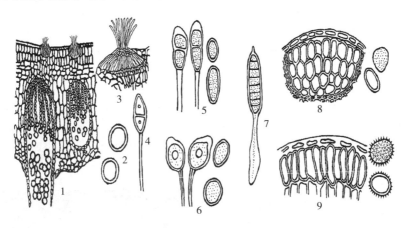

图 2-39 担子菌亚门代表属
1. 胶锈菌属锈孢子器 2. 胶锈菌属锈孢子 3. 胶锈属性孢子器 4. 胶锈菌属冬孢子
5. 柄锈菌属冬孢子和夏孢子 6. 单胞锈菌属夏孢子和冬孢子 7. 多胞锈属的冬孢子
8. 层锈菌属冬孢子堆 9. 栅锈菌属冬孢子堆和夏孢子

锈菌目不形成担子果，生活史较复杂，典型的锈菌目生活史可产生 5 种类型的孢子。按顺序 5 种孢子和产孢结构分别为性孢子和授精丝的性孢子器；锈孢子和锈孢子器；夏孢子和夏孢子堆；冬孢子和冬孢子堆；担孢子和担子（图 2-40）。各种锈菌生活史不同：

a. 全型锈菌。生活史中产生 5 种类型的孢子，如松芍柱锈菌。

b. 半型锈菌。生活史中无夏孢子阶段，如梨胶锈菌、海棠锈菌、报春花单胞锈菌（图 2-41）。

c. 短型锈菌。生活史中缺少锈孢子和夏孢子，如锦葵柄锈菌（图 2-42，表 2-6）。

d. 不完全锈菌。生活史中未发现或缺少冬孢子和担孢子阶段，如女贞锈孢锈菌。

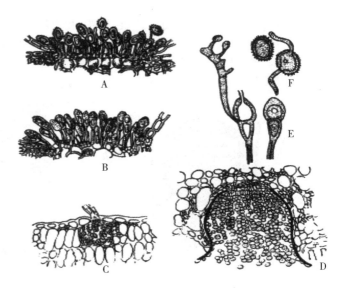

图 2-40 锈菌的各种孢子类型
A. 夏孢子堆和夏孢子 B. 冬孢子堆和冬孢子 C. 性孢子器和性孢子
D. 锈孢子腔和锈孢子 E. 冬孢子及其萌发 F. 夏孢子及其萌发

图 2-41 梨锈病为害木瓜海棠

图 2-42 柄锈菌属及其引起的病害
A. 柄锈属冬孢子　B. 草坪草锈病

表 2-6 担子菌亚门常见园艺植物病害病原及其所致病害特点

| 纲 | | 目 | | 属 | | 所致病害特点 | 代表病害 |
|---|---|---|---|---|---|---|---|
| 名称 | 形态特点 | 名称 | 形态特点 | 名称 | 形态特点 | | |
| 冬孢菌纲 | 无担子果，在寄主上形成分散或成堆的冬孢子，担子自冬孢子上产生 | 锈菌目 | 冬孢子由次生菌丝顶端细胞形成，以横隔膜分成4个细胞，每个细胞产生1个担孢子，担孢子从小梗上长出，担孢子强力弹射 | 胶锈菌属 | 冬孢子双胞，浅黄至暗褐色，冬孢子柄无色，遇水膨胀胶化 | 病部产生铁锈状物 | 梨锈病 |
| | | | | 柄锈菌属 | 冬孢子有柄，双胞，深褐色，单主或转主寄生 | | 葱、美人蕉锈病 |
| | | | | 单胞锈菌属 | 冬孢子有柄，单胞，顶端较厚 | | 玫瑰、月季锈病(图2-43) |
| | | | | 多胞锈菌属 | 冬孢子3至多胞，表面光滑或有瘤状突起，柄基部膨大 | | 菜豆、蚕豆锈病 |
| | | | | 层锈菌属 | 冬孢子无柄，椭圆形，单胞，在寄主表皮下排列成数层 | | 枣树、葡萄锈病 |
| | | | | 栅锈菌属 | 冬孢子无柄，单胞，排列成整齐的一层 | | 垂柳锈病 |
| | | 黑粉菌目 | 冬孢子由次生菌丝间细胞形成，有或无隔膜，担孢子侧或顶生，数目不定，无小梗，担孢子不强力弹射 | 黑粉菌属（图2-44） | 冬孢子单生，冬孢子堆周围无膜包围，冬孢子萌发时产生有隔膜的担子，侧生担孢子 | 病部产生黑色粉状物 | 茭白黑粉病 |
| | | | | 条粉菌属 | 冬孢子堆成熟时露出，冬孢子结合成球，外有不孕细胞层 | | 葱类黑粉病 |

(续)

| 纲 | | 目 | | 属 | | 所致病害特点 | 代表病害 |
|---|---|---|---|---|---|---|---|
| 名称 | 形态特点 | 名称 | 形态特点 | 名称 | 形态特点 | | |
| 层菌纲 | 有担子果，开裂，为裸果型或半被果型，不产生冬孢子（图2-45） | 木耳目 | 担子圆柱形，有隔膜 | 卷担菌属 | 担子自螺旋状菌丝顶端长出，往往卷曲 | 病部生紫色绒状菌丝层 | 苹果、梨和桑等紫纹羽病 |

图 2-43 多孢锈属及其引起的病害
A. 多孢锈属冬孢子 B、C. 玫瑰锈病

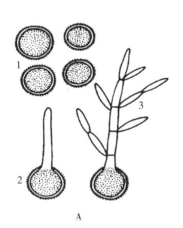 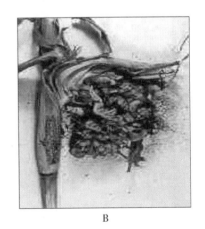

图 2-44 黑粉菌属及其引起的病害
A. 黑粉菌属 B. 玉米黑粉病
1. 冬孢子 2. 萌发的担子 3. 担孢子

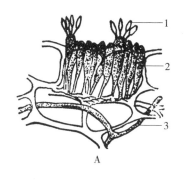 

图 2-45 外担子菌属及其引起的病害
A. 外担子菌属真菌　B. 杜鹃花饼病
1. 担孢子　2. 担子　3. 菌丝

⑤半知菌亚门。半知菌亚门真菌的营养体多为分枝繁茂的有隔菌丝体，无性繁殖产生各种类型的分生孢子，多数种类有性阶段尚未发现。少数发现有性阶段的多属子囊菌，少数为担子菌。着生分生孢子的结构类型多样，有些种类分生孢子梗散生或呈束状，或着生在分生

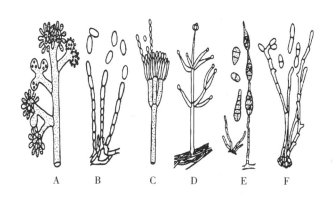 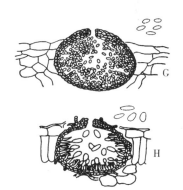

图 2-46 半知菌亚门代表属
A. 葡萄孢属　B. 粉孢属　C. 青霉属　D. 轮枝孢属　E. 链格孢属　F. 褐孢霉属　G. 茎点霉属　H. 大茎点霉属

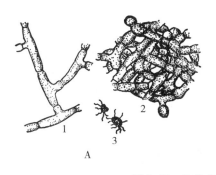 

图 2-47 丝核菌属及其引起的病害
A. 丝核菌属真菌　B. 草坪草褐斑病
1. 菌丝　2. 菌丝纠结的菌组织　3. 菌核

孢子座上；有些种类形成孢子果，分生孢子梗和分生孢子着生在近球形、具孔口的分生孢子器中，或盘状的分生孢子盘上。丝孢纲丝孢目的重要病原真菌属和所引起的病害为：梨形孢属（稻瘟病）、青霉属（柑橘青霉病）、粉孢属（月季白粉病）、葡萄孢属（蚕豆赤斑病）、突脐蠕孢属（玉米大斑病）、平脐蠕孢属（玉米小斑病、内脐蠕孢属（大麦网斑病菌）、链格孢属（十字花科蔬菜黑斑病菌）、尾孢霉属（紫荆角斑病）、黑星孢属（梨黑星病），无孢目的小核菌属（花木白绢病）和丝核菌属（苗期立枯病）。还有瘤座孢目中的镰孢属，引起各种炭疽病的腔孢纲炭疽菌属，引起桂花叶斑病的叶点霉属，引起苏铁褐斑病的壳二孢属，引起芹菜斑枯病的壳针孢属。

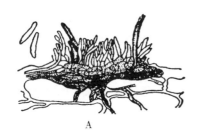 

图 2-48 炭疽菌属及其引起的病害
A. 炭疽菌属分生孢子盘及分生孢子　B. 兰花炭疽病

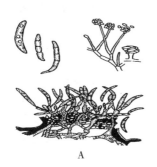 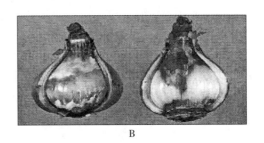

图 2-49 镰孢霉属及其引起的病害
A. 分生孢子梗和大型分生孢子、小型分生孢子　B. 水仙鳞茎腐烂病

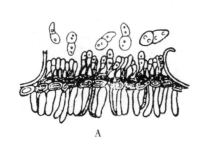 

图 2-50 盘二孢属及其引起的病害
A. 分生孢子盘及分生孢子　B. 月季黑斑病

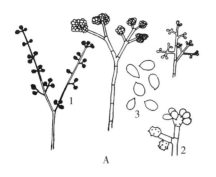

图 2-51 葡萄孢属及其引起的病害
A. 葡萄孢属真菌  B. 非洲菊灰霉病
1. 分生孢子梗和分生孢子  2. 分生孢子梗上端膨大的顶部  3. 分生孢子

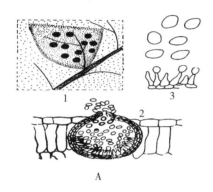

图 2-52 叶点霉属及其引起的病害
A. 叶点霉属真菌  B. 桂花枯斑病
1. 病斑  2. 分生孢子器  3. 分生孢子梗和分生孢子

表 2-7 半知菌亚门常见园艺植物病害病原及其所致病害特点

| 纲 | | 目 | | 属 | | 所致病害特点 | 代表病害 |
| --- | --- | --- | --- | --- | --- | --- | --- |
| 名称 | 形态特点 | 名称 | 形态特点 | 名称 | 形态特点 | | |
| 丝孢纲 | 分生孢子不产生在分生孢子盘或分生孢子器内 | 无孢目 | 不产生分生孢子 | 丝核菌属 | 产生菌核，菌核间有丝状体相连。菌丝多为近直角分枝，分枝处有缢缩 | 根颈腐烂、立枯 | 多种园艺植物立枯病 |
| | | | | 小核菌属 | 产生菌核，菌核间无丝状体相连 | 茎基和根部腐烂、猝倒 | 多种园艺植物白绢病 |
| | | 丝孢目 | 分生孢子产生在分生孢子梗上或直接生于菌丝上 | 葡萄孢属 | 分生孢子树状分枝，顶端明显膨大呈球状，上生许多小梗。分生孢子单胞，着生小梗上，聚生成葡萄穗状 | 腐烂、病斑 | 多种园艺植物灰霉病 |
| | | | | 粉孢属 | 分生孢子梗短小，不分枝，分生孢子单胞，串生 | 寄主体表形成白色粉状物 | 多种园艺植物白粉病 |

(续)

| 纲 | | 目 | | 属 | | 所致病害特点 | 代表病害 |
|---|---|---|---|---|---|---|---|
| 名称 | 形态特点 | 名称 | 形态特点 | 名称 | 形态特点 | | |
| 丝孢纲 | 分生孢子不产生在分生孢子盘或分生孢子器内 | 丝孢目 | 分生孢子产生在分生孢子梗上或直接生于菌丝上 | 青霉属 | 分生孢子梗顶端帚状分枝，分枝顶端形成瓶状小梗，其上串生分生孢子，分生孢子单胞 | 腐烂、霉状物 | 柑橘绿霉病、青霉病 |
| | | | | 轮枝孢属 | 分生孢子梗直立，分枝，轮生、对生或互生，分生孢子单胞 | 黄萎、枯死，维管束变色 | 茄子黄萎病 |
| | | | | 尾孢属 | 分生孢子梗黑褐色，丛生，不分枝，有时呈屈膝状。分生孢子线形、鞭形或蠕虫形，多胞 | 病斑 | 柿角斑病 |
| | | | | 链格孢属 | 分生孢子梗淡褐色至褐色，分生孢子单生或串生，褐色，卵圆形或倒棍棒形，有纵横隔膜，顶端常具喙状细胞 | 叶斑、腐烂、霉状物 | 梨、白菜黑斑病，茄和番茄早疫病 |
| | | | | 黑星孢属 | 分生孢子梗短，暗褐色，有明显孢痕，典型分生孢子双胞 | 叶斑、溃疡、霉状物 | 苹果、梨黑星病 |
| | | | | 褐孢霉属 | 分生孢子梗和分生孢子黑褐色，分生孢子单胞或双胞，形状和大小变化大 | 病斑、霉层 | 番茄、茄子叶霉病 |
| | | 瘤座菌目 | 分生孢子座垫状 | 镰孢属 | 分生孢子多细胞，镰刀形，一般2~5分隔。有时形成小型分生孢子，单胞，无色，椭圆形 | 萎蔫、腐烂 | 西瓜、番茄、香蕉、香石竹和大丽菊枯萎病 |
| 腔孢纲 | 分生孢子产生在分生孢子盘或分生孢子器内 | 黑盘孢目 | 分生孢子产生在分生孢子盘上 | 炭疽菌属 | 分生孢子盘生于寄主表皮下，有时生有褐色刚毛。分生孢子梗无色至褐色，分生孢子无色，单胞，长椭圆形或弯月形 | 病斑、腐烂、小黑点 | 多种园艺植物炭疽病 |
| | | | | 痂圆孢属 | 分生孢子梗极短，产生在子座上，分生孢子极小，单胞，无色，椭圆形 | 畸形、疮痂、病斑 | 葡萄黑痘病、柑橘疮痂病 |
| | | | | 盘二孢属 | 分生孢子无色，双胞。分隔处缢缩，上胞较大而圆，下胞较小而尖 | 叶斑 | 苹果褐斑病 |

(续)

| 纲 | | 目 | | 属 | | 所致病害特点 | 代表病害 |
|---|---|---|---|---|---|---|---|
| 名称 | 形态特点 | 名称 | 形态特点 | 名称 | 形态特点 | | |
| 腔孢纲 | 分生孢子产生在分生孢子盘或分生孢子器内 | 球壳孢目 | 分生孢子产生在分生孢子器内 | 叶点霉属 | 分生孢子器埋生,有孔口。分生孢子梗短,分生孢子小,单胞,无色,近卵圆形 | 病斑 | 苹果和凤仙花斑点病 |
| | | | | 茎点霉属 | 分生孢子器埋生或半埋生,分生孢子梗短,分生孢子小,卵形,无色,单胞 | 叶斑、茎枯、根腐 | 柑橘黑斑病、甘蓝黑胫病 |
| | | | | 大茎点霉属 | 形态与茎点霉属相似,但分生孢子较大 | 叶斑、枝干溃疡、果腐 | 苹果和梨轮纹病 |
| | | | | 拟茎点霉属 | 产生卵圆形和钩形2种分生孢子 | 腐烂、流胶、干枯、小黑点 | 茄褐纹病、柑橘树脂病 |
| | | | | 壳囊孢属 | 分生孢子集生在子座内,分生孢子小,腊肠状 | 腐烂 | 梨树和苹果树腐烂病 |
| | | | | 壳针孢属 | 分生孢子无色,线形,多隔膜 | 病斑 | 芹菜斑枯病 |

### (二)植物病原原核生物

原核生物是指含有原核结构的微生物,结构简单,一般由细胞壁和细胞膜或只有细胞膜包围细胞质所组成的单细胞生物。原核生物界的成员很多,包括细菌、放线菌以及无细胞壁的植原体等,通常以细菌作为有细胞壁类群的代表,以植原体作为无细胞壁但有细胞膜类群的代表。原核生物无真正的细胞核,无核膜包围,核质分散在细胞质中,形成椭圆形或近圆形的核质区。

**1. 一般性状** 细菌病害的数量和为害仅次于真菌和病毒,是引起植物病害最多的一类植物病原原核生物。细菌属原核生物界,是一类具有细胞壁、原生质和核物质,而无固定细胞核的单细胞微生物。一般细菌的形态为球状、杆状和螺旋状。植物病原细菌大多是杆状菌,大小为(0.5~0.8)μm×(1~3)μm,绝大多数生有鞭毛,能在水中游动。着生在菌体一端或两端的称为极鞭;着生在菌体四周的称为周鞭。细菌鞭毛的有无、着生位置和数目是细菌分类的重要依据(图2-53)。

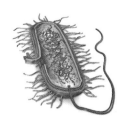
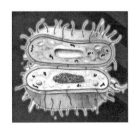

图2-53 植物病原细菌(杆状)形态及鞭毛着生方式

鉴别细菌常用革兰氏染色法。革兰染色反应是细菌分类的一个重要性状。植物病原细菌革兰染色反应多为阴性，少数为阳性。细菌依靠细胞膜的渗透作用直接吸收寄主体内的营养。细菌以裂殖方式进行繁殖，其突出的特点是繁殖速度极快，在适宜的环境条件下，每20～30min可以裂殖1次。

植物病原细菌可以在普通培养基上培养，生长的最适温度为26～30℃，能耐低温，对高温较敏感，通常48～53℃处理10min，多数细菌即死亡。植物病原细菌绝大多数为好氧性，少数为兼性厌氧性。一般在中性偏碱的环境中生长良好。

**2. 主要类群** 植物病原原核生物分属于薄壁菌门、厚壁菌门和软壁菌门。原核生物形态简单，差异较小，侵染植物并引起严重病害的原核生物很多。

薄壁菌门的主要属和代表种的病原形态和病例：土壤杆菌属可引发植物根癌病；布克氏菌属可引发洋葱腐烂病；欧文氏菌属可引发软腐病；假单胞菌属可引发丁香疫病；黄单胞菌属可引发水稻白叶枯病；劳尔氏菌属可引发青枯病等。厚壁菌门棒形杆菌属可引发马铃薯环腐病（表2-8）。

表2-8 原核生物常见园艺植物病害病原及其所致病害特点

| 门 | | 属 | | | | | |
|---|---|---|---|---|---|---|---|
| 名称 | 特征 | 名称 | 鞭毛 | 菌落特征 | DNA中G+C的物质的量分数（%） | 致病特点 | 代表病害 |
| 薄壁菌门 | 有细胞壁，较薄，革兰染色反应阴性 | 土壤杆菌属 | 1～6根，周生或侧生 | 圆形，隆起，光滑，灰白至白色 | 57～63 | 肿瘤、畸形 | 桃、苹果、月季根癌病 |
| | | 欧文氏菌属 | 周生多根 | 圆形，隆起，灰白色 | 50～58 | 腐烂、萎蔫、叶斑、溃疡 | 白菜软腐病、梨火疫病 |
| | | 假单胞菌属 | 极生1～4根或多根 | 圆形，隆起，灰白色，多数有荧光反应 | 58～70 | 叶斑、腐烂和萎蔫 | 黄瓜细菌性角斑病、桑疫病 |
| | | 黄单胞菌属 | 极生单鞭毛 | 隆起，黏稠，蜜黄色，产生非水溶性色素 | 63～70 | 叶斑、叶枯 | 甘蓝黑腐病、柑橘溃疡病、桃细菌性穿孔病 |
| | | 劳尔氏菌属 | 极生2～4根 | 光滑、湿润而隆起，或粗糙、干燥而低平 | 64～68 | 萎蔫，维管束变褐 | 茄科植物青枯病 |
| | | 木质部小菌属 | 无 | 枕状凸起，半透明，边缘整齐或脐状，表面粗糙，边缘波纹状 | 49.5～53.1 | 萎蔫、叶灼、早落、枯死，生长缓慢，结果减少变小 | 葡萄皮尔氏病、长春花萎蔫病 |
| | | 韧皮部杆菌属 | 无 | — | — | 黄化、萎蔫 | 柑橘黄龙病 |

(续)

| 门 | | 属 | | | | 致病特点 | 代表病害 |
|---|---|---|---|---|---|---|---|
| 名称 | 特征 | 名称 | 鞭毛 | 菌落特征 | DNA中G+C的物质的量分数（%） | | |
| 厚壁菌门 | 有细胞壁，革兰染色反应阳性 | 棒形杆菌属 | 无 | 圆形，光滑，凸起，多为灰白色 | 67～78 | 萎蔫，维管束变褐 | 马铃薯环腐病 |
| 软壁菌门 | 无细胞壁 | 螺原体属 | 无 | 煎蛋状 | 24～31 | 矮化、丛枝、小叶、畸形 | 柑橘僵化病 |
| | | 植原体属 | 无 | 离体条件下不能培养 | — | 黄化、矮缩、丛生、小叶 | 桑萎缩病、枣疯病 |

**3. 所致病害特点**

（1）原核生物病害特点。植物病原细菌主要通过气孔、水孔、皮孔、蜜腺等自然孔口或伤口侵入，侵染最主要的条件是高湿度。

（2）病害症状。病斑初期呈水渍状，叶斑四周常有晕圈，空气潮湿时有菌脓溢出。其症状有斑点、溃疡、穿孔、癌肿、枯萎、畸形。

（3）发生规律。一般在病株残体上越冬；通过雨水、流水、昆虫和带病的种苗、接穗、插条、球根或土壤进行传播；高温、多雨、氮肥多利于病害发生和传播。

（4）预防措施。细菌病害的防治主要在于预防，其中以杜绝和消灭植物病原细菌的侵染来源为主，如严格执行植物检疫措施，选育抗病品种，做好种苗消毒，加强栽培管理，注意苗圃、庭园及绿地的卫生，及时清除病株残体，发病时用药剂防治。此外，应避免形成伤口，及时保护伤口，防止细菌侵入。

**4. 植原体**（类菌原体） 长期以来，许多具有黄化型症状的植物病害，由于未发现任何可见的病原物，又能借昆虫、嫁接、菟丝子等进行传播，而被认为是病毒病。20世纪60年代以后，通过电子显微镜的观察和研究证明，这些病害并非都是病毒病，从而发现了两大类新的病原物，即植原体和类立克次体，开辟了病原生物的新领域。

（1）主要性状。植原体是原核生物，实际上属于细菌门的软球菌纲。因此，植原体是一大类有细胞生物，与病毒根本不同。植原体形态结构介于细菌与病毒之间，体积小于细菌，没有细胞壁，但有一个分为3层的柔软单位膜，单位膜系由2层蛋白质膜和中间1层脂肪膜组成，总厚度约为10nm，在细胞内，含有大量呈双链的脱氧核糖核酸（DNA）细链，呈环状，还含有类似于细菌所具备的核糖核酸蛋白颗粒核糖体，也含有可溶性蛋白、可溶性核糖核酸（RNA）以及代谢产物等，中部有些纤维状结构。植原体能在人工培养基上培养，但至今获得成功的只有少数。

植原体的形态多变，大小不一，常见的有圆形、椭圆形、不规则形或螺旋形等，有的形态发生变异如蘑菇状或马蹄形。圆形或椭圆形的植原体直径为80～800nm，光学显微镜下可见，但其内部结构需用电子显微镜观察。植原体的繁殖方式主要是通过二均分裂、出芽生殖和形成许多小体后再释放出来 3 种形式（图 2-54）。

（2）传播和侵染。植原体可通过嫁接或菟丝子传病，但自然条件下主要依靠昆虫介体进行传播和侵染。多数植原体在叶蝉、木虱等昆虫体内能够进行繁殖。因此，植原体不仅在传病昆虫体内循回期长，而且都能使介体终生带毒。

在自然情况下，病、虫、杂草等的分布虽然可以通过气流等自然动力和自身活动扩散，不断扩大其分布范围，但这种能力是有限的。再加上有高山、海洋、沙漠等天然障碍的阻隔，病、虫、杂草的分布有一定的地域局限性。但是，一旦借助人为因素的传播，就可以附着

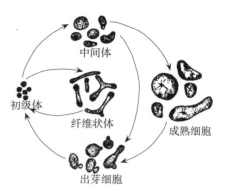

图 2-54 植原体发育阶段示意图

在种实、苗木、接穗、插条及其他植物产品上，跨越这些天然屏障，由一个地区传到另一个地区或由一个国家传播到另一个国家。当这些病菌、害虫及杂草离开了原产地，到达一个新的地区后，原来制约病虫害发生发展的一些环境因素被打破，条件适宜时，就会迅速扩展蔓延，猖獗成灾。

（3）病害的症状特点。植原体侵入寄主后，多集中在韧皮部进行繁殖和危害，从而普遍表现为系统侵染，形成散发性病害。植原体所致病害的特异性症状主要表现为：茎叶褪绿黄化、矮缩、丛枝、花变叶、萎缩以及器官畸形等类型，如水稻黄萎病、甘薯丛枝病、枣疯病、桑树萎缩病、泡桐丛枝病等（图 2-55）。

图 2-55 植原体引起的病害

（4）对抗生素的反应。植原体对青霉素的抵抗能力较强，但对四环素类的抗生素药物非常敏感。植原体病害的防治应在防治传毒昆虫的基础上，采用茎尖组织培养脱毒法，建立无病苗圃，对种苗采取严格的检疫措施。用四环素、金霉素、地霉素、土霉素等抗生素对病株反复浸根，防治效果较好。

**（三）植物病原病毒、类病毒**

植物病毒是仅次于真菌的重要病原物。目前已命名的植物病毒达 1 000 多种，其中许多为重要的植物病原。病毒是一类极小的，结构简单，非细胞结构的专性寄生物。主要由核酸和蛋白质等生物大分子组成，所以也称为分子寄生物。寄生植物的称为植物病毒，寄生动物的称为动物病毒，寄生细菌的称为噬菌体。

**1. 植物病毒的一般性状**

（1）形态和大小。病毒比细菌更加微小，须用电子显微镜观察。形态完整的病毒称作病毒粒体。高等植物病毒粒体主要为杆状、线状和球状等。线状、杆状和短杆状的粒体两端钝圆或平截，粒体呈菌状或弹状。

病毒的大小在个体之间有差别，一般以平均值来表示。线状粒体大小为（480～1250）

nm×(10～13)nm;杆状粒体大小为(130～300)nm×(15～20)nm;弹状粒体大小(58～240)nm×(18～90)nm;球状病毒粒体为多面体,粒体直径多在16～80nm。许多植物病毒可由几种大小、形状相同或不同的粒体组成,如苜蓿花叶病毒具有大小不同的5种粒体,分别为杆状和球状。

(2)结构和成分。植物病毒粒体的主要成分是核酸和蛋白质,核酸和蛋白质的比例因病毒种类而异,一般核酸占5%～40%,蛋白质占60%～95%,此外,还含有水分、矿物质元素等。一种病毒粒体内只含有1种核酸(RNA或DNA)。高等植物病毒的核酸大多数是单链RNA,极少数是双链的。植物病毒外部的蛋白质衣壳具有保护核酸免受核酸酶或紫外线破坏的作用。同种病毒的不同株系,蛋白质的结构有一定的差异(图2-56)。

(3)理化特性。病毒作为活体寄生物,在其离开寄主细胞后,会逐渐丧失侵染力,不同种类的病毒对各种物理、化学因素的反应有差异。

① 钝化温度(失毒温度)。钝化温度指含有病毒的植物汁液在不同温度下处理10min后,使病毒失去侵染力的最低温度。病毒对温度的抵抗力相当稳定。大多数植

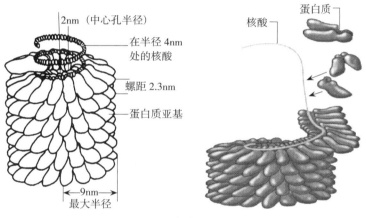

图2-56 植物病毒的结构和成分

物病毒钝化温度在55～60℃,烟草花叶病毒的钝化温度最高,为90～93℃。

②稀释限点(稀释终点)。把含有病毒的植物汁液加水稀释,使病毒保持侵染力的最大稀释限度。各种病毒的稀释限点差别很大,如菜豆普通花叶病毒的稀释限点为$10^{-3}$,烟草花叶病毒的稀释限点为$10^{-6}$。

③体外存活期(体外保毒期)。在室温(20～22℃)条件下,含有病毒的植物汁液保持侵染力的最长时间。大多数病毒的体外存活期为数天至数月。

④对化学因素的反应。病毒对一般杀菌剂如硫酸铜、甲醛的抵抗力都很强,但肥皂等除垢剂可以使病毒的核酸和蛋白质分离而钝化,因此常把除垢剂作为病毒的消毒剂。

⑤植物病毒的变异。植物病毒在复制增殖过程中自然突变率较高,X射线、γ射线、高温、亚硝酸和羟胺等均可诱发突变,引起变异,其中少数病毒粒体能生存下来,成为不同于原病毒的新株系。病毒经过生物、化学和物理等因素的作用形成新株系后,可在粒体形状、蛋白质衣壳中氨基酸的成分、传播特性、致病力、寄主范围和致病症状的严重程度等方面发生改变,这种性状变异了的病毒增加了选育抗病毒品种和防治病毒病害的难度。

**2. 植物病毒的复制增殖** 植物病毒是一种非细胞状态的分子寄生物,病毒缺少生物细胞所具备的细胞器,不像真菌那样具有复杂的繁殖器官,也不能像细菌那样以裂殖方式进行繁殖。绝大多数植物病毒都缺乏独立的酶系统,不能合成自身繁殖所必需的原料和能量,只能在活细胞内利用寄主的合成系统、原料和能量,并利用寄主的部分酶和膜系统,分别合成核酸和蛋白质,再装配成子代病毒粒体,这种特殊的繁殖方式称为复制增殖。

**3. 植物病毒的分类与命名**

(1) 分类。根据植物病毒的形态，生理、生化和物理性质，基因组和蛋白质情况，脂类和糖类含量及特性，抗原性质，寄主范围，传播介体和引起病害特点等特性，国际病毒分类委员会在 2000 年的分类报告中，将植物病毒分为 15 个植物病毒科，73 个植物病毒属，900 多个确定种或可能种。株系是病毒种下的分类单位，具有生产上的重要性。

(2) 命名。目前较通用的植物病毒种的命名法是英文俗名法，这种命名法是将最先发现的病毒所侵染的寄主植物加上症状来命名。俗名法的缺点是病毒名和病害名两者合一，但随着同种病毒在不同寄主上的发现，往往造成重名和一些理解上的困难。

**4. 重要园艺植物病毒及其所致病害**

(1) 烟草花叶病毒属。烟草花叶病毒属其形态为直杆状，直径 18nm，长 300nm，病毒基因组核酸为单链 RNA。寄主范围广，属于世界性分布。依靠植株间的接触、花粉或种苗传播，对外界环境的抵抗力强。可引起番茄、马铃薯、辣椒等茄科植物的花叶病。

(2) 马铃薯 Y 病毒属。马铃薯 Y 病毒属为线状病毒，长 650nm，直径 11~15nm，具有 1 条正单链 RNA。主要以蚜虫进行非持久性传播，绝大多数可以通过接触传染，个别可以种传。所有病毒均可在寄主细胞内产生典型的风轮状内含体或核内含体，也有的产生不定型内含体。大部分病毒有寄主专化性，如马铃薯 Y 病毒主要侵染马铃薯、番茄等茄科植物。

(3) 黄瓜花叶病毒属。典型种为黄瓜花叶病毒，粒体球状，直径 29nm，有大小不同的 3 种病毒粒体。黄瓜花叶病毒在自然界依赖蚜虫传播，也可由汁液接触传播。黄瓜花叶病毒寄主包括十余科的上百种双子叶和单子叶植物，常与其他病毒复合侵染，病害症状复杂多样（表 2-9）。

**表 2-9 重要园艺植物病毒及其所致病害特点**

| 属名 | 种名 | 形态与大小（nm） | 钝化温度稀释限点体外存活期 | 侵染来源 | 传播方式 | 所致病害特点 | 寄主范围 |
| --- | --- | --- | --- | --- | --- | --- | --- |
| 烟草花叶病毒属 | 烟草花叶病毒 | 直杆状，18~300 | 93℃左右 $10^{-4}$~$10^{-7}$ 几个月以上 | 病株残体、野生寄主植物、栽培植物 | 汁液接触、花粉、种苗 | 发育缓慢、畸形、明脉、花叶 | 烟草、番茄、辣椒、马铃薯及兰花等 |
| 黄瓜花叶病毒属 | 黄瓜花叶病毒 | 球状，直径 28 | 50~70℃ $10^{-3}$~$10^{-6}$ 1~10d | 多年生杂草、花卉和其他栽培植物 | 蚜虫、汁液接触，少数通过土壤 | 斑驳、花叶、皱缩、畸形、矮化、坏死 | 67科470多种植物 |
| 马铃薯 Y 病毒属 | 马铃薯 Y 病毒 | 线状，(11~15)×750 | 50~65℃ $10^{-2}$~$10^{-6}$ 2~4d | 茄科植物、杂草 | 蚜虫、种子、无性繁殖材料 | 花叶、皱缩、坏死条斑、明脉、斑驳 | 茄科、藜科和豆科60多种植物 |
| 线虫传多面体病毒属 | 烟草环斑病毒 | 球状，直径 28 | 50~65℃ $10^{-4}$ 6~10d | 多年生寄主植物 | 线虫、蚜虫、叶蝉、蓟马 | 环斑、褪绿或坏死斑 | 多科320多种植物 |

**5. 植物病毒的传播和侵染** 植物病毒是严格的细胞内专性寄生物，既不能主动离开寄主植物活细胞，也不能主动侵入寄主细胞或从植物的自然孔口侵入，除花粉传染的病毒外，植物病毒只能依靠介体或非介体传播，从传毒介体或机械所造成的、不足以使细胞死亡的微伤口侵入。植物病毒的传播和侵染可分为下列几种类型：

（1）昆虫和螨类介体传播。大部分植物病毒是通过昆虫传播的，主要是刺吸式口器的昆虫，如蚜虫、叶蝉、飞虱和粉虱等。少数咀嚼式口器的甲虫、蝗虫等也可传播病毒，有些螨类也是病毒的传播媒介。

（2）线虫和真菌传播。线虫和真菌传播病毒过去称土壤传播，现已明确除了烟草花叶病毒可在土壤中存活较久外，土壤本身并不传毒，主要是土壤中的某些线虫或真菌传播病毒。

（3）种子和其他繁殖材料传播。大多数植物病毒是不通过种子传播的，只有豆科、葫芦科和菊科等植物上的某些病毒可以通过种子传播。有些植物种子是由于带有病株残体或病毒颗粒而传毒。感染病毒的块茎、球茎、鳞茎、块根、插条、砧木和接穗等无性繁殖材料都可以传播病毒。极少数植物病毒可通过病株花粉的授粉过程将病毒传播给健株。

（4）嫁接传播。凡是寄主可以进行嫁接的植物病毒均可通过嫁接传播。

（5）汁液传播（机械传播）。汁液传播是病株的汁液通过机械造成的微伤口进入健株体内的传播方式。人工移苗、整枝、修剪、打杈等农事操作过中，手和工具沾染了病毒汁液可以传播病毒；大风使健株与邻近病株相互摩擦，造成微小伤口，病毒随着汁液进入健株都属于这种传播方式。

病毒粒体侵入寄主细胞后，首先进行复制或增殖，并将新形成的病毒粒体运往各种组织器官，其具体运转过程可分为2个步骤。首先在活细胞内，病毒粒体随胞质流动而扩散，进而通过胞间连丝移动到临近细胞，一般这种移动很慢，平均每天运转距离不过1mm左右。第二，当病毒粒体逐步扩散到维管束时，则运转速度加快，通常每5min即可运行15cm。以后主要随植物营养流的方向扩展到整个植物体，多数造成散发性病害。

病毒侵入寄主植物体后，在植物体内的分布因病毒种类和寄主植物不同而不同，有的散布于整株细胞组织，有的主要存在于韧皮部，有的仅在局部薄壁细胞组织中扩展等，但不少病毒很难扩散到种子、旺盛生长的茎尖、根尖等组织内，这些分生组织中很少含有病毒。这为繁殖无毒种苗创造了条件，利用病毒在植物体内分布不均匀的这个特点，将茎尖组织进行组织培养，可以得到无病毒的植株。

**6. 植物病毒病发生与昆虫的关系** 在田间很多植物病毒病的发生和危害程度，常与某些昆虫有密切的关系。这是因为病毒粒体不能长期暴露于寄主体外，又无任何主动传播能力，这就决定了病毒的传播和侵入必须具备被动接触与形成微伤条件才能完成。因此，植物病毒的传播和侵入一般是借助于其他生物，其中最主要的是昆虫。昆虫作为传毒介体，是一个很突出而又复杂的问题。

（1）传毒昆虫的种类，以刺吸式口器昆虫——蚜虫、叶蝉、飞虱等为主，这可能与病毒要求微伤侵入有关；但有些咀嚼式口器昆虫也有传毒作用。

（2）昆虫传播植物病毒常具有一定的专化性。亦即不同的病毒需要不同的昆虫进行传播，而不同昆虫的传毒能力也有差异。一般蚜虫主要传播花叶型病毒。叶蝉、飞虱等昆虫传播的病毒多为黄化型。专化性强的病毒，常常仅靠少数几种介体传播，如小麦丛矮病毒的主要传毒介体是灰飞虱。值得注意的是，传毒昆虫不一定就是危害作物的主要害虫。

（3）昆虫传播病毒时，常根据病毒与传毒介体的关系，将病毒区分为非持久性、半持久性和持久性等3种类型。

a. 非持久性病毒。非持久性病毒是指传毒昆虫在病株上吸食几分钟后，病毒粒体即可附着于口针上，使昆虫立即获得传毒能力。但经数分钟或数小时后口针内外的病毒就失去了活性，不再具有传毒作用，故也可称为口针型病毒。这类病毒的传播，基本上属于机械传带，专化性不强，如多数花叶型病毒。

b. 半持久性病毒。半持久性病毒是指传毒介体在病株上吸食较长时间而获毒之后，不能马上传播病毒，所吸病毒需经几小时至几天的循回期，等病毒通过介体中肠和血淋巴再到唾腺时，才开始传毒，这类病毒经昆虫一次吸食能传播较长时间，因而又称为循回型病毒。但此类病毒不能在昆虫体内增殖，一旦病毒被排完后也不再起传毒作用。循回型病毒的昆虫介体比较专化，多数引起黄化型或卷叶型症状，如甜菜黄化病毒。

c. 持久性病毒。病毒不仅在介体内有转移过程，而且还能增殖。传毒昆虫在病株上一次饲毒后，多数可以终身传毒，有的还能经卵传递。因病毒能在介体内增殖，又称为增殖型病毒。持久性病毒多由叶蝉、飞虱传播，引起黄化、矮缩和其他畸形症状。如黑尾叶蝉传播的水稻普矮病毒就是典型例证。

**7. 植物病毒病害的症状与诊断**

（1）外部症状。绝大多数病毒侵入寄主植物后可以引起植物叶片不同程度的斑驳、花叶或黄化，同时伴随有不同程度的矮化、丛枝、卷叶、皱叶、蕨叶等症状以及产量的降低。少数病毒还能在叶片或茎干上造成局部坏死或肿瘤等症状。

（2）内部症状。某些植物被病毒侵染后可形成内部症状，在寄主植物细胞组织中会形成内含体，在光学显微镜下可以见到的内含体有不定型内含体（X-体）和结晶状内含体等，也可作为诊断病毒病的依据之一。

（3）病害症状的复杂性。所有病毒病均无病征出现，部分病毒侵入寄主植物后，植物可以表现多种复杂的症状类型。由于环境条件不适宜而不表现显著症状，称为症状潜隐或隐症现象，如有的病毒病在高温下即出现隐症现象。病毒在植物体内增殖扩散，不引起明显的症状表现，称为潜伏侵染。

1种病毒侵染1种植物可以引起多种类型的症状，如黄瓜花叶病毒可引致辣椒系统花叶、矮化、皱缩、叶片枯斑或茎部条斑。1种病毒在不同寄主上可表现不同症状，如烟草花叶病毒在普通烟上引起全株性花叶，在心叶烟上则形成局部性坏死枯斑。

一株植物受多种病毒或1种病毒不同株系同时侵染的现象称为混合侵染（或复合侵染）。混合侵染的病毒在植株体内会发生相互作用，混合侵染后引起的病害症状比2种病毒单独侵染更为严重，称协生作用。如番茄花叶病毒和马铃薯X病毒，两者分别侵染番茄都只表现轻微斑驳症状，但当两者同时侵染时，则引起番茄茎、叶和果实坏死，甚至全株死亡。2种病毒混合侵染后，只表现先侵染病毒症状的现象称交互保护作用。

（4）病害的诊断。病毒所致植物病害都不产生病征，在田间诊断中最易与非侵染性病害相混淆。与非侵染性病害比较，病毒病除具有独特的症状外，还具有传染性，多为系统感染，新叶新梢上症状明显的特点。可根据该病毒的传播方式，寄主范围，鉴别寄主上的症状表现,在活体外的稳定性等进一步确诊,在透射电镜下观察病组织汁液中的病毒粒体形态与结构是一种快速而可靠的诊断方法。

(5) 病害的预防。预防病毒病害的方法有选抗品种,检疫,组织脱毒繁育,减少传毒昆虫,不用带病的植株作无性繁殖材料,建立无病毒苗木繁育基地,及时清除感病植株等。

**8. 类病毒的主要性状**　类病毒是比病毒还小的粒体,外部没有蛋白衣壳,只含 RNA 的粒片,分子量只有 $10^{-5}$ 左右。但类病毒和病毒一样,同样能有效地侵染生物细胞而成为病原生物。类病毒所致病害主要有马铃薯纺锤形块茎病、柑橘裂皮病、菊花矮缩病、黄瓜白果病等。

### (四) 植物病原线虫

线虫又称蠕虫,属于动物界无脊椎动物的线形动物门线虫纲,是一类低等动物,种类多,分布广。多数线虫能独立生活于土壤和水流中;但也有不少类群寄生于人类、动物和植物上,引起病害。有一些类群寄生在植物上,引起植物线虫病害,称为植物病原线虫。如花生等植物的根结线虫病,使寄主生长衰弱、根部畸形。线虫的寄主植物非常广泛,几乎所有大田作物、果树蔬菜以及茶树林木等,都有线虫病的发生,并常造成严重损失。

线虫为害植物与一般害虫不同,它能引起寄主生理机能的破坏和一系列的病变,植物受线虫为害后所表现的症状,与一般的病害症状相似,因此常称为植物线虫病。习惯上把寄生线虫作为病原物来研究,所以它是植物病理学内容的一部分。线虫除直接为害植物外,有的线虫还能传播其他病原物,如真菌、病毒、细菌等,与真菌、细菌、病毒一起引起复合病害,加剧病害的严重程度。有的则以刺激、诱导、传带等方式,促进或加重真菌性病害、细菌性病害和病毒病的发生,应该引起重视。

植物的线虫病害一直受到人们的重视。根据 1994 年的初步估计,全世界每年因线虫为害给粮食和纤维作物造成的损失大约为 12%。历史上甜菜胞囊线虫、马铃薯金线虫,温暖地区的根结线虫等都引起严重的植物线虫病害。东北和黄淮地区的大豆胞囊线虫、甘薯茎线虫、粟线虫和水稻干尖线虫都可造成生产上的严重损失,近年来松材线虫已传入我国并在江苏、安徽等省蔓延,引起一些松树树种的毁灭性危害。

另一方面,在生产上还利用斯氏线虫科、异小杆线虫科等昆虫病原线虫防治小地老虎、大黑鳃金龟等害虫。此外,还可利用线虫捕食真菌、细菌。

**1. 植物病原线虫的一般性状**

(1) 形态与结构。线虫因其体形呈线条状而得名。线虫的大小差异很大,有的呈纺锤形,横断面呈圆形。寄生人和动物的线虫有的很大,如蛔虫。大多数植物病原线虫体形细小,两端稍尖,形如线状,多为乳白色或无色透明,肉眼不易看见,需要用显微镜观察。绝大多数雌雄同形,呈蠕虫状,长 0.3~1.0mm,也有长达 4mm 左右的,宽为 30~50μm。少数植物线虫雌雄异形,雄虫为线形,雌虫幼虫期为线形,成熟后膨大呈梨形、球形或柠檬形。

线虫虫体分为头部、体段和尾端 3 部分。线虫的前端为头部,最前端为唇区,自头部以后至肛门为体段,线虫的消化、神经、生殖、排泄系统都在体段体腔内。尾部是从肛门以下到尾尖的部分。线虫无色、不分节,虫体结构较简单,从外向内可分体壁和体腔 2 部分,线虫的体壁几乎是透明的，所以能看到它的内部结构。体壁角质，有弹性，不透水，有保持体形和防御外来毒物渗透的作用。体壁下为体腔，体腔很原始，其内充满体腔液。体腔液湿润各个器官，并供给所需要的营养物质和氧，是一种原始的血液，起着呼吸和循环系统的作用。线虫缺乏真正的呼吸系统和循环系统。

植物寄生线虫的口腔内都有一个针刺状的器官称作口针，是线虫侵入寄主植物体内并获取营养的工具。口针能穿刺植物的细胞和组织，并且向植物组织内分泌消化酶，消化寄主细胞中的物质，然后吸入食道。口腔下是很细的食道，食道中部膨大形成中食道球。食道的后端是唾液腺，可分泌消化液（图2-57）。

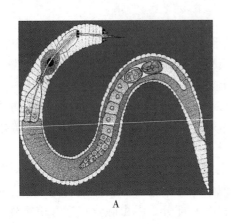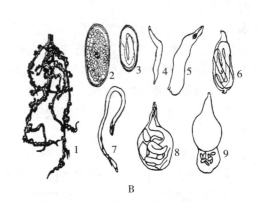

图 2-57　线虫的形态与结构
A. 线虫的形态　B. 线虫的结构
1. 幼苗根部被害状　2. 卵　3. 卵内孕育的幼虫　4. 性分化前的幼虫　5. 成熟的雌虫
6. 在幼虫包皮内成熟的雄虫　7. 雄虫　8. 含有卵的雌虫　9. 产卵的雌虫

（2）生活史（图2-58）植物线虫一般为两性交配生殖，也可以孤雌生殖。两性交配后产卵，完成一个发育循环，即线虫的生活史。线虫的生活史很简单，植物线虫的生活史包括卵、幼虫和成虫3个阶段。线虫由卵孵化出幼虫，幼虫发育为成虫。卵孵化出来的幼虫形态与成虫大致相似，所不同的是生殖系统尚未发育或未充分发育。卵通常为椭圆形，半透明，产在植物体内、土壤中或留在卵囊内。幼虫发育到一定阶段就蜕皮1次，蜕去原来的角质膜而形成新的角质膜，蜕化后的幼虫大于原来的幼虫。每蜕化1次，线虫就增加

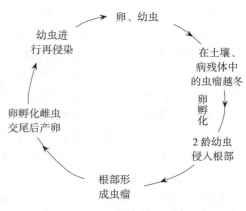

图 2-58　线虫的生活史

1个龄期。线虫的幼虫一般有4个龄期，1龄幼虫在卵内发育并完成第一次蜕皮；2龄幼虫从卵内孵出，开始侵染寄主，称为侵染幼虫。2龄幼虫再经过3次蜕皮发育为成虫。线虫的生殖系统非常发达，1条雌虫在一生中可产卵500~3 000个。在环境条件适宜的情况下，多数线虫完成1个世代一般只需要3~4个星期。多数线虫一年可以完成多代，少数线虫一年

只完成1代，如小麦粒线虫一年仅发生1代。线虫在一个生长季节里大都可以发生若干代，发生的代数因线虫种类、环境条件和危害方式而不同，不同线虫种类的生活史长短差异很大（图2-58）。

（3）生物学特性。植物病原线虫大都是专性寄生物，只能在活的植物细胞或组织内取食和繁殖，在植物体外就依靠它体内储存的养分生活或休眠。线虫发育最适温度一般在15～30℃，45～50℃的热水中10min即可杀死线虫。土壤是线虫的最重要的生态环境，在土壤环境中，温度和湿度是影响线虫的重要因素，土壤的温、湿度高，线虫活跃，体内的养分消耗快，存活时间较短。在低温低湿条件下，线虫存活时间较长。线虫在寒冷、干燥或缺乏寄主时，能以休眠或滞育的方式在植物体外长期存活，多数线虫的存活期可以达到1年以上。寄主根部的分泌物对线虫有一定的吸引力，或者能刺激线虫卵孵化。植物寄生线虫在土壤中有许多天敌，有寄生线虫的原生动物，有吞食线虫的肉食性线虫，有些土壤真菌可以菌丝体在线虫体内寄生。

（4）传播和侵染。线虫大都生活在土壤的耕作层中，在田间的分布一般是不均匀的，水平分布呈块状或中心分布。垂直分布与植物根系有关，多从地面到15cm深的耕作层内线虫较多，特别是在根周围的土壤中更多。植物病原线虫多以幼虫或卵在土壤、田间病株、带病种子（虫瘿）、无性繁殖材料、病残体等场所越冬。

线虫在土壤中的活动性不大，在整个生长季节内，线虫在土壤中扩展的范围很少超过0.3～1.0m。被动传播是线虫的主要传播方式，在田间主要以灌溉水的形式传播，人为传播方式有耕作机具携带病土、种苗调运、污染线虫的农产品及其包装物的贸易流通等，通常远距离传播主要是通过人为传播。

线虫寄生植物的方式有外寄生和内寄生。外寄生是线虫的虫体大部分留在植物体外，仅头部穿刺到寄主的细胞和组织内取食。内寄生是线虫的整个虫体都进入植物组织内。线虫主要从植物表面的自然孔口（气孔和皮孔）侵入和在根尖的幼嫩部分直接穿刺侵入，也可从伤口和裂口侵入植物组织内。植物病原线虫通过头部的感觉器官接受植物根分泌物的刺激，并且朝根的方向运动，一旦与寄主组织接触，即以口针穿刺植物组织并侵入。

（5）致病性。线虫吸食营养是靠其口针刺入细胞内，首先注入唾液腺的分泌液，消化一部分细胞内含物，再将液化的内含物吸入口针，并经过食道进入肠内。在取食过程中，线虫除分泌唾液外，有时还分泌毒素或激素类物质，造成细胞的死亡或过度生长。此外，线虫所造成的伤口常常成为某些病原真菌或细菌的侵入途径，对植物造成更为严重的伤害。线虫还可传播病毒病。

**2. 植物病原线虫的主要类群**

（1）粒线虫属。粒线虫属线虫雌虫和雄虫均为蠕虫型，虫体肥大，较长。多数种类寄生在禾本科植物的地上部，在茎、叶上形成虫瘿，或者破坏子房形成虫瘿，如小麦粒线虫病。

（2）茎线虫属。茎线虫属线虫雌虫和雄虫均为蠕虫形，虫体纤细。可为害地上部的茎、叶和地下的根、鳞茎和块根等，有的还可以寄生于昆虫和蘑菇等。该类线虫的为害症状是组织坏死，有的可在根上形成肿瘤。目前，全世界该属线虫近100种，如水稻茎线虫和鳞球茎茎线虫是我国重要的对外检疫对象；马铃薯茎线虫引起甘薯茎线虫病，给农业生产造成严重损失。

（3）异皮线虫属。异皮线虫属又称胞囊线虫属，雌雄异型，成熟雌虫膨大呈柠檬状、梨形，雄虫为蠕虫型，是为害植物根部的一类重要线虫。如甜菜胞囊线虫、大豆胞囊线虫、玉米胞囊线虫、水稻胞囊线虫和燕麦胞囊线虫等，都可严重为害农作物。

（4）根结线虫属。根结线虫属线虫雌雄异型，成熟雌虫膨大呈梨形，表皮柔软透明，雄虫为蠕虫型。根结线虫属为害植物后，受害的根部肿大，形成瘤状根结。如花生根结线虫、南方根结线虫、北方根结线虫等（图2-59）。

（5）滑刃线虫属。滑刃线虫属线虫雌虫和雄虫均为蠕虫型，细长。主要为害寄生植物的叶片和茎，如水稻干尖线虫等。

图2-59 根结线虫病

表2-10 园艺植物重要病原线虫及其所致病害特点

| 纲目 | 属名 | 形态特征 | 重要种类 | 寄主范围 | 所致病害特点 |
|---|---|---|---|---|---|
| 侧尾腺口纲垫刃目 | 茎线虫属 | 雌雄均为蠕虫形，雌虫单卵巢，卵母细胞1～2行排列。雌虫和雄虫尾为长锥状，末端尖锐，侧线4条，交合伞不包至尾尖 | 鳞球茎茎线虫 | 300种以上植物 | 为害茎、块茎、球茎、鳞茎、叶片。引起坏死、腐烂、矮化、变色、畸形、肿瘤 |
| | | | 马铃薯茎线虫 | 马铃薯、甘薯 | 薯块表皮龟裂，内部干腐、空心。茎蔓、块根发育不良，短小或畸形，严重者枯死 |
| | 根结线虫属 | 雌雄异型，雌虫成熟后膨大呈梨形，卵成熟后全部排到体外的胶质卵囊中。雄虫蠕虫形，尾短，无交合伞，交合刺粗壮 | 南方根结线虫 爪哇根结线虫 | 多种单子叶和双子叶园艺植物 | 根部形成根瘤，须根少，严重时整个根系膨胀成鸡爪状。植株生长衰退 |
| | 滑刃线虫属 | 雌、雄虫体均为蠕虫形。滑刃形食道，卵巢短，前伸或回折1次或多次；侧区通常具2～4条侧线；阴门位于虫体后部1/3处 | 草莓滑刃线虫 菊花叶线虫 | 草莓、菊花 | 为害植物的叶、芽、花、茎和鳞茎，引起叶片皱缩、枯斑，花畸形，死芽、茎枯、茎腐和全株畸形等 |
| 无侧尾腺口纲矛线目 | 剑线虫属 | 矛线型食道，食道前部较细，后部较宽呈柱状；口针的导环靠后 | 标准剑线虫 美洲剑线虫 | 多种单子叶和双子叶园艺植物 | 根尖肿大、坏死、木栓化。标准剑线虫传播葡萄扇叶病毒；美洲剑线虫传播烟草环斑病毒、番茄环斑病毒 |
| | 长针线虫属 | 矛线型食道，食道前部较细，后部较宽呈柱状；口针的导环靠前 | 长针线虫 | 多种单子叶和双子叶园艺植物 | 根部寄生，引起根尖肿大、扭曲、卷曲等畸形。有些种类传播植物病毒 |

### （五）寄生性植物

植物大多数都是自养的，在种子植物中，少数植物种类由于根系或叶片退化，或者缺乏足够的叶绿素，必须从其他植物上获取营养物质而营寄生生活，称为寄生性植物。大多数寄生性植物可以开花结籽，又称为寄生性种子植物。多数寄生性植物都是双子叶植物，全世界有2 500种以上；少数是低等的寄生藻类。

寄生性植物的寄主大多数是木本植物，少数寄生在农作物或果树上，从田间的草本植物、观赏植物、药用植物到果林树木和行道树等均可受到不同种类寄生植物的为害。寄生性植物在热带地区分布较多，如无根藤、独脚金、寄生藻类等；有些分布在温带，如菟丝子、桑寄生等；少数在比较干燥冷凉的高纬度或高海拔地区，如列当（图2-60）。

图2-60 寄生性种子植物
A. 菟丝子花和种子 B. 菟丝子在苗木上寄生情况 C. 日本菟丝子 D. 菟丝子危害状
E. 槲寄生在寄主上寄生情况 F、G. 桑寄生 H、I. 槲寄生

**1. 寄生性植物的一般性状**

（1）寄生性。根据寄生性种子植物对寄主植物的依赖程度，可将其分为全寄生和半寄生2类。全寄生是指寄生性植物从寄主植物上获取它自身生活所需要的所有营养物质，包括水分、无机盐和有机物质的寄生方式，例如菟丝子和列当等。这些寄生植物叶片退化，叶绿素

消失，根系蜕变为吸根，其吸根中的导管和筛管分别与寄主植物的导管和筛管相连，并从中不断吸取各种营养物质。全寄生性植物的茎比较发达，对寄主植物损害比较严重，常导致植株提早枯死。半寄生植物本身茎叶内具有叶绿素，自身能够进行光合作用来合成有机物质碳水化合物，但由于根系退化，需要从寄主植物中吸取水分和无机盐，以吸根的导管与寄主植物维管束的导管相连，如槲寄生和桑寄生等。由于寄生植物对寄主植物的寄生关系主要是水分和无机盐的依赖关系，这种寄生方式称为半寄生，俗称为水寄生。

按寄生性种子植物在寄主植物上的寄生部位分为根寄生和茎寄生。有些寄生植物叶片退化成为鳞片状，虽含有少量的叶绿素，但不能自给自足，仍需寄主的养料补充，如列当、独脚金等寄生在寄主植物的根部，在地上部与寄主彼此分离，称为根寄生。无根藤、菟丝子、槲寄生等寄生在寄主的茎干枝条上，这类寄生称茎寄生。

(2) 致病性。寄生性种子植物对寄主植物的致病作用主要表现为对营养物质的争夺。一般来说，全寄生植物比半寄生植物的致病能力要强，如全寄生的菟丝子和列当主要寄生在一年生草本植物上，无根藤和重寄生则寄生在木本植物上，当寄主个体上的寄生物数量较多时，可引起寄主植物黄化和生长衰弱，严重时造成大片死亡，对产量影响极大。而半寄生的桑寄生和槲寄生对寄主的致病力较全寄生的列当和菟丝子要弱，半寄生类植物主要寄生在多年生的木本植物上，寄生初期对寄主生长无明显影响，发病速度较慢，但当寄生植物群体数量较大时，会造成寄主生长不良和早衰，最终亦会导致死亡，但树势退败速度较慢。有些寄生性植物除了争夺营养外，还能将病毒从病株传播到健株上。

(3) 繁殖与传播。寄生性种子植物虽都以种子繁殖，但传播的动力和传播方式有很大的差异。大多数的传播方式是依靠风力或鸟类介体传播，有的则与寄主种子一起随调运而传播，这是一种被动方式的传播。如菟丝子等种子或蒴果常随寄主种子的收获与调运而传播扩散。桑寄生科植物的果实为肉质的浆果，成熟时色泽鲜艳，引诱鸟类啄食并随鸟的飞翔活动而传播，这些种子表面有槲寄生碱保护，在经过鸟类消化道时亦不受损坏，随粪便排出时黏附在树枝上，在温湿度条件适宜时萌芽侵入寄主。还有少数寄生植物的种子成熟时，果实吸水膨胀开裂，将种子弹射出去，这是主动传播的类型。如列当、独脚金的种子极小，成熟时蒴果开裂，种子随风飞散传播，一般可达数10m。

**2. 寄生性植物的主要类群**

表 2-11 为害园艺植物的重要寄生性植物及其所致病害特点

| 属名 | 形态特征 | 发生规律 | 致病特点 | 主要种类 | 寄主范围 |
| --- | --- | --- | --- | --- | --- |
| 菟丝子属 | 无根；茎多为黄色丝状体，呈旋卷状，用以缠绕寄主；叶片退化为鳞片状，无叶绿素；花小，淡黄色，聚成头状花序；果为蒴果，扁球形，内有1~4粒种子；种子很小，卵圆形，稍扁，黄褐色至深褐色 | 种子成熟后落入土壤或混入作物种子中，翌年受寄主分泌物刺激，种子发芽，长出旋卷的幼茎缠绕寄主，在与寄主接触部位产生吸盘，侵入到寄主植物维管束吸取水分和养分。寄生关系建立后，吸盘下部茎逐渐萎缩并与土壤分离，上部茎不断缠绕寄主，蔓延为害 | 寄主植物生长严重受阻，减产甚至绝收，传播病毒 | 中国菟丝子 | 豆科、菊科、茄科、百合科及伞形科等草本植物 |
| | | | | 南方菟丝子 | |
| | | | | 田野菟丝子 | |
| | | | | 日本菟丝子 | 多种果树和林木 |

(续)

| 属名 | 形态特征 | 发生规律 | 致病特点 | 主要种类 | 寄主范围 |
|---|---|---|---|---|---|
| 列当属 | 根退化成吸根,以短须状次生吸器与寄主根部的维管束相连;茎肉质;叶片退化为鳞片状,无叶绿素;花两性,穗状花序;果为球状蒴果,成熟时纵裂散出种子;种子极小,卵圆形,深褐色,表面有网状花纹 | 种子落入土壤或混杂在作物种子中,遇适宜条件和植物根分泌物刺激可以萌发,产生幼根接触寄主根部后生成吸盘与寄主植物的维管束相连,吸取寄主植物的水分和养分。茎在根外发育并向上长出花茎 | 寄主植物生长不良,严重减产 | 埃及列当 | 哈密瓜、西瓜、甜瓜、黄瓜、烟草及番茄等 |
| | | | | 向日葵列当 | 向日葵、烟草及番茄等 |
| 桑寄生属 | 常绿小灌木,少数为落叶性。枝条褐色,圆筒状,有匍匐茎;叶为柳叶形,少数退化为鳞片状;花两性,多为总状花序;浆果,种胚和胚乳裸生,包在木质化的果皮中 | 鸟啄食果实后种子被吐出或经消化道排出,黏附树皮上。种子萌发产生胚根与寄主接触后形成吸盘,吸盘上产生初生吸根侵入寄主到达活的皮层组织,形成假根和次生吸根与寄主导管相连,吸取寄主的水分和无机盐。初生吸根和假根可不断产生新枝条,同时长出匍匐茎,沿枝干背光面延伸,并产生吸根侵入寄主树皮 | 受害植株生长衰弱,落叶早,次年放叶迟,严重时枝条枯死 | 桑寄生 | 多种林木和果树 |
| | | | | 樟寄生 | |
| 槲寄生属 | 绿色小灌木。茎圆柱形,多分枝,节间明显,无匍匐茎;叶革质,对生,有些全部退化;花极小,单性,雌雄异株;果实为浆果 | | | 槲寄生 东方槲寄生 | |

**3. 寄生性植物菟丝子的防治** 采用清洁种子,严禁从外地调运带有菟丝子种子的种苗是最基本的防治措施。作种用的种子,应彻底清除菟丝子后方能用作繁殖。粪肥经高温处理,使菟丝子种子失去萌发能力。合理轮作或间作也有一定效果。利用寄生菟丝子的炭疽病菌制成生物防治的菌剂防治,在菟丝子危害初期喷洒,可减少菟丝子的数量并减轻危害,具有防病增产作用。菟丝子早期以营养生长为主,其吸器多伸达皮层或终止于韧皮部,在早期进行手工拉丝防除较容易,寄主受害也较轻,受害严重的田块应及早连同寄主一起销毁,冬季铲除其吸根和匍匐茎。

### 三、园艺植物病害的诊断

认识自然是为了改造自然。认识病害,研究植物病害,掌握病害发生规律的目的是为了防治植物病害。合理有效的防治措施总是建立在对病害的准确诊断上。诊断就是判断植物生病的原因,确定病原类型和病害种类,为病害防治提供科学依据。如果诊断失误,无论实施什么样的精心措施,也不能控制病害,只会贻误时机,造成更大损失。

**(一)园艺植物病害的诊断步骤**

对园艺植物病害进行诊断,应该是从症状入手,全面检查,仔细分析,下结论要留有余地。仔细观察感病植物的症状,寻找对诊断有关键性作用的症状特点。首先要区分是属于侵染性病害还是非侵染性病害,许多植物病害的症状有很明显的特点。在多数情况下,正确的诊断还需要作详细和系统的检查。其次是仔细分析,包括询问和查对资料在内,要掌握尽量多的病例特点,结合镜检、剖检等全面检查。

诊断的步骤一般包括植物病害的田间诊断;植物病害的症状观察;植物病害病原的室内

鉴定；植物病原生物的分离培养和接种。

**(二) 植物病害的诊断方法**

**1. 非侵染性病害的诊断** 通过田间观察、考察环境、栽培管理等来检查病部表面有无病征。非侵染性病害具如下特点：

（1）病株在田间的分布具有规律性，一般比较均匀，往往是大面积成片发生。没有中心病株，没有从点到面扩展的过程。

（2）症状具有特异性。除了高温热灼等能引起局部病变外，病株常表现全株性发病，如缺素症，水害等。

（3）株间不互相传染。

（4）病株只表现病状，无病征。

（5）病状类型有变色、枯死、落花落果、畸形和生长不良等。

（6）病害发生与环境条件、气候变化、栽培管理、农事操作有密切的相关性。如土壤缺素、气温下降、施肥打药、空气污染等。当引起病害的外界因素得到改善的时候，许多病状可以消失，植株恢复健康。

**2. 侵染性病害的诊断** 侵染性病害是由病原生物侵染所致的，病害有一个发生发展或传播为害的过程。许多病害具有一个发病中心，病害总是由少到多，由点到片，由轻到重的发展过程。在特定的品种或环境条件下，植株间病害有轻有重，在病株间常可观察到健康植株。在病株的表面或内部可以发现其病原生物体存在（病征），其症状也有一定的特征。大多数的真菌病害、细菌病害以及所有的寄生植物病害，可以在病部表面观察到病征——病原物，少数要在组织内部才能看到，多数线虫病害侵害根部，要挖取根系和根际土壤仔细寻找。有些真菌和原核生物病害，所有的病毒、类病毒病害，在植株表面虽然没有病征，但所表现的症状具有明显的特点。

（1）真菌病害的诊断。大多数真菌病害在病部产生病征，或稍加保湿培养即可生出子实体来。病征表现多种多样：粉状物、霉状物、霜状物、锈状物，各种子实体等。要注意区分这些子实体是真正病原真菌的子实体，还是次生或腐生真菌的子实体。因为在病斑部，尤其是老病斑或坏死部分常有腐生真菌和细菌污染，并充满表面。较为可靠的方法是从新鲜病叶的边缘作镜检或分离，选择合适的培养基是必要的，一些特殊性诊断技术也可以选用。按柯赫氏法则进行鉴定，尤其是接种后看是否发生同样病害是最基本的，也是最可靠的一项。

（2）细菌病害的诊断。大多数细菌病害的症状有一定特点，斑点、腐烂、萎蔫、肿瘤大多数是细菌病害的特征。叶斑类型的病害，初期病斑呈水渍状或油渍状边缘，半透明，常有黄色晕圈。在潮湿条件下，在病斑部位常可以见到污白色、黄白色或黄色的菌脓。腐烂类型的细菌病害产生特殊的气味并且无菌丝，可与真菌引起的腐烂区别。

萎蔫型的细菌病害，横切病株茎基部，稍加挤压可见污白色菌脓溢出，并且维管束变褐。有无菌脓溢出是细菌性萎蔫同真菌性萎蔫的最大区别。切片镜检有无喷菌现象是最简便易行又最可靠的诊断技术。在光学显微镜下可以观察到细菌从维管组织切口涌出。有的细菌（如韧皮部杆菌属）和植原体病害用扫描电镜可观察到植物韧皮部细胞内的病原。

用选择性培养基来分离细菌，挑选出来再用于过敏反应的测定和接种也是很常用的方法。革兰氏染色和血清学检验也是细菌病害诊断和鉴定中常用的快速方法。细菌病害病原的鉴定必须经分离纯化后做细菌学性状鉴定。

(3) 植原体病害的诊断。植原体病害的特点是植株矮缩、丛枝或扁枝，小叶与黄化，少数出现花变叶或花变绿。只有在电镜下才能看到植原体。对青霉素不敏感，用四环素类抗菌素灌注植物，病株出现一定时期的恢复，可间接证明是植原体病害。

(4) 线虫病害的诊断。病原线虫常常引起植物生长衰弱，如果周围没有健康植株作对照，往往容易忽视线虫病。田间观察到衰弱的植株，应仔细检查其根部，有无肿瘤和虫体。线虫病害的症状主要有虫瘿、根结、胞囊、茎（芽、叶）坏死、植株矮化、黄化呈缺肥状。外寄生线虫病害常在病植株上观察到虫体，形成根结的线虫，掰开根结可找到雌虫。在植物外表、内部或根表、根内、根际土壤、茎或籽粒（虫瘿）中可见到有的植物寄生线虫存在，或者发现有口针的线虫存在，以具有吻针而区别于非寄生性线虫，在显微镜下要仔细辩认。采用简单的漏斗分离方法，可收集到寄生线虫，用以鉴定。

(5) 病毒及类病毒病害的诊断。在田间诊断中最易与病毒病相混淆的是非侵染性病害，在诊断时应注意分析。病毒病具传染性，无病征；多为系统感染，新叶新梢上症状最明显；采取病株叶片用汁液摩擦接种或用蚜虫传毒接种可引起发病；有独特的症状，例如花叶、脉带、环斑、坏死、斑驳、蚀纹、矮缩等。内含体确诊：在已知的34组植物病毒中，约有20个组的病毒在寄主细胞内形成内含体。撕取表皮镜检时有时可见有内含体。许多病毒接种在某些特定的指示植物或鉴别寄主上，会产生特殊的症状，这些病状可以作为诊断的依据之一。从病组织中挤出汁液，经负染后在透射电镜下观察病毒粒体形态与结构是十分快速而可靠的诊断，在电镜下可见到病毒粒体和内含体。用血清学诊断技术可快速作出正确的诊断。

类病毒病害田间表现主要有畸形、坏死、变色等。许多植物感染类病毒后不显症，主要通过室内诊断。

(6) 寄生性种子植物引起的病害诊断。在病植物体上或根际可以看到其寄生物，即寄生在植物上的寄生性植物本身（如菟丝子、列当、槲寄生、独脚金等）就足以对病害进行确诊。

**3. 新病害的鉴定——柯赫氏法则**　对于不熟悉的病害，疑难病害和新病害，即使在实验室观察到病斑上的微生物或经过分离培养获得的微生物，都不足以证明这种生物就是病原物。因为从田间采集到的标本上，其微生物的种类是相当多的，有些腐生菌在病斑上能迅速生长，在病斑上占据优势。因此，需要采用特殊的诊断方法——柯赫氏法则来证病。其要点有：

(1) 在任何病植物体上都能发现同一种致病的微生物存在，并诱发一定的症状，这种微生物和某种病害有经常联系。

(2) 从病组织中可以分离获得这种微生物的纯培养物，或该微生物可在离体的或人工培养基上分离纯化，获得纯培养，并且明确它的特征。

(3) 把这种纯培养物接种到相同品种的健康植物上，可以产生相同病害症状（同1）。

(4) 从接种发病的植物上能再次分离到这种微生物，性状与原来微生物记录相同。

**（三）植物病害诊断时应注意的问题**

(1) 不同的病原可导致相似的症状。如稻瘟病和稻胡麻叶斑病的初期病斑不易区分；萎蔫性病害可由真菌、细菌、线虫等病原引起。

(2) 相同的病原在同一寄主植物的不同生育期，不同的发病部位，表现不同的症状。如红麻炭疽病在苗期为害幼茎，表现猝倒，而在成株期为害茎、叶和蒴果，表现斑点型。相同的病原在不同的寄主植物上，表现的症状也不相同。如十字花科病毒病在白菜上呈花叶，萝卜叶呈畸形。

(3) 环境条件可影响病害的症状。腐烂病类型在气候潮湿时表现湿腐症状，气候干燥时表现干腐症状。缺素症、黄化症等生理性病害与病毒病、植原体、类立克次氏体引起的症状类似。在病部的坏死组织上，可能有腐生菌，容易混淆和误诊。

## 第三节 园艺植物侵染性病害的发生与流行

### 一、病原物的寄生性和致病性

植物病害的发生是在一定的环境条件下寄主与病原物相互作用的结果，是在适宜环境条件下病原物大量侵染和繁殖，造成植物减产或品质下降的过程。要认识病害的发生发展规律，就必须了解病害发生发展的各个环节，深入分析病原物、寄主植物和环境条件在各个环节中的作用。

#### （一）病原物的寄生性

**1. 寄生现象** 一种生物与另一种生物生活在一起并从中获得营养物质的现象称为寄生现象。一般把寄生的生物称为寄生物，被寄生的生物称为寄主。

**2. 寄生性** 病原物从寄主活的组织或细胞中取得营养物质而生存的能力称为病原物的寄生性。按照病原物从寄主活体获得营养能力的大小，可以把病原物分为专性寄生和非专性寄生2种类型。

**3. 专性寄生物** 专性寄生物的寄生能力最强，一定要从生活着的寄主细胞和组织中获得所需的营养物质，当寄主植物的细胞和组织死亡后，寄生物也停止生长和发育，所以也称为活体寄生物。植物病原物中，所有植物病毒、类病毒、植原体、寄生性种子植物，大部分植物病原线虫、霜霉菌、白粉菌和锈菌等都是专性寄生物。其对营养的要求比较复杂，一般不能在普通的人工培养基上培养。

**4. 非专性寄生物** 非专性寄生物又称兼性寄生物。既可以寄生于活的植物组织上，还可以在死的植物组织上生活，这种寄生物称为非专性寄生物。绝大多数的植物病原真菌和植物病原细菌都是非专性寄生物。但它们的寄生能力也有强弱区分。强寄生物的寄生性仅次于专性寄生物，以寄生生活为主，但也有一定的腐生能力，在某种条件下，可以营腐生生活，大多数真菌和叶斑性病原细菌属于这一类。弱寄生物寄生性较弱，只能从死的有机体上获得营养物质或只能在衰弱的活体寄主植物或处于休眠状态的植物组织或器官（如块根、块茎、果实等）上营寄生生活，如引起猝倒病的腐霉菌、瓜果腐烂的根霉菌和引起腐烂的细菌等，在生活史中的大部分时间营腐生生活。非专性寄生物易于人工培养，可以在人工培养基上完成生活史。

**5. 兼性腐生菌** 兼性腐生菌通常以腐生方式在自然界生活，但是在某些特定的条件下，也可以进行寄生生活，如灰霉菌、青霉菌等。

另外，病原物也可按营养方式分为活体营养型和死体营养型。活体营养型的寄生物只能从活的植物细胞和组织中获得营养。死体营养型的生物可以在死的植物组织上生活，或者以死的有机质作为营养物质。腐生物只能从死的有机体上获得营养物质。

了解病原物的寄生性很重要，与病害的防治关系密切。如抗病品种主要是针对寄生性较强的病原物所引起的病害，弱寄生物引起的病害一般很难获得理想的抗病品种，应采取栽培管理措施提高植物的抗病性。

### （二）病原物的致病性

致病性指病原物所具有的破坏寄主和引起病害的能力。病原物对寄主植物的致病和破坏作用，一方面表现在对寄主体内养分和水分的大量掠夺与消耗。同时，病原物新陈代谢分泌各种酶、毒素、有机酸和生长刺激素等，直接或间接地破坏寄主植物的组织和细胞，使寄主植物发生病变。致病性和寄生性既有区别又有联系，致病性才是导致植物发病的主要因素。

病原物的寄生性是指病原物对寄主的依赖程度；病原物的致病性是指病原物对寄主的破坏特性。专性寄生物对寄主细胞和组织的直接破坏性较小，所引起的病害发展较为缓慢；而多数非专性寄生物对寄主的直接破坏作用很强，可很快分泌酶或毒素杀死寄主的细胞或组织，再从死亡的组织和细胞中获得营养。

病原物对寄主植物的致病性的表现是多方面的：首先是夺取寄主的营养物质，致使寄主生长衰弱；分泌各种酶和毒素，使植物组织中毒进而消解，破坏组织和细胞，引起病害；有些病原物还能分泌植物生长调节物质，干扰植物的正常代谢，引起生长畸形。

病原真菌、细菌、病毒、线虫等病原物，其种内常存在致病性的差异，依据其对寄主属的专化性可区分为不同的专化型；同一专化型内又根据对寄主种或品种的专化性分为不同的小种，病毒称为株系，细菌称为菌系。了解当地病原物的小种，对选择抗病品种，分析病害流行规律和预测预报具有重要的实践意义。

病原物的致病性，只是决定植物病害严重性的一个因素。病害发生的严重程度还与病原物的发育速度、传染效率等因素有关。在一定条件下，致病性较弱的病原物也可能引起严重的病害，如霜霉菌的致病性较弱，但引起的霜霉病是多种作物的重要病害。

## 二、寄主植物的抗病性

抗病性是指寄主植物抵御病原物的侵染以及侵染以后所造成损害的能力，是寄主植物避免、中止或阻滞病原物侵入与扩展，减轻发病和损失程度的一类特性。不同植物对病原物的抗病能力有差别，其表现受寄主与病原相互作用的性质和环境条件的共同影响。

抗病性是植物的遗传潜能，是植物与其病原生物在长期的协同进化过程中相互适应、相互选择的结果，是寄主植物的一种属性。病原物发展成不同类型、不同程度的寄生性和致病性，植物也相应地形成了不同类型、不同程度的抗病性，这种能力是由植物遗传特性决定。

抗病性是植物普遍存在的、相对的性状。所有的植物都具有不同程度的抗病性，从免疫和高度抗病到高度感病存在连续的分化，抗病性强便是感病性弱，抗病性弱便是感病性强，抗病性与感病性两者共存于一体，并非互相排斥。只有以相对的概念来理解抗病性，才会发现抗病性是普遍存在的。

研究和学习植物抗病性的机制，有助于揭示抗病性的本质，合理利用抗病性，达到控制病害的目的。

### （一）植物的抗病性类型

**1. 免疫**　免疫是指在适合发病的条件下，寄主植物不被病原物侵染为害，完全不发病或不表现可见症状的现象。

**2. 抗病** 抗病是指寄主植物对病原物侵染表现为发病较轻的现象。

**3. 耐病**（抗损害） 耐病是指寄主植物对病原物的侵染表现为发病较重，但植物可忍耐病原物侵染，生长发育、产量、品质不受严重损害的现象，是植物忍受病害的能力。

**4. 感病** 感病是指寄主植物受病原物侵染后，发病严重，产量和品质损失较大的现象。

**5. 避病**（抗接触） 寄主植物感病期与病原物侵染期错开，或者缩短寄主感病部分暴露在病原物下的时间，使寄主植物不接触病原物或接触的机会减少，而不发病或减少发病的现象称为避病。

**6. 抗侵入** 抗侵入是指病原物与植物接触但不能进入植物体内的形式。

**7. 抗扩展** 抗扩展是指阻止病原物的繁殖，不让其产生质变。抗扩展是植物抗病性表现最普遍的形式，应进一步深入研究，以更好地指导抗病育种工作。

**8. 抗再浸染** 植物的抗再浸染特性通称为诱发抗病性。诱发抗病性有 2 种类型，即局部诱发抗病性和系统诱发抗病性。局部诱发抗病性只表现在诱发接种部位。系统诱发抗病性是在接种植株未诱发接种的部位和器官所表现的抗病性。

**9. 交互保护作用** 对植物预先接种某种微生物或进行某些化学、物理因子的处理后产生获得抗病性，如病毒近缘株系间的交互保护作用。

根据作物品种对病原物生理小种抵抗情况将品种抗病性分为垂直抗病性和水平抗病性。垂直抗病性是指寄主的某个品种能高度抵抗病原物的某个或某几个生理小种的情况，这种抗病性的机制对生理小种是专化的，一旦遇到致病力强的小种时，就会丧失抗病性而变成高度感病。水平抗病性是指寄主的某个品种能抵抗病原物的多数生理小种，一般表现为中度抗病。由于水平抗病性不存在生理小种对寄主的专化性，所以抗病性不易丧失。

**（二）植物的抗病性机制**

植物抗病性有的是植物先天具有的被动抗病性，也有因病原物侵染而引发的主动抗病性。抗病机制包括形态结构和生理生化方面的抗性。

植物固有的抗病机制是指植物本身所具有的物理结构和化学物质在病原物侵染时形成的结构抗性和化学抗性。如植物的表皮毛不利于形成水滴，也不利于真菌孢子接触植物组织；角质层厚不利于病原菌侵入；植物表面气孔的密度、大小、构造及开闭习性等常成为抗侵入的重要因素；皮孔、水孔和蜜腺等自然孔口的形态和结构特性也与抗侵入有关；木栓层是植物块茎、根和茎等抵抗病原物侵入的物理屏障；植物体内的某些酚类、单宁和蛋白质可抑制病原菌分泌的水解酶。

在病原物侵入寄主后，寄主植物会从组织结构、细胞结构、生理生化方面表现出主动的防御反应。如病原物的侵染常引起侵染点周围细胞的木质化和木栓化；植物受到病原物侵染的刺激产生植物保卫素，对病原菌的毒性强，可抑制病原菌生长。

**1. 基因对基因学说** 20 世纪 50 年代提出的"基因对基因学说"阐明了抗病性的遗传学特点。该学说认为对应于寄主方面的每一个决定抗病性的基因，病原物方面也存在一个决定致病性的基因。反之，对应于病原物方面的每一个决定致病性的基因，寄主方面也存在一个决定抗病性的基因。任何一方的有关基因都只有在另一方相对应的基因作用下才能被鉴别出来。基因对基因学说不仅可用以改进品种抗病基因型与病原物致病性基因型的鉴定方法，预测病原物新小种的出现，而月对于抗病性机制和植物与病原物共同进化理论的研究也有指导作用。

**2. 植物保卫反应** 植物保卫反应是指病原生物侵染后,在植物受害组织附近所激起的主动反应,借以限制和消灭已经开始寄生活动的寄生物。

植物的保卫反应可分为2种类型,即活质反应和坏死反应。最突出的例子是核果类叶片对穿孔病所表现的情况。当病原菌侵染叶片后,于侵染点附近的细胞组织积极活动,首先木栓化或木质化以封锁病原侵染点的四周,接着产生离层使病部脱落而摆脱病原菌的扩展。这是寄主细胞积极活动而产生保卫反应的结果。

**3. 过敏性坏死反应** 过敏性坏死反应是植物对非亲和性病原物侵染表现高度敏感的现象。此时受侵细胞及其邻近细胞迅速坏死,病原物受到遏制或被杀死,或被封锁在枯死组织中,抑制专性寄生病原物的扩展。过敏性坏死反应是植物发生最普遍的保卫反应类型,长期以来被认为是小种专化抗病性的重要机制,对真菌、细菌、病毒和线虫等多种病原物普遍有效。

植物对锈菌、白粉菌、霜霉菌等专性寄生菌非亲和小种的过敏性反应以侵染点细胞和组织坏死,发病叶片不表现肉眼可见的明显病变或仅出现小型坏死斑,病菌不能生存或不能正常繁殖为特征。

对病毒侵染的过敏性反应也产生局部坏死病斑(枯斑反应),病毒的复制受到抑制,病毒粒子由坏死病斑向邻近组织的转移受阻。在这种情况下,仅侵染点少数细胞坏死,整个植株不发生系统侵染。

**4. 植物保卫素** 植物保卫素是植物受到病原物侵染后或受到多种生理、物理的刺激后所产生或积累的一类低分子量抗菌性次生代谢产物,植物保卫素对真菌的毒性较强。

近年来,对于植物保卫素的研究有很大进展。现在已知21科100种以上的植物产生植物保卫素,豆科、茄科、锦葵科、菊科和旋花科植物产生的植物保卫素最多。90多种植物保卫素的化学结构已被确定,其中多数为类异黄酮和类萜化合物。

植物保卫素是诱导产物,除真菌外,细菌、病毒、线虫等生物因素以及金属粒子、叠氮化钠和放线菌酮等化学物质,机械刺激等非生物因子都能激发植物保卫素产生。后来还发现真菌高分子量细胞壁成分,如葡聚糖、脱乙酰几丁质、糖蛋白,甚至菌丝细胞壁片断等也有激发作用。

**5. 植物避病和耐病的机制** 植物的避病和耐病构成了植物保卫系统的最初和最终两道防线,即抗接触和抗损害。这种广义的抗病性与抗侵入、抗扩展有着不同的遗传和生理基础。

(1) 植物避病的机制。植物可能因时间错开或空间隔离而躲避或减少了与病原物的接触,前者称为时间避病,后者称为空间避病。避病现象受到植物本身、病原物和环境条件三方面许多因素以及相互配合的影响。植物易受侵染的生育阶段与病原物有效接种体大量散布时期是否相遇是决定发病程度的重要因素之一。

(2) 植物耐病的机制。耐病品种具有抗损害的特性,在病害严重程度或病原物发育程度与感病品种相同时,其产量和品质损失较轻。禾谷类作物耐锈病的原因主要可能是生理调节能力和补偿能力较强。小麦耐叶锈品种病叶上侵染点之间绿色组织光合速率增高,能够部分补偿病原物的消耗,而且其营养器官中贮藏物质的利用增强,输入籽粒中的氮、磷和碳水化合物减少不明显。另外,还发现植物对根部病害的耐病性可能是由于发根能力强,被病菌侵染后能迅速生出新根。麦类耐锈病的能力也可能是因为发病后根系的吸水能力增强,能够补充叶部病斑水分蒸腾的消耗。

（3）植物的诱发抗病性及其机制。诱发抗病性（诱导抗病性）是植物经各种生物预先接种后或受到化学因子、物理因子处理后所产生的抗病性，也称为获得抗病性。

诱发抗病性是一种针对病原物再侵染的抗病性。交互保护作用是一种典型的诱发抗病性。在植物病毒学的研究中，人们早已发现病毒近缘株系间有交互保护作用。当植物寄主接种弱毒株系后，再第二次接种同一种病毒的强毒株系，则寄主抵抗强毒株系，症状减轻，病毒复制受到抑制。在类似的实验中，人们把第一次接种称为诱发接种，把第二次接种称为挑战接种。后来证实这种诱发抗病性现象普遍存在，不同种类微生物交互接种，热力、超声波或药物处理致死的微生物，由微生物和植物提取的物质（葡聚糖、糖蛋白、脂多糖、脱乙酰几丁质等），甚至机械损伤等在一定条件下均能诱发抗病性。

### 三、植物侵染性病害的侵染过程

病原物的侵染过程是指从病原物与寄主接触、侵入寄主到寄主发病的过程。侵染是一个连续的过程，为了分析不同阶段各个因素的影响，一般把病原物的侵染过程分为接触期、侵入期、潜育期和发病期4个时期。

#### （一）接触期

接触期是指病原物到达寄主植物表面或附近，受到寄主植物分泌物的影响，向寄主运动并与寄主植物感病部位接触产生侵入结构的时期。

病毒、植原体和类病毒对寄主的接触和侵入是同时完成的；细菌从接触到侵入几乎也是同时完成的，都没有明显的接触期；而真菌接触期的长短因种而异。

接触期的病原物已经从休眠状态转入生长状态，病原物暴露在寄主体外，正处于其生活史中最薄弱的环节，必须克服各种不利于侵染的环境因素才能侵入，若能创造不利于病原物与寄主植物接触和生长繁殖的生态条件可有效地防治病害。因此，接触期是采取防治措施的关键时期。

#### （二）侵入期

侵入期是指病原物从侵入到与寄主建立寄生关系的这一段时期。

**1. 病原物的侵入途径**　病原物通过一定的途径进入植物体内才能进一步发展引起病害。病原物的侵入途径主要有3种：

（1）伤口（如机械伤、虫伤、冻伤、自然裂缝及人为创伤）侵入。

（2）自然孔口（气孔、水孔、皮孔、腺体及花柱）侵入。

（3）直接侵入。

各种病原物往往有特定的侵入途径，如病毒只能从微伤口侵入；细菌可以从伤口和自然孔口侵入；大部分真菌可从伤口和自然孔口侵入；少数真菌、线虫、寄生性植物可从表皮直接侵入。

病原物的侵入途径与其寄生性有关，一般寄生性较弱的病原物从伤口侵入，寄生性较强的病原物可以从自然孔口，甚至可以从表皮直接侵入。大多数真菌以孢子萌发后形成的芽管或菌丝通过一定的侵入途径侵入寄主。

**2. 侵入所需时间和数量**　病原物侵入所需时间一般是很短的，植物病毒和一部分病原细菌接触寄主即可侵入。病原真菌需经萌发、产生芽管等过程，所需时间大多在几小时内。

**3. 影响侵入的环境条件** 影响病原物侵入的环境条件主要是温度和湿度，光照等对病原物的侵入也有一定作用，其中湿度对真菌和细菌等病原物的侵入影响最大。湿度决定孢子能否萌发和侵入。绝大多数气流传播的真菌病害，其孢子萌发率随湿度增加而增大，在水滴（膜）中萌发率最高。如真菌的游动孢子和细菌只有在水中才能游动和侵入，而白粉菌的孢子在湿度较低的条件下萌发率高，在水滴中萌发率反而很低。另外，在高湿条件下，寄主愈伤组织形成缓慢，气孔开张度大，水孔吐水多而持久，植物组织柔软，抗侵入能力大大降低。

温度影响孢子能否萌发和侵入的速度。真菌孢子在适温条件下萌发只需几小时的时间。如马铃薯晚疫病菌孢子囊在 12～13℃ 的适宜温度下，萌发仅需 1h，而在 20℃ 以上时需时 5～8h。

温度和湿度既影响病原物也影响寄主植物。在植物生长季节，温度一般都能满足病原物侵入的需要，而湿度的变化较大，常常成为病害发生的限制因素。所以在潮湿多雨的气候条件下病害严重，而雨水少或干旱季节病害轻或不发生。同样，恰当的栽培管理措施，如灌水适时适度、合理密植、合理修剪，适度打除底叶改善通风透光条件，田间作业尽量避免机械损伤植株和注意促进伤口愈合等，都有利于减轻病害发生程度。但是，植物病毒病在干旱条件下发病严重，这是因为干旱有利于传毒昆虫（如蚜虫）的繁殖。如果使用保护性杀菌剂，必须在病原物侵入寄主之前使用，也就是选择田间少数植株发病初期使用，这样才能收到理想的防治效果。

### （三）潜育期

潜育期是指从病原物侵入与寄主建立寄生关系开始到寄主表现明显症状为止的这一段时期。

潜育期是病原物在植物体内进一步繁殖和扩展的时期，也是寄主植物调动各种抗病因素积极抵抗病原为害的时期。对潜育期长短的影响，环境条件中起主要作用的是温度。在一定范围内，温度升高，潜育期缩短。在病原物生长发育的最适温度范围内，潜育期最短。

潜育期的长短还与寄主植物的生长状况密切相关。凡生长健壮的植物，抗病力强，潜育期相应延长；而营养不良，长势弱或氮素肥料施用过多，徒长的，潜育期短，发病快。在潜育期采取有利于植物正常生长的栽培管理措施或使用合适的杀菌剂可减轻病害的发生。病害流行与潜育期的长短关系密切。有重复侵染的病害，潜育期越短，重复侵染的次数越多，病害流行的可能性越大。

### （四）发病期

发病期又称症状表现期，是指从寄主开始表现明显症状而发病到寄主生长期结束，甚至植物死亡为止的一段时期。在发病期，病部常呈现典型的症状。发病期最明显的标志是病原物开始产生大量繁殖体，加重为害或病害开始流行。病原真菌在受害部位产生孢子，细菌产生菌脓。孢子形成的早晚不同，如霜霉病、白粉病、锈病、黑粉病的孢子和症状几乎是同时出现的，一些寄生性较弱的病原物繁殖体，往往在植物产生明显的症状后才出现。

病原物繁殖体的产生也需要适宜的温度和湿度，在适宜的温度条件下，湿度大，病部才会产生大量的孢子或菌脓。对病征不明显的病害标本进行保湿，可以促进其产生病征，以便识别病害。掌握病害的侵染过程及其规律性，有利于开展病害的预测预报和制定防治措施。

## 四、侵染性病害的侵染循环

病害的侵染循环是指侵染性病害从一个生长季节开始发生，到下一个生长季节再度发生的过程。包括病原物的越冬、越夏、病原物的传播以及病原物的初侵染和再侵染等环节，切断其中任何一个环节，都能达到防治病害的目的。

### （一）病原物的越冬与越夏

病原物的越冬和越夏是指病原物在一定场所度过寄主休眠阶段保存自己的过程。绝大多数植物病原物在寄主植物体上寄生，作物收获后，病原物以寄生、休眠、腐生等方式越冬和越夏，病原物越冬和越夏的场所一般也是下一个生长季节的初侵染来源。病原菌越冬和越夏情况直接影响下一个生长季节的病害发生。越冬和越夏时期的病原物相对集中，可以采取经济简便的方法压低病原物的基数，用最少的投入收到最好的防治效果。病原物的越冬和越夏场所主要有以下几种：

**1. 田间病株**　田间病株主要是指被病原物侵染的寄主植物，本身就是病原物越冬或越夏的场所。病原物可在田间多年生、二年生或一年生的寄主植物上越冬、越夏。如冬小麦在秋苗阶段被锈菌、白粉菌或黑穗病菌侵染后，病菌以菌丝体的状态在寄主体内越冬。夏季在小麦收获后，田间的自生麦苗成为锈菌、白粉菌等病原菌的越夏场所。再如病菌可在寄主枝干的病斑内或潜伏在芽鳞内越冬，有些植物病毒可在栽培或野生的中间寄主上越冬越夏。对许多园艺植物病害来说，保护地的病株也是病原物的越冬场所。

**2. 种子、苗木和其他繁殖材料**　种子、苗木、块根、块茎、鳞茎和接穗等繁殖材料是多种病原物重要的越冬或越夏场所。其他繁殖材料是指种子以外的各种繁殖材料，如块根、块茎、鳞茎、苗木和接穗等。这些带有病原物的种子和其他各种繁殖材料，在播种和移栽后不仅会使植物本身发病，而且还会成为田间的发病中心，造成病害的蔓延。如将这些繁殖材料作远距离调运，还会使病害传入新区，成为病害远距离传播的重要原因。如菟丝子的种子、小麦粒线虫的虫瘿等混杂在种子中，小麦矮腥黑穗病菌的冬孢子、谷子白发病菌的卵孢子附着在种子表面，小麦散黑穗病菌潜伏在种胚内，马铃薯环腐病菌在块茎中，甘薯黑斑病菌在块根中越冬。

在播种前应根据病原物在种苗上的具体位置选用最经济有效的处理方法，如水选、筛选、热处理或药剂处理等。加强植物检疫，对种子等繁殖材料实行检疫检验，调运无病繁殖材料，是防止危险性病害扩大传播的重要措施。

**3. 病株残体**　病株残体包括寄主植物的枯枝、落叶、落花、落果、烂皮和死根等植株残体。大部分非专性寄生的真菌和细菌能以腐生的方式在病残体上存活一段时期。某些专性寄生的病毒也可随病残体休眠。病株残体对病原物既可起到一定的保护作用，增强其对恶劣环境的抵抗力，又可提供营养条件，作为形成繁殖体的能源。但当病残体分解和腐烂后，多数种类的病原物往往也逐渐死亡和消失。

**4. 土壤**　各种病原物常以休眠体的形式保存于土壤中，也可以腐生的方式在土壤中存活。如鞭毛菌的休眠孢子囊和卵孢子，黑粉菌的冬孢子，线虫的胞囊等，可在干燥土壤中长期休眠。

在土壤中腐生的病原物，可分为土壤寄居菌和土壤习居菌2种。土壤寄居菌是在土壤中随病株残体生存的病原物，土壤寄居菌的存活依赖于病株残体，当病残体腐败分解后，它们不能单独存活在土壤中，大多数寄生性强的真菌、细菌属于这一类；土壤习居菌对土壤适应性强，在土壤中能长期独立存活和繁殖，寄生性较弱，如腐霉属、丝核属和镰孢霉属真菌等，常引起多种植物的幼苗发病。

连作能使土壤中某些病原物数量逐年增加，使病害不断加重。合理的轮作可阻止病原物的积累，有效地减轻土传病害的发生。

**5. 粪肥**　病菌的休眠孢子可以直接散落于粪肥中，也可以随病株残体混入肥料。作物的秸秆、谷糠场土、枯枝落叶、野生杂草等残体都是堆肥、垫圈和沤肥的材料，因此病原物可随各种病残体混入肥料越冬或越夏。有机肥在未经充分腐熟的情况下，可能成为多种病害的侵染来源，因此使用农家肥必须充分腐熟。有的病残体作为饲料，病原休眠体随秸秆经过牲畜消化道后，仍能保持其生活力而使粪肥带菌，从而增加了病菌在肥料中越冬的数量。

**6. 昆虫和其他传播介体**　昆虫、螨类和某些线虫是植物病毒病害的主要生物传播介体，也是植物病毒的越冬和越夏场所。

### （二）病原物的传播

越冬和越夏的病原物，经过一定的传播方式，与寄主植物发生接触，引起寄主植物发病。病原物种类不同，传播的方式和方法也不同，有主动传播和被动传播之分。大多数病原物都有较固定的传播方式，如真菌和细菌病害多以风、雨传播，病毒病常由昆虫和汁液传播。

病原物的传播主要是依赖外界因素，其中有自然因素和人为因素。自然因素中以风、雨、水、昆虫和其他动物传播的作用最大。真菌主要以气流和雨水传播；细菌多半是雨水和昆虫传播；病毒主要靠生物介体传播；寄生性种子植物可以由鸟类和气流传播；线虫主要由土壤、灌溉水以及水流传播。人为因素中以种苗或种子的调运、农事操作和农业机械的传播最为重要。

**1. 主动传播**　病原物依靠本身的运动或扩展蔓延进行的传播，称为主动传播。如很多真菌有强烈地向空间主动弹射孢子的能力，又如具有鞭毛的真菌游动孢子和细菌借鞭毛可在水中游动，线虫在土壤中的蠕动，菟丝子茎在空中的伸展，真菌外生菌丝或菌索在土壤中生长蔓延，这种传播方式有利于病原物主动接触寄主，但其传播的距离较短，活动范围十分有限，仅对病原物的传播起一定的辅助作用。自然条件下一般以被动传播为主。

**2. 被动传播**

（1）气流传播。气流传播是病原物中最常发生的一种传播方式。真菌产生的孢子数量大、小而轻，主要靠气流传播。气流传播的距离远、范围大，容易引起病害流行。气流传播病害的防治方法比较复杂，要注意大面积联防。利用抗病品种是防治气流传播病害的有效防治方法。另外，可根据某些病害的传播距离确定相邻作物的种类和距离。典型的气流传播病害有小麦条锈病、大叶黄杨白粉病、紫薇白粉病等。

（2）风雨或流水传播。流水传播病原物的形式很常见，传播距离没有气流传播远，一般都比较近，只有几十米远。雨水、灌溉水的传播都属于流水传播。如鞭毛菌的游动孢子、炭疽病菌的分生孢子和病原细菌在干燥条件下无法传播，必须随水流或雨滴传播。在土壤中存活的病原物，如苗期猝倒病、立枯病和水稻白叶枯病等的病原物随灌溉水传播，因此，在防治时要注意采用正确的灌水方式，避免串灌和漫灌。对于雨水传播病害的防治，要清除当地菌源或者防止其侵染，就能取得一定的效果。

（3）昆虫和其他动物介体传播。昆虫等介体的取食和活动也可以传播病原物。多数植物病毒、类病毒、植原体等都可借助昆虫传播，其中尤以蚜虫、叶蝉、飞虱和木虱等刺吸式口器的昆虫传播为多。咀嚼式口器的昆虫可以传播真菌病害；线虫可传播细菌、真菌和病毒病害；鸟类可传播寄生性种子植物的种子；菟丝子可传播病毒病等。

（4）土壤传播和肥料传播。土壤和肥料传播病原物，实际上是土壤和肥料被动地被携带到异地而传播病原物。土壤能传播在土壤中越冬或越夏的病原物，带土的块茎、苗木等可远距离传播病原物，农具、鞋靴等可作近距离传播。肥料混入病原物，如未充分腐熟，其中的病原物接种体可以长期存活，可以由粪肥传播病害。

（5）人为因素传播。各种病原物都能以多种方式由人为的因素传播。人类在从事各种商业贸易经济活动和农事操作（如施肥、灌溉、播种、移栽、修剪、嫁接、整枝和脱粒等）中，常常无意识地传播了病原物。如使用带病原菌的种子等繁殖材料会将病原物带入田间。在育苗、移栽、打顶去芽、疏花、疏果等农事操作中，手、衣服和工具会将病菌由病株传播至健株上，如烟草花叶病毒是接触传染的。农机具也可传播病害，如犁地时机具带土传病。农产品和包装材料的流动与病原生物传播的关系也很大。调运携带病原物的种子、苗木、农产品及植物性包装材料时，可造成病害的远距离传播，引起病区扩大和新病区的形成。由于人类活动的内容范围很广，人为传播往往都是远距离传播，受自然条件或地理因素的限制很小，因此人为因素传播病害的危害性最大。植物检疫的作用就是限制这种人为的传播，避免将危害严重的病害带到无病的地区。

### （三）初侵染和再侵染

病原物越冬或越夏后，在新的生长季节所引起寄主植物首次发病的过程称为初侵染。在同一生长季节内，受到初侵染的植株上所产生的病原物通过传播又侵染健康植株（或部位），引起寄主植物再次发病的过程称为再侵染。有些病害只有初侵染，没有再侵染，如黑粉病等。有些病害不仅有初侵染，还有多次再侵染，如锈病、白粉病等。

有无再侵染是制定防治策略和方法的重要依据。对于只有初侵染的病害，应设法减少或消除初侵染来源，可获得较好的防治效果。对再侵染频繁的病害不仅要控制初侵染，更要采取措施防止再侵染，才能遏制病害的发展和流行。

## 五、侵染性病害的流行与预测

植物病害在一个较短的时期，较大的地域范围内，植物病原物大量传播，在植物群体中大面积严重发病，并造成巨大的产量和质量损失，这种现象称为植物病害的流行。植物病害流行是植物群体发病的现象。

病害的流行主要是研究植物群体发病及其在一定时间和空间内数量上的变化规律，所以对它的研究往往是在定性的基础上进行定量的研究。研究植物群体中病害在环境影响下发生发展的规律、病害预测和病害管理的综合性科学称为植物病害流行学，其为植物病理学的分支学科。

### （一）植物病害流行的基本因素

植物病害的流行受到寄主植物群体、病原物群体、环境条件和人类活动诸方面多种因素的影响，这些因素的相互作用决定了流行的强度和广度。

在诸多流行因素中最重要的有以下三方面，即植物病害流行三要素：大量致病力强的病原物，大面积易于感病的寄主，适合病害大量发生的环境条件。这三方面因素满足时，病害三角形的面积最大，病害才有可能流行，三者同等重要，缺一不可。人类的干预能有效地制止病害的流行。人们常用病害四面体或病害金字塔来表现这种关系。

**1. 大量致病性强的病原物** 病原物的致病性强、数量多并能有效传播是病害流行的主要原因。有些病原物能够大量繁殖和有效传播，短期内能积累巨大菌量。有的抗逆性强，越冬或越夏存活率高，初侵染菌源数量较多，这些都是重要的流行因素。许多病原物群体内部有明显的致病性分化现象，具有强致病性的小种或菌株、毒株占据优势就有利于病害大流行。在种植寄主植物抗病品种时，病原物群体中具有匹配致病性（毒性）的类型将逐渐占据优势，使品种抗病性丧失，导致病害重新流行。对于生物介体传播的病害，传毒介体数量也是重要的流行因素。如病毒病与蚜虫等介体的发生数量有关。

**2. 大面积感病寄主植物** 存在大面积感病寄主植物是病害流行的基本前提。品种布局不合理，大面积种植感病寄主植物或品种，会导致病害的流行。感病的野生植物和栽培植物都是广泛存在的。农业规模经营和保护地栽培的发展，往往在特定的地区大面积种植单一农作物甚至单一品种，从而特别有利于病害的传播和病原物增殖，常导致病害大流行。虽然人类已能通过抗病育种选育高度抗病的品种，但是现在所利用的主要是小种专化性抗病性，在长期的育种实践中因不加选择而逐渐失去了植物原有的非小种专化性抗病性，致使抗病品种的遗传基础狭窄，容易因病原物群体致病性变化而丧失抗病性，变为感病品种。

**3. 有利病害大量发生的环境条件** 环境条件主要包括气象条件、土壤条件、耕作栽培条件等。环境可以影响寄主植物，也可以影响病原物，也可能影响传播介体的数量和活动性。气象因素能够影响病害在广大地区的流行，其中以温度、水分（包括湿度、雨量、雨日、雾和露）和日照最为重要。只有长时间持续存在适宜的环境条件，且出现在病原物繁殖和侵染的关键时期，病害才能流行。气象条件既影响病原物的繁殖、传播和侵入，又影响寄主植物的抗病性。寄主植物在不适宜的条件下生长不良，抗病能力降低，可以加重病害流行。土壤因素包括土壤的理化性质、土壤肥力和土壤微生物等，往往只影响病害在局部地区的流行。

**4. 人为因素** 连续单一的大面积栽培同一种作物品种，施用高水平的氮肥，免耕栽培，深灌以及不良的田间卫生状况，都可增加病害流行的可能性和严重程度。人为因素还有人为引种危险性的病害带入新区等。

（二）病害流行主导因素的分析

病害的流行主要是上述几方面因素综合作用的结果。但由于各种病害发病规律不同，每种病害都有各自的流行主导因素。对一种病害，在一定的时间和地点，当其他因素已基本具备并相对稳定，而某一个因素最缺乏或波动变化最大，并对病害的流行起决定作用，这个因素称为当时当地病害流行的主导因素。当寄主、病原物条件具备时，环境因素便成为主导因素；如生产上已采用抗性品种且栽培条件相同的情况下，气象条件就是主导因素；而当病原存在，环境条件又利于发病时，寄主抗性便成为主导因素；如在相同栽培条件和相同气象条件下，品种的抗性是主导因素；相同品种、相同气象条件下，肥水管理可成为主导因素。流行主导因素的时空条件性很强，主导是相对的概念，同一种病害，处在不同的时间和地点，其流行主导因素可能全然不同，并且有时是可以变化的。从长远的观点来看，种植制度的变更、品种的更换、病原物致病性的变化以及抗药性的产生等往往是病害流行的主导因素。防止病害流行，必须找出流行的主导因素，采取相应的措施。

就一个生长季节而言，环境条件是否满足往往是促成当年病害流行的主导因素。如苗期猝倒病，品种抗性无明显差异，土壤中存在病原物，只要苗床持续低温高湿就会导致病害流行，低温高湿就是病害流行的主导因素。再如灰霉病过去是一种次要病害，近年来由于保护地蔬菜花卉大面积的种植，灰霉病迅速上升为多种蔬菜花卉的主要病害。大量化学农药的使用，使得灰霉菌产生了抗药性，所以灰霉病已经成为当前蔬菜花卉生产上的主要问题。玉米大斑病于1899年首次在东北发现，1963年以前很少大面积流行，1966年以后连续在东北和华北大流行，分析原因主要是品种抗病性的变化。原来，在1963年以前我国种植的玉米多为农家品种，抗性基因比较丰富，后来大规模地开展杂交育种，大面积推广了一些对大斑病高度感染的杂交种（如维尔165），遇到6~8月降雨较多的年份，该病很快大面积发生。小麦赤霉病流行的主导因素是气象因素，更确切地说是小麦扬花期的湿度和降雨次数，因为其他因素如温度、菌源条件比较容易满足，品种抗病性虽有差异但缺乏免疫品种。

### (三) 病害流行的地区差异

按照病害流行程度和流行频率的差异可划分为病害常发区、易发区和偶发区。常发区是流行的最适宜区；易发区是病害流行的次适宜区；而偶发区为不适宜区，仅个别年份有一定程度的流行。

### (四) 病害流行的年际波动

病害流行的年际波动以气传和生物介体传播的病害最大，根据各年的流行程度和损失情况可划分为大流行、中度流行、轻度流行和不流行等类型。

植物病害的流行是一个发生、发展和衰退的过程。这个过程是由病原物对寄主的侵染活动和病害在空间和时间中的动态变化表现出来的。病害流行就是病害数量增长的过程，也是病原物数量积累的过程，不同病害的积累过程所需时间不同。病害流行的时间动态是流行学的主要内容之一，在理论上和应用上都有重要意义。

**1. 单年流行病害** 单年流行病害又称多循环病害或复利病害，是指在作物一个生长季节中，只要条件适宜，病原物能够连续繁殖多代，并发生多次再侵染，在一个生长季节内就能完成病原物数量的积累过程，病害数量增幅大，最后造成严重流行危害的病害。例如马铃薯晚疫病、稻瘟病、稻白叶枯病、麦类锈病、玉米大斑、玉米小斑病等气流和流水传播的病害。这类病害绝大多数是局部侵染的，寄主的感病时期长，病原物的增殖率高，病害潜育期短，一般只有几天至十几天，一年中可有多次再侵染，多为气传和雨水传病害，传播距离较远，多危害植物地上部。但病原物对环境条件敏感，寿命不长，在不利条件下会迅速死亡。由于受气象条件影响大，不同年份流行程度波动大，病原物越冬率低而不稳定，越冬后存活的菌量（初始菌量）不高，所以病害在年度之间波动较大。如马铃薯晚疫病，潜育期为4~6d，在一个生长季内能发生再侵染10次以上，每个病斑每日扩大面积一圈，平均每日可产孢子囊几千个，当条件合适时，从开始见到发病中心到全田植株病害大面积流行只需1个月时间。

**2. 积年流行病害** 积年流行病害又称单循环病害或单利病害，是指在植物一个生长季中病原物只发生一次侵染，即病害循环中只有初侵染而没有再侵染，或者虽有再侵染，但次数很少，在病害流行上作用很小，需要经过连续几年时间，才能完成病原物数量积累（菌量积累）的过程，导致流行成灾的病害。如黑穗病、枯萎病、黄萎病类。此类病害多为种传或土传的全株性或系统性病害，其自然传播距离较近，传播效能较小。在一个生长季中菌量增长幅度不大，在发生的开始几年里，菌量小，发病率不高，往往不能引起重视。但由于病原物休眠体对不良环境抵抗力强，能够逐年积累，如对病害不加以控制，能够逐年稳定地增长，若干年后将导致较大的流行。单循环病害每年的流行程度主要取决于初始菌量。寄主的感病期较短，在病原物侵入阶段易受环境条件影响，一旦侵入成功，则当年的病害数量基本已成定局，受环境条件的影响较小。

单年流行病害与积年流行病害的流行特点不同，防治的策略也不同。单年流行病害往往是防治的重点，积年流行病害是防治的难点。防治单循环病害，消除初始菌源很重要，除选用抗病品种外，田园卫生、土壤消毒、种子清毒、拔除病株等措施都有良好防效。即使当年发病很少，也应采取措施抑制菌量的逐年积累。防治多循环病害主要应种植抗病品种，采用药剂防治和农业防治措施，降低病害的增长率。中间型病害往往处于次要病害的位置，然而，在条件适宜时中间型病害也能造成病害的大发生，由次要病害变为主要病害。

病害流行的空间动态，是研究病害分布由点到面的发展变化，也就是病害的传播距离、传播速率以及传播变化的规律。病害传播的规律因病原种类和传播方式不同而异。气传病害的传播距离较远；土传病害一般传播距离较短；种传病害主要受人类活动的制约；虫传病害主要取决于传病昆虫种群数量、活动及迁飞能力以及病原与传病介体之间的相互关系。

植物病害流行的时间和空间动态及其影响因素是植物病害流行学的研究重点。病原物群体在环境条件和人为干预下与植物群体相互作用导致病害流行，因而植物病害流行是一个极其复杂的生物学过程，需要采用定性与定量相结合的方法进行研究，即定性描述病害群体性质和通过定量观测建立关于群体动态的数学模型。

## ■ 本章小结

园艺植物病害基础知识
- 植物病害的症状
- 园艺植物病害的病原
  - 非侵染性病害的病原
  - 侵染性病害病原及所致病害
  - 园艺植物病害的诊断
- 园艺植物侵染性病害的发生与流行
  - 病原物的寄生性和致病性
  - 寄主植物的抗病性
  - 侵染性病害的侵染过程
  - 侵染性病害的侵染循环
  - 侵染性病害的流行与预测

## ■ 复习思考题

1. 何谓植物病害？引发植物病害的原因有哪些？
2. 何谓病害三角？病原有哪些？
3. 症状的定义是什么？有何作用？为什么说症状是诊断病害的重要依据？
4. 病状和病征定义是什么？植物发病后外部表现有哪些特点？

5. 真菌分为哪几个亚门？各亚门有何特征？代表属所致病害有哪些？半知菌的含义是什么？半知菌事实上包含哪些类别的真菌？

6. 真菌生活史的定义是什么？图解真菌生活史。真菌的有性孢子和无性孢子类型有哪些？在真菌的生活史中各起什么作用？

7. 名词解释：交互保护作用、颉颃作用、协生作用、潜伏侵染、隐症现象。

8. 侵染循环包括哪些主要环节？病原物越冬或越夏场所、传播方式有哪些？病害的侵染循环与防治有什么关系？

9. 柯赫氏法则的定义是什么？植物病害诊断分为哪几个步骤？如何诊断真菌、细菌、病毒、线虫病害？

10. 什么是病害流行？怎样理解流行的基本因素和主导因素？

# 第三章 园艺植物病虫害综合治理

■ 知识目标

1. 了解园艺植物病虫害综合治理的含义、原则。
2. 理解园艺植物病虫害综合治理方法的含义、内容。
3. 掌握园艺植物病虫害综合治理方法的各项技术措施。

■ 能力目标

1. 能根据当地园艺植物病虫发生特点合理制定综合治理方案。
2. 能根据某地区病虫的发生情况，因地制宜协调采取各种防治技术措施，对病虫害实施综合治理。

## 第一节 综合治理的概念

病虫一旦阻碍植物生长，造成经济损失，就成为病虫害，为此人们一直在寻找理想的防治方法。19世纪以来，生物防治引起人们极大的兴趣，发现并采取了很多技术措施，但是生物防治的不稳定性，效果的缓慢性让人们不停地寻找其他方法。20世纪40年代，杀虫剂、杀菌剂等人工合成有机农药的出现，使化学防治成为防治病虫害的主要手段。化学防治方法具有使用方便、价格便宜、效果显著等优点；但是经过长期大量使用后，产生的副作用越来越明显，不仅污染环境，而且使病虫害产生抗药性以及大量杀伤有益生物。人们终于从历史的教训中认识到依赖单一方法解决病虫害的防治问题是不完善的。为了最大限度地减少有害生物防治对环境产生的不利影响，逐步提出了有害生物综合治理（IPM）的防治策略。

### 一、综合治理的含义

1967年联合国粮食及农业组织在罗马召开的"有害生物综合防治"会议上提出：综合防治是对有害生物的一种管理系统，依据有害生物的种群动态及与环境的关系，尽可能协调运用一切适当的技术和方法，使有害生物种群控制在经济危害允许水平之下。1972年美国环境质量委员会提出了有害生物综合治理：综合治理是运用各种综合技术，防治对农作物有潜在危险的各种害虫，首先要最大限度地借助自然控制力量，兼用各种能够控制种群数量的综合方法如农业防治法，利用病原微生物，培育抗性农作物，采用害虫不育法，使用性诱剂，大量繁殖和释放寄生性天敌等，必要时使用杀虫剂。

1975年全国植保工作会议确定"预防为主，综合防治"的植物保护工作方针，指出"以防作为贯彻植保方针的指导思想，在综合防治中，要以农业防治为基础，因地、因时制宜，合理运用化学防治、生物防治、物理防治等措施，达到经济、安全、有效地控制病虫为害的目的。"1986年11月中国植保学会提出有害生物综合防治的概念，其含义是：综合防治是对有害生物进行科学管理的一种体系，它属于农田最优化生产管理体系中的一个子系统。它是从农业生态系的整体出发，根据有害生物和环境之间的相互关系，充分发挥自然控制因素的作用，因地制宜协调应用必要的措施，将有害生物控制在经济损害允许水平以下，以获得最佳的经济、生态和社会效益。即以生态全局为出发点，以预防为主，强调利用自然界对病虫的控制因素，达到控制病虫发生的目的；合理运用各种防治方法，相互协调，取长补短，在综合各种因素的基础上，确定最佳防治方案，利用化学防治方法时，应尽量避免杀伤天敌和污染环境。综合治理不是彻底干净消灭病虫害，而是把病虫害控制在经济允许水平以下。综合治理并不降低防治要求，而是把防治措施提高到安全、经济、简便、有效的水平上。

## 二、综合治理的原则

### （一）从生态学观念出发

植物、病原（害虫）、天敌三者之间相互依存，相互制约。它们同在一个生态环境中，又是生态系统的组成部分，它们的发生和消长与其共同所处的生态环境状态密切相关。综合治理就是在园艺植物播种、育苗、移栽和管理的过程中，有针对性地调节生态系统中某些组成部分，创造一个有利于植物及病害天敌生存，不利于病虫发生发展的环境条件，从而预防或减少病虫的发生与危害。

### （二）从安全的观念出发

针对不同的防治对象，要考虑对整个生态系统的影响，协调选用1种或几种有效的防治措施，如栽培管理、天敌的保护和利用、物理机械防治、药剂防治等措施。对不同的病虫害采用不同对策，各项措施要协调运用，取长补短，以达到最好的效果，同时将对生态系统的不利影响降到最低限度。

### （三）从保护环境、促进生态平衡，有利于自然控制病虫害的观念出发

植物病虫害的综合治理要从病虫害、植物、天敌、环境之间的自然关系出发，科学的选择及合理的使用农药，特别要选择高效、无毒或低毒、污染轻、有选择性的农药，防止对人畜造成毒害，减少对环境的污染，保护和利用天敌，不断增强自然控制力。

### （四）从提高经济效益的观念出发

防治病虫害的目的是为了控制病虫害的危害，使其危害程度不足以造成经济损失，即经济允许水平（经济阈值）。根据经济允许水平确定防治指标，危害程度低于防治指标，可不防治，否则要及时防治。

### （五）综合治理方案的制订原则

在园艺植物病虫害综合治理方案的制订过程中要符合"安全、有效、经济、简便"的原则，将病虫害控制在防治指标之内。"安全"指所制订的防治方法对人、畜、天敌、园艺植物等无毒害作用，对环境无污染；"有效"指在一定时间内所用的防治方法能使病虫害减轻，即控制在经济损失允许水平之下；"经济"指尽可能投入少，回报效益高；"简单"指所采用的防治方法简单易形，便于掌握和操作。

## 第二节 综合治理的方法

在长期的病虫害防治实践中,人们探索、研究着各种各样的防治方法,经过不断的改进和发展,逐步形成了目前普遍采用的 5 类基本防治方法。

### 一、植物检疫

植物检疫又称法规防治,是国家或地区设立专门机构,依据国家制定的植物检疫法律法规,运用一定的仪器设备和技术,应用科学的方法,对调运的植物和植物产品的病菌、害虫、杂草等有害生物进行检疫检验和处理,禁止或限制危险性病、虫、杂草等人为的传入或传出,并防止进一步扩散所采取的植物保护措施。其目的是利用立法和行政措施防止或延缓有害生物的人为传播,是防止有害生物传播蔓延的一项根本性措施。植物检疫是由国家政府主管部门或其授权的地区专门检疫机构依法强制执行的政府行为。植物检疫的基本属性是其强制性和预防性。

**■ 资料卡片**

植物检疫的不严及其他各方面的原因,我国外来物种不断增加,这些外来物种的入侵给我国的国民经济造成了巨大的损失。2006 年农业部门估计由于外来物种入侵农业的每年损失 574 亿。如美洲斑潜蝇最早于 1993 年在海南发现,到 1998 年已在全国 21 个省市区发生,面积达 130 万 $hm^2$ 以上,它寄生 22 个科的 110 种植物,尤其是蔬菜瓜果类受害严重,包括黄瓜、甜瓜、西瓜、西葫芦、丝瓜、番茄、辣椒、茄子、豇豆、菜豆、豌豆和扁豆等。目前在我国,每年防治美洲斑潜蝇的成本高达 4 亿元。

**(一)植物检疫的主要任务**

(1)做好植物和植物产品的进、出口或国内地区间调运的检疫检验工作。

(2)查清检疫对象的主要分布及危害情况和适生条件,并根据实际情况划定疫区和保护区。

(3)建立无病、虫的种子和苗木基地,供应无病、虫种苗。

随着对外贸易的发展,检疫工作的任务愈加繁重。因此必须严格执行检疫法规,高度重视植物检疫工作,切实做到"既不引祸入境,也不染灾于人",以促进对外贸易,维护国际信誉。

**(二)植物检疫措施**

植物检疫分为对内植物检疫(国内检疫)和对外植物检疫(国际检疫)。

**1. 对外植物检疫**(国际检疫) 对外植物检疫是由国家出入境检验检疫局设在对外港口、国际机场及国际交通要道的出入境检验检疫机构,对进、出口的植物及其产品进行检疫处理。防止国外新的国内不发生或只在局部地区发生的危险性植物检疫性病虫等有害生物的传入;同时也防止国内某些危险性的病虫等有害生物传出国境。

**2. 对内植物检疫**(国内检疫) 对内植物检疫是由县级以上农林业行政主管部门所属的植物检疫机构实施。国内各级检疫机关,会同交通运输、邮电、供销及其他有关部门根据检疫条例,对所调运的植物及其产品进行检验和处理,以防止仅在国内局部地区发生的危险性病虫等有害生物传播蔓延。

对内检疫是对外检疫的基础,对外检疫是对内检疫的保障,二者紧密配合,互相促进,以达到保护植物生产的目的。

### (三) 检疫名单的确定

根据国际植物保护公约（1979）的定义,检疫性有害生物是指一个受威胁国家目前尚未分布,或虽然有分布但分布不广,对该国具有经济重要性的有害生物。根据这个定义,确定植物检疫名单的一般原则如下：

（1）国内或本地区尚未发现的,或只在局部地区发生的病虫等有害生物。

（2）危险性大,一旦传入可能造成农林业重大损失,且传入后难以防治的病虫等有害生物。

（3）能借助人为活动,随植物、植物产品、包装材料等远距离传播的,即可以随同种实、接穗、包装物等运往各地,适应性强的病虫等有害生物。

我国农业部和林业局先后发布了全国农业和林业植物检疫检验性有害生物名单,其中许多病虫与园艺植物有关。应检疫的名单并不是固定不变的,可根据实际情况的变化及时修订或补充。

### (四) 植物检疫检验的方法

植物检疫检验的方法很多,包括直接检验法、过筛检验法、解剖检验法、种子发芽检验、隔离试种检验、分离培养检验、比重检验、漏斗分离检验、洗涤检验、荧光反应检验、染色检验、噬菌体检验、血清检验、生物化学反应检验、电镜检验、DNA探针检验等。

### (五) 疫情处理

疫情处理所采用的措施依情况而定。一般在产地隔离场圃发现有检疫性病虫,常由官方划定疫区,实施隔离和根除扑灭等控制措施。关卡检验发现检疫性病虫时,则通常采用退回或销毁货物、除害处理和异地转运等检疫措施。除害处理是植物检疫处理常用的方法,主要有机械处理、温热处理、微波处理、射线处理等物理方法和药物熏蒸、浸泡、喷洒处理等化学方法。所采用的处理措施必须能彻底消灭危险性病虫和完全阻止危险性病虫的传播和扩展,且安全可靠、不造成中毒事故、无残留、不污染环境等。

## 二、园艺技术防治

园艺技术防治是在全面分析园艺植物、有害生物与环境因素三者相互关系的基础上,通过改进园艺栽培技术措施来改善生态环境,使环境条件不利于病虫害的发生,而有利于园艺植物的生长发育,提高植物抗性,压低有害生物的数量,直接或间接地消灭或抑制有害生物发生与危害的方法。这种方法不需要额外投资,有预防作用,可长期控制病虫害,因而是最经济、最基本的防治方法。但这种防治方法见效慢,不能在短时间内控制暴发性的病虫害。

### (一) 选用抗病虫的园艺植物品种

理想的园艺植物品种应具有良好的园艺性状,又对病虫害、不良环境条件有综合抗性,如抗黑斑病的月季品种有月亮花、日晖。培育抗病、虫品种的方法有系统选育、杂交育种、辐射育种、化学诱变、转基因育种等。

## （二）选用无病虫种苗及繁殖材料

生产和使用无病虫害种子、种苗以及其他繁殖材料，执行无病种子繁育制度，在无病或轻病地区建立种子生产基地和各级种子田，生产无病虫害种子、种苗及其他繁殖材料。并采取严格的防病和检验措施，可以有效地防止病虫害传播和压低病、虫源基数。如马铃薯种薯生产基地应设置在气温较低的高海拔或高纬度地区，生长期注意防治蚜虫、病毒病，及时拔除病株、杂株和劣株。

## （三）加强栽培管理

**1. 建立合理的种植耕作制度**

（1）合理轮作。单一的种植模式为病虫害提供了稳定的生态环境，容易导致病虫害猖獗。合理轮作有利于园艺植物生长，提高抗病虫害能力，又能恶化某些病虫害的生存环境，达到减轻病虫危害的目的。轮作是防治土传病害和在土壤中越冬的害虫的关键措施，如马铃薯环腐病、番茄线虫病、地老虎、金龟甲、蝼蛄等。与非寄主植物轮作，在一定时期内可以使病虫处于"饥饿"状态而削弱致病力或减少病原及害虫的基数。轮作方式及年限因病虫害种类而异。对一些地下害虫实行水旱1~2年轮作，土传病害轮作年限再长一些，可取得较好的防治效果。合理的间作能明显抑制某些病虫害的发生和为害，如魔芋与玉米间作会导致魔芋软腐病发病率降低。

（2）中耕及深耕。适时中耕和园艺植物收获后及时深耕，不仅可以改变土壤的理化性状，有利于园艺植物的生长发育，提高抗性，还可以恶化在土壤中越冬的病原菌和害虫的生存环境，达到减少初侵染源和害虫虫源的目的。深耕可将病虫暴露于表土或深埋土壤中，机械损伤害虫，达到防治病虫害的目的。

**2. 覆盖技术** 通过地膜覆盖，达到提高地温，保持土壤水分，促进园艺植物生长发育和提高园艺植物抗病虫害的目的。地膜覆盖栽培可以控制某些地下害虫和土传病害。将高脂膜加水稀释后喷到植物体表，形成一层很薄的膜层，膜层允许氧和二氧化碳通过，真菌不能在植物组织内扩展，从而控制了病害。高脂膜稀释后还可喷洒在土壤表面，抑制土壤中的病原物，减少发病的概率。

**3. 合理密植** 合理密植有利于园艺植物生长发育。密度过大，造成田间郁蔽，通风透光不良，植物徒长，抗性降低，有利于病虫害发生危害。如黄瓜种植密度过大易使田间湿度增大，有利于白粉病发生。

**4. 合理的肥水管理**

（1）有机肥与无机肥配施。有机肥如猪粪、鸡粪，可改善土壤的理化性状，使土壤疏松，透气性良好。无机肥如各种化肥，其优点是见效快，但长期使用对土壤的物理性状会产生不良影响，故两者以兼施为宜。

（2）大量元素与微量元素配施。大量元素要配合施用，避免偏施氮肥，造成植物徒长，降低其抗病虫性。微量元素施用时也应均衡，如在植物生长期缺少某些微量元素，可造成花、叶等器官的畸形、变色，降低观赏价值。同时施肥时强调大量元素与微量元素的配合施用。

（3）施用充分腐熟的有机肥。未腐熟的有机肥中往往带有大量的虫卵，容易引起地下害虫的暴发危害，在施肥前应充分腐熟。

（4）合理浇水。浇水的方法、浇水量及时间等都会影响病虫害的发生。喷灌和"滋"水等方式往往加重叶部病害的发生,最好采用沟灌、滴灌。浇水要适量,水分过大往往引起植物根部缺氧窒息,轻者植物生长不良,重则引起根部腐烂,尤其是肉质根等器官。浇水时间最好选择晴天的上午,以便及时降低叶片表面的湿度。灌水量过大和灌水方式不当,不仅使田间湿度增大,有利于病害发生,且流水能传播病害。

### 三、生物防治

生物防治是以有益生物及其代谢产物控制有害生物种群数量的方法。生物防治不仅可以改变生物种群组成成分,而且可以直接消灭病虫害,对人、畜、植物也比较安全,不伤害天敌,不污染环境,不会引起害虫的再猖獗和产生抗性,对一些病虫害有长期的控制作用。但是,生物防治存在着一些局限性,效果有时较缓慢,人工繁殖技术较复杂,受自然条件限制较大,不能完全代替其他防治方法,必须与其他防治方法有机地结合在一起。

#### (一) 天敌昆虫的利用

利用天敌昆虫来防治害虫,称为以虫治虫。天敌昆虫主要有捕食性和寄生性两大类型。

常见的捕食性天敌昆虫有蜻蜓、螳螂、猎蝽、草蛉、虎甲、步甲、瓢虫、食虫虻、食蚜蝇等。这些昆虫在其生长发育过程中捕食量很大。如利用瓢甲可以有效地控制蚜虫;1只草蛉 1d 可捕食几十甚至上百只蚜虫;1头食蚜蝇 1d 可捕食近百只蚜虫。

常见的寄生性天敌昆虫主要是寄生蜂和寄生蝇,它们寄生在害虫各虫态的体内或体表,以害虫的体液或内部器官为食,使害虫死亡。在自然界,每种害虫都有数种甚至上百种寄生性天敌昆虫,如玉米螟的寄生蜂有 80 多种。

利用天敌昆虫来防治园艺植物害虫,主要有以下 3 种途径

**1. 保护和利用本地天敌昆虫** 害虫的自然天敌昆虫种类虽然很多,但由于受各种自然因素和人为因素的影响,天敌昆虫不能很好地发挥控制害虫的作用。为了充分发挥自然天敌对害虫的控制作用,可以通过保护天敌安全越冬,改善昆虫天敌的营养条件,合理、安全使用农药等措施都能有效地保护天敌昆虫,使其种群数量不断增加。

**2. 天敌昆虫的大量繁殖和释放** 通过室内的人工大量饲育天敌昆虫,按照防治需要,在适宜的时间释放到田间消灭害虫,见效快。如利用赤眼蜂防治玉米螟取得了很好的效果。

**3. 引进天敌昆虫** 从国外或外地引进天敌昆虫防治本地害虫,是生物防治中常用的方法。

■ 资料卡片

天敌能否大量繁殖,决定于下列几个方面:首先,要有合适的、稳定的寄主来源或者能够提供天敌昆虫的人工或半人工的饲料食物,并且成本较低,容易管理;第二,天敌昆虫及其寄主,都能在短期内大量繁殖,满足释放的需要;第三,在连续的大量繁殖过程中,天敌昆虫的生物学特性(寻找寄主的能力,对环境的抗逆性、遗传特性等)不会有重大的改变。

#### (二) 微生物及其代谢产物的利用

把一些微生物及其代谢产物加工成生物农药防治病虫害,对人、畜、园艺植物和其他动物安全,无残毒,不污染环境,并能与化学农药混合使用。

**1. 微生物防治害虫** 就是利用害虫的病原微生物来防治害虫。可引起昆虫致病的病原

微生物主要有细菌、真菌、病毒、立克次体、线虫等。目前生产上应用较多的是病原细菌、病原真菌和病原病毒3类。

(1) 真菌。用于防治害虫的病原真菌种类很多，经常使用的有白僵菌和绿僵菌。被真菌侵染致死的害虫，虫体僵硬，体上有白色、绿色等霉状物。目前用于防治地老虎、斜纹夜蛾等害虫已取得了显著成效。

(2) 细菌。作为微生物杀虫剂在生产中使用的病原细菌主要是苏云金杆菌和乳状芽孢杆菌。被昆虫病原细菌侵染致死的害虫，虫体软化，有臭味。苏云金杆菌主要用于防治鳞翅目害虫，乳状芽孢杆菌用于防治金龟甲幼虫。

(3) 病毒。已发现的昆虫病原病毒主要是核多角体病毒、质型多角体病毒和颗粒体病毒。被病原病毒侵染死亡的害虫，往往以腹足或臀足黏附在植株上，体躯呈一字形或V字形下垂，虫体变软，组织液化，胸部膨大，体壁破裂后流出白色或褐色的黏液，无臭味。我国利用病毒防治菜青虫、地老虎、斜纹夜蛾、松毛虫等都取得了显著效果。

**2. 微生物及其代谢产物防治病害**

(1) 抗生作用的利用。一种微生物产生的代谢产物抑制或杀死另一种微生物的现象，称为抗生作用。具有抗生作用的微生物称为抗生菌。利用抗生作用防治植物病害的例子很多，如利用春雷霉素防治黄瓜的炭疽病、细菌性角斑病。

(2) 交互保护作用的利用。在寄主植物上接种亲缘关系相近而致病力较弱的菌株，能保护寄主不受致病力强的病原物侵害。主要用于植物病毒病的防治。

(3) 利用真菌防治植物病原真菌。如木霉菌可以寄生在立枯丝核菌、腐霉菌、小核菌和核盘菌等多种植物病原真菌上，利用木霉菌可防治黄瓜猝倒病、甜瓜枯萎病等病害。

**3. 利用昆虫激素防治害虫** 昆虫分泌的具有活性能调节和控制昆虫各种生理功能的物质称为激素。由内分泌器官分泌到体内的激素称为内激素；由外激素腺体分泌到体外的激素称为外激素。已经发现的外激素有性外激素、群集外激素、示踪外激素及警戒外激素，其中性外激素广泛用于害虫测报和害虫防治，如菜蛾性诱剂、斜纹夜蛾性诱剂。昆虫的内激素主要有保幼激素、蜕皮激素及脑激素。利用保幼激素可改变害虫体内激素的含量，破坏害虫正常的生理功能，造成畸形、死亡，如利用保幼激素防治蚜虫。

### 资料卡片

自然界中除可利用天敌昆虫和病原微生物防治害虫外，还有很多有益动物能有效地控制害虫。其中节肢动物捕食性螨类，如植绥螨可捕食果树、豆类、蔬菜等植物上的多种害螨；两栖类动物中的青蛙、蟾蜍等捕食多种植物害虫；哺乳纲鸟类，如家燕能捕食蚊、蝇、蝶、蛾等害虫；有些线虫，如斯氏线虫可寄生在地老虎、蛴螬等地下害虫体内；此外，多种禽类也是害虫的天敌，如鸡鸭治虫。

## 四、物理机械防治

利用简单的工具以及物理因素（如光、温度、热能、放射能等）来防治有害生物的方法称为物理机械防治。物理机械防治的措施简单实用，容易操作，见效快，防治效果好，不发生环境污染，可作为有害生物的预防和防治的辅助措施，也可作为有害生物在发生时或其他方法难以解决时的一种应急措施。

### (一) 温度处理

各种有害生物对环境温度都有一定要求，在超过其适宜温度范围的条件下，均会导致失活或死亡。根据这一特性，可利用高温或低温来控制和杀死有害生物，如豌豆、蚕豆用日光晒种可杀死豌豆象和蚕豆象而不影响发芽率和品质。温汤浸种是利用一定温度的热水杀死病原物，如将瓜类、茄果类种子用55℃温水浸种15～20min可有效防止病害发生。热蒸汽可用于温室和苗床的土壤处理，通常用80～95℃蒸汽处理土壤30～60min，可杀死绝大部分病原菌。

### (二) 光波的利用

利用害虫的趋光性，可以设置黑光灯、频振杀虫灯、高压电网灭虫灯或用激光的光束杀死多种害虫。夏季高温期铺设黑色地膜，吸收日光能，使土壤升温，能杀死土壤中多种病原菌。

### (三) 微波辐射技术的应用

微波辐射技术是借助微波加热快和加热均匀的特点，来处理某些产品和植物种子的病虫。辐射法是利用电波、γ射线、X射线、红外线、紫外线、超声波等电磁辐射技术处理种子、土壤，可杀死害虫和病原微生物等。如直接用83C/kg的60Coγ-射线照射仓库害虫，可使害虫立即死亡。

### (四) 捕杀法

根据害虫生活习性，利用人工或简单的器械捕捉或直接消灭害虫的方法称为捕杀法。如人工扒土捕杀地老虎幼虫，用振落法防治叶甲、金龟甲，人工摘除卵块等。

### (五) 阻隔法

人为设置各种障碍，切断各种病虫侵染途径的方法称为阻隔法。如粮面压盖、纱网阻隔、土壤覆膜或盖草等方法，能有效地阻止害虫产卵、为害，也可防止病害的传播蔓延。

### (六) 汰选法

利用害虫体形、体重的大小或被害种子与正常种子大小及质量分数的差异，进行器械或液相分离，剔出带病虫种子的方法。常用的有风选、筛选、盐水选种等方法。如剔除大豆菟丝子种子，一般采用筛选法。

### (七) 诱集或诱杀法

诱集或诱杀法主要是利用害虫的某种趋性或其他特性如潜藏、产卵、越冬等对环境条件的要求，采取适当的方法诱集或诱杀。利用害虫的趋化性，采用食饵诱杀，如利用糖、酒、醋液防治夜蛾类害虫。利用害虫的趋色习性，进行黄板诱杀防治多种蚜虫、斑潜蝇等。

### (八) 外科手术

对于多年生的果树和林木，外科手术是治疗枝干病害的必要手段。如直接用快刀将病组织刮干净并涂药可治疗苹果树腐烂病；刮除枝干轮纹病斑可减轻果实轮纹病的发生。

## 五、化学防治

化学防治是利用各种化学药剂防治有害生物的方法。化学防治的优点是杀虫、菌谱广，效果好，使用方法简便，不受地域、季节限制，便于大面积机械化防治等。缺点是容易引起人、畜中毒，污染环境，杀伤天敌，并引起次要害虫再猖獗。如果长期使用同一种农药，可使某些害虫产生抗药性，出现3R问题，即Resistance（抗药性）、Resurgence（再猖獗）、

Residue（残留）。

## （一）农药的类别

农药是指用于预防、防治或控制危害农业、林业的病、虫、草和其他有害生物以及有目的地调节植物、昆虫生长的化学合成，及来源于生物、其他天然物质的1种物质或者几种物质的混合物及其制剂。农药是在植物病虫害防治中广泛使用的各类药物的总称。通常按农药的来源、防治对象及作用进行分类（表3-1）。

表3-1　农药的分类

| 防治对象 | 分类根据 | 类别 | |
|---|---|---|---|
| 杀虫剂 | 作用方式 | 触杀剂、胃毒剂、内吸剂、熏蒸剂、引诱剂、驱避剂、拒食剂、不育剂、几丁质抑制剂及昆虫激素（保幼激素、蜕皮激素、信息素） | |
| | 来源及化学组成 | 有机合成杀虫剂（有机磷、氨基甲酸酯、拟除虫菊酯等） | |
| | | 天然产物杀虫剂（鱼藤酮、除虫菊素、烟碱、沙蚕毒素） | |
| | | 矿物油杀虫剂 | |
| | | 微生物杀虫剂（细菌毒素、真菌毒素、抗生素） | |
| 杀螨剂 | 化学组成 | 有机氯、有机磷、有机锡、氨基甲酸酯、偶氮及肼类、甲脒类、杂环类等 | |
| 杀线虫剂 | 化学组成 | 卤代烃、氨基甲酸酯、有机磷、杂环类 | |
| 杀菌剂 | 作用方式 | 内吸剂、非内吸剂 | |
| | 防治原理 | 保护剂、铲除剂、治疗剂 | |
| | 防治方法 | 土壤消毒剂、种子处理剂、喷洒剂 | |
| | 来源及化学组成 | 合成杀菌剂 | 无机杀菌剂（硫制剂、铜制剂） |
| | | | 有机杀菌剂（有机硫、有机磷、二硫代氨基甲酸酯类、取代苯类、酰胺类、取醌类、硫氰酸类、取代甲醇类、杂环类） |
| | | 细菌杀菌剂（抗生素） | |
| | | 天然杀菌剂及植物保卫素 | |

## （二）农药的剂型

未经加工的农药一般称为原药，呈固体状态为原粉，液体状态为原液。原药中含有的具杀菌、杀虫等作用的活性成分称为有效成分。为了使原药能附着在虫体和植物体上，充分发挥药效，农药加工过程中在原药中加入一些能改进药剂性能和性状的物质，根据其主要作用，常被称为填充剂、辅助剂（溶剂、湿展剂、乳化剂等）。农药原药与辅助剂混合调配，加工制成具有一定形态、组分和规格，适合各种用途的商品农药为制剂，制剂的形态称为农药剂型。通常农药制剂包括有效成分含量、农药名称和剂型名称三部分。如70%代森锰锌可湿性粉剂，即指明农药名称为代森锰锌，剂型为可湿性粉剂，有效成分含量70%。常用的剂型有多种类型（表3-2）。

表3-2　常用农药剂型特点及使用方法

| 剂型种类 | 成　　分 | 使用方法 | 优　　点 | 缺点 |
|---|---|---|---|---|
| 粉剂 | 原药+惰性填料 | 喷粉、拌种、拌土 | 施用方便，工效高，不受水源限制 | 污染环境，用量大，残效期短 |

(续)

| 剂型种类 | 成分 | 使用方法 | 优点 | 缺点 |
|---|---|---|---|---|
| 可湿性粉剂 | 原药+惰性填料+辅助剂 | 喷雾 | 成本较低，储运较安全，黏附力较强，残效期较长 | 分散性差，浓度高时易产生药害 |
| 乳油 | 原药+有机溶剂+乳化剂 | 喷雾 | 药效高，施用方便，性质相对稳定，药效高 | 成本较高，使用不当易造成药害和人、畜中毒 |
| 颗粒剂 | 原药+辅助剂+载体（沙子、煤渣等） | 施心叶、撒施、点施 | 对非靶标生物影响小，药害轻，残效期长，工效高，施用方便，不受水源限制，对人安全 | 运输成本较高 |
| 水剂 | 原药+水 | 喷雾、浇灌、浸泡 | 药效好，对环境污染小 | 不耐贮藏，附着性差，易水解失效 |
| 缓释剂 | 农药贮存在加工品中（废塑料、有机化合物等） | 施心叶、撒施、点施 | 残效期延长，能减轻污染和毒性 | |
| 超低容量喷雾剂（油剂） | 原药+辅助剂 | 喷雾 | 用量少，省工，效果好。用时不加水，可在缺水地区用 | 风大时不能使用 |
| 胶悬剂或悬浮剂 | 原药+分散剂+润湿剂+载体（硅胶）+消泡剂+水 | 喷雾、低容量喷雾和浸种 | 粒径小，渗透力强，污染小，成本低。兼有可湿性粉剂和乳油的优点 | |
| 可溶性粉剂 | 原药+水溶性填料+吸收剂 | 喷雾 | 便于包装、运输和贮藏，施用方便，药效好 | |
| 微胶囊剂 | 原药包入高分子微囊中 | 喷雾 | 残效期长，对人、畜毒性低 | |
| 种衣剂 | 原药+成膜剂 | 浸种、拌种 | 用量少，残效期长。不污染环境，不伤害天敌昆虫，对人畜安全 | 若药剂选配不当或加工质量差会造成药害 |
| 烟剂 | 原药+燃料+氧化剂+消燃剂 | 熏蒸 | 施用方便，节省劳力，可扩散到其他防治方法不能达到的地方 | |

## （三）农药的使用方法

利用化学农药防治病、虫、草害，根据防治对象的发生规律及对天敌昆虫和环境的影响，选择适当的药剂；准确计算用药量，严格掌握配药浓度；选择适宜的药械，采用正确的方法施药；考虑与其他防治方法配合等问题，才能达到经济、安全、有效的防治目标。

**1. 喷雾法** 喷雾法是利用手动、机动和电动喷雾机具将药液分散成细小的雾点，喷到植物或防治对象上的一种最常用的施药方法。喷雾器械将药液雾化后均匀喷在植物和有害生物表面，按用液量不同分为常量喷雾（雾点直径 $100\sim200\mu m$）、低容量喷雾（雾滴直径 $50\sim100\mu m$）和超低容量喷雾（雾滴直径 $15\sim75\mu m$）。农药的湿润展布性能，雾滴的大小，植物、害虫体表的结构及喷雾技术、气候条件都会影响防治效果。

**2. 喷粉法** 利用喷粉器械喷撒粉剂农药的方法称为喷粉法。喷粉法是施用药剂最简单的方法。该法工效高，不受水源限制，尤其适用于干旱缺水地区，适用于大面积防治。缺点是用药量大，散布不均匀，黏附性差，易被风吹或雨水冲刷，易污染环境。

**3. 种子处理** 种子处理可以防治种传病虫害，并保护种苗免受土壤中病原物侵染，用内吸剂处理种子还可防治地上部分病虫害。常用方法有拌种法、浸种法、闷种法和种衣剂。播种前将药粉或药液与种子均匀混合的方法称为拌种，拌种主要用于防治地下害虫和由种子传播的病虫害。浸种法是用药液浸泡种子，把种子、种苗在一定浓度的药剂中浸放一定时间，以消除其中的病虫害，或使其吸收一定量的有效药剂，在出苗前后达到防病治虫的目的，称为浸种或浸苗。闷种法是用少量药液喷拌种子后堆闷一段时间再播种。种衣剂称为种子包衣，作用时可缓慢释放，有效期延长。

**4. 土壤处理** 土壤处理是指播种前将药剂施于土壤中，主要防治植物根部或地下病虫害，其有土表处理、深层施药、撒施、毒土、泼浇等多种形式。土表处理是用喷雾、喷粉、撒毒土等方法将药剂全面施于土壤表面，再翻耙到土壤中。深层施药是施药后再深翻或用器械直接将药剂施于较深土层。撒施法是将颗粒剂或毒土直接撒布在植株根部周围。毒土是将药剂与具有一定湿度的细土按一定比例混匀制成的。泼浇法是将药剂加水稀释后泼浇于植株基部。

**5. 熏蒸法** 熏蒸法是利用熏蒸药剂的有毒挥发性气体在密闭或半密闭设施中，通过熏蒸作用杀死害虫或病原菌的方法。有的熏蒸剂还可用于土壤熏蒸，即用土壤注射器或土壤消毒机将液态熏蒸剂注入土壤内，在土壤中成气体扩散。土壤熏蒸后需按规定等待一段较长时间，待药剂充分散发后才能播种，否则易产生药害。

**6. 烟雾法** 烟雾法指利用烟剂或雾剂防治病虫害的方法。烟剂是农药的固体微粒分散在空气中起作用；雾剂是农药的小液滴分散在空气中起作用。施药时用物理加热法或化学加热法引燃烟雾剂。烟雾法施药扩散能力强，只在密闭的温室、塑料大棚中应用。

**7. 毒饵** 将药剂拌入害虫喜食的饵料中称为毒饵，是利用农药的胃毒作用防治害虫，常用于防治地下害虫。毒饵的饵料可选用秕谷、麦麸、米糠等害虫喜食的食物。

此外，还有灌根、涂抹、蘸果、蘸根、树体注射、仓库及器具消毒等防治方法。

### （四）农药的稀释与计算

**1. 药剂浓度表示法** 目前生产上常用表示法有倍数法、百分浓度和摩尔浓度（百万分浓度）。

（1）倍数法。倍数法是指药液（药粉）中稀释剂（水或填料）的用量为原药剂用量的多少倍或是药剂稀释多少倍的表示法，此法在生产上最常用。

通常采用内比法和外比法。用于稀释100倍（含100）以下时用内比法，即稀释时要扣除原药剂所占的1份。如稀释10倍液，即用原药剂1份加水9份。用于稀释100倍以上时用外比法，计算稀释量时不扣除原药剂所占的1份。如稀释1 000倍液，即可用原药剂1份加水1 000份。

（2）百分浓度。是指100份药剂中含有多少份药剂的有效成分。百分浓度又分为重量百分浓度和容量百分浓度。固体与固体之间或固体与液体之间，常用重量百分浓度，液体与液体之间常用容量百分浓度。

（3）百万分浓度。是指100万份药剂中含有多少份药剂的有效成分。

$$百分浓度 = 百万分浓度 \times 10^4$$

**2. 农药的稀释计算**

（1）按有效成分计算。

原药剂浓度×原药剂用量＝稀释剂浓度×稀释剂用量

稀释100倍以下（包括100倍）：$稀释剂用量 = \dfrac{原药剂用量 \times (原药剂浓度 - 稀释剂浓度)}{稀释剂浓度}$

$$稀释100倍以上：稀释剂用量=\frac{原药剂用量 \times 原药剂浓度}{稀释剂浓度}$$

例1：用40%福美砷可湿性粉剂10kg配成2%稀释液，需加水多少？

计算：10×（40%－2%）÷2%＝190（kg）

例2：用100mL 80%敌敌畏乳油稀释成0.05%浓度，需加水多少？

计算：100×80%÷0.05%＝160（mL）

（2）按稀释倍数计算。

稀释倍数＝稀释剂用量/原药剂用量

稀释100倍以下（包括100倍）：稀释剂用量＝（原药剂用量×稀释倍数）－原药剂用量

稀释100倍以上：稀释剂用量＝原药剂用量×稀释倍数

例3：用40%乐果乳油10mL加水稀释成50倍药液，需加水多少。

计算：10×50－10＝490（mL）

例4：用80%敌敌畏乳油10mL加水稀释成1 500倍药液，需加水多少。

计算：$10 \times 1\,500 = 1.5 \times 10^4$（mL）

### （五）农药的合理安全使用

**1. 合理用药提高药效**

（1）根据病虫害及寄主特点选择药剂和剂型。各种药剂都有一定的性能及防治范围，在施药前应根据防治的病虫害种类、发生程度、发生规律，园艺植物种类、生育期选择合适的药剂和剂型，做到对症下药，避免盲目用药。且要注意掌握"禁止和限制使用高毒和高残留农药"的规定，尽可能选用安全、高效、低毒的农药。

（2）根据病虫害特点适时用药。把握病虫害的发生发展规律，抓住有利时机及时用药可以达到节约用药，提高防效，不产生药害的效果。如使用药剂防治害虫应在低龄幼虫期用药；使用药剂防治病害时，要在寄主发病前或发病初期用药；如果使用保护性杀菌剂必须在病原物接触、侵入寄主前使用。

（3）正确掌握农药的使用方法和用药量。农药的剂型不同，使用方法也不同，如粉剂不能用于喷雾，可湿性粉剂不宜用于喷粉，烟剂要在密闭条件下使用。要按规定的单位面积用药量、浓度使用农药，不可随意增加单位面积用药量、使用浓度、使用次数。使用农药之前要注意农药的有效成分含量，然后再确定用药量。

（4）合理轮换使用农药。长期使用一种农药防治某种害虫或病害，易使害虫或病原菌产生抗药性，降低农药防治效果，增加防治难度。如很多害虫对拟除虫菊酯类杀虫剂，一些病原菌对内吸性杀菌剂的部分品种容易产生抗药性，如果增加用药量、浓度和次数，害虫或病原菌的抗药性进一步增大，防治效果大大降低。因此，应合理轮换使用不同作用机制的农药品种。

（5）科学复配和混合用药。将2种或2种以上的对病害、害虫具有不同作用机制的农药混合使用，可以提高防治效果，甚至可以达到同时兼治几种病虫害的防治效果，扩大了防治范围，降低防治成本，延缓害虫和病原菌产生抗药性，延长农药品种使用年限。如灭多威与拟除虫菊酯类混用，有机磷制剂与拟除虫菊酯混用，甲霜灵与代森锰锌混用等。农药之间能否混用，主要取决于农药本身的化学性质，混用后不致产生化学变化和物理变化；不能提高对人、畜和其他有益生物的毒性和危害；要提高药效，但不能提高农药的残留量；应具有不同的防治作用和防治对象，但不能产生药害。

**2. 安全用药防止药害和毒害**

(1) 农药的药害。药害是指因农药使用不当,对植物产生的损害。根据药害产生的快慢,分为慢性药害和急性药害。慢性药害指在喷药后缓慢出现药害的现象,植株生长发育受到抑制,生长缓慢,植株矮小,开花结果延迟,落花、落果增多,产量低,品质差等。急性药害指在喷药后几小时或几天内出现药害的现象。如叶、茎、果上产生药斑;叶片焦枯、畸形、变色;根系发育不良或形成"黑根"、"鸡爪根";种子不能发芽或幼苗畸形;落叶、落花、落果等,甚至全株枯死。要避免药害的发生,必须根据防治对象和园艺植物特点,正确选用农药,按规定的用量、浓度和时间使用农药。

(2) 农药的毒性。农药可通过皮肤、呼吸道或口腔进入人体,引起急性中毒或慢性中毒。急性毒性是指一次服用或吸入药剂后,很快表现出中毒症状的毒性。如误食剧毒有机磷农药的急性中毒症状是开始恶心、头疼,继而出汗、流涎、呕吐、腹泻、瞳孔缩小、呼吸困难,最后昏迷甚至死亡。慢性毒性是指长期接触或长期摄入小剂量某些农药后,逐渐表现中毒症状的毒性。

农药的毒性常用致死中量($LD_{50}$)来表示。致死中量是指使试验动物死亡半数所需的剂量,一般用 mg/kg 为计算单位,这个数值越大,表示农药的毒性越小,农药的毒性分为特剧毒(<1mg/kg)、剧毒(1~50mg/kg)、毒(50~500mg/kg)、微毒(500~5 000mg/kg)和基本无毒(>5 000mg/kg)。

**(六) 常用农药简介**

**1. 杀虫剂** 杀虫剂可以通过胃毒作用、触杀作用、内吸作用和熏蒸作用等方式进入害虫体内,导致害虫死亡。

胃毒作用是将杀虫剂喷洒在农作物上,或拌在种子或饵料中,害虫取食时,杀虫剂和食物一起进入消化道,产生毒杀作用。触杀作用是将杀虫剂喷洒到植物表面、昆虫体上或栖息场所,害虫接触杀虫剂后,从体壁进入虫体,引起害虫中毒死亡。内吸作用指一些杀虫剂能被植物吸收,从而杀死取食植物汁液的害虫。熏蒸作用指容易挥发形成气体的药剂,通过昆虫气门进入体内,最后导致害虫中毒死亡(表3-3)。

表3-3 园艺植物常用杀虫剂的种类及性能

| 药剂类型 | 药剂名称 | 常见剂型 | 作用原理 | 防治对象 | 使用方法 | 性　　质 |
| --- | --- | --- | --- | --- | --- | --- |
| 有机磷杀虫剂 | 敌百虫 | 90%晶体、2.5%粉剂 | 胃毒作用强,兼触杀作用 | 咀嚼式口器的害虫 | 喷雾、灌根、喷粉 | 高效、低毒、低残留、广谱,弱碱条件下可转变为敌敌畏 |
| | 敌敌畏 | 80%乳油、50%乳油 | 触杀、胃毒和熏蒸作用 | 多种园艺植物害虫 | 喷雾、熏蒸 | 广谱性,击倒力强,碱性和高温条件下分解快,不能与碱性农药和肥料混用 |
| | 乐果 | 40%乳油 | 触杀、内吸作用,兼有胃毒作用 | 多种园艺植物害虫 | 喷雾、涂抹 | 高效、低毒、低残留、广谱,碱性溶液中迅速水解,不稳定,贮藏时可缓慢分解 |
| | 辛硫磷 | 50%乳油 | 触杀和胃毒作用 | 地下害虫、鳞翅目幼虫 | 喷雾、拌种、颗粒剂 | 高效、低毒、残留危险性小,遇碱、光易分解 |

(续)

| 药剂类型 | 药剂名称 | 常见剂型 | 作用原理 | 防治对象 | 使用方法 | 性质 |
|---|---|---|---|---|---|---|
| 有机磷杀虫剂 | 毒死蜱 | 48%乳油 | 触杀、胃毒和熏蒸作用 | 鳞翅目、蚜虫、害螨、潜叶蝇和地下害虫 | 喷雾 | 高效、中毒、土壤残留期长 |
| 氨基甲酸酯类杀虫剂 | 抗蚜威 | 50%可湿性粉剂 | 触杀、熏蒸和内吸作用 | 多种蚜虫 | 喷雾 | 高效、速效、中等毒性、低残留、选择性杀蚜剂 |
| 氨基甲酸酯类杀虫剂 | 硫双威 | 65%可湿性粉、36.5%胶悬剂 | 内吸、触杀和胃毒作用 | 棉铃虫、烟青虫、斜纹夜蛾等 | 喷雾 | 经口毒性高，经皮毒性低，高效、广谱、持久、安全 |
| 沙蚕毒素类杀虫剂 | 杀虫双 | 25%水剂、3%颗粒剂 | 较强的胃毒和触杀作用，一定的熏蒸和内吸作用 | 多种园艺植物害虫 | 喷雾、毒土、泼浇 | 广谱、安全、残毒低，根部吸收力强 |
| 拟除虫菊酯类杀虫剂 | 溴氰菊酯 | 2.5%乳油 | 强烈的触杀作用 | 多种园艺植物害虫 | 喷雾 | 中毒 | 光稳定性好，酸性液中稳定，碱性液中易分解，高效、低毒，连用产生抗药性 |
| 拟除虫菊酯类杀虫剂 | 氯氟氰菊酯 | 2.5%、5%乳油 | 胃毒和触杀作用 | 鳞翅目害虫；蚜虫和叶螨等 | 喷雾 | 活性高，杀虫谱广，残效期长 | |
| 特异性昆虫生长调节剂 | 灭幼脲 | 25%悬浮剂 | 胃毒和触杀作用 | 桃小食心虫、柑橘全爪螨、小菜蛾等 | 喷雾 | 低毒，遇碱和较强的酸易分解，常温下较稳定，对人、畜和天敌昆虫安全 |
| 特异性昆虫生长调节剂 | 除虫脲 | 20%悬浮剂 | 胃毒和触杀作用 | 鳞翅目幼虫、柑橘木虱等 | 喷雾 | 对光、热稳定，遇碱易分解，低毒 |
| 特异性昆虫生长调节剂 | 噻嗪酮 | 25%可湿性粉剂 | 胃毒和触杀作用 | 叶蝉、介壳虫和温室粉虱等 | 喷雾 | 药效高，残效期长，残留量低，对天敌昆虫较安全 |
| 其他杀虫剂 | 吡虫啉 | 10%、25%可湿性粉剂 | 内吸、触杀和胃毒作用 | 蚜虫、飞虱和叶蝉 | 喷雾 | 速效，残效期长，对天敌昆虫安全 |
| 其他杀虫剂 | 氟虫腈 | 5%悬浮剂、0.3%颗粒剂 | 胃毒作用为主，兼有触杀、内吸作用 | 半翅目、鳞翅目、缨翅目和鞘翅目害虫 | 喷雾、拌种、撒施 | 中等毒性，杀虫谱广，残效期长 |
| 微生物杀虫剂 | 阿维菌素 | 0.3%、0.9%、1.8%乳油 | 触杀和胃毒作用，微弱的熏蒸作用 | 双翅目、鞘翅目、同翅目、鳞翅目和螨类 | 喷雾 | 高效、广谱杀虫杀螨剂 |
| 微生物杀虫剂 | 苏云金杆菌 | $10^{10}$活芽孢/g可湿性粉剂 | 胃毒作用 | 鳞翅目、双翅目、鞘翅目和直翅目害虫 | 喷雾 | |

**2. 杀菌剂** 按对病害的防治作用可分为保护性杀菌剂、内吸性杀菌剂和铲除性杀菌剂。保护性杀菌剂必须在病原物接触寄主或侵入寄主之前施用，因为这类药剂对病原物的杀灭和

抑制作用仅局限于寄主体表；内吸性杀菌剂能够通过植物组织吸收并在体内输导，使整株植物带药而起杀菌作用；铲除性杀菌剂的内吸性差，不能在植物体内输导，但渗透性能好，杀菌作用强，可以将已侵入寄主不深的病原物或寄主表面的病原物杀死（表3-4）。

表3-4 园艺植物常用杀菌剂的种类及特点

| 药剂类型 | 药剂名称 | 常见剂型 | 作用原理 | 防治对象 | 使用方法 | 特　点 |
|---|---|---|---|---|---|---|
| 无机杀菌剂 | 波尔多液 | 1∶0.5∶100，1∶1∶100，1∶2∶100 | 保护作用 | 多种园艺植物病害，如霜霉病、疫病、炭疽病等 | 喷雾 | 杀菌力强，防病范围广，附着力强，残效期可达15～20d |
| | 石硫合剂 | 一般24～32波美度 | | 多种园艺植物白粉病、锈病、螨类、介壳虫等 | 喷雾 | 不能与忌碱性农药、铜制剂混用或连用 |
| 有机硫杀菌剂 | 代森锌 | 60%、80%可湿性粉剂 | 保护作用 | 果树与蔬菜的霜霉病、炭疽病等 | 喷雾 | 吸湿性强，遇碱或含铜药剂易分解。对人、畜低毒 |
| | 代森锰锌 | 60%可湿性粉剂、25%悬浮剂 | | 梨黑星病、轮纹病和炭疽病、白菜黑斑病等 | 喷雾 | 遇酸遇碱分解，高温时遇潮湿也易分解 |
| | 福美双 | 50%可湿性粉剂 | | 葡萄炭疽病、梨黑星病、瓜类霜霉病 | 喷雾 | 遇酸易分解，不能与含铜药剂混用 |
| 有机磷杀菌剂 | 三乙乙膦酸铝 | 40%可湿性粉剂 | 保护和治疗作用 | 对卵菌纲霜霉属和疫霉好的防效 | 喷雾 | 溶于水，遇酸遇碱分解，双向传导 |
| 取代苯类杀菌剂 | 甲霜灵 | 25%可湿性粉剂 | 保护和治疗作用 | 对霜霉菌、腐霉菌、疫霉菌所致病害特效 | 喷雾 | 高效强内吸性杀菌剂，可双向传导，极易引起抗药性 |
| | 百菌清 | 65%可湿性粉剂、40%悬浮剂 | 保护作用 | 苹果轮纹病、葡萄霜霉病、十字花科蔬菜霜霉病等 | 喷雾 | 附着性好，耐雨水冲刷，不耐强碱 |
| | 甲基硫菌灵 | 60%可湿性粉剂、36%悬浮剂 | 治疗作用 | 园艺植物炭疽病、灰霉病、白粉病、梨轮纹病、茄子绵疫病等 | 喷雾 | 对光、酸较稳定，遇碱性物质易分解失效，极易引起抗药性 |
| 杂环类杀菌剂 | 多菌灵 | 25%、50%可湿性粉剂 | 治疗作用 | 子囊菌亚门和半知菌亚门真菌引起的病害 | 喷雾 | 遇酸遇碱易分解 |
| | 三唑酮 | 15%、25%可湿性粉剂 | 治疗作用 | 各种植物的白粉病和锈病、葡萄白腐病 | 喷雾 | 对酸碱都较稳定 |
| | 烯唑醇 | 5%和12.5%可湿性粉剂 | 保护和治疗作用 | 苹果和梨的黑星病、白粉病、菜豆锈病 | 喷雾 | 对光、热和潮湿稳定，遇碱分解失效 |
| 抗生素 | 农用链霉素 | 62%可溶性粉剂、15%可湿性粉剂 | 治疗作用 | 各种细菌引起的病害 | 喷雾 | 对人、畜低毒 |
| | 农用抗菌素 | 2%和4%水剂 | 保护和治疗作用 | 园艺植物各种白粉病和炭疽病 | 喷雾 | 易溶于水，对酸稳定，对碱不稳定 |

**3. 杀螨剂和杀线虫剂** 杀螨剂是用来防治植食性螨类的药剂。杀线虫剂是用于防治植物寄生性线虫的化学药剂。根据药剂的选择性与使用方法分为土壤处理剂、叶面喷洒处理剂和种子处理剂（表3-5）。

表 3-5 园艺植物常用杀螨剂和杀线虫剂的种类及其性能

| 药剂名称 | 常见剂型 | 作用原理 | 防治对象 | 使用方法 | 性质 |
| --- | --- | --- | --- | --- | --- |
| 噻唑酮 | 5%乳油、5%可湿性粉剂 | 杀卵和幼、若螨，对成螨无效 | 主要用于防治叶螨，对锈螨、瘿螨防效较差 | 喷雾 | 残效期长，药效可保持50d左右 |
| 三唑锡 | 8%乳油、20%悬浮剂、25%可湿性粉剂 | 触杀作用 | 多种园艺植物害螨 | 喷雾 | 广谱，可杀若螨、成螨和夏卵，对冬卵无效 |
| 四螨嗪 | 10%可湿性粉剂、20%和50%悬浮剂 | 触杀作用 | 主要防治全爪螨、叶螨、瘿螨，对跗线螨也有一定效果 | 喷雾 | 对螨卵有较好的防效，对幼螨、若螨有一定的活性，作用速率慢 |
| 螨卵酯 | 20%可湿性粉剂 | 触杀作用 | 朱砂叶螨、果树叶螨和柑橘锈壁虱等 | 喷雾 | 对螨卵和幼螨触杀作用强，对成螨防效很差 |
| 威百亩 | 30%、33%、35%液剂 | 熏蒸作用 | 主要防治线虫，同时也具有杀真菌、杂草和害虫的效果 | 土壤处理 | 遇酸和金属盐易分解 |

## 本章小结

园艺植物病虫害综合治理
- 综合治理的概念
  - 综合治理的原则
  - 综合治理方案的制订原则
- 综合治理的主要措施
  - 植物检疫
  - 园艺技术防治
  - 生物防治
  - 物理器械防治
  - 化学防治

## 复习思考题

### 一、简答题

1. 比较生物防治与化学防治的优、缺点。
2. 天敌昆虫保护利用的一般方法有哪些？
3. 如何避免植物药害的产生？
4. 如何合理使用农药？
5. 如何利用园艺技术措施来防治园艺植物病虫害？

### 二、是非判断题

1. 根据病虫害综合治理的要求并不一定要做到有虫必治、有病必治。（　　）
2. 植物检疫是一种强制性防治措施，适用于所有园艺植物病虫害。（　　）
3. 波尔多液是一种保护剂，一般应在病害发生前使用。（　　）
4. 石硫合剂是一种杀菌剂，因此只能用于病害的防治。（　　）
5. 对某种病虫有特效的农药，我们应该反复使用，以有效控制该种病虫的发生。（　　）

# 第四章　园艺植物病虫害的调查统计和预测预报

> **知识目标**

1. 掌握园艺植物病虫害的田间调查方法，并对有关调查数据进行统计和整理分析。
2. 掌握园艺植物病虫害田间预测预报方法，准确预测有关病虫害的发生结果。

> **能力目标**

1. 能进行园艺植物病虫害的田间调查和预测预报。
2. 能对有关调查数据进行统计和整理分析。

## 第一节　园艺植物害虫的调查统计和预测预报

### 一、园艺植物害虫的调查统计

为了做好害虫的防治工作和益虫的利用，必须有目的的实际调查和了解昆虫的情况，熟悉其消长规律，并加以统计分析，确切地掌握可靠的数据，做到心中有数，才能做好预测预报工作和制订出正确的防治措施，保证防治效果。昆虫的田间调查，就是采用适当方法，弄清田间虫情，用科学数据表达、分析和说明问题，进而对害虫和天敌种群的发展趋势做出准确的预测预报。害虫的预测预报工作，是以已掌握的害虫发生规律为基础，根据当前害虫数量和发育状态，结合气候条件和作物发育等情况进行综合分析，判断害虫未来的动态趋势，保证及时、经济、有效地防治害虫。

害虫调查统计不仅是掌握虫情和数据资料，也是我们发现问题，正确分析，准确判断，解决问题的基础。田间调查必须遵循以下 3 个原则：明确调查的目的和内容；了解昆虫历年发生情况；采取正确取样和统计方法。

#### （一）昆虫调查的主要内容

昆虫调查一般分为普查与专题调查两种。普查主要是了解一个地区或某一作物上害虫发生的基本情况，如害虫种类、发生时间、发生数量、危害程度、防治情况等。通常在一个地区、一个公园或一个苗圃内，普遍地调查该范围内的各种昆虫，特别是主要害虫的发生面积和为害程度，作为区系规划的依据。通过普查，可以掌握基本情况，克服工作中的盲目性。专题调查是在普查的基础上进行，针对 1 种或几种害虫进行较为详细的调查，一般要求较高的准确度，并对该种害虫的发生规律有较深入的了解，在此基础上提出具体的防治措施。昆虫调查的主要内容主要有：

**1. 病虫发生及危害情况调查**　主要是了解一个地区在一定时间内的害虫种类、发生时间、发生数量及危害程度等。对于当地常发性或暴发性的重点病虫,则可以详细调查记载害虫各虫态的始发期、盛发期、盛末期和数量消长情况等,为确定防治对象田和防治适期提供依据。

**2. 害虫、天敌发生规律的调查**　如调查某一害虫或天敌的寄主范围、发生世代、主要习性以及在不同农业生态条件下数量变化的情况等,为制定防治措施和保护利用天敌提供依据。

**3. 害虫越冬情况调查**　调查害虫的越冬场所、越冬基数、越冬虫态等。目的是为制定防治计划和开展害虫长期预报等积累资料。

**4. 害虫防治效果和作物受害损失调查**　查明防治的效果以及作物受害损失程度及其原因,也是植保常做的工作,由此可为制定害虫防治方案和为政府决策提供科学参数。

进行调查时可以针对上述某一项或某几项开展。通过调查统计分析,对于当地某种作物可能发生害虫或益虫种类,发生时期、发生数量、为害程度或攻击力有一个明确的概念,对于它们在不同地域内的分布态势有所了解,对不同防治措施的效果可以评价。

**(二) 常用调查取样方法及调查统计**

**1. 取样方法**　调查时无法逐田、逐株地把全部昆虫记数、度量,常采用抽样的调查方法,由局部推知全局,由样本对总体做出估计。取样方法很多,生产中用得最多的是随机取样法。随机取样不是随意抽样,不存在人为的因素对取样的干扰,在抽选取样单位时,任何个体都有被抽取的可能性。即都具有相等的被抽取的概率,因此随机抽样又称概率抽样。按抽选观察单位和样点选取方法的不同,常用的取样方式有五点式、对角线式、平行线式、分行式、棋盘式、Z字式等。常见方法如图 4-1 所示。

(1) 五点抽样。可按一定面积、一定长度或一定植株数量选取样点。此法取样数较少,样点可稍大些,适用于分布比较均匀的随机分布型昆虫。

(2) 对角线抽样。适合密集的或成行的植物、害虫分布为随机分布型的情况,有单对角线和双对角线 2 种方式。

(3) 棋盘式抽样。适合密集的或成行的植物、害虫为随机分型或核心分布型。

(4) 平行线抽样。取样点数目较多,每点样本可以适当减少,适用于成行的植物,核心分布型昆虫。

(5) Z 形取样。适用于分布不均匀的嵌纹分布型昆虫。

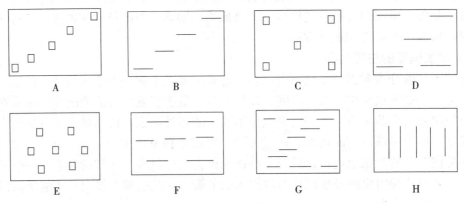

图 4-1　田间调查取样法示意图
A、B. 对角线式　C、D. 五点式　E、F. 棋盘式　G. Z字式　H. 平行式

抽样时应根据田块面积或仓储重量决定抽样数。一般对数量大者，必须适当增加样本数。

**2. 统计与计算** 通过调查得到的数据资料要经过一番整理加工，从中去粗取精，去伪存真，由此及彼，由表及里的分析和推论，才能透过现象找出昆虫的客观发生规律，并准确地应用到害虫的预测预报和防治工作中去。

田间药效试验的结果调查和统计是植保工作者经常面临的问题。就杀虫剂的药效而言，常可用害虫的死亡率、虫口减退率来表示杀虫剂对害虫的防治效果。当调查结束时能准确地查到样点内所有死虫和活虫时，可用死亡率表示。计算公式如下：

$$死亡率 = (死亡个体总数/供试总虫数) \times 100\%$$

当调查结束时只能准确地查到样点内活虫而不能找到全部死虫时，一般用虫口减退率表示。计算公式如下：

$$虫口减退率 = [(防治前的活虫数 - 防治后的活虫数)/防治前的活虫数] \times 100\%$$

死亡率和虫口减退率包含杀虫剂所造成的死亡和自然因素所造成的死亡。如自然死亡率（这里指不施药的对照区的死亡率）很低，则虫口减退率基本上可反映杀虫剂的真实效果。但当自然死亡率较高，大于5%时，则上述死亡率和虫口减退率就不能客观地反映杀虫剂的真实效果。有时，害虫田间种群还在不断上升，因此，应予校正，常用校正防效来表示。计算公式如下：

$$校正防效 = \{1 - [(处理区处理后虫量 \times 对照区处理前虫量)/(处理区处理前虫量 \times 对照区处理后虫量)]\} \times 100\%$$

**3. 植物害虫为害情况调查结果统计**

（1）被害率。表示植物的植株、茎干、叶片、花和果实等受害虫为害的普遍程度，不考虑受害轻重，常用被害率来表示。

$$被害率 = \frac{被害株（茎、叶、花、果）数}{调查总株（茎、叶、花、果）数} \times 100\%$$

如调查桃小食心虫蛀食苹果的蛀果率（被害率），调查500个果，其中被蛀果实35个。

$$蛀果率（被害率） = \frac{35}{500} \times 100\% = 6\%。$$

（2）被害指数。许多害虫对植物的为害只造成植株产量的部分损失，植株之间的受害轻重程度并不相同，用被害率不能完全说明受害的实际情况，可采用与病害相似的方法，将害虫为害情况按植株受害轻重进行分级，再用被害指数可以较好地解决这个问题。

$$被害指数 = \frac{\sum（各级被害株、茎、叶、花、果数 \times 各级代表数值）}{调查总株、茎、叶、花、果数 \times 最高分级级数} \times 100$$

现以蚜虫为例，说明被害指数的计算方法。蚜虫为害分级标准见表4-1。

表4-1 蚜虫为害分级标准

| 等级 | 分级标准 |
| --- | --- |
| 0 | 无蚜虫，全部叶片正常 |
| 1 | 有蚜虫，全部叶片无蚜害异常现象 |
| 2 | 有蚜虫，受害最重叶片出现皱缩不展 |
| 3 | 有蚜虫，受害最重叶片皱缩半卷，超过半圆形 |
| 4 | 有蚜虫，受害最重叶片皱缩全卷，呈圆形 |

调查蚜虫为害植株100株，0级53株，1级26株，2级18株，3级3株。

$$被害指数 = \frac{53 \times 0 + 26 \times 1 + 18 \times 2 + 3 \times 3}{100 \times 4} \times 100 = 16.65$$

被害指数越大，植株受害越重；被害指数越小，植株受害越轻。植株受害最重时被害指数为100；植株没受害时，被害指数为0。

## 二、园艺植物害虫预测预报

园艺植物害虫预测预报就是根据害虫的生物学特性，发生发展规律，田间调查资料，结合当地、当时园艺植物的生长发育状况及当地的气候变化规律和有关历史档案，联系起来进行综合分析，对园艺植物害虫未来发生发展动态趋势作出判断，并将判断结果发布给有关生产单位和个人，以便做好防治准备工作和指导工作。害虫预测预报是一门具有宽厚理论基础的应用科学，是在了解昆虫生物学特性的基础上，以昆虫发生和环境关系为依据进行的。科学、准确地预测某种害虫的发生为害时间，抓住防治适期，是收到较好防治效果的重要保证。

害虫预测预报的内容包括害虫的发生期预测、发生量（包括天敌参数）预测、迁飞预测、发生范围预测，为害程度预测等，其中，以前两项预测最重要。通过及时预报，以便确定防治适期、防治田块、规模和具体的防治方案，做到经济、安全、有效地控制害虫的为害。

### （一）发生期预测

发生期预测是预测某种害虫的某一虫态或某虫龄发生或为害出现的时间。研究预测害虫发生期，依此可作为确定防治适期的依据。例如何时孵化，何时化蛹，何时羽化、何时产卵、何时迁飞等的各个阶段进行预测。害虫发生期的准确预测对抓住关键时期防治害虫，提高防治效果，降低防治成本非常重要。例如果树食心虫，必须消灭在卵期和幼虫孵化至蛀入果实之前，一旦蛀入果内，防治效果则较差。有些暴食性食叶害虫，必须防治在3龄之前，如斜纹夜蛾、地老虎等，否则，后期食量大增，为害严重，同时抗药性增强，毒杀比较困难。因此要及时准确地发布发生期预报。

发生期预报通常以害虫虫态历期在一定的生态环境条件下需经历一定时间的资料为依据。在掌握虫态历期资料的基础上，只要知道前一虫期的出现期，考虑近期环境条件（如温度），便可推断后一虫期的出现期。

**1. 预测类型**　按照预测时间的长短，害虫预测预报可分为长期预测、中期预测和短期预测。

（1）长期预测。长期预测是预测1年或1年以上某地区某种害虫的发生动态和趋向。由于预测时间较长，期间气候等环境因子变化较大，故准确性较差。例如我国滨湖及河泛地区根据年初对涝、旱预测的资料及越冬卵的情况，来推断当年飞蝗的发生动态。

（2）中期预测。中期预测是指预测20d到1个季度的害虫的发生情况。通常是预测下一个世代或1代以上的发生情况，以确定防治对策和部署。它是根据田间害虫的调查情况，结合害虫发育历期和当地近期的气象资料，对害虫未来发展趋势进行预测。

（3）短期预测。短期预测是指预测几天到20d内某种害虫的发生动态，通常是根据害虫前一、二个虫态的发生情况，推测后1~2个虫态的发生时期和数量，以确定未来的防治时期、次数和防治方法。准确性较高,使用范围广,对生产指导意义较大。

**2. 预测方法** 发生期预测的方法很多,包括发育进度预测法、有效积温预测法、物候预测法、害虫趋性诱测法、回归统计预测法等。

(1) 发育进度预测法。这种方法主要是根据昆虫前一虫态在田间实际发育进度,加上相应的虫态历期,预测下一个或几个虫态的发生期。这类方法作为短期预测的准确性很高,实用价值大,为目前国内普遍采用的发生期预测方法。

害虫发育进度预测中,常将某种害虫的某一虫态或某一虫态的发生期,根据其昆虫种群数量在时间上的分布进度,分为始见期、始盛期、高峰期、盛末期和终见期5个阶段。通常把最初见到某种昆虫的时间称为始见期;最后见到的时间称为终见期。在数理统计学上通常把发育进度百分率达16%、50%、84%左右当作为划分始盛期、高峰期、盛末期的数量标准。其理论依据是害虫各虫态或各龄虫在田间的发生数量消长规律表现是由少到多,再由多到少,即开始为个别零星出现,数量缓慢增加,到一定时候则急剧增加而达到高峰,随后相反,数量急剧下降,转而缓慢减少,直至最后绝迹。整个发生过程,可用坐标图来表示,以横坐标表示日期,纵坐标表示数量。可绘成近似的正态曲线。要做好发育进度预测必须查准发育进度,搜集、测定和计算害虫历期及期距资料,找准虫源田,测准基准线,选择合适的历期或期距。

发育进度预测法又可分为历期法、分龄分组推算法和期距法等。

①历期预测法。这是一种短期预测,准确性较高。历期是昆虫完成一定的发育阶段所经历的天数。采用历期预测法,首先要通过饲养观察或其他途径,获得预测对象昆虫在不同温度下各代各虫态的历期资料,然后在田间进行定点定时发育进度系统调查,最后在调查掌握害虫发育进度的基础上,调查得到某一虫期的始盛期、高峰期、盛末期出现的时间,参考当时气温预报,分别向后加上当时气温条件下相应虫态或世代的历期,便可预测后一虫态或世代的始盛期、高峰期、盛末期的日期。进一步同样还可再向后推测1~2个虫态的发生期。了解昆虫田间的发育进度,除采用田间调查法之外,还可根据昆虫的趋光性、趋化性等习性,利用诱虫灯、性诱剂、糖醋液等诱集的方法。

例如,田间查得5月14日为第一代茶尺蠖化蛹盛期,5月间蛹历期10~13d,产卵前期2d,则产卵盛期为5月26~29日;再向后加上卵期8d~11d,即6月3~9日应为第二代卵的孵化盛期。

产卵盛期为5月14日+10~13d(蛹期)+2d(产卵前期)为5月26~29日。

卵孵化盛期为5月26~29日+8~11d(卵期)为6月3~9日。

②期距预测法。期距预测法是从历期预测法基础上发展起来的一种短中期预测方法。所谓期距,就是昆虫两个发育阶段之间相距的时间。期距法预测法是以害虫发育进度为基准进行的。方法是根据前一虫态发生的日期,加上相应的期距天数,推算出后一虫态发生的日期;或根据前一世代的发生期,加上一个世代的期距,预测后一个世代同一虫态的发生期;也可推算出下一代同一虫期发生的时间。期距不限于虫期与虫期之间,可以是一个世代内,还可以是世代与世代之间,两个始盛日或两个高峰日之间的期距,或跨虫期、跨世代的期距。期距的获得和确定需要对某害虫多年历史资料进行完整的积累和总结。利用当地积累多年的有关害虫发生规律的历史资料,统计分析和总结出当地各种主要害虫的任何两个发育阶段之间相距时间间隔的经验值;也可以是在不同条件下通过饲养观察获得的害虫任何两个

虫态之间或两个世代之间的时间间隔的观察值。在进行统计分析时，除了计算历年的平均期距和标准差外，还应按害虫的早发生年、中发生年、迟发生年，分别计算平均期距和标准差，以提高预测的准确性。

③了解虫态历期或期距的方法。

a. 搜集资料。从文献上搜集有关主要害虫的一些历期与温度关系的资料，做出发育历期与温度关系曲线，或分析计算出直线回归式备用。在预测时结合当地、当时气温预告值，求出所需要的适合的历期资料。

b. 饲养法。从人工控制的不同温度下，或在自然变温条件下饲养一定数量的害虫，观察、记录其各代、各虫态、各龄期和各发育阶段在其生长发育过程中的特征，从而总结出它们的历期与温度间关系的资料。

c. 田间调查法。从某一虫态出现前开始田间调查，每隔 1～3d 进行一次（虫期短的间隔期也短），统计各虫态所占百分比，将系统调查统计的百分比排队，便可看出发育进度的变化规律。

根据前一虫态盛发高峰与后一虫态盛发高峰期相距的时间，即可定为盛发高峰期距，其他类推。

例如害虫化蛹百分率、羽化百分率、孵化率可按下式统计计算：

$$化蛹率 = \frac{活蛹数 + 蛹壳数}{活幼虫数 + 活蛹数 + 蛹壳数} \times 100\%$$

$$羽化率 = \frac{蛹壳数}{幼虫数 + 活蛹数 + 蛹壳数} \times 100\%$$

$$孵化率 = \frac{卵粒或卵块孵化数}{检查卵粒或卵块总数（已孵化 + 未孵化）} \times 100\%$$

d. 诱集法。对于一些飞翔能力较强的害虫，可以利用它们的生物学特性，如趋光性、趋化性、觅食和潜伏等习性来诱集害虫，获得历期或期距资料。如用黑光灯诱测各种夜蛾、螟蛾、天敌、金龟子等，用杨树枝把诱测棉铃虫成虫、烟青虫成虫，用糖酒醋诱测地老虎成虫，用性诱剂诱虫，用黄皿诱蚜虫等。如在害虫发生期前开始经常性诱测，逐日记载统计所获雌、雄虫量或总虫量，通过连续系统的记载，可以将某一害虫各代间始、盛、末期的期距统计出来。通过期距，将上一代的盛期日期加上期距，推算出下一代盛期的发生时间。当获得多年的数据资料后，便可分析总结出具有规律性的资料用于期距预测。同时，这些诱测器诱集的虫数也可作为验证预测值是否准确的依据，还可有目的地搜集活蛾，解剖观察卵巢发育级别及交配次数，按自然积温与虫量发生关系求得积温预测式等资料。

④分龄（分级）推算。对于各虫态历期较长的害虫，可以选择某虫态发生的关键时期（如常年的始盛期、高峰期等），做 2～3 次发育进度检查，仔细进行幼虫分龄、蛹分级，并计算各龄、各级占总虫数的百分率；然后自蛹壳级向前累加，当累积达始盛、高峰、盛末期的标准（16%～20%、45%～50%、80%～84%），即可由该龄幼虫或该级蛹到羽化的历期，推算出成虫羽化始盛期、高峰期和盛末期，并可进一步加产卵前期和当季的卵期，推算出产卵和孵化始盛期、高峰期和盛末期。例如，1983 年在皖南宣城大田查得第一代茶小卷叶蛾于 5 月 16 日进入 4 龄盛期，按当时 25℃ 左右各虫态的发育历期推算为：

第二代卵盛孵期为5月16日+3~4d（4龄幼虫历期）+5~6d（5龄幼虫历期）+6.5d（蛹历期）+2~4d（成虫产卵前期）+6~8d（第二代卵历期）为5月16日+23.5~31.5d为6月10~18日。

大田幼虫的实际盛孵期在6月12日，与上述推算的时间基本一致。

(2) 有效积温预测法。根据有效积温法则预测害虫发生期，在国内各地早已研究应用。在适宜害虫发生的季节里，害虫发生期出现的早迟、生长发育速度的快慢以及虫口数量的消长等均受到气温、营养等环境因素的综合影响。其中以温度影响害虫的发生期、发生量更为明显。当测得害虫某一虫态、龄期或世代的发育起点温度（C）和有效积温（K）后，就可根据田间虫情，当地常年同期的平均气温（T），结合近期气象预报，利用有效积温公式计算出到下一虫态、龄期或世代出现所需的天数（N），从而对该种害虫下一虫态、龄期或世代的发生期进行预测。计算公式如下：

$$N = K/(T-C)$$

然后将田间调查日期加上到所预测的虫态、龄期或世代出现所需的天数，即为其发生期。

发育起点温度和有效积温的资料，可通过文献资料搜集；也可在不同的恒定温度下饲养害虫，获得各温度下的发育历期，然后应用统计学方法求得；也可以在多级人工变温下分期、分批或在自然变温下饲养害虫，从而可获得多组不同平均气温下的发育历期资料，最后求得发育起点温度和有效积温。

例：已知槐尺蠖卵的发育起点温度C为8.5℃，卵期的有效积温K为84℃，卵产下当时的日平均气温为20℃，若天气情况无异常变化，预测卵的孵化期。

计算：根据有效积温法则$K=N(T-C)$，则
$$N = K/(T-C) = 84/(20-8.5) = 7.3 (d)$$

可以预测7d以后槐尺蠖的卵就会孵化出幼虫。

## 第二节　园艺植物病害的调查统计和预测预报

### 一、园艺植物病害的调查统计

园艺植物病害的调查可分为一般调查、重点调查和调查研究3种。

#### （一）一般调查

当一个地区有关植物病害发生情况的资料很少时，应先作一般调查。调查的内容广泛，有代表性，但不要求精确。为了节省人力、物力，一般在植物病害发生的盛期调查1~2次，对植物病害的分布和发生程度进行初步了解。

在做一般调查时要对各种植物病害的发生盛期有一定的了解，如猝倒病等应在植物的苗期进行调查；黄瓜枯萎病、霜霉病则在结瓜期后才陆续出现，错过便很难调查到。所以，可选择在植物的几个重要生育期如苗期、花期、结果期、采收期进行集中调查，可同时调查多种植物病害的发生情况。调查内容可参考表4-2。

表中的1，2，…，10等数字在实际调查时可改换为具体地块名称，重要病害的发生程度可粗略写明轻、中、重，对不常见的病害可简单地写有、无等字样。

表 4-2　植物病害发生调查表

调查人：　　　　　调查地点：　　　　　年　月　日

| 病害名称 | 植物名称和生育期 | 发病地块 ||||||||||
|---|---|---|---|---|---|---|---|---|---|---|---|
| | | 1 | 2 | 3 | 4 | 5 | 6 | 7 | 8 | 9 | 10 |
| | | | | | | | | | | | |

## （二）重点调查

在对一个地区的植物病虫害发生情况进行大致了解之后，对某些发生较为普遍或严重的病虫害可作进一步的调查。这次调查较前一次的次数要多，内容要详细和深入，如分布、发病率、损失程度、环境影响、防治方法和防治效果等（表 4-3）。对发病率、损失程度的计算要求比较准确。在对病虫害的发生、分布、防治情况进行重点调查后，有时还要针对其中的某一问题进行调查研究，调查研究一定要深入，以进一步提高对病害的认识。

表 4-3　植物病（虫）害调查表

调查人：　　　　　调查地点：　　　　　年　月　日

| 病（虫）害名称 | 发病（被害）率 | 田间分布情况 |
|---|---|---|
| | | |
| | | |

在对植物病害发生情况进行调查统计时，经常要用发病率、病情指数等来表示植物病害的发生程度和严重度。

**1. 植物病害调查结果统计**

①发病率。发病率是发病植株或植物器官（叶片、根、茎、果实、种子等）占调查植株总数或器官总数的百分率，用以表示发病的普遍程度。

按照植株或器官是否发病进行统计，以调查发病田块、植株、器官占所有调查数量的百分率。其不能表示病害发生的严重程度，只适用于植株或器官受害程度大致相仿的病害，如系统感染的病毒病、全株发病的猝倒病、枯萎病、线虫病害等，及因局部发病而影响全株的瓜果腐烂病等。

$$发病率 = \frac{病株（叶、果等）数}{调查总株（叶、果等）数} \times 100\%$$

如大白菜病毒病，调查 200 株，发病株为 15 株，则：

$$发病率 = \frac{15}{200} \times 100\% = 7.5\%$$

②病情指数。植物病害发生的轻重，对植物的影响是不同的。如叶片上发生少数几个病斑与发生很多病斑以致引起枯死的，就会有很大差别。因此，仅用发病率来表示植物的发病程度并不能够完全反映植物的受害轻重。病情指数是全面考虑发病率与严重度两者的综合指标。表示植株或器官的罹病面积（例如病斑面积占总面积的比率）。将植物的发病程度进行分级后再进行统计计算，可以兼顾病害的普遍率和严重程度，能更准确地表示出植物的受害程度。严重度用分级法表示，亦即将发病的严重程度由轻到重划分出几个级别，分别用各级的代表值或百分率表示。

病情指数的计算，首先根据病害发生的轻重，进行分级计数调查，然后根据数字按下列公式计算：

$$病情指数 = \frac{\sum[各级病株(叶、果等)数 \times 各级代表数值]}{调查总株(叶、果等)数 \times 最高分级级数} \times 100$$

现以黄瓜霜霉病为例，说明病情指数的计算方法。调查黄瓜霜霉病的病情指数，其分级标准如下：

0级：无病斑；
1级：病斑面积占整个叶面积的5%以下；
3级：病斑面积占整个叶面积的6%~10%；
5级：病斑面积占整个叶面积的11%~25%；
6级：病斑面积占整个叶面积的26%~50%；
9级：病斑面积占整个叶面积的50%以上。

如调查黄瓜霜霉病叶片200片，其中0级25片，1级65片，3级50片，5级40片，6级10片。

$$病情指数 = \frac{25 \times 0 + 65 \times 1 + 50 \times 3 + 40 \times 5 + 10 \times 6}{200 \times 9} \times 100 = 26.4$$

病情指数越大，病情越重；病情指数越小，病情越轻。发病最重时病情指数为100；没有发病时，病情指数为0。

当用严重度表示百分率时，则用以下公式计算：

$$病情指数 = 普遍率 \times 严重度$$

## 二、园艺植物病害的预测预报

园艺植物病害的预测预报是根据植物病害流行的规律来推测病害能否流行和流行程度，为确定防治有利时机提供依据。依据病害的流行规律，利用经验的或系统模拟的方法估计一定时限之后病害的流行状况，称为预测。由权威机构发布预测结果，称为预报。有时对两者并不作严格的区分，通称病害预测预报，简称病害测报。预测的内容和预报量，是代表一定时限后病害流行状况的指标，例如病害发生期、发病数量和流行程度的级别等称为预报（测）量，而据以估计预报量的流行因素称为预报（测）因子。当前病害预测的主要目的是用作防治决策参考和确定药剂防治的时机、次数和范围。

### （一）预测的种类

按预测内容和预报量的不同可分为：流行程度预测、发生期预测和损失预测。

**1. 流行程度预测** 流行程度预测是最常见的预测种类。预测结果可用具体的发病数量（发病率、严重度、病性指数等）作定量的表达，也可用流行级别作定性的表达。流行级别多分为大流行、中度流行（中度偏低、中等、中度偏重）、轻度流行和不流行，具体分级标准根据发病数量或损失率确定，因病害而异。

**2. 病害发生期预测** 植物病害发生期的预测分长期预测、中期预测和短期预测。

病害发生期预测是估计病害可能发生的时期。果树与蔬菜病害多根据小气候因子预测病原菌集中侵染的时期，即临界期，以确定喷药防治的适宜时机，这种预测亦称为侵染预测。

德国一种马铃薯晚疫病预测办法是在流行始期到达之前,预测无侵染发生,发出安全预报,这称为负预测。

(1) 长期预测。长期预测亦称病害趋势预测,是指预测1个生长季节或1个季度以上,有的是1年或多年的作物病情变化。多根据病害流行的周期性和长期天气预报等资料作出预测。预测结果指出病害发生的大致趋势,需要以后用中、短期预测加以订正。一般适用于土传、种传病害和只有初侵染的病害。

长期预测通常用于指导防治策略的研究,为制定防治计划,准备物资和技术条件提供依据。长期预测主要考虑的因素为:

①过去或当年发病情况是否严重,是否积累了大量的病原物。

②病株和病原物的越冬(越夏)情况是否良好。

③未来的气象预报是否对发病有利。

(2) 中期预测。中期预测是对1个生长季节内的病情变化进行预测,时限一般为1个月至1个季度。多根据当时的发病数量或者菌量数据,作物生育期的变化以及实测的或预测的天气要素作出预测,准确性比长期预测高,预测结果主要用于作出防治决策和作好防治准备。

(3) 短期预测。短期预测是对十几天或几十天的病情变化进行预测,一般时限在1周之内,有的只有几天。主要是预测短期内病害的始发期、盛发期和达到防治指标的时期等,主要根据天气要素和菌源情况作出预测,预测结果用以确定防治适期。短期预测适用于气流传播、再侵染频繁、受环境影响较大的病害。一般用于指导具体防治措施的应用,以提高防治效率。侵染预测就是一种短期预测。短期预测应考虑的主要因素为:田间发病是否已有一定的数量;气象预报的温、湿度条件是否有利于病原物的侵染;栽培条件是否有利于发病;病害的潜育期长短。

**3. 损失预测** 作物因病虫害为害所造成的损失程度直接决定于病虫害数量的多少,但不完全一致。为了可靠的估计病虫害所造成的损失,需要进行损失估计调查,病虫害的为害损失估计包括产量损失和质量损失。它受病虫害发生数量、发生时期、为害方式、为害部位等多种因素的综合影响。就产量损失而言,先计算受害百分率和损失系数,进而求得产量损失百分率。

(1) 受害百分率的计算。

$$P = n/N \times 100\%$$

式中,$P$ 为被害或有虫(株或梢等)百分率;$n$ 为被害或有虫(株或梢等)样本数;$N$ 为调查样本总数。

(2) 损失估计。

①调查计算损失系数。

$$Q = (a-e)/a \times 100\%$$

式中,$Q$ 为损失系数;$a$ 为未受害植株单株平均产量;$e$ 为受害植株单株平均产量。

②产量损失百分率。

$$C = (Q \times P)/100$$

式中,$C$ 为产量损失百分率。

③实际损失百分率。

$$L = (a \times M \times C)/100$$

式中，$M$ 为单位面积总植株数；其余同以上公式。

## 本章小结

园艺植物病虫害调查统计和预测预报 { 园艺植物害虫的调查统计和预测预报 { 园艺植物害虫的调查统计 / 园艺植物害虫的预测预报 ; 园艺植物病害的调查统计和预测预报 { 园艺植物病害的调查统计 / 园艺植物病害的预测预报 }

## 复习思考题

1. 按预测时间长短之分，害虫预测预报可分为哪几种？每种主要内容是什么？
2. 发生期预测常有哪些方法？如何进行？
3. 被害率、被害指数分别指什么？它们如何计算的？

# 第五章　蔬菜病虫害

### 知识目标

1. 识别常见蔬菜主要害虫的为害状及形态特征。
2. 掌握常见蔬菜害虫发生规律及防治方法。
3. 识别常见蔬菜主要病害的症状特点。
4. 掌握常见蔬菜病害发生规律及防治方法。

### 能力目标

1. 能识别蔬菜主要害虫种类。
2. 能区分蔬菜主要病害的症状特征。
3. 能对蔬菜主要病虫害发生设计综合防治方案并实施。

## 第一节　十字花科蔬菜病虫害

### 一、十字花科蔬菜病毒病

十字花科蔬菜病毒病又称孤丁病，俗称抽风，在各地普遍发生，危害较重。本病除危害大白菜外，还危害小白菜、芹菜、萝卜、青菜、甘蓝和芜菁菜等蔬菜作物。

**1. 症状**　病毒病在苗期、成株期和采种株上都有发生，但以苗期发病为主，在 7 片叶以前感病，心叶叶脉透明，并沿叶脉两侧失绿，形成淡绿和浓绿相间的斑驳，称为花叶。此时心叶扭曲、病叶皱缩、植株畸形；成株期受害，叶片表现轻微花叶，叶背主、侧脉上产生褐色条纹和黑褐色坏死斑点，严重时病株矮化、畸形，甚至不包心结球，拔起病株观察，根系发育不良，主根切面呈黄褐色；采种株显症，新叶明脉，老叶叶脉坏死，花瓣色淡，果荚瘦小，籽粒皮瘪，种子发芽率低（图5-1）。

**2. 病原**　目前已知十字花科蔬菜病毒病的主要病原有芜菁花叶病毒、黄瓜花叶病毒、烟草花叶病毒、萝卜花叶病毒、苜蓿花叶病毒。在我国主要有芜菁花叶病毒，是十字花科蔬菜的主要病原，分布广，为害大，其次是黄瓜花叶病毒和烟草花叶病毒 3 种。3 种病毒可单独侵染危害，也可 2 种或 2 种以上复合侵染，田间多见复合侵染危害，防治难度大。

芜菁花叶病毒通过蚜虫或汁液接触传毒，在田间自然条件下主要靠蚜虫传毒，还可通过农事操作等途径传播。除十字花科外，还可侵染菠菜、茼蒿、芥等。苜蓿花叶病毒汁液摩擦及蚜虫传毒，传毒蚜虫主要有桃蚜和豌豆蚜等。

**3. 发生规律及发生条件**　十字花科蔬菜病毒病毒原主要在冬贮大白菜、甘蓝和萝卜种株以及田间杂草等上越冬，也可在越冬栽培的一些十字花科蔬菜上危害越冬。田间主要通过

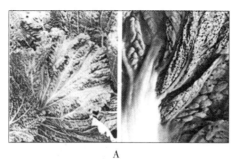  

图 5-1 病毒病
A. 左：明脉症状　右：坏死斑点
B. 左：心叶菊花状　右：病叶歪向一边

有翅蚜虫迁飞传播，汁液摩擦也能传毒，两者共同构成了田间病毒的再侵染。十字花科蔬菜苗期最易染病，并且染病越早，发病越重。病毒病的流行取决于田间温、湿度是否有利于有翅蚜的发生与迁飞。十字花科蔬菜播种后如遇高温干旱天气，幼苗生长受到抑制，抗病能力下降，同时有翅蚜活动频繁，发病就重。

**4. 防治措施**

（1）选用抗病品种。一般杂交品种比普通品种抗病性强，青帮品种比白帮品种抗病性强。

（2）加强肥水栽培管理。秋季高温干旱应及时浇水，增施有机肥作基肥，合理密植，适时移栽。

（3）适期早播。避开高温及蚜虫猖獗季节，适时蹲苗应据天气、土壤和苗情掌握，一般深锄后，轻蹲十几天即可。蹲苗时间过长，妨碍白菜根系生长发育，容易染病。

（4）注意防蚜灭蚜。蚜虫是传播病毒病的主要媒介，应注意防蚜，苗期防蚜至关重要，在幼苗七叶期前应适当喷药防治。常用的药剂有：用10%吡虫啉可湿性粉剂1 500倍液，或3%啶虫脒或50%抗蚜威可湿性粉剂2 000～3 000倍液等药剂喷雾。此外，用铝银灰色或乳白色反光塑料薄膜或铝光纸保护白菜幼苗，也能起到拒蚜传毒的作用。

（5）药剂防治。发病初期可用20%盐酸吗啉胍·铜可湿性粉剂500倍液，或55%菌毒清水剂500倍液，或1.5%烷醇·硫酸铜水乳剂1 000倍液，混合脂肪酸1 000倍液等药剂喷雾。每隔5～7d喷1次，连续2～3次。

## 二、十字花科蔬菜霜霉病

霜霉病是十字花科作物重要病害之一，与病毒病、软腐病合称十字花科蔬菜三大病害，全国各地发生普遍。除白菜外，油菜、花椰菜、甘蓝、萝卜、芥菜和荠菜上也有发生。

**1. 症状**　病害主要发生在叶片上，茎、花梗、种荚上也能受害。发病初期叶片背面出现白色霜状的霉层，严重时苗叶及小茎变黄枯死。成株被害，叶背出现白色霜霉，叶正面出现淡绿色病斑，并逐渐转为黄色至黄褐色，病斑扩大常受叶脉限制而呈多角形。十字花科蔬菜进入包心期以后，若环境条件适合，病情发展很快，使叶片连片枯死。在留种株上，受害花梗肥肿、扭曲，常称为"龙头"（图5-2）。

 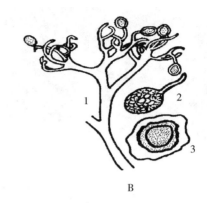

图 5-2 十字花科蔬菜霜霉病症状及病原菌
A. 病叶叶背密生白色霉层  B. 十字花科霜霉病病原菌
1. 孢囊梗  2. 孢子囊  3. 卵孢子

**2. 病原** 十字花科蔬菜霜霉病由鞭毛菌亚门霜霉菌属寄生霜霉菌侵染所致。其菌丝寄生于寄主细胞间隙,以吸器伸入寄主细胞内吸取养分。有性生殖产生卵孢子,萌发时直接产生芽管。

**3. 发生规律及发生条件** 病菌主要以卵孢子或菌丝体随病残体在土壤中或留种株上,或附着于种子上越冬,春季侵染小白菜、萝卜、油菜等。后期病组织内产生卵孢子,卵孢子秋季萌发侵染十字花科蔬菜,病部产生的大量孢子囊在田间借风雨传播,有多次再侵染。低温(16℃)、多雨高湿(相对湿度80%以上)或连阴雨持续时间长易发生流行。早播、脱肥或病毒病重等条件下发生重。

**4. 防治措施** 霜霉病的防治采用以种植抗病品种、加强栽培管理为主,结合药剂防治的综合治措施。

(1) 利用抗病品种。青帮品种比白帮品种抗病性强,疏心直筒形比圆球形品种抗病性强。抗病毒病的品种一般也抗霜霉病,应因地制宜地选用抗病品种。

(2) 合理轮作,适期播种。由于卵孢子随着残体在土壤中越冬,十字花科蔬菜与非十字花科作物轮作,最好是水旱轮作,因为淹水不利于病菌卵孢子存活,可减少菌源,减轻前期发病。秋白菜不宜播种过早,常发病区或干旱年份应适当推迟播种。播种不宜过密,注意及时间苗。

(3) 栽培防病。加强肥水管理,施足基肥,增施磷、钾肥,合理追肥。收获后清洁田园,进行秋季深翻。

(4) 药剂防治。发病初期或出现中心病株时,应即喷药保护。喷药必须细致周到,特别是老叶背面也应喷到。常用药剂有:72%霜脲·锰锌可湿性粉剂800倍液或72.2%霜霉威盐酸盐水剂600倍液,或90%乙膦铝800倍液+高锰酸钾1 000倍液,每隔6~8d喷施1次,共喷2~3次。

## 三、十字花科蔬菜软腐病

十字花科蔬菜软腐病又称腐烂病、烂葫芦等,是一种世界性分布病害。我国凡栽培大白菜的地区都有发生,是十字花科蔬菜三大病害之一。该病除为害十字花科作物外,还可为害马铃薯、番茄、莴苣、黄瓜等蔬菜,引起不同程度的损失。

**1. 症状** 软腐病的症状因受害组织和环境条件的不同,略有差异。一般柔嫩多汁的组织受侵染后开始多呈浸润半透明状,后渐呈明显的水渍状,最后组织黏滑软腐,并有恶臭。较坚实少汁的组织受侵染后,病斑多呈水渍状,逐渐腐烂,最后病部水分蒸发,组织干缩。

在田间,白菜、甘蓝多从包心期开始发病,通常植株外围叶片在烈日下表现萎蔫,但早晚仍能恢复,随着病情的发展,这些外叶不再恢复,露出叶球,病组织内充满污白色或灰黄色黏稠物质,腐烂病叶在干燥环境下失水变成透明薄纸状,发病严重时,植株结球小,叶柄基部和根颈处心髓组织完全腐烂,并充满灰黄色黏稠物,臭气四溢,农事操作时易被碰落(图 5-3)。

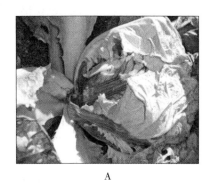 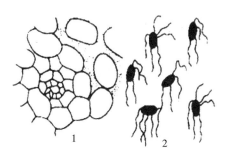

图 5-3 十字花科蔬菜软腐病症状及病原菌
A. 软腐病症状 B. 软腐病病原菌
1. 被害组织 2. 病原细菌

**2. 病原** 此病由胡萝卜软腐欧文氏杆菌胡萝卜致病亚种侵染所致,属细菌薄壁菌门欧氏杆菌属(图 5-3)。

**3. 发生规律及发生条件** 软腐病病菌主要在病株和病残组织中越冬,翌年病菌通过昆虫、雨水和灌溉水传播,从伤口(虫伤、病伤或机械伤)或生理裂口侵入寄主。

软腐病的发生与伤口及影响寄主愈伤能力的因素均有密切关系。此外,与寄主的抗病性也有关,气候条件中以雨水与发病的关系最密切,白菜包心以后多雨往往发病严重。昆虫危害白菜造成的伤口有利于病菌的侵入,同时有的昆虫携带病菌,直接起到了传播和接种病菌的作用。在多雨或低洼地区,平畦地面易积水,土中缺乏氧气,不利于寄主伤口愈合,有利于病菌繁殖和传播,发病重。采收后的发病轻重还与贮藏条件密切相关,缺氧、温度高、湿度大均易发病,造成损失。

白菜品种间也存在着抗病性的差异。一般而言,疏心直筒的品种由于外叶直立,垄间不荫蔽,通风良好而发病较轻。另外,青帮菜较抗病,多数柔嫩多汁的白帮菜品种则较感病。一般抗病毒病和霜霉病的品种也抗软腐病。

**4. 防治措施** 软腐病的防治应以利用抗病品种,加强栽培管理为主,结合防病治虫等综合措施,才能收到较好的效果。

(1)利用抗病品种。提倡推广使用杂交品种。晚熟品种、青帮品种,抗病毒病和霜霉病的品种一般也抗软腐病，较抗病的十字花科蔬菜品种有大青口和旅大小根等。

（2）加强田间栽培管理。实行轮作和合理安排茬口，采用垄作或高畦栽培，有利于田间排水，降低湿度，在不影响产量的前提下，可考虑适当迟播，田间发现重病株时应立即拔除，带出田外；白菜收获后，及时清除病残体，施足基肥，早追肥，促进幼苗生长健壮，减少自然裂口。另外，增施钙素可提高寄主对软腐病的抵抗性。

（3）防虫治病。从幼苗起加强对黄条跳甲、地蛆、菜青虫、小菜蛾等害虫的防治。

（4）药剂防治。发病前或发病初期及时进行药剂防治，防止病害发生蔓延。喷药应以发病株及其周围的植株为重点，注意喷射接近地面的叶柄及茎基部。十字花科蔬菜喷药时间一般掌握在莲座期至包心期，在莲座期开始喷药，以后每隔 5～6d 喷 1 次，连续喷 2～3 次。可选用 72% 农用链霉素可溶性粉剂 3 000 倍、53.8% 氢氧化铜干悬浮剂 1 000 倍、20% 噻菌铜可湿性粉剂 600 倍、5% 菌毒清水剂 300 倍、47% 春雷·王铜可湿性粉剂 800 倍等。此外，可用生物农药微生物菌剂拌种或灌根等，效果较好。消毒病穴，防止烂窖，减少机械损伤，适当晾晒。

### 四、十字花科蔬菜菌核病

十字花科菌核病主要为害甘蓝、花椰菜等十字花科蔬菜，在长江流域和南方沿海各省发生普遍。

**1. 症状** 主要危害植株的茎基部，也可危害叶片、叶柄、叶球及种荚，苗期和成株期均可染病。幼苗期轻病株无明显症状，重病株根颈腐烂并生白霉，大田栽植后病情不断扩展，至抽薹后达高峰。病株茎秆上出现浅褐色凹陷病斑，终致皮层朽腐，纤维散离成乱麻状，茎腔中空，内生黑色鼠粪状菌核。高湿条件下，病部表面长出白色棉絮状菌丝体和黑色菌核（图 5-4）。

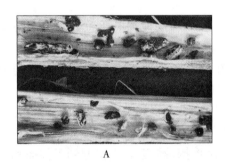
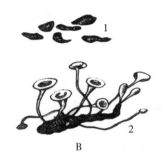

图 5-4　十字花科蔬菜菌核病症状及病原菌
A. 症状　B. 病原菌
1. 菌核　2. 菌核萌发产生子囊盘

**2. 病原** 病原属子囊菌亚门核盘菌属真菌。菌丝呈白色，后来菌丝集结形成菌核。菌核呈圆柱状或不规则形，似鼠粪状，内部白色，外部黑色。菌核萌发可长出子囊盘。

**3. 发生规律及发生条件** 病菌主要以菌核混在土壤中或附着在采种株上，混杂在种子间越冬或越夏。在春、秋两季多雨潮湿，菌核萌发，产生子囊盘放射出子囊孢子，借气流传播，子囊孢子在衰老的叶片上，进行初侵染引起发病，后病部长出菌丝和菌核。在田间主要以菌丝通过病健株或病健组织的接触进行再侵染，到生长后期又形成菌核越冬。地势低洼，排水不良,密植,氮肥施用过多,发病重。病株入窖后,窖温高、湿度大,可在窖内继续侵染引起腐烂。

**4. 防治措施**

(1) 选用无病种子,并对种子进行处理。播种前,用10%食盐水或10%硫酸铵溶液漂洗种子,漂去混杂在种子中的菌核及其他杂质,然后用清水洗净,晾干后播种。也可用50%多菌灵可湿性粉剂拌种,用药量为种子重量的0.3%～0.4%。

(2) 轮作、深翻及加强田间管理。与禾本科作物进行隔年轮作;收获后及时翻耕土地,把子囊盘埋入土中12cm以下,使其不能出土;合理密植;施足腐熟基肥,合理施用氮肥,增施磷、钾肥均有良好的防治效果。

(3) 药剂防治。发病初期可喷洒50%腐霉利可湿性粉剂2 000倍液、50%乙烯菌核利可湿性粉剂1 000倍液、50%多菌灵可湿性粉剂800倍液等药剂。此外,可用微生物菌剂拌种或灌根等,效果较好。

## 五、十字花科蔬菜其他病害

表5-1 十字花科蔬菜其他病害

| 病害名称 | 症状特点 | 发病规律 | 防治要点 |
| --- | --- | --- | --- |
| 十字花科蔬菜黑腐病 | 成株发病多从叶缘和虫伤处开始,出现V形黄色病斑,叶脉坏死变黑。病菌能沿叶脉、叶柄发展,蔓延到茎部和根部,致使茎部、根部的维管束变黑,植株叶片枯死(图5-5) | 病菌在种子内和病残体上越冬。多从叶缘水孔或害虫咬伤的伤侵入,然后进入维管束组织,造成系统性侵染。田间病菌主要借雨水、昆虫、肥料等传播。高湿多雨有利于发病 | 与非十字花科作物实行2～3年轮作。发病初期及时喷施72%农用链霉素可溶性粉剂4 000倍液、新植霉素4 000倍液、47%春雷·王铜可湿性粉剂800倍液等 |
| 十字花科蔬菜根肿病 | 病株根部肿大呈瘤状,主根上的瘤多靠近上部;侧根上的瘤,手指状;须根上的瘤,数目可多达20余个,并串生在一起。病株矮小,叶片发黄,后期萎蔫(图5-6) | 病菌以休眠孢子囊在土壤中,可存活10～15年,从根毛或幼根侵入。酸性土壤发病重 | 实行3年以上轮作。及时排除田间积水,拔除病株并携出田外烧毁,在病穴四周撒消石灰。发病初期每株施50%多菌灵可湿性粉剂500倍液等药剂 |
| 十字花科蔬菜炭疽病 | 叶片上为圆形灰褐色斑,病斑后期灰白色。叶柄、花梗及种荚染病,长圆形凹陷褐色斑,湿度大时,病斑上常有赭红色黏质物(图5-7) | 以菌丝随病残体遗落土中或附在种子上越冬。种植过密或地势低洼的田块发病重;气温高、降雨多易导致该病流行 | 播前种子用50℃温水浸种10min。轮作,发病初期喷洒80%炭疽福美可湿性粉剂800倍液等 |
| 十字花科蔬菜白锈病 | 叶片正面则显现黄绿色边缘不明晰的不规则斑,叶片背面生稍隆起的白色圆形至不规则形疱斑,疱斑表皮破裂,散出白色粉末状物(图5-8) | 病菌以菌丝体在留种株或病残组织中,或以卵孢子随同病残体在土壤中越冬。低温多雨,排水不良田块发病重 | 轮作。蔬菜收获后,清除田间病残体,以减少菌源。发病初期喷洒25%甲霜灵可湿性粉剂800倍液等药剂 |
| 十字花科蔬菜黑斑病 | 叶片染病,边缘暗褐色,且有明显的同心轮纹。茎或叶柄上病斑长梭形,呈暗褐色条状凹陷。种荚上病斑近圆形,中心灰色,边缘褐色,湿度大时生暗褐色霉层(图5-9) | 主要以菌丝体在病残体或种子及冬贮菜上越冬,翌年产生分孢子从气孔或直接穿透表皮侵入,在病斑上产生分生孢子,进行再侵染 | 选用抗黑斑病品种。与非十字花科蔬菜轮作2～3年。发现病株及时喷洒75%百菌清可湿性粉剂500～600倍液、64%杀毒矾可湿性粉剂500倍液 |

图 5-5　十字花科蔬菜黑腐病

图 5-6　十字花科蔬菜根肿病

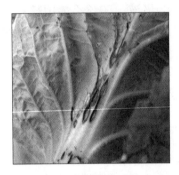
图 5-7　十字花科蔬菜炭疽病

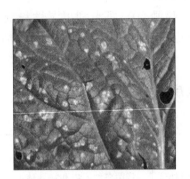
图 5-8　十字花科蔬菜锈病

图 5-9　十字花科蔬菜黑斑病

## 六、菜粉蝶

菜粉蝶幼虫称菜青虫，属鳞翅目粉蝶科。为寡食性害虫，主要为害十字花科蔬菜叶片，尤其偏食含芥子油糖苷、叶表光滑无毛的甘蓝、花椰菜、十字花科蔬菜、青菜、油菜等。仅以幼虫为害，初孵幼虫啃食叶片，残留表皮，3 龄以后将叶片咬成孔洞和缺刻，被害的伤口，易诱发软腐病，引起腐烂，降低蔬菜产量和质量。

**1. 形态特征**　成虫体长 12～20mm，翅展 45～55mm。雄蝶体乳白色，雌蝶略深，淡黄白色，雌虫前翅正面近翅基部灰黑色。卵枪弹形，初产时淡黄色，后变橙黄色，单粒产于叶面或叶背。老熟幼虫青绿色。蛹纺锤形，两端尖细，中部膨大而有棱角状突起（图 5-10）。

A

B

图 5-10　菜粉蝶
A. 成虫　B. 幼虫

**2. 发生规律及发生条件**　在我国由北向南一年发生 3～9 代，南京、上海一年发生 7～8

代，江南地区菜粉蝶年发生8～9代。由北向南世代逐渐增多，各地均以蛹越冬，有滞育性。越冬场所多在秋菜田附近的房屋墙壁、篱笆、风障、树干上，也有的在砖石、土缝、杂草或残株落叶间，一般在干燥背阴面。越冬蛹羽化时间，江南各地于第二年早春2～4月。由于越冬场所不同，羽化期可长达1个月之久，造成世代重叠，防治困难。菜粉蝶虫口数量随春季天气变暖而逐渐上升，春夏之交达到最高峰。到盛夏或雨季，由于高温多湿，天敌增加等因素，虫量迅速下降，到秋季又略有回升，所以有春秋2个明显为害期。

成虫夜间栖息在生长茂密的植物上，白天露水干后活动，以晴朗无风的中午最活跃，常在蜜源植物和产卵寄主之间来回飞翔。卵前期4d，卵多散产在叶片上，每一雌虫可产卵10余粒至100多粒，最多可达500多粒，卵期3～8d。初孵幼虫先吃卵壳再食叶肉，幼虫共5龄，1～3龄幼虫食量不大，4～5龄进入暴食期，食量占幼虫期总食量的80%以上。老熟幼虫多在叶片上化蛹，化蛹时以腹部末端黏在附着物上，并吐丝系缚身体。菜青虫发育最适温度为20～25℃，相对湿度76%左右最适于幼虫发育，降雨量每周7.5～12.5mm。菜粉蝶的天敌很多，有广赤眼蜂、微红绒茧蜂、凤蝶金小蜂，寄生率都很高。

**3. 防治措施**

（1）农业防治。避免十字花科蔬菜连作，与非十字花科蔬菜轮作，夏季不种过渡寄主；收获后及时清洁田园，集中处理残株落叶，深翻菜地，减少虫源。

（2）生物防治。保护利用天敌，少用广谱和残效期长的农药，避免杀伤天敌。人工释放天敌，如广赤眼蜂。推广应用苏云金杆菌为主的系列生物农药。

（3）药剂防治。在幼虫低龄（3龄以前）发生盛期用药，并应注意各种药剂交替使用，延缓产生抗药性。可应用植物性杀虫剂2.5%鱼藤酮乳油600倍液；昆虫生长调节剂5%氟啶脲乳油1 500倍液，5%氟虫脲乳油1 500倍液喷雾防治。

## 七、菜蛾

菜蛾又名小菜蛾，俗称两头尖、吊死鬼，属鳞翅目菜蛾科。主要以幼虫危害叶片为主。初龄幼虫可钻入叶肉内为害，稍大即啃食叶表面及叶肉，残留一层表皮，形成不整齐的透明斑。3～4龄幼虫可将叶片吃成孔洞和缺刻，严重时将叶片吃成网状。

**1. 形态特征** 成虫灰褐色小蛾，体长5～6mm，翅展12～15mm，翅狭长，前翅后缘呈黄白色三度曲折的波纹，两翅合拢时呈3个连接的菱形斑。卵扁平，椭圆状，黄绿色，多为单粒产。老熟幼虫黄绿色，体节明显，两头尖细。蛹黄绿色至灰褐色，茧薄如网（图5-11）。

图5-11 菜 蛾
A. 成虫　B. 幼虫

**2. 发生规律及发生条件**　在我国由北向南一年发生 2~22 代，江苏、上海一年发生 10~12 代，世代重叠现象严重。长江以南可终年繁殖，基本上无越冬、越夏现象，北方以蛹在朝阳的残株落叶或杂草间越冬，成虫昼伏夜出。成虫产卵期可达 6d 左右，平均每头雌蛾可产卵 100~200 粒，卵散产或数粒在一起，多产于叶背脉间凹陷处。初孵幼虫潜入叶肉取食，2 龄后主要取食下表皮和叶肉，留下上表皮呈"开天窗"。3 龄后可将叶片吃成孔洞，严重时仅留叶脉。幼虫很活跃，遇惊扰即扭动、倒退或吐丝下垂。幼虫共 4 龄，老熟幼虫在叶脉附近结薄茧化蛹，蛹期约 9d。菜蛾一般年份有 2 个发生危害严重阶段：3~6 月份和 8~11 月份，且秋季重于春季。

十字花科蔬菜种植面积大，复种指数高，发生重。菜蛾的发育适温为 20~30℃，十字花科蔬菜种植面积大，复种指数高，发生重。

**3. 防治措施**

（1）农业防治。合理布局，尽量避免小范围内十字花科蔬菜周年连作，以免虫源周而复始；对苗田加强管理，及时防治，避免将虫源带入本田；蔬菜收获后要及时处理残株败叶或立即翻耕，减少虫源。

（2）物理防治。菜蛾有趋光性，在成虫发生期，每 0.67hm$^2$ 设置 1 盏黑光灯，可诱杀大量菜蛾，减少虫源。

（3）生物防治。可推广应用青虫菌、苏云金杆菌 500~1 000 倍液为主的生物农药防治。

（4）化学防治。在卵孵化盛期或 2 龄幼虫期及时喷雾防治，叶的两面均要喷透，每 5~6d 喷 1 次，连续喷 3~5 次，生产上一般与菜粉蝶兼治。可选用 5%氟啶脲乳油 2 000 倍液，或 1.8%阿维菌素乳油 2 000~3 000 倍液，20%除虫脲悬浮剂 2 000 倍液等药剂喷雾。

## 八、夜蛾类

危害十字花科蔬菜的夜蛾种类很多，主要有甘蓝夜蛾、斜纹夜蛾、银纹夜蛾、甜菜夜蛾等，均属鳞翅目夜蛾科，常混合发生。夜蛾类均以幼虫食害叶片，将叶片食成缺刻和孔洞，严重时食成网状甚至光杆，有的还能蛀入菜心或果实内危害。

**1. 形态特征**　见表 5-2，图 5-12、图 5-13、图 5-14、图 5-15。

表 5-2　4 种夜蛾形态区别

| 虫态 | 种类项目 | 甘蓝夜蛾（图 5-12） | 斜纹夜蛾（图 5-13） | 银纹夜蛾（图 5-14） | 甜菜夜蛾（图 5-15） |
|---|---|---|---|---|---|
| 成虫 | 体长（mm） | 18~25 | 14~20 | 14~17 | 10~14 |
| | 翅展（mm） | 45~50 | 35~40 | 约 32 | 25~33 |
| | 体色 | 灰褐色 | 深褐色 | 灰褐色 | 灰褐色 |
| | 前翅 | 暗褐色，有灰黑色环状纹和灰白色肾状纹各一，沿外缘有 7~8 个三角形黑斑，前缘近顶角处有 3 个小白点 | 灰褐色，在环状纹与肾状纹之间有 3 条由前缘伸向后外方的白色斜线 | 深褐色，中央有一 U 字形银边褐色斑纹和 1 个近三角形的银白色斑 | 肾状纹粉黄色，中央褐色，黑边，环状纹粉黄色，黑边 |
| | 后翅 | 黑白色，外缘线黑色 | 白色，外缘暗褐色 | 暗褐色，有金属光泽 | 白色，翅缘黑褐色 |

（续）

| 虫态 | 种类项目 | 甘蓝夜蛾（图5-12） | 斜纹夜蛾（图5-13） | 银纹夜蛾（图5-14） | 甜菜夜蛾（图5-15） |
|---|---|---|---|---|---|
| 幼虫 | 体长（mm） | 老熟幼虫28~37 | 老熟幼虫35~47 | 老熟幼虫25~32 | 老熟幼虫约22 |
| | 体色 | 随龄期不同而异，初孵幼虫黑绿色，后黑褐色多种 | 有灰褐、土黄、暗绿等色 | 头绿色，体淡黄绿色 | 变化较大，有绿色、黄褐色、褐色等 |
| | 其他特征 | 各体节背面有一倒八字形黑斑 | 中胸至第九腹节背面各有1对三角形黑斑 | 第一、二对腹足退化，行走时体背拱曲 | 各节气门的后上方有一小白点 |

图 5-12 甘蓝夜蛾
A. 成虫  B. 幼虫

图 5-13 斜纹夜蛾
A. 斜纹夜蛾成虫  B. 幼虫

图 5-14 银纹夜蛾
A. 银纹夜蛾成虫  B. 幼虫

 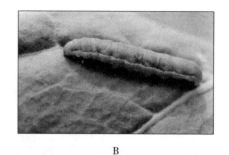

图 5-15 甜菜夜蛾
A. 甜菜夜蛾成虫  B. 幼虫

**2. 发生规律及发生条件**

表 5-3　4 种夜蛾发生规律及发生条件

| 种类<br>项目 | 甘蓝夜蛾 | 斜纹夜蛾 | 银纹夜蛾 | 甜菜夜蛾 |
| --- | --- | --- | --- | --- |
| 发生代数 | 一年 1～4 代，由北向南递增 | 一年多代，在热带和亚热带可终年繁殖 | 一年多代，由北向南递增 | 一年多代，在热带和亚热带可终年繁殖 |
| 越冬虫态及场所 | 以蛹在土里越冬，有明显滞育现象 | 无滞育现象 | 以蛹越冬 | 以蛹在土室内越冬，其他地区各虫态均可越冬 |
| 成虫习性 | 较强的趋光性和趋化性，需补充营养，食物缺乏时可成群迁移，卵多产于叶背，块产 | 较强的趋光性和趋化性，需补充营养，卵多产于叶背，散产 | 趋光性强，趋化性弱，卵多产于叶背，散产 | 趋光性强，趋化性弱，卵多产于叶背，块产 |
| 幼虫习性 | 初孵幼虫群集为害，4 龄后夜间为害，大发生时可成群迁移 | 初孵幼虫群集为害，2 龄后分散，4 龄后有背光习性，白天隐藏，傍晚为害，可成群迁移，有假死性 | 初孵幼虫在叶背取食叶肉剩下表皮，3 龄后食量渐大，可将叶片咬成缺刻，有假死性 | 初孵幼虫群集为害，3 龄后分散，4 龄后昼伏夜出，大发生时可成群迁移，有互相残杀习性和假死性 |
| 蛹 | 在土中吐丝结成带土的粗茧，在茧内化蛹 | 在土中做土室化蛹 | 在枯叶上吐丝结白色薄茧化蛹 | 在土中做土室化蛹 |
| 食性 | 多食性 | 多食性、暴食性 | 多食性 | 多食性 |
| 发生条件 | 发育适温 18～25℃，春秋两季发生 | 发育适温为 29～30℃，喜温，抗寒力弱 | 发育适温为 25～27℃，高温时发生重 | 发育适温为 20～23℃，抗寒力弱 |

**3. 防治措施**

（1）农业防治。清除杂草，收获后翻耕晒土或灌水，结合田间作业随手摘除卵块和群集危害的初孵幼虫，有助于减少虫源。

（2）物理防治。利用成虫趋光性，于盛发期点黑光灯诱杀。利用成虫趋化性配糖醋液诱杀（糖∶醋∶酒∶水＝3∶4∶1∶2）。

（3）药剂防治。可选用 10% 呋喃虫酰肼悬浮剂 800 倍液、10% 溴虫腈 800 倍液、2.2% 甲维盐乳油 1 000 倍液、1.1% 百部·楝·烟乳油 1 000 倍液，使用时应在在卵孵化盛期或低龄幼虫期及时喷雾防治，喷匀喷透，每隔 5～6d 用药 1 次，连续喷 3～5 次，生产上一般与甜菜夜蛾兼治。

## 九、菜蚜

菜蚜俗称腻虫、蜜虫等,是危害十字花科蔬菜多种蚜虫的总称。主要有桃蚜(又称桃赤蚜、烟蚜)、萝卜蚜(菜缢管蚜)和甘蓝蚜3种,属同翅目蚜科。桃蚜为多食性害虫,分布广、寄主多,除喜偏食叶面光滑、蜡质多的甘蓝类蔬菜外,还可加害辣椒、番茄、马铃薯、菠菜以及烟草、多种花卉和桃、李、梅、梨、杏等果树。萝卜蚜和甘蓝蚜为寡食性害虫,前者喜偏食叶面多毛而蜡质少的白菜类、芥菜类和萝卜等蔬菜,常与桃蚜混合发生。后者则如桃蚜一样,喜偏食叶面光滑、蜡质多的甘蓝类蔬菜。菜蚜以成、若虫群集寄主叶片、花梗、种荚等上面吸汁危害,并分泌蜜露诱发煤污病,使叶片黄化、蜷缩甚至枯萎。菜蚜还能传播多种病毒病,其传播病毒造成的危害常大于蚜害本身。

**1. 形态特征**(图 5-16)

表 5-4  3 种菜蚜形态区别

| 虫态 | 种类\项目 | 桃蚜 | 萝卜蚜 | 甘蓝蚜 |
|---|---|---|---|---|
| 有翅胎生雌蚜 | 体长(mm) | 约 2 | 约 1.6 | 约 2 |
| | 体色 | 头胸部黑色,腹部黄绿色、绿色或赤褐色 | 头胸部黑色,腹部黄绿至暗绿色,被有稀少的白色蜡粉 | 头胸部黑色,腹部浅黄绿色,全身被有白色蜡粉 |
| | 触角第三节感觉圈 | 9~16 个,排成一列 | 16~26 个,排列不规则 | 36~50 个,排列不规则 |
| | 额瘤 | 明显,向内侧倾斜 | 不明显 | 无 |
| | 腹管 | 细长,绿色,圆柱形,中后部稍膨大,末端缢缩,黑色 | 较短,暗绿色,圆柱形,近末端收缩成瓶颈状 | 腹管短于尾片,中部稍膨大,末端收缩成花瓶状,浅黑色 |
| | 尾片 | 圆锥形,两侧各有 3 根毛 | 圆锥形,两侧各有 2~3 根长毛 | 宽短,圆锥形,两侧各有 2 根毛 |
| 无翅胎生雌蚜 | 体长(mm) | 约 2 | 约 1.8 | 约 2.5 |
| | 体色 | 绿色、黄绿色、黄色、红褐色,并带有光泽 | 黄绿色,被有一薄层白色蜡粉 | 暗绿色,被有稀少的白色蜡粉 |
| | 触角第三节感觉圈 | 无 | 无 | 同有翅胎生雌蚜 |
| | 额瘤 | 同有翅胎生雌蚜 | 不明显 | 无 |
| | 腹管和尾片 | 同有翅胎生雌蚜 | 同有翅胎生雌蚜 | 同有翅胎生雌蚜 |

**2. 发生规律及发生条件**

(1) 桃蚜。从北到南 1 年发生 15~46 代不等,每年在冬寄主和夏寄主之间往返迁飞繁殖为害,属侨迁式蚜虫。以卵在蔷薇科果树(桃树)的芽腋、枝条、裂缝等处越冬。越冬卵孵化若虫为害桃树嫩芽,展叶后群集叶片背面为害,吸食叶片汁液。3 月下旬开始孤雌生殖,5~6 月迁移到越夏寄主上,10 月产生的有翅性母迁返桃树,由性母产生性蚜,交尾后,在桃树上产卵越冬。

(2) 萝卜蚜(菜缢蚜管)。在长江流域年发生 30 代左右,世代重叠现象严重。在长江流

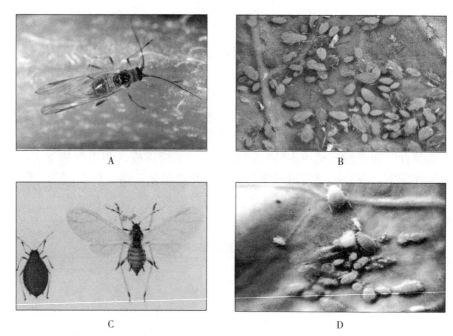

图 5-16 菜 蚜
A、B. 桃蚜  C. 萝卜蚜  D. 甘蓝蚜

域及其以南地区或北方加温温室中，终年营孤雌胎生繁殖，无明显越冬现象。在北方地区，晚秋产生雌、雄蚜交配产卵，以卵在秋白菜上越冬，也可以以成蚜、若蚜在菜窖内越冬或温室内继续繁殖。翌年 3～4 月孵化，在越冬寄主上繁殖几代后，产生有翅蚜在蔬菜田为害。终年生活在同一种或近缘的寄主植物上，属留守式蚜虫。萝卜蚜的发育适温较桃蚜稍广，在较低温情况下萝卜蚜发育快。对有毛的十字花科蔬菜有选择性。

（3）甘蓝蚜。甘蓝蚜是新疆的优势种，在陕西、宁夏及东北等地也有发生。在北方地区，一年可发生 10 余代，终年在十字花科蔬菜上为害，属留守式蚜虫。翌年 3～4 月孵化，在越冬寄主上繁殖几代后，产生有翅蚜在蔬菜田为害，世代重叠现象严重。在温暖地区终年营孤雌胎生繁殖，无明显越冬现象。晚秋产生雌、雄蚜交配产卵，以卵在秋白菜上越冬。

菜蚜对黄色有强趋性，绿色次之，对银灰色有负趋性。一般温暖干旱条件适宜菜蚜发生，温度高于 30℃ 或低于 6℃，相对湿度高于 80% 或低于 50% 时，可抑制蚜虫的繁殖和发育。暴雨和大风均可减轻蚜虫的为害。天敌对蚜虫的繁殖和为害有一定的抑制作用。

**3. 防治措施**

（1）注意保护和利用天敌。蚜虫的天敌很多，如七星瓢虫、十三星瓢虫、大绿食蚜蝇等。在用药剂防治时，应采用尽量少伤害天敌的药物。

（2）加强田间栽培管理。菜田合理布局；因地制宜进行与高秆作物间套作；加强肥水管理促菜株早生快发，增强抗蚜力。

（3）有条件用银膜避蚜和黄板诱蚜，可降低蚜虫密度。采用作物行间或作物四周空地铺盖（放）银灰膜的方法，也可在田间及大棚通风口吊挂银灰条的方法避蚜；在大棚通风口吊挂黄板和黄盘（市场有成品供应）诱杀蚜虫，也可吊挂黄色黏着条诱来蚜虫。

（4）药剂防治。当田间蚜虫发生在点片阶段时，及时用药防治。可交替使用 50% 抗蚜威可湿性粉剂2 000倍液、60%吡虫啉水分散剂15 000倍液和20%吡虫啉可溶剂6 000～8 000倍液等药剂防治。

## 十、黄曲条跳甲

黄曲条跳甲又名菜蚤子、黄条跳蚤等，幼虫俗称白蛆，属鞘翅目叶甲科。主要为害甘蓝、花椰菜、白菜、菜薹、萝卜、芜菁、油菜等十字花科蔬菜，属于寡食性害虫。也能为害茄果类、瓜类、豆类蔬菜。成虫食叶，以幼苗期危害最严重，甚至整株死亡，造成缺苗断垄。幼虫只危害菜根，蛀食根皮，咬断须根，使叶片萎蔫枯死，严重时造成减产失收。此外成虫、幼虫造成的伤口，有利于病菌的侵入，常造成软腐病的流行。

**1. 形态特征** 成虫黑色有光泽，体长约2.5mm。触角11节，鞘翅中间有一条弯曲的黄色纵条纹。后足腿节膨大，为跳跃足。卵椭圆形，淡黄色，半透明。幼虫共3龄。老熟幼虫圆筒形，胴部黄白色，各节有肉瘤。蛹椭圆形，乳白色，腹末有1对叉状突起物（图5-17）。

**2. 发生规律及发生条件** 我国由北向南一年发生2～8代，上海、南京、杭州一年4～6代，以成虫在地面的菜叶反面、残株落叶、杂草及土缝中越冬，世代重叠现象严重。翌年春天气温回升到10℃左右时恢复活动。成虫能飞善跳，高温时仍能飞翔，以中午时分活动最盛，具有趋光性和假死性，对黑光灯尤为敏感。卵散产于菜株周围的土隙中或细根上，平均每头雌虫

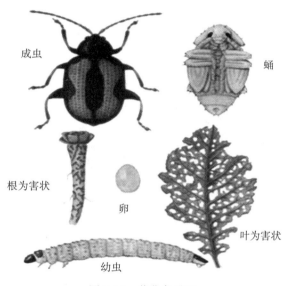

图5-17 黄曲条跳甲

产卵200粒左右。初孵幼虫在3～5cm的表土层啃食菜株根皮，老熟幼虫在3～6cm深的土中作土室化蛹。一年间以春秋两季发生最为严重，而且秋季重于春季。

适宜黄曲条跳甲生长发育的温度范围为15～35℃；最适环境温度为21～26℃，相对湿度80%～100%，卵孵化需要高湿（相对湿度100%）。

**3. 防治措施**

（1）清洁田园。蔬菜收割后，及时清除残株、落叶，铲除杂草，特别要注意把菜根清除处理，以减少虫源。

（2）合理轮作。与非十字花科蔬菜或其他作物轮作，可减轻黄曲条跳甲发生和受害程度。

（3）土壤处理。当发现菜根被害时，用90%敌百虫晶体1 000倍液灌浇根周围土壤，以减轻受害。

（4）药剂防治。当幼苗出土后，发现成虫，应立即喷药防治，可用48%毒死蜱乳油1 000倍液、80%敌敌畏乳油1 000倍液、90%敌百虫晶体1 000倍液等药剂喷雾。喷药时最好按从地边到中央的顺序围喷，便于集中防治。

## 十一、十字花科蔬菜其他害虫

表 5-5 十字花科蔬菜其他害虫

| 名称 | 形态特征 | 发生规律 | 防治要点 |
|---|---|---|---|
| 菜螟 | 成虫灰褐色，前翅有 3 条白色横波纹，中部有一深褐色肾形斑，镶有灰白色边；后翅灰白色。卵椭圆形，扁平，表面有不规则的网纹。幼虫头部黑色，体背有 5 条不明显的灰褐色纵线，各节生有毛瘤。蛹黄褐色，腹部背后隐约可见 5 条纵线（图 5-18） | 上海、浙江 6～7 代。以老熟幼虫在地表吐丝黏着泥土、枯叶做囊越冬。气温 24℃左右，相对湿度 60%～70%时，菜苗 3～5 片真叶期，恰与菜螟的产卵盛期和幼虫盛发期吻合为害严重 | 及时翻地，清洁田园，避免连作。调整播期，使菜苗 3～5 叶期与菜螟盛发期错开。掌握在幼虫初孵期和幼虫 3 龄前用药，药剂可用 2.5%氯氟氰菊酯乳油 4 000 倍液，或 20%甲氰菊酯乳油 3 000 倍液等 |
| 菜蝽 | 成虫椭圆形，体色橙红或橙黄，有黑色斑纹。小盾片基部有 1 个三角形大黑斑，近端部两侧各有 1 个较小黑斑，小盾片橙红色部分成 Y 字形。卵鼓形，初为白色，后变灰白色，孵化前灰黑色。若虫无翅，外形与成虫相似（图 5-19） | 长江中下游地区年发生 2～3 代，以成虫在枯枝落叶下、树皮内、土缝中等处越冬。5～9 月是主要危害期。成虫喜光，趋嫩。有假死性 | 冬耕和清理菜地，可消灭部分越冬成虫。人工摘除卵块。掌握在若虫 3 龄前喷洒 50%辛氰乳油 3 000 倍液；氯氟氰菊酯乳油 3 000 倍液等 |
| 黄翅菜叶蜂 | 成虫体长 6～8mm，头部和中、后胸背面两侧为黑色，其余橙蓝色。卵初产时乳白色，后变淡黄色。幼虫头部黑色，胴部蓝黑色，各体节具有很多皱纹及许多小突起，具 3 对胸足和 8 对腹足。蛹头部黑色，蛹体初为黄白色，后转橙色（图 5-20） | 北方年发生 5 代，以老熟幼虫在土中结茧越冬。春秋季为害严重，尤以秋季最重。幼虫早晚取食，有假死性。老熟幼虫入土做土茧化蛹 | 作物采收后及时耕翻土地，清除部分虫源。利用幼虫假死性，振落捕杀。药剂防治可用 50%辛硫磷乳油 1 000 倍液、2.5%氯氟氰菊酯乳油 2 000 倍液等 |

图 5-18 菜 螟

图 5-19 菜 蝽

图 5-20 黄翅菜叶蜂

## 第二节 茄科蔬菜病虫害

### 一、番茄灰霉病

番茄灰霉病是茄科蔬菜上的重要病害。近年来，随着保护地栽培蔬菜的发展，我国灰霉病发生已相当普遍，危害严重，番茄灰霉病发生危害面积也逐年上升，苏州地区早春茬番茄灰霉病的大棚发病率在 65%左右，发病严重时损失达 60%左右。

番茄灰霉病菌寄主范围广，除危害番茄外，还危害茄子、甜（辣）椒、黄瓜、生菜、芹菜、草莓等 20 多种作物。幼苗、果实及贮藏器官等均易被侵染，引起幼苗猝倒、花腐或烂果等。

**1. 症状** 苗期至成株期均可受害。主要危害花和果实，叶片和茎亦可受害。花染病，病菌一般先亲染已过盛期的残留花瓣、花托或幼果柱头，产生灰白色霉层，然后向幼果或青果发展。果实染病，发病初期被害部位的果皮呈灰白色水浸状，中期果实的被害部位发生组织软腐，后期在病部表面密生灰色和灰白色霉层，即病菌的分生孢子梗及分生孢子。在田间一般植株下部的第一穗果最易发病且受害重，植株中上部的果穗相对发病较轻。叶片染病，常在植株下部老叶片的叶缘先侵染发生，病斑呈 V 形扩展，表面生灰白色霉层。发病严重时可引起植株下部多数叶片枯死（图 5-21）。

A        B

图 5-21 番茄灰霉病症状及病原
A. 病果 B. 病原

**2. 病原** 病菌属半知菌亚门，葡萄孢属真菌。聚集成葡萄穗状并呈鼠灰色，病部常产生黑色菌核。

病菌发育适宜温度范围为 4~32℃，最适温度为 20~25℃。在 14~30℃的温度范围内，分生孢子均能萌发，以 21~23℃最为有利。分生孢子抗旱力强，在自然条件下，经过 138d 仍具有生活力。

**3. 发生规律及发生条件** 病菌主要以菌核（寒冷地区）或菌丝体及分生孢子梗（温暖地区）随病残体遗落在土中越夏或越冬。在大棚和温室内，病菌可终年危害。翌春环境条件适宜时，菌核萌发产生菌丝体，然后产生分生孢子。分生孢子通过气流、雨水、灌溉水及农事操作传播。在适温和寄主组织表面有水滴存在条件下，分生孢子萌发从寄主伤口、衰弱的器官或死亡组织侵入。开花后的花瓣、萎蔫组织或老叶尖端坏死部分最易被病菌入侵。侵入后的病菌迅速蔓延扩展，并在病部表面产生分生孢子进行再侵染。后期形成菌核越冬。病菌为弱寄生菌，可在有机物上营腐生生活，低温高湿条件适于病害的发生，一般发病适温为 20℃左右，相对湿度 90%以上时有利于发病。温室内湿度大，叶面结露时间长，灰霉病发生重。寄主植物生长衰弱或组织受冻、受伤时极易感染灰霉病。

长江中下游地区番茄灰霉病的主要发病盛期在冬春季 2 月中下旬至 5 月间；年度间早春温度偏低、多阴雨、光照时数少的年份发病重；田块间连作地、排水不良、与感病寄主间作的田块发病较早较重；栽培上种植过密、通风差、氮肥施用过多的田块发病重。

**4. 防治措施** 根据保护地番茄灰霉病发生特点，采取以培育无病壮苗为基础，定植后选用高效、低毒农药保护以及改进栽培技术等防病控病措施。

(1) 调节棚室环境条件,进行棚室变温管理。采用双重覆膜、膜下灌水的栽培措施。根据天气情况,要及时开棚通风,合理放风,降低棚室内湿度。发病初期控制灌水,灌水后及时放风排湿。如果是晴好天气,可把开棚放风时间适当推迟,保证在一个昼夜即24小时之内,有一段时间棚温可升至30℃以上,这个温度对番茄的生长发育十分有利,同时可抑制番茄灰霉病菌的发生发展。阴天也要开棚放风,通风换气,有效降低棚内湿度。

(2) 轮作换茬。要尽量避免在同一大棚内,多年连续栽种番茄、草莓等易感灰霉病的作物。与其他蔬菜实行2~3年轮作。

(3) 注意田园卫生。及时清除病花、病枝叶、病果,妥善处理,切断番茄灰霉病的主要侵染途径。收获后及时清除病残体,减少侵染源。

(4) 抓好肥水管理。水要勤浇少浇,次数要多,每次量要少。追肥浇水应选择在晴天上午进行,保证在浇水后有充足的时间放风排湿。

(5) 防止番茄蘸花传病。在蘸花时加入腐霉剂,使花器蘸药,减少病菌传播机会。苗期或定植前,应加强叶部灰霉病的初期诊断,及时用药防治,可用50%多菌灵可湿性粉剂500倍液或50%腐霉利可湿性粉剂1 500倍液喷淋苗床。

(6) 药剂防治。要抓住开花期这个防治重点时期,在始花期应该用药一次,然后每隔6d左右防治一次。发病初期或浇催果水前一天用药,第一穗果开花时,用0.1%的50%异菌脲可湿性粉剂或50%腐霉利或65%甲霜灵可湿性粉剂,蘸花或喷涂。在阴雨天,要先用药预防,农药要交替使用,避免或减缓抗药性产生。用药方法上,要提倡弥雾机低量喷雾。在阴雨天气长期持续期间,可使用10%腐霉利和10%百菌清烟剂3.7kg/hm² 熏蒸剂防治,尽量少用药剂喷雾防治。

(7) 生物防治。用木霉微粒剂(每克含16×108个孢子)500倍液,防治效果达80%以上,可在无公害蔬菜生产中推广使用。

## 二、番茄病毒病

病毒病是番茄的主要病害,全国各地普遍发生,危害严重。一般发病率10%~30%,严重的50%~70%,产量损失大。对夏秋露地生产造成严重威胁,秋播番茄病害发生最为严重。在田间病害症状可归纳为3种主要表现型,即花叶型、蕨叶型、条纹型。发病率以花叶型最高;蕨叶型次之;条斑型较少。危害程度以条斑型最严重甚至绝收;蕨叶型居中;花叶型较轻。

**1. 症状**

(1) 花叶型。叶片出现明脉、较重花叶、斑驳和皱缩,顶叶变小,叶细长狭窄或扭曲畸形。

(2) 蕨叶型。黄绿色顶芽,幼叶细长,呈螺旋形下卷,并自上而下叶片全部或部分变成蕨状叶,叶片背面脉紫色,微现花斑。

(3) 条纹型。可发生在叶片、茎蔓和果实上。叶片上为茶褐色斑点或云纹斑。

**2. 病原** 番茄病毒病的毒源,据国内外报道的有20多种,我国主要有6种:烟草花叶病毒、黄瓜花叶病毒、马铃薯X病毒、马铃薯Y病毒、烟草蚀纹病毒、苜蓿花叶病毒。其中最主要的是烟草花叶病毒和黄瓜花叶病毒。北方以烟草花叶病毒为主,南方以黄瓜花叶病

图 5-22 番茄病毒病
A. 花叶型症状　B. 条斑型症状　C. 蕨叶型症状

毒为主，长江中下游烟草花叶病毒、黄瓜花叶病毒为主或复合侵染。花叶型病毒病是由烟草花叶病毒侵染所致；条斑型病毒病是由烟草花叶病毒的另一个株系侵染所致，其物理性状与烟草花叶病毒相似；蕨叶病毒病是由黄瓜花叶病毒侵染引起。

**3. 发生规律及发生条件**　烟草花叶病毒具有高度的传染性，极易由接触传染，但蚜虫不传毒。番茄花叶病和条纹病主要通过田间各项农事操作（如分苗、定植、绑蔓、整枝、打杈、2,4-滴蘸花等）传播。番茄种子附着的果肉残屑也带毒。此外，烟草花叶病毒还可在干燥的烟叶和卷烟中，以及寄主的病残体中存活相当长的时期。

黄瓜花叶病毒和马铃薯 Y 病毒由蚜虫传播，如桃蚜、棉蚜等多种蚜虫都能传染，但以桃蚜为主，种子和土壤都未发现有传病现象。病毒可以在多年生宿根植物或杂草上越冬，这些植物在春季发芽后蚜虫亦随之发生，通过蚜虫吸毒与迁移，将病毒传带到附近的番茄地里，引起番茄发病。

夏番茄发病最重；秋番茄次之；春番茄最轻；冬季温室内几乎不发病。高温干旱年份易流行。品种间抗病性差异明显。

**4. 防治措施**　控制番茄病毒病的发生和流行，应采用以农业防治为主的综合防病措施。其中最重要的是培育出番茄植株发达的根系，促进健壮生长，增强其对晴雨骤变的适应性，提高对病害的抵抗能力。

（1）选栽抗病品种。粉红系列明显比大红系列抗病。

（2）种子处理。种子在播种前先用清水浸泡 3~4h，再放在 10% 磷酸三钠溶液中浸种 30min，用清水冲洗干净，催芽播种。

（3）加强田间管理。适时播种，培育壮苗；严格挑选健壮无病苗移植；选择在植株成龄抗病阶段进行；及时清理田边杂草，减少传毒来源；加强肥水管理；注意防止农事操作人为传病：接触过病株的手和农具，应用肥皂水冲洗，吸烟菜农肥皂水洗手后再进行农事操作。

（4）早期治蚜防病。推广应用银灰膜避蚜防病，在蚜虫发生初期，及时用药防治，防止蚜虫传播病毒。

（5）深耕及轮作。烟草花叶病毒在土壤中的病体上可以存活 2 年以上，所以轮作要采用 3 年轮作制。

（6）化学防治。在发病前或发病始见期开始用 20% 盐酸吗啉胍·铜可湿性粉剂 600~1 000 倍液喷药预防，每隔 6~10d 喷 1 次，连续喷药 2~3 次，增强植株抗性。

## 三、番茄青枯病

番茄青枯病又名细菌性枯萎病，系细菌性维管束组织病害，是茄科蔬菜重要病害之一。主要分布在赤道南北纬度38°以内的亚热带国家，我国主要发生在长江流域以南地区，如浙江、江苏、安徽、湖南、上海等地区。在长江流域以北，由于气候和土壤条件的因素，不发生或很少发生。

青枯病菌寄主范围非常广泛，多达33科100多种植物都能被害。在茄科蔬菜中，一般以番茄受害最为严重；马铃薯、茄子次之；辣椒受害较轻。烟草、芝麻、花生、大豆、萝卜等栽培植物也能被害，流行性极强。

**1. 症状** 青枯病是一种细菌性维管束病害。一般在苗期不表现症状，番茄结果以后才开始表现症状，至盛夏时发病最为严重。病株初期仅部分幼叶表现萎蔫，早晚或阴天温度低时可恢复正常，同时下部老叶轻微黄化，其茎、根部的维管束被害后变褐腐烂，根部则呈水渍状，数天后植株即青枯而死。后期茎的外部亦可部分呈现褐色病变，植株叶片呈青绿色，茎秆粗糙，后期病株随着更多叶片的萎蔫与枯死而导致全株死亡。解剖茎秆观察发现，病茎维管束变褐，横切后用手挤压可见乳白色黏液流出，这是青枯病典型症状。根据此项特征，可与真菌性的枯萎病或黄萎病相区别（图5-23）。

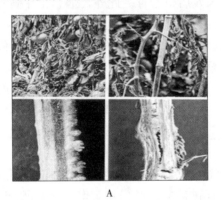
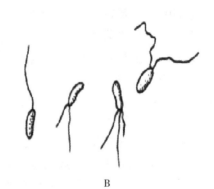

图 5-23 番茄青枯病症状及病原
A. 青枯病症状  B. 病原
（上：田间为害状，下：茎部症状）

**2. 病原** 由薄壁菌门假单胞杆菌属的青枯病细菌侵染番茄茎秆维管束所致。细菌生长发育的最适温度为30~37℃，最高为41℃，致死温度为55℃，10min。

**3. 发生规律及发生条件** 病原细菌主要随病株残体在土壤中越冬，在土壤中的病残体上能存活14个月至6年，属弱寄生菌，营腐生生活。从寄主的根部或茎基部的伤口侵入，侵入后在维管束的螺纹导管内繁殖，并沿导管向上蔓延，阻塞或穿过导管侵入邻近的薄壁组织，使之变褐腐烂。整个输导器官被破坏而失去功能，茎、叶因得不到水分的供应而萎蔫。田间病害的传播主要通过雨水和灌溉水将病菌带到无病的田块或健康的植株上。此外，农具、昆虫等也能传病。带菌的马铃薯块茎也是主要的传病来源。

此病菌喜欢高温、高湿环境，适宜发病温度范围为20~38℃，发病潜育期5~20d，易在酸性土壤中生长繁殖。在番茄生长前期和中期降雨偏多、田间排水不良、温度较高时极易流行，可造成大面积减产。引发症状表现的天气条件为大雨或连阴雨后，骤然放晴，气温迅速升高,田间湿度大,发病现象会成片出现。

**4. 防治措施**

①合理施肥。实行配方施肥,施足基肥,勤施追肥,增施有机肥及微肥。

②轮作与嫁接。对发病较重的田块可与葱、蒜及十字花科蔬菜实行4~5年轮作,或采用嫁接技术控制病情。

③调节土壤酸碱度。在酸性土壤中,每667m² 施50~100kg石灰,使土壤呈中性至微碱性。

④加强田间管理。采用高畦种植,开好排水沟,使雨后能及时排水。及时中耕除草,及时拔除病株,将其深埋或烧毁,病穴用生石灰或草木灰消毒。

⑤药剂防治。发病初期,选晴天用72%农用链霉素3 000倍液,或新植霉素4 000倍液,或77%氢氧化铜可湿性粉剂600倍液进行灌根,每隔5~10d灌根1次,共灌根3~5次,苗期每次每株灌药液0.5L,成株期每次每株灌药液1.0L。

## 四、番茄晚疫病

番茄晚疫病在我国各地菜区露地和保护地上均有发生。特别是多雨多雾、冷凉或昼夜温差大的地区或季节为害严重。发病严重时造成茎部腐烂、植株萎蔫和果实变褐色,影响产量。个别地区和年份,晚疫病已成为番茄生产的毁灭性灾害。

**1. 症状** 番茄晚疫病主要危害叶和果实,也能侵害茎部。一般从叶尖和叶缘开始发病,出现不规则暗绿色水渍状病斑,病斑扩大后变为褐色,在潮湿的条件下,病势发展迅速。在叶背面,病斑的病健部交界处有一圈稀疏的白色霉状物。果实上的病斑呈不规则的灰绿色水渍状硬斑块,以后变为褐色或黑褐色,云纹状,边缘不明显,潮湿时病斑上长出少量白色霉状物(图5-24)。

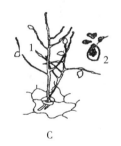

A B C

图5-24 番茄晚疫病症状及病原
A. 病叶 B. 病果 C. 病原
1. 孢囊梗、孢子囊 2. 游动孢子

**2. 病原** 病原为致病疫霉菌,属真菌鞭毛菌亚门疫霉属。菌丝在寄主细胞间隙生长,以很少的丝状吸器伸入寄主细胞内吸取营养。病斑上的白霉是病菌的孢子梗和孢子囊。病菌为半水生,喜高温、高湿条件。菌丝生长最适宜温度为28℃,最高36℃,最低10℃(图5-24)。

**3. 发生规律及发生条件** 病菌主要以菌丝体在马铃薯块茎和保护地种植的番茄上越冬,或以菌丝体、卵孢子随病残体落土越冬。通过气流或雨水传播,气孔或表皮直接侵入引起初侵染。病株上产生孢子囊,进行多次再侵染。低温(18~22℃)高湿(相对湿度95%以上)条件病害易流行。阴雨、早晚多雾、露水大时易发病。

**4. 防治措施**

（1）因地制宜选用品种。目前应用的番茄品种没有高抗品种，只有较耐病的品种，如强丰、佳粉、中蔬4号、中杂4号等。

（2）加强田间管理。合理轮作，不与马铃薯邻作。高畦深沟种植，整平畦面以利雨季排水，及时中耕除草及整枝绑架，增施优质有机肥及磷、钾肥，增强植株抗性。薄膜覆盖保护栽培应特别注意通风降湿。

（3）喷药控制蔓延。一旦发现田间出现病斑，就要全田喷药，可用40%三乙膦酸铝可湿性粉剂250倍液，或72.2%霜霉威盐酸盐水剂1 000倍液等喷洒植株，每隔7～10d喷1次，连喷2～3次，叶背、茎秆、青果等处均要喷到，植株中下部位是重点喷药区，要轮换用药，注意每种农药的安全间隔期。

## 五、番茄早疫病

番茄早疫病又称轮纹病，是番茄重要病害之一。山东、广东、湖北、江苏、上海、浙江等地区都有发生。主要危害番茄、茄子、甜（辣）椒、马铃薯等茄科蔬菜。通常保护地内在苗期发病较重，在露地番茄上一般在植株生长后期发生危害相对较重。

**1. 症状** 番茄早疫病菌主要危害叶片，也能危害茎、叶柄和果实，从苗期到成株期均可发病。受害叶片起初出现水渍状暗绿色病斑，慢慢扩大呈近圆形或不规则形，上有同心轮纹，在潮湿条件下，病斑会长出黑霉。受害严重时，下部叶片萎蔫、枯死（图5-25）。

**2. 病原** 番茄早疫病是由半知菌亚门链格孢属茄链格孢菌侵染所致。病菌生长温度范围广（1～45℃），最适温度为26～28℃（图5-25）。

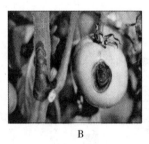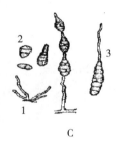

图5-25 早疫病症状及病原
A. 病叶 B. 病茎、病果 C. 病原
1. 分生孢子梗 2. 分生孢子 3. 分生孢子萌发

**3. 发生规律及发生条件** 病菌主要以菌丝体或分生孢子随病残体在土壤中越冬，或以分生孢子附着在种子表面越冬，成为第二年的初浸染源。分生孢子靠气流、雨水和农事作业传播，萌发后从气孔、皮孔、伤口侵入寄主，也可从表皮直接侵入。病部产生分生孢子进行多次再侵染。高温（26～28℃）、高湿（相对湿度90%以上）有利于发病。多雨多雾天气常引起病害流行。田块间连作地、排水不良的田块发病较早较重。栽培上种植过密、通风透光差、管理粗放、大水大肥浇施的田块发病重。番茄的生育期与发病的关系为作物进入开花坐果期，常是发病始期，果实采收初期是发病高峰期。

**4. 防治措施**

（1）合理轮作。与非茄科作物实行2年以上的轮作。

（2）选种无病壮苗。选择连续2年未种过茄科作物的土壤育苗，种子进行消毒，苗期做好病害防治，剔除病苗，定植无病壮苗。

（3）加强管理。合理密植。加强大棚、温室的温、湿度管理，浇水要在晴天上午进行，及时通风，防止湿度过大，温度过高，避免叶面结露。增施基肥可减轻发病。铺盖地膜，对减轻前期发病有较好的效果。

（4）药剂防治。早疫病菌潜育期短，药剂防治要掌握防治适期。发病初期及时喷药防治。药剂可选用60%代森锰锌可湿性粉剂或胶悬剂干粉500倍液、65%百菌清可湿性粉剂600倍液，50%异菌脲可湿性粉剂1 000倍液、50%托布津可湿性粉剂600倍液、50%多菌灵可湿性粉剂500倍液、40%百菌清悬浮剂600倍液喷雾。保护地也可选用45%百菌清烟雾剂熏蒸。

### 六、茄子绵疫病

茄子绵疫病又名"烂茄子"，是茄子的主要病害之一。全国各地均有发生，苏州地区也很普遍，特别是高温多雨季节，茄果受害更为严重，发病后蔓延很快，常造成大量果实腐烂，对产量影响很大。除危害茄子外，也能危害番茄、辣椒、黄瓜、马铃薯等作物。

**1. 症状** 从苗期到成株期均可发病，主要危害果实。果实受害多以下部老果较多，发病初期出现水渍状小斑点，逐渐扩大并产生茂密的白色棉絮状菌丝，果实内部变黑腐烂且易脱落。病果落地后，由于潮湿可使全果腐烂遍生白霉，最后干缩成僵果。叶片被害，病部水浸状，褐色，有明显轮纹，潮湿时边缘不明显，扩展极快，病斑上生有稀疏的白色霉状物，干燥时病斑停止扩大，病部组织干枯。花被害，常在发病盛期，呈水浸状褐色湿腐，向下蔓延，常使嫩茎变褐腐烂，缢缩以致折断，上部叶片萎蔫下垂。幼苗受害，常发生猝倒现象，病部常产生白色絮状菌丝体（图5-26）。

A          B

图5-26 茄子绵疫病
A. 病叶　B. 病果

**2. 病原** 此病由鞭毛菌亚门寄生疫霉菌和辣椒疫霉菌侵染所致。

**3. 发生规律及发生条件** 病菌以卵孢子或厚垣孢子随病株残余组织遗留在田间越冬。在环境条件适宜时，卵孢子或厚垣孢子萌发侵入根系或茎基部，或借雨水反溅到近地面的果实上，从果实表皮直接侵入，引起初侵染。病部产生的孢子囊借气流、雨水传播，通过伤口或直接侵入引起再侵染。病菌喜高温、高湿的环境，田间温度28～30℃及高湿条件下，病害发展迅速。多雨，过度密植，通风透光不良发病重。地势低洼、排水不良、定植过迟、偏施氮肥、管理粗放、重茬、长果型品种发病较重，特别是在结果期、雨后暴晴，最易发病。

在保护地湿度大，植株上有水（侵染水），空气相对湿度85％以上、气温25～35℃条件下，发病较迅速。

**4. 防治措施**

（1）选用抗病品种。一般认为圆茄类型的品种比长茄类型品种较抗病，厚皮品种比薄皮品种较耐病。

（2）合理轮作，加强田间管理。有计划的与非茄科作物轮作，施足基肥，不偏施氮肥，培育壮苗，及时整枝打杈，采用高畦栽培，及时清理土表病残体等。

（3）塑料薄膜的运用。在重病地块，清地后抓紧高温季节铺地膜，借日光进行高温灭菌，采用黑色地膜覆盖地面或铺于行间，可起到较好的防病效果。

（4）化学防治。在发病初期开始喷药，每隔6d喷1次，连续喷药防治2～3次，可选用47％春雷·王铜可湿性粉剂600倍液、62％霜脲·锰锌可湿性粉剂1 000倍液、65％百菌清可湿性粉剂600倍液等。

## 七、茄子褐纹病

茄子褐纹病是茄子的主要病害之一，与茄子绵疫病统称为"烂茄子"，在我国南北方均有发生，苏州地区普遍有发生。高温多雨季节是该病发生的高峰期。

**1. 症状**　茄子褐纹病主要为害茄子的茎、叶和果实。茎部感病初期呈水渍状病斑，后变成棱形或纺锤形，边缘深紫褐色，中间灰白色，上生许多深褐色小点（分生孢子器）。病斑多时可连接成坏死区，绕茎一周，上部随之枯死，往往皮层腐烂脱落，仅留下木质化的茎，遇风易被吹折。幼苗有时也被害，茎基染病出现立枯或猝倒。叶片染病初生白色小点，扩大后成近圆形斑，边缘深褐，中央浅褐或灰白，有轮纹，上生大量黑点。果实病斑褐色圆形有凹陷，上生许多黑色小粒点，排列成轮纹状。病斑不断扩大可达整个果实。病果后期落地软腐或留在枝干上逐步脱水成僵果（图5-27）。

A　　　　　　　　　B　　　　　　　　　C

图5-27　茄子褐纹病
A. 病叶　B. 病茎　C. 病果

**2. 病原**　此病由半知菌亚门拟茎点霉属茄褐纹拟茎点霉菌侵染所致。分生孢子器球形或扁球形，有凸出的孔口。分生孢子单胞，无色透明，有椭圆形和丝状2种。

**3. 发生规律及发生条件**　病菌主要以分生孢子器和菌丝体随病株残体遗留在田间越冬，也能以菌丝体潜伏在种皮内，或以分生孢子黏附在种子表面越冬。在病株残体和休眠种子种皮内的分生孢子器和菌丝体能存活2年。种子带菌引起幼苗猝倒，土壤带菌多造成茎基部溃疡。所产生的分生孢子借风雨、昆虫及农事操作等途径传播。分生孢子萌发后，可直接从茄子表皮或伤口侵入，也可由萼片侵入果实，病部产生分生孢子，有再侵染。高温（28～30℃）、高湿（相对湿度80%以上）条件适合发病。夏季高温、连阴、多雨等气候因素有利发病。地势低洼、排水不良、连作、定植过晚、栽植过密以及施用氮肥过多均有利于病害发生。

**4. 防治措施**

（1）选用抗病品种。在重病区种植条茄、白皮茄等较抗病品种。

（2）种子处理。要从无病留种株上采收种子。播前要做好种子处理，可用55℃温水浸种15min冷却后催芽播种，也可用2.5%咯菌腈悬浮剂进行处理

（3）合理轮作。重病田应与非茄科蔬菜实行3年轮作制，以减轻病害。

（4）土壤消毒。整地时撒施50%多菌灵可湿性粉剂30kg/hm²，把入土中消毒土壤。

（5）田间管理。适当密植，及时打叉整枝，摘除老叶，保持田间通风透光，适度灌溉，及时排渍，高畦栽培，降低湿度，不偏施氮肥。

（6）药剂防治。发病初期喷药，每6～10d喷1次，连续2～3次，效果比较明显。药剂可用47%春雷·王铜可湿性粉剂600倍液、60%代森锰锌可湿性粉剂600倍液、65%百菌清可湿性粉剂600倍液等。

### 八、茄子黄萎病

茄子黄萎病是茄子重要病害之一，国内分布广泛，东北平原与长江中下游地区发生普遍，城市近郊老菜区尤其重。一般发病率50%以上，重病田块发病率可达90%以上，减产30%以上。

**1. 症状** 茄子黄萎病在现蕾期始见，一般在茄坐果后普遍表现出症状。长江中下游地区发病盛期为5月中旬到6月上旬。发病初期在叶片的叶脉间或叶缘出现失绿成黄色的不规则圆形斑块，病斑逐渐扩展成大块黄斑，可布满两支脉之间或半张叶片，甚至整张叶片。植株可全株发病，也可半边发病半边正常（俗称半边疯），还有的仅个别枝条发病。病株根和主茎的维管束变成深褐色，重病株的分枝、叶柄和果柄的维管束也变成深褐色（图5-28）。

A　　　　　　　　　　　　B

图5-28　茄子黄萎病
A. 整株症状　B. 维管束变褐色（右）

**2. 病原** 病原为大丽花轮枝孢菌，属半知菌亚门轮枝孢属真菌。分生孢子梗轮状分枝，每轮有3～4个分枝。病菌生长最适温度为23℃，在30℃培养条件下，尚能生长。生长最适pH为5.3～7.2，在pH3.6条件下，生长良好。

**3. 发生规律及发生条件** 病菌主要以休眠菌丝体、厚垣孢子、拟菌核随病残体在土壤中越冬，是主要的初侵染源，或以菌丝体潜伏在种子内，分生孢子附着在种子表面越冬。主要通过风雨、流水、人、畜、农具及农事操作等途径在田间与田块间传播蔓延。翌年，病菌

菌丝体从根部伤口或直接穿透幼根的表皮及根毛侵入，一般不发生再侵染。

病菌侵入寄主后，以菌丝体先在皮层薄壁细胞间扩展，并产生果胶酶分解寄主细胞间的中胶层，从而进入导管并在其内大量繁殖，随着液流迅速向地上部茎、叶、枝、果等部位扩展，构成系统侵染。

茄子黄萎病发生的适宜温度是 20～25℃，超过 30℃时病害受到抑制。从茄子定植到开花期，日平均气温低于 15℃的日数越多，发病越早、越重。连作田块发病重，连作年限越长，发病越重。土壤湿度高发病重，尤其是定植以后，土壤湿度高不利于根部伤口愈合而有利于病菌侵入。初夏的连续阴雨或暴雨、地势低洼积水和灌水不当等均会导致土壤湿度偏高和土温下降，病害发生明显加重。

**4. 防治措施**

（1）选用抗病品种、无病种与种子处理。在无病区应抓好无病田留种工作，做到自留自用，严禁从病区引种。用 55℃温水浸种 15min，冷却后催芽播种。

（2）栽培防病。抓好栽培防病措施，与葱、蒜、水稻等非茄科作物实行 4 年以上轮作，轮作换茬防病效果显著。

（3）嫁接防病。日本采用毒茄、红茄作砧本与茄子进行嫁接，已大面积推广应用，我国北京等地采用野生茄作砧本，栽培丰产茄作接穗，在病地定植后，发病较轻，收到很好的效果。

（4）药剂防治。要带药移栽，定植沟和穴施 1∶50 的 50%多菌灵药土，每 667m$^2$ 用药 2kg，定植后发现个别病株，即进行灌药治疗。每株浇 250mL 药液，10d 后再浇 1 次，药剂有 10%双效灵水剂 200 倍液，70%托布津可湿性粉剂 700 倍液、50%治枯灵 500 倍液。

## 九、辣椒炭疽病

辣椒炭疽病是辣椒上的主要病害之一，在多雨年份为害较重，常引起幼苗死亡、落叶、烂果等。

**1. 症状** 辣椒炭疽病主要危害果实，也可危害叶片和茎枝。可区分为黑色炭疽病、黑点炭疽病和红色炭疽病 3 种（图 5-29，表 5-6）。

表 5-6 辣椒炭疽病 3 种症状

| 种　类 | 症　状　特　点 |
|---|---|
| 黑色炭疽病 | 较常见，主要为害叶片和果实。叶片上初产生水渍状褪绿斑，渐变成边缘深褐色、中央浅褐色或灰白色的圆形或不规则形病斑，病斑上轮生小黑点。果实上病斑褐色，凹陷，长圆形或不规则形，有稍隆起的同心轮纹，上密生小黑点，病斑边缘有湿润的变色圈。病斑易干缩、破裂呈羊皮纸状 |
| 黑点炭疽病 | 仅在浙江、江苏、贵州等地发生，成熟果实受害重。症状似黑色炭疽病，但病斑上的黑点较大，颜色较深，潮湿时，小黑点可溢出粉红色黏质物 |
| 红色炭疽病 | 发生较少，幼果和成熟果均能受害。病斑水渍状，黄褐色，圆形，凹陷，其上着生橙红色小点，略呈同心环状排列，潮湿时，病斑表面溢出淡红色黏质物 |

**2. 病原** 病原为辣椒炭疽病菌，属半知菌亚门，炭疽菌属（刺盘孢属）真菌。炭疽菌属的黑刺盘孢菌常引起辣椒黑色炭疽病，病斑上的黑色小点是病菌的分生孢子盘，周缘生暗褐色刚毛。

**3. 发生规律及发生条件** 病菌均以菌丝体及分生孢子盘随病残体遗落在土中越冬，或

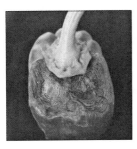 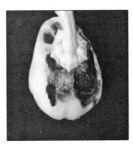 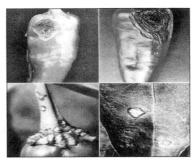

图 5-29 辣椒炭疽病
A、B. 果上的病斑　C. 左下：果柄上的病斑　右下：叶片上的病斑

以菌丝体潜伏在种子内或以分生孢子黏附在种子上越冬。翌年田间适宜时产生分生孢子，通过气流、雨水溅射、昆虫等传播，从伤口或寄主表皮直接侵入进行初侵染致病。病部产生分生孢子进行重复侵染。高温、高湿发病重，一般发育适温为26℃，相对湿度95%以上，任何使果实损伤的因素亦有利于发病。高温多湿的天气有利于发病，偏施、过施氮肥会加重发病，果实越成熟越易发病。

**4. 防治措施**

（1）留种与种子处理。要从无病留种株上采收种子，选用无病种子。播前要做好种子处理，可用55℃温水浸种5min冷却后催芽播种，也可用50%多菌灵500～600倍液浸种20min，用清水冲洗晾干播种。

（2）合理轮作。与非茄科蔬菜实行2～3年轮作。

（3）加强栽培管理。管好肥水，合理密植，适时采收，注意田间卫生。

（4）化学防治。发现病株及时用药防治，可选用药剂有10%噁醚唑水溶性颗粒剂1 000～1 500倍液、25%咪鲜胺乳油1 000～1 500倍液、60%代森锰锌可湿性粉剂600倍液、65%百菌清可湿性粉剂600倍液等。

## 十、茄科蔬菜其他病害

茄科蔬菜其他病害详见表5-7。

表 5-7　茄科蔬菜其他病害

| 病害名称 | 症状特点 | 发生规律 | 防治要点 |
|---|---|---|---|
| 番茄叶霉病 | 主要危害叶片，严重时也危害茎、花、果实等。叶片受害，植株自下而上叶面出现椭圆形或不规则形、淡黄色病斑，病斑背面长出灰褐色的绒状霉层（图5-30） | 病菌以菌丝体或菌丝块随病残体在土壤中越冬，或以分生孢子附着在种子表面，或以菌丝体潜伏在种皮内越冬。湿度过大，光照不足发病重 | 用无病土育苗，重病棚室与非茄科蔬菜实行3年以上轮作。保护地在定植前用硫黄粉2～2.5g/m³，密闭熏蒸24h。40%多·硫悬浮剂400～500倍液，40%氟哇唑乳油8 000倍液等喷雾 |
| 番茄白绢病 | 主要为害茎基部或根部，病部初呈暗褐色水渍状斑，表面生白色绢丝状菌丝体，后菌丝纠结成菜籽状菌核，致茎部皮层腐烂，露出木质部（图5-31） | 以菌核或菌丝残留在土中或病残体上越冬。高温潮湿，菜地湿度大或栽植过密，行间通风透光不良，施用未充分腐熟的有机肥及连作地发病重 | 发病重的菜地应与禾本科作物轮作。深翻土地。调整土壤酸碱度，结合整地，667m²施消石灰100～150kg，使土壤呈中性至微碱性。发病可用3%井冈霉素800～1 000倍液喷雾 |

(续)

| 病害名称 | 症状特点 | 发生规律 | 防治要点 |
|---|---|---|---|
| 番茄脐腐病 | 主要危害幼果，发病初期青果上出现水渍状暗绿色病斑，继而变为暗褐色或黑色，脐部凹陷，黑色坏死，后期病果上出现黑色霉状物（图5-32） | 番茄果实膨大期水分供应不足或失常是该病发生的主要原因。此外，植株生长发育期间不能从土壤中吸收足够的钙，致使脐部细胞生理紊乱，失去控制水分的能力 | 用地膜覆盖栽培，可提高土温，促进根系发育，增强吸水能力，并使土壤水分保持相对稳定，防止钙的流失。从初花期开始，叶面喷洒1%过磷酸钙液，或者喷洒0.1%氯化钙液，隔15d喷1次，共喷2～3次 |
| 茄子根结线虫病 | 主要发生于茄子根部。根上形成很多近球形瘤状物，似念珠状相互连接，初表面白色，后变黑褐色。地上部表现萎缩或黄化（图5-33） | 以成虫或卵在病组织里，或以幼虫在土壤中越冬。翌年，越冬的幼虫或越冬卵孵化出幼虫，由根部侵入，引致田间初侵染，之后不断进行再侵染 | 实行2年以上轮作，最好实行水旱轮作。深翻土地，深度要求达到24cm，把在表土中的虫瘿翻入深层 |
| 辣椒白粉病 | 主要为害叶片，初期在叶片的正面或背面长出圆形白粉状霉斑，后期整个叶片布满白粉，后变为灰白色，叶片背面发病更重些，最终导致全叶变黄，叶片大量脱落形成光秆（图5-34） | 以闭囊壳随病叶在地表越冬，越冬后产生分生孢子，借气流传播。一般以生长中后期发病较多，露地多在8月中下旬至9月上旬天气干旱易流行 | 与其他蔬菜实行1～2年轮作，并深耕晒垡。定植温棚提前7d按100m²用硫黄粉0.25kg、锯末0.5kg的量，分几处点燃熏蒸密闭一昼夜。发病初期可用12.5%烯唑醇可湿性粉剂1 000～1 500倍液喷雾 |
| 辣椒疮痂病 | 叶片发病初现水渍状黄绿色小斑点，扩大后为圆心或不规则形，周边稍隆起、灰白色至灰褐色带轮纹病斑，中部色淡、稍凹陷，表面粗糙呈疮痂状，严重时，引起落叶（图5-35） | 病原细菌主要在种子表面越冬，为病害的初侵染来源，也可借带菌种子作远距离传播。病原细菌借雨水反溅或昆虫作近距离传播。病菌多发生于7～8月份高温多雨的季节 | 用1∶10的链霉素液渍种30min，或用1%硫酸铜溶液浸5min，水洗后播种。及时清除病株和病残体后烧毁，病穴撒入石灰消毒，雨季及时排水，发病初期用新植霉素4 000～5 000倍液，72%农用链霉素可溶性粉剂等喷雾 |
| 辣椒软腐病 | 主要为害果实。病果初生水渍状暗绿色斑，后变褐软腐，具恶臭味，内部果肉腐烂，果皮变白，整个果实失水后干缩，挂在枝蔓上，稍遇外力即脱落（图5-36） | 病菌随病残体在土壤中越冬，随雨水、灌溉水在田间传播。管理粗放、蛀果害虫猖獗的地块发病重。低洼潮湿地块，阴雨连绵的天气，有利病害发生 | 同辣椒疮痂病 |
| 辣椒日灼病 | 多发生在果实向阳面，初为浅白色脆质状小斑，后逐渐扩大为圆形病斑。病斑果皮变薄、变硬。后期病斑或因腐生菌感染长出黑色或粉色霉（图5-37） | 生理性病害。日灼主要是果实局部受热，灼伤表皮细胞引起，一般叶片遮阳不好，土壤缺水或天气干热过度、雨后暴热，均易引致此病 | 选择耐热力较强的品种，可减少日灼病的发生。可与高棵蔬菜间作。有条件可采用遮阳网覆盖。防治好病毒病、疮痂病、炭疽病、叶螨等病虫害，防止植株受害早期落叶 |

图5-30　番茄叶霉病

图5-31　番茄白绢病

图 5-32 番茄脐腐病

图 5-33 茄子根结线虫病

图 5-34 辣椒白粉病

图 5-35 辣椒疮痂病

图 5-36 辣椒软腐病

图 5-37 辣椒日灼病

## 十一、棉铃虫和烟青虫

棉铃虫俗称蛀虫；烟青虫又称烟夜蛾。2 种害虫是近缘种，均属鳞翅目夜蛾科钻蛀性害虫。棉铃虫可为害棉花、玉米、芝麻、番茄、茄子等 200 多种植物，蔬菜中番茄受害最重；烟青虫可为害烟草、玉米、辣椒和南瓜等多种植物，蔬菜中辣椒受害最重。

**1. 形态特征**（表 5-8）

表 5-8　棉铃虫和烟青虫形态区别

| 虫态 \ 种类 | 棉铃虫（图 5-38） | 烟青虫（图 5-39） |
| --- | --- | --- |
| 成虫 | 前翅的环形纹、肾形纹、横线不清晰，亚缘线锯齿状较均匀，外线较斜 | 前翅的环形纹、肾形纹、横线清晰，亚缘线锯齿状参差不齐，外线较直 |
| 卵 | 卵孔不明显，纵棱二岔或三岔式，直达卵底部，卵中部有纵棱 26～29 根 | 卵孔明显，纵棱双序式，长短相间，不达卵底部，卵中部有纵棱 23～26 根 |
| 幼虫 | 气门上线分为不连续的 3～4 条，上有连续的白色斑点，体表小刺长而尖，腹面小刺明显，前胸气门前两根侧毛的连线与前胸气门下端相切 | 气门上线不分为几条，上有分散的白色斑点，体表小刺短而钝，腹面小刺不明显，前胸气门前两根侧毛的连线与前胸气门下端不相切 |
| 蛹 | 腹部末端刺基的基部分开，腹部第五、六节背面与腹面有 6～8 排稀而大的半圆形刻点 | 腹部末端刺基的基部相连，腹部第五、六节背面与腹面有 6～8 排密而小的半圆形刻点 |

图 5-38　棉铃虫形态特征
A. 成虫　B. 幼虫

图 5-39　烟青虫形态特征
A. 成虫　B. 幼虫

**2. 发生规律及发生条件**　棉铃虫和烟青虫在长江流域一年发生 4～5 代，由北向南逐渐增多。以蛹在土中越冬，有世代重叠现象。成虫有趋光性和趋化性，对黑光灯和半枯萎的杨、柳树枝条趋性较强。卵散产，前期卵多产在为害对象植物中上部叶片背面的叶脉处，后期多产在萼片和花瓣上。

幼虫有假死性和转移为害习性，老熟后入土化蛹。两虫均能危害蕾、花和果，也可咬食嫩茎、嫩叶，造成落花、落果或茎叶缺损。危害时多在近果柄处咬成孔洞，钻入果内，蛀食果肉，并引起腐烂，导致严重减产。烟青虫主要为害辣椒，发生时期较棉铃虫稍晚。

适宜棉铃虫和烟青虫生长发育的温度范围为15～36℃，最适温度环境为25～28℃；相对湿度65%～90%，属喜温湿型害虫，在两成虫发生盛期蜜源植物丰富，成虫补充养分多，则产卵量大，为害重。温湿度及田间小气候影响棉铃虫和烟青虫的发生。凡为害对象生长茂密，温湿度适宜，地势低洼，水肥条件较好的田块，往往发生严重。

**3. 防治措施**

（1）农业防治。冬季深耕土地，破坏土中蛹室，杀灭越冬蛹，减少越冬虫源。结合农事操作人工捕捉幼虫，结合番茄整枝打杈消灭部分卵。

（2）诱杀成虫。用杨树枝条或黑光灯诱杀成虫。

（3）生物防治。人工繁殖赤眼蜂、草蛉，或用苏云金杆乳剂200～250倍液喷雾防治。

（4）药剂防治。应在卵孵化盛期至幼虫低龄盛期，幼虫尚未蛀入果实内，及时喷药防治，可选用5%氟虫脲乳油各1 500倍液、48%毒死蜱乳油1 000倍液、1.8%阿维菌素乳油2 000～3 000倍液、25%（硫丹、高效氯氰菊酯）1 000倍液等药剂进行防治。

## 十二、叶螨

叶螨又名棉红蜘蛛、棉叶螨、红叶螨，俗称大蜘蛛、火龙等。我国的种类以朱砂叶螨为主，属蛛形纲蜱螨目叶螨科。分布广泛，食性杂，可为害110多种植物，在蔬菜作物上主要危害茄科、葫芦科、豆科，以及百合科中的葱蒜类作物。以成虫或若虫群聚在叶背吸取汁液为用。茄子、辣椒受害后，初期叶面上呈褪绿的小点，后变灰白色，发生严重时，全田叶枯黄似火烧状，造成早期落叶和植株早衰。茄果受害，果皮变粗呈干瘪状，影响品质；植株生长势衰弱，降低产量。

**1. 形态特征** 成螨体色变异很大，一般为红色或锈红色。雌成螨有足4对，体长42～0.51mm，梨圆形。雄成螨体长0.26～0.36mm，体形比雌成螨小。虫体两侧各有1条长形深色斑块，有时分隔成前后各两块（图5-40）。

**2. 发生规律及发生条件** 一年发生10～20代，越冬场所随地区而不同，以卵越冬，越冬场所主要在树干皮缝、地面土缝和杂草基部等地。越冬卵一般在3月初开始孵化，4月初全部孵化完毕。3～4月先在杂草或其他为害对象上取食，4月下旬至5月上中旬迁入瓜田，先是点片发生，而后扩散全田，6月中旬至8月中下旬是盛发期。叶螨对作物

图5-40 叶螨形态特征

叶片中的含氮量敏感，初期喜欢植株下部叶片，中后期向上蔓延转移。适宜叶螨生长发育的温度范围在10～36℃；最适环境温度为24～30℃，相对湿度35%～55%。遇台风暴雨天气，能较好的抑制虫口密度。

叶螨以两性生殖为主，雌螨也能孤雌生殖，其后代多为雄性，世代重叠现象严重。成螨羽化后即交配，第二天即可产卵，每雌能产50～110粒，多产于叶背。先羽化的雄螨有主动帮助雌螨蜕皮的行为。幼虫和前期若虫不甚活动，后期若虫则活泼贪食，有向上爬的习性。

繁殖数量过多时，常在叶端群集成团，滚落地面，被风刮走，向四周爬行扩散。喜高温、干旱，暴雨对其有一定的抑制作用。

**3. 防治措施**

（1）农业防治。一是铲除田边杂草，清除残株败叶，早春进行翻地，可减少虫源和早春为害对象；二是天气干旱时，注意灌溉，增加菜田湿度，不利于其发育繁殖。

（2）生物防治。田间叶螨的天敌种类很多，据调查主要有中华草蛉、食螨瓢虫和捕食螨类等，其中优以中华草蛉种群数量较多，对叶螨的捕食量较大，保护和增加天敌数量可增强其对叶螨种群的控制作用。

（3）药剂防治。在虫害始发至盛发期，隔7～10d喷1次，需连续用药防治数次，重点喷施中下部叶背面。可选用15％克螨特乳油1 200倍液、15％哒螨灵乳油2 000倍液、5％噻螨酮乳油1 500～2 500倍液、1.8％农克螨乳油2 000倍液、20％双甲脒乳油2 000倍液、70％克螨特乳油2 000倍液等药剂喷雾，均可达到理想的防治效果。

## 十三、茄二十八星瓢虫

茄二十八星瓢虫又名酸浆瓢虫，属鞘翅目瓢虫科。各地均有分布，但以南方发生量大，为害严重。主要为害茄子、马铃薯、番茄及豆类、酸浆等。以成虫、幼虫均啃食叶片、嫩茎和果实，也可取食花瓣和萼片为害，被害叶仅残留上表皮，形成许多透明凹纹。

**1. 形态特征** 成虫体长约6mm，半球形，黄褐色或红褐色。两鞘翅各有14个黑斑。卵淡黄色，枪弹头状，卵粒排列较密。幼虫共4龄。老熟幼虫初孵幼虫淡黄色，后变白色，体背有白色枝刺。蛹椭圆形，黄白色，背面有较浅黑色斑纹（图5-41）。

图5-41 茄二十八星瓢虫形态特征

**2. 发生规律及发生条件** 茄二十八星瓢虫在江苏年发生3～4代，有世代重叠现象。以成虫在土块下、树皮缝或杂草间越冬。翌年成虫出蛰后，先取食野生茄科植物，然后陆续迁至茄科蔬菜上为害，以茄子受害最为严重。成虫有假死性，喜栖息在叶背。卵块产于叶背，初孵幼虫群集危害，2～3龄后分散危害。

茄二十八星瓢虫生长发育的温度范围为16～35℃；最适环境温度25～30℃，相对湿度75％～85％。当气温降到18℃以下时，幼虫活动减弱，成虫不产卵，进入越冬期。

**3. 防治措施**

（1）压低越冬虫量。收获后清洁田园，及时处理收获后的茄子、马铃薯等残株，清除田边地头杂草，减少越冬虫源。

（2）捕杀成虫，摘除卵块。成虫有假死性，可人工捕杀成虫，减轻危害。成虫产卵期可结合农事操作及时摘除卵块。

（3）药剂防治。掌握在越冬成虫迁入作物地、成虫盛发期和幼虫孵化盛期及时用药防治，防治间隔期6d左右，可选用48％毒死蜱乳油1 000倍液、5％氟啶脲乳油1 000～2 000倍液、90％晶体敌百虫800倍液、50％辛硫磷乳油1 000倍液等药剂防治。

## 十四、茄科蔬菜其他害虫

茄科蔬菜其他害虫详见表5-9。

表5-9 茄科蔬菜其他害虫

| 名称 | 形态特征 | 发生规律 | 防治要点 |
| --- | --- | --- | --- |
| 茶黄螨 | 雌成螨长约0.21mm,淡黄至黄绿色,半透明有光泽。足4对,沿背中线有1白色条纹,腹部末端平截。雄成螨体长约0.19mm,体躯近六角形,淡黄至黄绿色,腹末有锥台形尾吸盘,足较长且粗壮(图5-42) | 一年发生25～30代。在北方冬季主要以各种虫态在温室内越冬,少数雌成螨可在冬作物或杂草根部越冬,而在华南则无越冬现象。温暖湿润的环境最有利于茶黄螨发生 | 注意苗床防治,铲除田间杂草。点片发生时用药控制。药剂有1.8%阿维菌素乳油1 500～2 000倍液,15%哒螨灵乳油3 000倍液等 |
| 茄黄斑螟 | 成虫体、翅均为白色,前翅具4个明显的黄色大斑纹,翅顶角下方有1个黑色眼形斑。卵上有2～5根锯齿状刺,初产时乳白色,孵化前灰黑色。幼虫多呈粉红色,各节均有6个黑褐色毛斑。蛹浅黄褐色,腹第三、四节气孔上方有一突起(图5-43) | 以老熟幼虫结茧在残株枝杈上及土表缝隙等越冬。成虫趋光性不强,具趋嫩性。喜温性害虫,5月份开始出现幼虫为害,7～9月为害最重,尤以8月中下旬为害秋茄最烈 | 及时剪除被害植株,茄子收获后及时拔除残株。利用性诱剂诱集成虫。幼虫3龄期前,选用2.5%氯氟氰菊酯乳油2 000～4 000倍液等 |
| 马铃薯二十八星瓢虫 | 成虫半球形,赤褐色,密披黄褐色细毛。两鞘翅上各有14个黑斑,鞘翅基部3个黑斑后方的4个黑斑不在一条直线上,两鞘翅合缝处有1～2对黑斑相连。卵纵立,鲜黄色,有纵纹。幼虫淡黄褐色,长椭圆状,各节具黑色枝刺。蛹淡黄色,背面有稀疏细毛及黑色斑纹(图5-44) | 马铃薯瓢虫每年发生1～2代,以成虫群集在背风向阳的石块下、土穴内、杂草间及各种缝隙内越冬。6月下旬至7月上旬为第一代幼虫危害高峰期。8月中旬至9月上旬为第二代幼虫危害高峰期。成虫具有假死性和食卵的习性,幼虫亦具有食卵习性 | 利用成虫假死习性,用薄膜承接并叩打植株使之坠落,收集灭之。人工摘除卵块。抓住幼虫分散前的有利时机,可用2.5%溴氰菊酯3 000倍液、2.5%氯氟氰菊酯乳油3 000倍液等 |

图5-42 茶黄螨

图5-43 茄黄斑螟

图 5-44　马铃薯二十八星瓢虫

## 第三节　葫芦科蔬菜病虫害

葫芦科蔬菜病虫种类很多，迄今国内已现近百种，其中霜霉病、白粉病、枯萎病、疫病、瓜绢螟、白粉虱等为害较严重。

### 一、黄瓜霜霉病

黄瓜霜霉病俗称跑马干，是黄瓜最常见的重要病害，也是一种速灭性病害，病害发展迅速，从发病到流行最快时只要 5～6d。除危害黄瓜外，还可危害丝瓜、瓠瓜、甜瓜、苦瓜等。

**1. 危害症状**　黄瓜霜霉病主要危害叶片。早期发生为水渍状，淡黄色小斑点，扩大后受叶脉限制呈多角形，黄褐色。潮湿时病斑背面长出灰色至紫黑色霉。湿度大时，病叶腐烂，一般从下往上发展，病重时全株枯死（图 5-45）。

**2. 病原**　此病由鞭毛菌亚门真菌古巴假霜霉菌侵染所致，为专性寄生菌。其孢子囊梗单生或 2～4 根束生由气孔伸出，分枝末端着生孢子囊（图 5-45）。

**3. 发生规律及发生条件**　黄瓜霜霉病病菌以在土壤或病株残余组织中的孢子囊及潜伏在种子内的菌丝体越冬或越夏。保护地栽培棚内，孢子囊借气流传播至寄主植物上，从

A

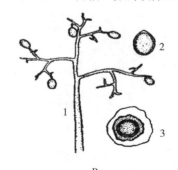
B

图 5-45　黄瓜霜霉病症状及病原
A. 病叶正面　B. 病原
1. 孢囊梗　2. 孢子囊　3. 卵孢子

寄主表皮直接侵入叶片，引起初次侵染，以后通过气流和雨水传播进行多次再侵染，加重危害。

黄瓜霜霉病病菌喜温暖高湿环境，适宜温度范围10～30℃，最适发病环境为日均温度15～22℃，相对湿度90%～100%，昼夜温差8～10℃；最适感病生育期为开花至结瓜中后期。黄瓜叶片上有水滴或水膜更易发病。

**4. 防治措施**

（1）精选抗病品种。较为抗霜霉病黄瓜品种为津研系列黄瓜。

（2）加强栽培管理。培育无病壮苗，露地栽培要选择地势高、排灌良好的地块，采用高畦覆膜栽培。施足底肥，多施有机肥，盛瓜期及时追施速效肥，提高寄主抗病性。灌水应选择晴天上午进行，保护地栽培要坚持通风换气，浇水施肥应在晴天的上午，并及时开棚降湿。

（3）生态防治。控制温度、湿度，用于保护地病害防治，采用三段管理：上午28～32℃，相对湿度80%～90%；下午20～25℃，相对湿度70%～80%；夜间11～12℃。病害普遍发生时可大棚闷杀，闷棚前要求土壤较潮湿，选择晴天密闭大棚，使温度上升至44～46℃，持续2h，处理后及时降温和加强管理。

（4）药剂防治。在病害始见后3～5d用药，用药间隔期6～10d，连续用药3～5次，可选用的药剂有62%霜脲·锰锌可湿性粉剂1 000倍液、58%甲霜灵可湿性粉剂等防治，也可选用80%代森锰锌可湿性粉剂800倍液喷雾预防。傍晚用45%百菌清烟剂200～250g/$667m^2$，分放在棚内4～5处点燃熏蒸，或用喷粉器喷洒5%百菌清粉尘剂，1kg/$667m^2$，关闭门窗，第二天通风。可兼治白粉、灰霉病等。

## 二、瓜类白粉病

瓜类白粉病分布广泛，是危害瓜类生产的重要病害之一。主要危害黄瓜、丝瓜、南瓜、西葫芦、甜瓜等葫芦科作物。

**1. 症状** 瓜类白粉病主要危害瓜类的叶片，也能危害叶柄、茎蔓，而瓜果则较少染病。从幼苗期至成株期均可染病。幼苗期即可受侵染，2片子叶开始出现星星点点的褪绿斑，逐渐发展可使整个子叶表面覆盖一层白色粉状物，这是病菌的菌丝体、分生孢子梗和分生孢子。幼茎也有相似症状。染病子叶或整株幼苗逐渐萎缩枯干（图5-46）。

成株叶片从下而上染病，在正反两面出现分散的褪绿斑点，很快在褪绿斑点上长出一堆堆的白粉状霉层，逐渐扩大为不规则形、边缘不明显的白粉状霉斑，这不但降低叶片光合效能，且进一步可使叶片甚至整株萎黄枯干。叶柄和茎蔓染病，同样在病部会长出一堆堆白粉状霉层，严重时可使叶柄或茎蔓萎缩枯干。

**2. 病原** 瓜类白粉病病原有2种。

（1）葫芦科白粉菌。异名二孢白粉菌，属子囊菌亚门白粉菌属真菌，其有性生殖产生圆球形的闭囊壳，外表有菌丝状的附丝，闭囊壳内有多个子囊，子囊内多有2个子囊孢子。

（2）瓜类单囊壳菌。属子囊菌亚门单丝壳属真菌，附属丝菌丝状，闭囊壳内有1个椭圆形的子囊，子囊内有8个子囊孢子。菌丝在植株的表面寄生，其上以串生的方式产生椭圆形的分生孢子，易脱落随风飘散（图5-46）。

图 5-46　黄瓜白粉病症状及病原
A. 症状　B. 白粉菌属　C. 单丝壳属

**3. 发生规律及发生条件**　病菌以菌丝体和分生孢子随病株残体遗留在田间越冬或越夏，也能在寄主上越夏。在环境适宜时，分生孢子通过气流传播或雨水反溅至寄主植物上，从寄主表皮直接侵入，引起初次侵染。经 5d 后潜育出病斑，后经 6d 左右，在受害部位产生新分生孢子，飞散传播，进行再侵染。

病害的发生及流行与气候条件、栽培管理，尤其是品种关系密切。病菌喜温湿，耐干燥，温度 16～24℃、较高湿度有利于病害流行。排水不良、田间郁闭、通风透光不良、缺肥或施氮肥过多易诱发此病。

**4. 防治措施**

（1）选用抗、耐病品种。以黄瓜为例，以津杂、津春、津研系列品种较抗白粉病。

（2）加强栽培管理。高畦种植，合理密植，有利于通风透光，同时开好排水沟，降低田间湿度，增强植株生长势，提高抗病力。

（3）保护地栽培管理。要适当控制浇水量，晴天尽量增加适当开棚通风换气，阴天也应适当短时间开棚换气降湿，中午闷棚升温至 35℃，抑制病害发展，防止引发病害流行。

（4）清洁田园。及时摘除病、老叶，以利通风透光，减少田间菌源。收获后及时清除病残体，带出田外深埋或烧毁，深翻土壤，加速病残体的腐烂分解。

（5）化学防治。在发病初期开始喷药，每隔 6～10d 1 次，连续 2～3 次，重病田视病情发展，必要时还要增加喷药次数。药剂可选用 10％噁醚唑水溶性颗粒剂 1 000～1 200 倍液、40％氟哇唑乳油 4 000～6 000 倍液、15％三唑酮可湿性粉剂 1 000 倍液、40％百菌清悬浮剂 500～600 倍液、47％春雷·王铜可湿性粉剂 800 倍液等喷雾防治。

## 三、瓜类枯萎病

瓜类枯萎病又名蔓割病，是瓜类的主要病害之一，全国各地发生普遍。自 20 世纪 80 年代以来，瓜类枯萎病已成为瓜类作物的重要病害，长江中下游地区危害严重，露地栽培的黄瓜发病率常在 50％以上。主要危害黄瓜、西瓜、甜瓜等葫芦科作物，常造成毁灭性的损失。为典型的土传病害，积年流行维管束病害，难于防治。

**1. 症状**　瓜类枯萎病主要危害根颈，苗期和成株期均可发病。苗期发生病害时，表现与猝倒相近似的症状。幼苗出土后，子叶萎蔫，真叶褪绿黄枯，幼茎腐烂仅留丝状纤维而死。

成株期发病多在结瓜以后，枯萎病株常表现生长不良，植株矮化，叶小，色暗绿，并由下而上逐渐褪绿黄枯，以后全株或局部瓜蔓白天萎蔫，早晚恢复，5～6d 后逐渐枯萎死亡。剖视病蔓，可见输导组织变褐，有时根部也表现溃疡病状，潮湿时病蔓表面可出现白色菌丝层和粉红色霉（图 5-47）。

A B C

图 5-47 西瓜枯萎病症状及病原
A. 田间危害状 B. 维管束变褐色 C. 病原
1. 大型分生孢子 2. 小型分生孢子

**2. 病原** 此病由尖镰孢菌西瓜专化型侵染所致，属半知菌亚门镰孢属真菌。病蔓表现的白色菌丝层和粉红色霉就是病原的菌丝和分生孢子。菌丝可以产生 2 种分生孢子，大型分生孢子镰刀形，有 3～5 个横隔；小型分生孢子椭圆形，多数单胞，集生在分生孢子梗上（图 5-47）。

**3. 发生规律及发生条件** 病菌主要以菌丝体、厚垣孢子和菌核在土壤、病残体、种子及未腐熟的粪肥中越冬，成为翌年主要初侵染源。种子带菌（种子带菌率为 1.4%～3.3%）也是侵染来源之一，通过土壤、灌溉水、肥料、昆虫、农具等传播，种子带菌是病害远距离传播的主要途径。从根及茎基部的伤口或根毛侵入，再侵染不起主要作用。病菌离开寄主在土壤中能存活 5～6 年。厚垣孢子与菌核经牲畜消化道后仍保持生活力。病株采收的种子内外均可带菌，故种子带菌也是该病侵染源之一。病菌主要通过根部伤口和根毛顶端细胞侵入。其致萎机制与其他作物枯萎病的基本相似。病害有潜伏侵染现象，有些植株虽在幼苗期即被感染，但直到开花结瓜期才表现症状。病菌在田间的传播主要借助灌溉水和土壤的耕耙。地下害虫和土壤中线虫的活动和危害既可传播病菌，又可造成根部伤口，为病菌的侵入创造有利条件。

病菌喜温暖潮湿的环境，发育最适温度为 24～32℃，空气相对湿度 90% 以上，土温 25～30℃，pH4.5～6 易发病。高温、高湿、土壤黏重、连作、施用不腐熟的带菌肥料、氮肥过多、灌水不当、土壤过分干旱等条件都易引起发病。人工接种盆栽黄瓜，14～45d 表现萎蔫状态，并产生白色至粉红色霉层。

**4. 防治措施**
（1）轮作。避免连作，一般至少应 3～4 年轮作 1 次，也可实行水旱轮作。
（2）种子处理。播前可用 55℃温水浸 10min，或用 50% 多菌灵可湿性粉剂 500 倍液浸种 1h，洗净后，再催芽播种。
（3）加强栽培与管理。推广高畦地膜种植，控制氮肥施用量，增施磷、钾肥及微量元素。
（4）嫁接防病。国内已成功地用于防治西瓜枯萎病，以黑籽南瓜作砧木，抗病、增产。

（5）土壤处理。在病害严重发生的地块，尤其是保护地，可在农闲季节进行。

（6）无土栽培或营养钵育苗或无病新土育苗。无土栽培是防治枯萎病及其他土传病害的有效措施，营养钵育苗或无病新土育苗可提高寄主抗病性，同时可减少了根部伤口，在有条件下的地区可大力推广应用。

（7）药剂防治。发病初期，可用60%甲基托布津1 000倍液或50%多菌灵800倍液实行灌根，每株150～200mL，可阻止病菌侵染瓜根，并抑制维管束内菌体的生长。墒情大时，灌根后应加强中耕保墒，控制灌水，改进土壤通气状况，以充分发挥药效。

### 四、黄瓜细菌性角斑病

黄瓜细菌性角斑病是黄瓜的主要病害之一。露地和保护地都有发生，严重发病时，成片的叶子群体干枯，果实腐烂。同时，由于黄瓜角斑病的症状类似黄瓜霜霉病，所以防治上易混淆，造成严重损失。

**1. 症状** 黄瓜细菌性角斑病的症状易与霜霉病相混淆。病害主要浸染叶片和果实，还能危害茎蔓、叶柄和卷须。苗期和成株期均可染病。叶片染病，从下部老熟叶片开始，逐渐向上部叶片发展，在叶片上初产生水渍状斑点，扩大后受叶脉限制呈多角形，淡黄色至黄褐色，后期病斑中央易干枯碎裂。湿度大时，叶背面病部可见到乳白色黏液即菌脓，干燥后形成一层白色膜或白色粉末。潮湿时瓜上病斑也产生菌脓，后期腐烂，有臭味。幼瓜受害后常腐烂、早脱落（图5-48）。

 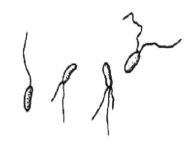

A B

图5-48 黄瓜细菌性角斑病
A. 症状 B. 病原细菌

**2. 病原** 此病由细菌丁香假单胞杆菌黄瓜角斑病致病变种侵染所致，属细菌薄壁菌门假单胞杆菌属。菌体短杆状，连接成链状，有荚膜，无芽孢，端生鞭毛，革兰染色阴性（图5-48）。

**3. 发生规律及发生条件** 病菌在种子内或随病残体在土壤中越冬，种子上的病菌可存活2年以上。风、雨、水滴、昆虫及农事操作等途径传播，气孔、水孔、皮孔等自然孔口或伤口侵入。种子发芽时侵入子叶，在子叶上产生病斑，形成菌脓，病部溢出的菌脓可进行多次再侵染，低温高湿有利于病害发生，发病适温18～26℃，相对湿度65%以上。最适感病生育期为开花坐果期到采收中后期。温暖多雨、地势低洼、种植过密、通风不良、连作、昼夜温差大、偏施氮肥、磷肥不足等均有利于发病。品种间抗病性有明显差异。

**4. 防治措施**

（1）种子处理。用50℃的温水浸种20min，然后捞出放在凉水中浸4~6h，再催芽播种；也可用72%农用链霉素3 000~4 000倍液浸种2h，清水冲洗后催芽播种，均可起到对种子消毒作用。

（2）合理轮作。与非葫芦科作物实行隔年轮作，以减少菌源。

（3）加强田间栽培与管理。无病土育苗，露地采用高畦地膜栽培，增施有机肥和磷、钾肥，保护地适时放风，控制浇水。及时通风降湿，控制室内结露时间，抑制病害流行。在气温条件允许下尽量放风，但避免雨水冲溅。搞好温室和大棚卫生，及时摘除病残叶片和病果，携出室外深埋。

（4）药剂防治。发病初期用30%丁戊己二元酸铜可湿性粉剂600倍液、65%百菌清可湿性粉剂600倍液、用62%硫酸链霉素可溶性粉剂1 000倍液浸种1.5h，50%氯溴异氰尿酸水溶性粉剂1 000~1 500倍液喷雾，每隔1周1次，连用3~4次。

## 五、瓜类病毒病

瓜类病毒病又称"花叶病"。在生产上严重发生，几乎在所有葫芦科蔬菜上发生，其中以西葫芦发病最重，甜瓜、丝瓜、黄瓜、南瓜次之。由多种病毒引起的全株性病害，不同瓜类作物症状有差异，如花叶、叶片鸡爪状、矮化、果实畸形。

**1. 症状**　黄瓜病毒病由于毒源种类的不同，其症状表现也有所不同，主要有轻型花叶、重型花叶、黄化、坏死和畸形5种。

（1）轻型花叶。病初现明脉轻微褪绿，或浓、淡绿相间的斑驳，病株无明显畸形或矮化，不造成落叶，也无畸形叶片。

（2）重型花叶。除褪绿斑驳外，还表现为叶脉皱缩畸形，叶面凹凸不平，或形成线形叶，生长缓慢，果实瘦小并出现深浅不同的线斑，矮化严重。

（3）黄化。病叶明显变黄，落叶。

（4）坏死。病部组织变褐坏死或表现为条斑、坏死斑驳、环斑和生长点枯死等。

（5）畸形。病株变形，出现畸形现象，如叶片变成线形叶，即蕨叶；或植株矮小，分枝极多，呈丛枝状；或者在果实和茎上出现条斑（图5-49）。

**2. 病原**　主要是黄瓜花叶病毒和甜瓜花叶病毒。黄瓜花叶病毒能侵染葫芦科、茄科、

A　　　　　　　　　　　　　　　B

图5-49　黄瓜病毒病症状

A. 花叶型　B. 皱缩型

十字花科、藜科以及杂草等 40 多科的 117 种植物。世界各地普遍存在，以温带地区严重，主要通过蚜虫以非持久性传毒。甜瓜花叶病霉寄主范围较窄，只侵染葫芦科植物，不侵染茄科植物，主要以蚜虫作介体进行汁液传播。

**3. 发生规律及发生条件** 因病毒的种类较多，越冬地点也较复杂，有的病毒可在多年生杂草上和越冬蔬菜上越冬，有的病毒可在种子或土壤中越冬。病毒借助蚜虫或白粉虱传毒，也可靠摩擦进行传毒，病毒能够侵染的寄主较多。天气干旱，蚜虫发生严重时，发病重。温室白粉虱发生多，病毒病较重。田间杂草多，不能及时除草，水分供应不足，植株长势衰弱，发病也重。田间管理粗放，人为传播，都可加重病害发生。

**4. 防治措施**

（1）选用抗病品种。如中农 7 号、中农 8 号、津春 4 号等品种抗病性较强。

（2）种子处理。播种前进行种子消毒，将种子用 10% 的磷酸二钠溶液浸种 20min，然后用清水洗净后再播种。或将干燥的种子置于 70℃ 恒温箱内干热处理 72h。

（3）加强管理。培育壮苗，及时追肥，浇水，防止植株早衰。在整枝、绑蔓、摘瓜时要先"健"后"病"，分批作业。接触过病株的手和工具，要用肥皂水洗净。清除田间杂草，消灭毒源，切断传播途径。

（4）防治蚜虫。可喷 20% 甲氰菊酯乳油 3 000 倍液，或 2.5% 氯氟氰菊酯乳油 3 000 倍液，或 40% 氰戊菊酯 6 000 倍液。物理防蚜，覆盖银灰色避蚜纱网或挂银灰色尼龙膜条避蚜，或进行黄板诱蚜。

（5）药剂防治。在发病初期，可用 20% 盐酸吗啉胍·铜可湿性粉剂 500 倍液，或 1.5% 植病灵乳剂 1 000 倍液，或混合脂肪酸水乳剂 100 倍液，进行喷雾。每隔 10d 喷 1 次药，连喷 2~3 次，每 667$m^2$ 每次喷药液 50~60kg。

## 六、葫芦科蔬菜其他病害

葫芦科蔬菜其他病害详见表 5-10。

表 5-10 葫芦科蔬菜其他病害

| 病害名称 | 症状特点 | 发病规律 | 防治要点 |
| --- | --- | --- | --- |
| 瓜类疫病 | 多从嫩茎或节部发生，初在节间出现暗绿色水渍状病斑，后病部失水缢缩，叶片由下而上失水萎蔫；叶片受害初在叶缘和叶柄连接产生暗绿色水渍状斑点，后扩大为近圆形大病斑，潮湿时易腐烂并着生白色霉状物（图 5-50） | 病菌以卵孢子、厚垣孢子和菌丝体随病残体在土壤或粪肥中越冬。病菌喜高温高湿，发病适温为 28~32℃，相对湿度 85% 以上。种植过密，氮肥过量，施用带病残体或未经腐熟的厩肥的田块均发病重 | 与非瓜类作物实行 3~5 年以上轮作。控制浇水量，及时摘除病叶、病果，拔除病株并销毁，深翻土壤，加速病残体腐烂分解。及时喷药，可选用 5% 嘧菌酯悬浮剂 2 000 倍液、58% 甲霜灵锰锌可湿性粉剂 500~1 500 倍液等药剂 |
| 黄瓜菌核病 | 苗期至成株期均可发病，瓜被害脐部形成水浸状病斑，软腐，表面长满棉絮状菌丝体，最后产生黑色菌核。茎部被害，病茎软腐；长出白色棉絮状菌丝体，茎表皮和髓腔内形成数个坚硬菌核，植株枯萎（图 5-51） | 以菌核在土壤中或混杂在种子中越冬，菌核萌发产生子囊孢子，通过气流传播。温度 15~20℃，相对湿度高于 85%，有利于菌核萌发、菌丝生长和侵入及子囊盘的产生。连作、偏施氮肥、连雨天、浇水过多、放风不及时等发病重 | 50℃ 温水浸种 10min；10% 盐水漂种 2~3 次。合理灌水，放风排湿，合理密植。发病初期用 50% 腐霉利可湿性粉剂 1 500 倍液、43% 戊唑醇悬浮剂 3 000 倍液、40% 菌核净可湿性粉剂 800 倍液喷雾 |

(续)

| 病害名称 | 症状特点 | 发病规律 | 防治要点 |
|---|---|---|---|
| 瓜类炭疽病 | 叶片染病，病斑近圆形，灰褐色至红褐色，严重时，叶片干枯。茎蔓与叶柄染病，病斑椭圆形，黄褐色，严重时病斑连接，绕茎一周，植株枯死。瓜条染病，病斑近圆形，初为淡绿色，后成黄褐色，病斑稍凹陷，表面有粉红色黏稠物，后期开裂（图5-52） | 病菌以菌丝体及分生孢子盘在病残体或土壤中越冬，次年长出分生孢子通过风雨溅散或昆虫传播。高温、多雨、潮湿的天气利于此病的发生和流行。瓜田地势低洼排水不良、种植密度过大、田间湿度高、土壤瘦瘠、施肥不足或偏施氮肥等，都有利于诱发炭疽病 | 与非瓜类作物实行3年轮作或与水稻轮作1年；注意清除田间病残体；搞好田间排水，通风降湿。发病初期可选喷80%福·福锌可湿性粉剂800倍液；10%噁醚唑水分散性颗粒剂1 000倍液，隔7～10d喷1次，连续喷3～4次 |
| 黄瓜蔓枯病 | 叶片染病，多从叶缘开始发病，形成黄褐色至褐色V形病斑，其上密生小黑点，干燥后易破碎。茎蔓染病，主要在茎基和茎节等部位，初始产生水渍状小病斑，病部密生小黑点，后期病斑变成黄褐色。田间湿度大时，病部常流出琥珀色胶质物（图5-53） | 病菌以分生孢子器或子囊壳随病残体在土壤中越冬，种子也可带菌传播。病菌喜温暖、高湿条件，适宜温度20～25℃，相对湿度85%以上。保护地栽培通风不及时、种植密度过大、光照不足、空气湿度过高时发病重 | 实行2～3年轮作，最好实行水旱轮作。及时清除病株，深埋或烧毁。深耕土地，施入的有机肥要充分腐熟，浇足底水。发病初期喷75%百菌清可湿性粉剂600倍液，或50%甲硫·硫悬浮剂500～600倍液，43%戊唑醇悬浮剂3 000倍液 |

图5-50　瓜类疫病

图5-51　黄瓜菌核病

图5-52　瓜类炭疽病

图5-53　黄瓜蔓枯病

## 七、瓜蚜

瓜蚜别名棉蚜，主要为害黄瓜、南瓜、西葫芦、西瓜等葫芦科蔬菜，也为害豆类、茄子、菠菜、葱、洋葱等蔬菜及棉、烟草、甜菜等。以成虫和若虫在叶背和嫩茎、嫩梢上吸食汁液。瓜苗嫩叶和生长点被害后，叶片卷缩，瓜苗生长缓慢萎蔫，甚至枯死。老叶受害，提前枯落，结瓜期缩短，造成减产。

**1. 形态特征** 无翅胎生雌蚜体长 1.5～1.9mm，夏季黄绿色，春秋季深绿色。有翅胎生雌蚜体长 1.2～1.9mm，黄色、浅绿色或深绿色。性母为有翅蚜，体黑色，腹部腹面略带绿色。产卵雌蚜为无翅蚜，体长约 1.4mm，灰褐色，常有灰白薄蜡粉。雄蚜为有翅蚜，体长约 1.5mm，橙红色（图 5-54）。

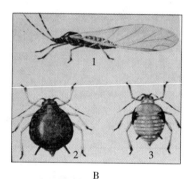

图 5-54 瓜蚜危害状及瓜蚜
A. 田间危害状  B. 瓜蚜
1. 有翅蚜  2. 无翅蚜  3. 若蚜

**2. 发生规律及发生条件** 瓜蚜一年发生 20～30 代，以卵在花椒、木槿、石榴、木芙蓉、鼠李等枝条和夏枯草的基部越冬。无滞育现象，越冬卵于翌年春季，当 5d 平均气温达 6℃以上便开始孵化。也能以成蚜和若蚜在温室、大棚中繁殖为害越冬。瓜蚜最适繁殖温度为 16～22℃。密度大时产生有翅蚜迁飞扩散。高温高湿和雨水冲刷，不利于瓜蚜生长发育，危害程度也减轻。夏季在 25～27℃以上时，瓜蚜的发育和繁殖受抑制，相对湿度超过 75% 时，对瓜蚜会产生不利的影响。

**3. 防治措施**

（1）清除越冬虫卵。清除菜田周围蚜虫越冬为害对象，如木槿、石榴等上的瓜蚜越冬卵。保护地发现冬季有越冬蚜时，应及时防治。

（2）纱网育苗。利用纱网进行栽培，可在苗期有效阻挡蚜虫侵入瓜类幼苗和为害。进行瓜类育苗时，播种后在育苗畦上覆盖 40～45 筛目的白色或银灰色网纱，可杜绝蚜虫接触瓜苗，减少瓜蚜的为害，对减轻病毒病也有明显效果。

（3）诱杀有翅蚜。可用黄板诱蚜或银灰色膜避蚜，减轻危害。

（4）药剂防治。用 50% 抗蚜威可湿性粉剂或水分散粒剂 2 000～3 000 倍液（该药不伤害天敌）、50% 敌敌畏乳油 1 000 倍液、70% 灭蚜松可湿性粉剂 2 500 倍液、21% 增效氰马乳油或 40% 氰戊菊酯乳油 6 000 倍液、2.5% 氯氟氰菊酯乳油 4 000 倍液、2.5% 联苯菊酯乳油 3 000 倍液、10% 菊·马乳油 1 500 倍液喷雾防治。喷洒时应注意喷头对准叶背，将药液尽可能喷到瓜蚜体上。保护地可选用杀蚜烟剂，每 667m² 次 400～500g，分散放 4～5 堆，用暗火点燃，冒烟后密闭 3h。也可用 22％敌敌畏烟剂进行熏蒸，每公顷用 4.5kg。或每公顷用 4.5～6kg80％敌敌畏乳油掺适量锯末，点暗火熏杀。

## 八、瓜绢螟

瓜绢螟又称瓜野螟、瓜螟，属鳞翅目螟蛾科。主要危害葫芦科植物，如黄瓜、苦瓜、丝瓜、西瓜、节瓜、冬瓜、甜瓜等，也能危害番茄、马铃薯等。幼虫常蛀入瓜内、花中或潜蛀瓜藤，影响产量和质量。

**1. 形态特征** 瓜绢螟成虫体长 11～13mm，翅展 24～26mm。卵扁平，淡黄色，表面有网纹。末龄幼虫体长 23～26mm。头部、前胸背板淡褐色，胸腹部草绿色，亚背线粗，白色，气门黑色。各体节上有瘤状突起，上生短毛。蛹长约 14mm，深褐色，头部光整尖瘦；翅基伸及第六腹节，外被薄茧（图 5-55）。

图 5-55 瓜绢螟
A. 成虫 B. 幼虫

**2. 发生规律及发生条件** 瓜绢螟江苏一年发生 5～6 代，以老熟幼虫或蛹在寄主的枯卷叶内或表土中越冬。次年 4 月底羽化，幼虫一般在 5 月开始出现，5～6 月虫口密度渐增，8～9 月盛发，世代重叠，危害严重，苏州地区以丝瓜受害最重。10 月以后虫口密度下降，11 月后即以幼虫在枯卷叶内越冬。成虫夜间活动，趋光性弱。雌成虫交配后即可产卵，卵粒多产在叶片背面，散产或几粒成堆。幼虫孵出后，首先取食叶片背面的叶肉，被食害的叶片呈灰白色网状斑块。3 龄后能吐丝将叶片缀合，匿居其中取食，或蛀入幼果及花中为害。老熟后在被害卷叶内作白色薄茧化蛹，或在根际表土中化蛹。适宜瓜绢螟生长发育的温度范围为 18～36℃，最适环境温度为 23～28℃，相对湿度 85％以上。

**3. 防治措施**

(1) 农业防治。采收完毕，及时清理瓜地，清除藏匿于枯藤落叶中的虫蛹。幼虫发生初期，根据被害状捏杀幼虫，及时摘除卷叶，以消除部分幼虫。

(2) 药剂防治。选择在低龄幼虫高峰期用药，可选用 15％阿维·毒死蜱乳油 1 500 倍液，或 10％多杀菌素·高效氯氟氰菊酯乳油 1 000 倍液或 5％氟虫腈乳油 1 000 倍液喷雾，21％增效氰马乳油 8 000 倍液，20％氰戊菊酯乳油 3 000 倍液，20％氯·马乳油 3 000 倍液，80％敌敌畏乳油 1 000 倍液喷雾，效果均好。

## 九、温室白粉虱

白粉虱俗称小白蛾子，为同翅目，粉虱科。原为中国北方地区温室中的一种害虫，20

世纪 70 年代开始随着塑料大棚等保护地生产迅速发展,其分布地区逐渐扩大,在北京、天津等 17 省市均有发生,已成为目前温室栽培蔬菜上的重要害虫。据调查,温室白粉虱的寄主植物已有 65 科 265 种(或变种),其中包括蔬菜作物 8 科 34 种,如黄瓜、番茄、茄子、辣椒、莴苣、白菜、芹菜、大蒜等;观赏植物 37 科 73 种;经济作物 6 科 14 种;药用植物 8 科 11 种;林木果树 37 科 64 种;粮食作物 4 科 5 种;杂草 22 科 64 种。成虫和若虫群集叶背,刺吸汁液。被害叶片生长受阻褪绿、变黄、萎蔫,甚至全株枯死。同时成虫分泌大量蜜露,诱发煤污病的发生,严重影响植株的光合作用和呼吸作用。此外,还能传播病毒病。

**1. 形态特征** 白粉虱成虫体长 0.8~1.5mm,翅展 1.7~2.3mm,淡黄色,翅面覆盖有一层白色蜡粉,外观呈白色。卵长约 0.2mm,长椭圆形,有柄,柄长 0.02mm,初产淡黄色,覆有蜡粉,而后渐变褐色,孵化前变为黑色。若虫椭圆形,扁平,淡黄色或淡绿色,体背具长短不齐的蜡质丝状突起。蛹长 0.7~0.8mm,椭圆形,黄褐色,体背常生有数对长短不齐的丝状突起(图 5-56)。

图 5-56 温室白粉虱

**2. 发病规律及发病条件** 在温室条件下一年可发生 10 余代,世代重叠现象明显,各虫态在温室内均可越冬并继续危害。但在自然条件下,一般以卵或成虫在杂草上越冬,或以卵、老熟若虫及蛹越冬。次年春季多从越冬场所向阳畦和露地蔬菜上扩散,进行危害。

7~8 月间虫口密度较大,8~9 月间危害严重,10 月下旬后,气温下降,虫口数量逐渐减少,并开始向温室内迁移危害或越冬。成虫羽化后很快交配,产卵,卵柄插入叶背组织中,成虫除两性生殖外还可进行孤雌生殖。若虫孵化后数小时到 3d 左右可回旋活动,也可迁居到其他叶片或植株上,找到适当的取食场所后便固定在叶背面,刺吸危害。成虫不善飞翔,有趋黄性和选择嫩叶群集为害和产卵的习性,喜欢在植株上部幼嫩叶片上活动。随着植株不断长出新叶,成虫也不断向上部叶片移动,故在垂直分布上,由下向上扩散危害。温室白粉虱偏嗜叶片多毛的茄科和葫芦科蔬菜,较耐低温的叶菜类很少受害。

**3. 防治措施**

(1)农业防治。清洁田园,整枝整下的腋芽、叶子等一定要带出田外,及时处理;提倡温室第一茬种植白粉虱不喜食的芹菜、蒜黄、油菜等较耐低温的作物,减少黄瓜、番茄的种植面积;培育"无虫苗";温室育苗前要进行消毒,清除杂草,有条件的可安防虫纱网,控制外来虫源;注意间作,避免黄瓜、番茄、菜豆混栽;温室、大棚附近避免种植黄瓜、茄子等白粉虱发生严重的蔬菜,提倡种植白粉虱不喜食的十字花科蔬菜。

（2）物理防治。利用黄板诱杀成虫，每 $667m^2$ 放 34 块 $1m\times0.17m$ 涂成橙黄色的纸板或纤维板，再涂上一层黏剂（可使用 10 号机油加少量黄油调匀），7~10d 涂 1 次。

（3）生物防治。人工释放草蛉或丽蚜小蜂。每 $667m^2$ 放中华草蛉卵 9 万粒。丽蚜小蜂与白粉虱的比例为 2∶1，隔 12~14d 放 1 次，共放 3~4 次。

（4）药剂防治。在温室内可用烟雾法：用 22%敌敌畏烟剂 $7.5kg/hm^2$，于傍晚在保护地内密闭熏烟，也可用烟雾机把二氯苯醚菊酯或戊菊酯喷成烟雾密闭在温室内，以消灭害虫。一般可用喷雾法，常用的药剂有 2.5%溴氰菊酯乳油2 000~3 000倍液、10%噻嗪酮乳油1 000倍液、25%喹菌酮乳油1 000倍液、2.5%联苯菊酯乳油3 000倍、2.5%氯氟氰菊酯乳油5 000倍液、20%甲氰菊酯乳油2 000~3 000倍液、3.5%溴氰菊酯乳油1 000~2 000倍液。也可用 80%敌敌畏乳油与水以 1∶1 的比例混合后加热熏蒸。

（5）做好检疫工作。避免从发生白粉虱的地方调入种苗、栽培材料。对初发生白粉虱的温室或大棚，要采取措施彻底防治。

### 十、美洲斑潜蝇

为害葫芦科、豆科、十字花科、茄科、旋花科、菊科、大戟科、苋科、百合科、伞形科、芸香科和车前科等 14 科 69 种植物，瓜类受害重于豆类，豆类又重于叶菜类。危害特点为以幼虫潜入叶片和叶柄取食危害，在叶片表皮组织下造成蛇形弯曲不规则的白色隧道，破坏叶绿素，影响光合作用，严重的可造成叶片脱落（图 5-57）。

**1. 形态特征** 美洲斑潜蝇成虫体长 1.3~2.3mm，翅展 1.3~2.3mm，淡灰黑色。卵乳白色，稍透明。幼虫 3 个龄期，1 龄幼虫较透明，2~3 龄幼虫为鲜黄色或浅橙黄色，蛆状。老熟幼虫长 3mm，其腹末圆锥形气门顶部有 3 个小球状突起为后气门孔。蛹椭圆形，浅橙黄色。

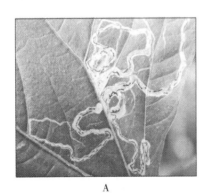

A                    B

图 5-57 美洲斑潜蝇
A. 为害状  B. 成虫

**2. 发生规律及发生条件** 美洲斑潜蝇 1993 年在我国海南省始见，目前华南、华中、华北都已有危害报道，有些地区危害相当严重。我国一年发生 16 代，南方可周年繁殖为害无越冬现象，北方自然条件下不能越冬，冬春季可在温室内繁殖为害。成虫有趋黄、趋光、趋蜜习性，幼虫孵化后潜食叶肉，在叶片正面造成不规则的蛇形潜道。

成虫一般于白天 8~14 时活动，中午活跃，交配后当天可产卵。雌成虫刺伤叶片取食汁液并在其中产卵。老熟幼虫爬出隧道在叶面上或随风落地化蛹。美洲斑潜蝇为喜温性害虫,温度影响各虫态的生长和发育,降雨量和强度是影响种群数量的重要因素。

**3. 防治措施**

(1) 严禁从疫区向保护区调运种苗及带虫蔬菜。

(2) 培育无虫苗;收获后及时清洁田园并深翻;严禁与寄主作物轮作;及时处理带虫叶片;化蛹高峰期大水漫灌。

(3) 用黄板、诱蝇盘或诱蝇纸诱杀成虫。

(4) 每100kg种子用66%吡虫啉种衣剂200~300mL,搅拌均匀,晾干后播种。

(5) 蔬菜定植前或蛹高峰期,用3%氯唑磷颗粒剂222.5kg/hm²,拌细土450~650kg撒施田间。

(6) 保护地叶片被害率达5%时喷药防治。防治效果较好的药剂有1.8%阿维菌素乳油3 000倍液,48%毒死蜱乳油800~1 000倍液,每667m² 80mL,12.5%吡虫啉可溶剂每667m² 12~16mL,25%杀虫双每667m² 25mL,兑水50~75kg喷雾。

## 十一、黄足黄守瓜

黄足黄守瓜别名黄守瓜黄足亚种、守瓜、黄虫、黄萤、瓜萤、瓜叶虫、瓜蛆。主要为害葫芦科蔬菜,如黄瓜、南瓜、丝瓜、苦瓜、西瓜、甜瓜等,也可食害十字花科、茄科、豆科等蔬菜。

**1. 形态特征** 黄足黄守瓜成虫体长约9mm,椭圆形,黄色,仅中、后胸及腹部腹面为黑色。前胸背板长方形,中央有一波浪形横凹沟。卵圆形,长约1mm,黄色,表面具六角形蜂窝状网纹。幼虫体长约12mm,长圆筒形。头部黄褐色,胸腹部黄白色,臀板腹面有肉质突起,上生微毛。蛹长9mm,裸蛹,在土室中,黄白形,头顶、腹部及尾端有短粗的刺(图5-58)。

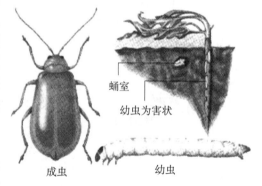

图5-58 黄足黄守瓜

**2. 发生规律及发生条件** 我国由北向南每年发生1~4代,以成虫在向阳的枯枝落叶、草丛、田埂土坡缝隙中、土块下等处群集越冬,深度5~6mm。次年春天3~4月开始活动,先飞往麦田、豆田、菜田、果园等处危害,瓜苗出土后转到瓜田危害。成虫喜在温暖晴天活动,晚上静止,次晨露水干后取食,以中午前后活动最盛。成虫有假死性和趋黄性,喜食瓜类幼苗的叶片、嫩茎、花及幼瓜,常引起死苗。阴天不活动,每在降雨之后即大量产卵,产卵量大,卵散产或堆产于瓜根附近的潮湿土壤中,一雌平均产卵140多粒。

幼虫孵化后潜入土内为害侧根、主根、茎基部,还可蛀入主根、幼茎及近地表的幼瓜内为害。3龄以后钻入主根或近地面的根颈内部上下蛀食或钻入贴地面的瓜果皮层、瓜肉蛀食,可转株危害,造成死株,瓜果腐烂,一般在土内活动深度为6~10cm。老熟后即在危害部位附近土下约10cm深处化蛹,7月羽化为成虫,一般成虫产卵盛期,若降雨多有利于害虫当年发生。

**3. 防治措施**

(1) 适时早定植。在越冬成虫盛发期前，4～5片真叶时定植瓜苗，以减少成虫危害。

(2) 防止成虫产卵。在成虫产卵前，于露水未干时，在瓜株附近土面撒草木灰、锯木屑、谷糠等。

(3) 药剂防治。苗期喷药防治成虫：可用21%增效马·氰乳油5 000～8 000倍液或40%氰戊菊酯乳油8 000倍液喷洒。幼虫防治：瓜苗定植后至4～5片真叶前选用20%溴氰菊酯乳油2 000～3 000倍液喷洒。幼虫为害严重时，可用烟草水（烟叶500g，加水15kg浸泡24h）灌根。

## 十二、瓜实蝇

瓜实蝇别名黄瓜实蝇、瓜小实蝇、瓜大实蝇、针蜂、瓜蛆。为害苦瓜、节瓜、冬瓜、南瓜、黄瓜、丝瓜、匏瓜、笋瓜等瓜类作物。以幼虫危害幼瓜，幼虫在瓜内蛀食，受害的瓜先局部变黄，而后全瓜腐烂变黄，造成大量落瓜，即使不腐烂，刺伤处凝结着流胶，畸形下陷，果皮硬实，瓜味苦涩，严重影响瓜的品质和产量。

**1. 形态特征**　瓜实蝇成虫体长8～9mm，翅展16～18mm。翅膜质透明，杂有暗黑色斑纹。卵细长，一端稍尖，乳白色。幼虫乳白色，蛆状，口钩黑色。蛹黄褐色，圆筒形（图5-59）。

图5-59　瓜实蝇
A. 成虫　B. 幼虫

**2. 发生规律**　一年发生8代，世代重叠。以成虫在杂草、蕉树越冬。次年4月开始活动，以5～6月危害重。成虫白天活动，夏天中午高温烈日时，静伏于瓜棚或叶背，对糖、酒、醋及芳香物质有趋性。雌虫产卵于嫩瓜内，每雌可产数10粒至百余粒，幼虫孵化后即在瓜内取食，将瓜蛀食成蜂窝状，以致腐烂、脱落。老熟幼虫在瓜落前或瓜落后弹跳落地，钻入表土层化蛹。

**3. 防治措施**

(1) 毒饵诱杀。用香蕉皮或菠萝皮（也可用南瓜、番薯煮熟经发酵）40份，90%敌百虫晶体0.5份，香精1份，加水调成糊状毒饵，直接涂在瓜棚篱竹上或装入容器挂于棚下，每667m² 20点，每点放25g，诱杀成虫。

(2) 及时摘除被害瓜，喷药处理烂瓜，落瓜要深埋1m以下的土坑内。

(3) 保护幼瓜。将幼瓜套袋或用草覆盖，避免成虫产卵。

(4) 药剂防治。成虫盛发期，选中午或傍晚喷洒21％增效马·氰乳油6 000倍液、2.5％溴氰菊酯乳油3 000倍液、50％～80％敌敌畏乳油1 000倍液喷雾，3～5d喷1次，连喷2～3次。

## 第四节　豆科蔬菜病虫害

豆科蔬菜种类很多，常发生的病虫害中也很多，其中豆类锈病、煤霉病、白粉病、豆野螟和大豆毒蛾等在苏州地区为害较重。

### 一、豆类锈病

豆类锈病是豆类生长中后期的常见病害，可导致植株早衰，结荚减少，产量降低。

**1. 症状**　菜豆锈病主要发生在叶片上，也为害叶柄、茎和豆荚。叶片染病，多在叶背产生黄白色微隆起的小疱斑，扩大后呈黄褐色，表皮破裂，散出红褐色粉末（夏孢子）。后期疱斑变为黄褐色，或在疱斑周围长出黑褐色冬孢子堆，表皮碎裂散出黑褐色粉末（冬孢子），严重时可使叶片枯黄早落。茎、荚和叶柄与叶片相似（图5-60）。

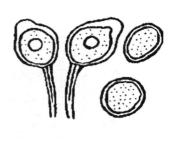

A　　　　　　　　　　　B　　　　　　　　　　　C

图5-60　豆类锈病症状及病原
A. 前期症状　B. 后期症状　C. 病原

**2. 病原**　病原为疣顶单胞锈菌，可侵染菜豆、绿豆、豇豆、小豆、扁豆等（图5-60）。

**3. 发病规律及发病条件**　病菌主要以冬孢子随病残体遗落在土表或附着在架材上越冬。南方夏孢子可周年传播危害。第二年条件适宜时冬孢子萌发长出担孢子，通过气流传播进行初侵染。田间通过夏孢子进行频繁的再侵染。生长后期，病部产生冬孢子堆越冬。

温度16～26℃，相对湿度95％以上，高温、多雨、雾大、露重、天气潮湿极有利于锈病流行。菜地低洼、土质黏重、耕作粗放、排水不良，或种植过密，插架引蔓不及时，田间通风透光状况差，以及施用过量氮肥，均有利于锈病的发生。

**4. 防治措施**

（1）轮作。与非豆类作物实行2年以上轮作。

（2）加强田间管理。收获后清除田间病残体并集中烧毁，减少菌源，深沟高畦栽培，合理密植，科学施肥。

（3）药剂保护。发病初期及时喷药防治。可选用的药剂有80％代森锰锌可湿性粉剂800倍液，15％三唑酮可湿性粉剂1 000倍液，15％粉锈宁可湿性粉剂800倍液等药剂，每隔6d左右喷1次，连续喷1～2次。

## 二、豇豆煤霉病

豇豆煤霉病是豇豆常见的主要病害之一,在各地菜区均有发生,危害较重,严重时使豇豆丧失商品价值,对产量影响较大。除危害豇豆外,还可危害菜豆、蚕豆、豌豆、大豆等豆科蔬菜。

**1. 症状** 豇豆煤霉病主要危害叶片。叶片染病后,叶片两面初生赤褐色小点,后扩大成直径为1～2cm,近圆形或多角形的褐色病斑,病健交界不明显。潮湿时,病斑上密生灰黑色霉层,尤以叶片背面显著,即病菌的分生孢子梗和分生孢子。严重时,病斑相互连片,引起早期落叶,仅留顶端嫩叶,病叶变小,病株结荚减少(图5-61)。

**2. 病原** 此病由半知菌亚门真菌豆类煤污尾孢菌侵染所致。病菌发育的温度范围为6～35℃,最适温度为30℃。病菌除侵染豇豆外,还可侵染菜豆、蚕豆、豌豆和大豆等豆科作物(图5-61)。

 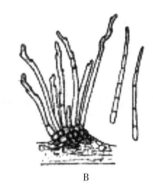

A　　　　　　　　　　　　　　B

图5-61　豇豆煤霉病及病原
A. 症状　B. 病原

**3. 发生规律及发生条件** 豇豆煤霉病以菌丝块随病残体在田间越冬。第二年当环境条件适宜时,在菌丝块上产生分生孢子,通过风雨传播进行初侵染,引起发病。病部产生的分生孢子可进行多次再侵染。田间高温、高湿或多雨是发病的重要条件,当温度25～30℃,相对湿度85%以上,或遇高湿多雨,或保护地高温、高湿、通气不良则发病重。连作地或播种过晚发病重。

**4. 防治措施** 应采取加强栽培管理为主的农业防治和药剂防治相结合的综合防治措施。
(1) 合理轮作。与非豆科作物实行2～3年轮作。
(2) 加强田间栽培管理。施足腐熟有机肥,采用配方施肥;合理密植,使田间通风透光,防止湿度过大。保护地要通风,透气排湿降温。要及时摘除病叶,收获后清除病残体,集中烧毁或深埋。
(3) 药剂防治。发病初期喷施60%甲基托布津可湿性粉剂1 000倍液,66%氢氧化铜可湿性粉剂1 000倍液等药剂,隔10d左右喷1次,连续防治2～3次。

## 三、菜豆细菌性疫病

菜豆细菌性疫病又称叶烧病、火烧病,是菜豆常见病害之一。我国早在1956年就有菜豆细菌性疫病的记载,目前在我国各地菜豆生长区均有发生。主要危害菜豆、豇豆、扁豆等豆类作物。

**1. 症状** 菌性疫病主要危害叶片、茎及豆荚，苗期和成株期均可染病。叶片染病，在叶片上初生暗绿色水渍状小斑点，后逐渐扩大，呈不规则形，被害组织逐渐变褐干枯，枯死组织变薄，半透明。病斑周围有黄色晕圈。病斑上常分泌出一种淡黄色菌脓，干后在病斑表面形成白色或黄色的薄膜状物。严重时病斑连接成片，相互愈合，最后引起叶片枯死，但一般不脱落。嫩叶受害则扭曲变形，甚至皱缩脱落（图5-62）。

茎上的病斑常发生在第一节附近，多在豆荚半成熟时出现，表现为水渍状，有时凹陷，逐渐纵向扩大并变褐色，表面常常开裂，渗出菌脓。病斑常环绕茎部，导致病株在此处折断，这种症状又称环腐或节腐。发病严重时，全荚皱缩，种子常皱缩，种脐部也产生淡黄色菌脓。

**2. 病原** 此病由细菌薄壁菌门黄单胞菌属菜豆致病变种侵染所致，属细菌薄壁菌门黄单胞杆菌属。病菌除危害菜豆外，还可侵害豇豆、扁豆、绿豆和小豆等（图5-62）。

A                                         B

图5-62 菜豆细菌性疫病症状及病原菌
A. 症状  B. 病原细菌

**3. 发生规律及发生条件** 病菌主要在种子上越冬，也可随病残体在土壤中越冬。潜伏在种子内的病菌能存活2～3年。在未分解的病残体上，病菌可以越冬；病残体腐烂后，病菌也随之死亡。带菌种子是病害的主要初侵染源。带菌种子萌发后，病菌侵染子叶，在子叶、幼茎上形成病斑并溢出黄色菌脓，通过雨水和昆虫传播进行再侵染。病菌从气孔、水孔侵入叶片，或由伤口侵害叶、茎和种荚，引起局部性发病。病菌可侵入寄主的生长点，进入维管束系统，蔓延至植株各部，引起系统性发病，严重时引起幼苗枯萎或植株枯死。病菌可进一步侵入豆荚的维管束组织，通过与豆荚相连的胚珠柄侵染种子，造成种子带菌。

**4. 防治措施**

（1）选留无病种子，对种子进行消毒。从无病健康植株上采种。播种前对带菌种子用55℃的温水浸种或50%福美双原粉拌种后播种。

（2）合理轮作。与非豆类蔬菜轮作2年以上。

（3）加强田间栽培管理。施用腐熟的有机肥，减少病原，增施磷、钾肥，提高植株抗病力；高垄、深沟、地膜覆盖栽培，降低土壤湿度，减少土壤蒸发，既保墒又降低空气湿度；清洁田园，拉秧后及时清除病残体，集中烧毁或深埋；发病初期及时摘除病叶；合理密植，及时上架引蔓，改善田间通风透光条件。

（4）药剂防治。在发病初期开始喷药，每隔6～10d用药1次，连续防治2～3次。药剂可选用30%丁戊己二元酸铜可湿性粉剂600倍液，66%氢氧化铜可湿微粒粉剂1 000倍液，62.2%霜霉威盐酸盐水溶性液剂1 000倍液等药剂。

## 四、豆科蔬菜其他病害

豆科蔬菜其他病害详见表 5-11。

表 5-11 豆科蔬菜其他病害

| 病害名称 | 症状特点 | 发生规律 | 防治要点 |
| --- | --- | --- | --- |
| 豇豆白粉病 | 主要危害叶片。叶片染病，叶背初产生黄褐色小斑，扩大后为不规则形褐色病斑，并在叶背或叶面产生白色粉状斑，严重时叶面大部分或全部被白粉状物所覆盖，叶片枯黄乃至脱落（图5-63） | 病菌以菌丝体和分生孢子在病残体上越冬。病菌喜温暖潮湿的环境，发病温度范围15～35℃，最适感病生育期为开花结荚中后期。昼夜温差大、偏施氮肥发病重 | 深耕，适当增施钾肥，提高抗病力；清洁田园，及时去除老病叶、病残体。可选用15%三唑酮可湿性粉剂1000倍液、40%百菌清悬浮剂600倍液等药剂 |
| 菜豆炭疽病 | 主要为害菜豆的豆荚，也为害叶片和茎蔓。豆荚染病初产生红棕色至黑褐色小斑，后扩大为多角形或圆形斑，病斑中央灰色，四周红褐色。潮湿时，病部产上粉红色黏稠物。叶片染病多在叶背沿叶脉发展成三角或多角形网状斑，病部叶脉凹陷（图5-64） | 病菌主要以菌丝潜伏在种皮下或以菌丝体随病残体在地面上越冬。气温16℃左右，相对湿度100%利于发病。生产上温凉多湿或多雨、多露、多雾及地势低注、密度过大、土壤黏重发病重 | 与非豆科蔬菜2～3年轮作。对旧架杆应在插架前用50%代森铵水剂1000倍液喷淋。发病初期开始喷药，可选用25%咪鲜胺锰铬合物乳油1000倍液，40%百菌清悬浮剂600倍液，10%噁醚唑水溶性颗粒剂1000～1500倍液等 |
| 蚕豆赤斑病 | 叶片初生赤色小点，后逐渐扩大为圆形或椭圆形斑，中央赤褐色略凹陷，周缘浓褐色稍隆起，病健交界明显，病斑布于叶两面。茎或叶柄染病，开始也现赤色小点，后扩展为边缘深赤褐色条斑，表皮破裂后形成裂痕（图5-65） | 以混在病残体中的菌核于土表越冬或越夏。菌核遇有适宜条件，萌发长出分生孢子梗，产生分生孢子进行初侵染。黏重或排水不良的酸性土及缺钾的连作田利于发病，尤以低注稻田种蚕豆发病重 | 采用配方施肥技术，忌偏施氮肥，增施草木灰或其他磷、钾肥。提倡高畦深沟栽培，雨后及时排水；适当密植，注意通风透光。发病初期喷洒40%多·硫悬浮剂500倍液，或50%乙烯菌核利可湿性粉剂1000倍液 |
| 豌豆褐斑病 | 主要为害叶、茎、荚。叶片染病产生圆形淡褐色病斑，斑上具针尖大小的小黑点。茎染病，病斑褐色至黑褐色，纺锤形或椭圆形；病斑稍凹陷，向内扩展波及种子上，致种子带菌。种子病斑不明显，湿度大时呈污黄色或灰褐色（图5-66） | 以分生孢子器或菌丝体附着在种子上或随同病残体在田间越冬。分生孢子借雨水传播，进行初侵染和再侵染，潜育期6～8d，田间15～20℃及多雨潮湿易发病 | 选择高燥地块，合理密植，采用配方施肥技术，提高抗病力。收获后及时清洁田园，进行深翻，减少越冬菌源。发病初期喷洒40%多·硫悬浮剂800倍液、60%甲基硫菌灵可湿性粉剂500倍液 |

图 5-63 豇豆白粉病

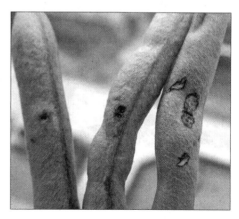

图 5-64 菜豆炭疽病

图 5-65 蚕豆赤斑病

图 5-66 豌豆褐斑病

### 五、豆野螟

豆野螟又叫豇豆荚螟、豆荚野螟，俗称豇豆钻心虫，属鳞翅目螟蛾科，以幼虫为害豇豆、菜豆、扁豆、豌豆等豆科蔬菜的花蕾及豆荚为主，蛀食花蕾造成落花、落蕾。蛀食早期造成落荚，蛀食后期豆荚产生蛀孔，蛀孔内外堆积粪便，不堪食用，并引起腐烂，严重降低产量和品质，是豆类作物中常见主要害虫之一。

**1. 形态特征** 豆野螟成虫灰褐色，体长约13mm，翅展20～26mm。前翅暗褐色，自外缘向内有大、中、小透明斑各一块，后翅白色半透明。雌虫腹部较肥大，近末端圆筒形，雄虫尾部有一丛灰黑色毛。卵椭圆形，初产时淡黄绿色，孵化前橘红色。幼虫共5龄，黄绿至粉红色。蛹黄褐色，茧为丝质很薄、白色（图 5-67）。

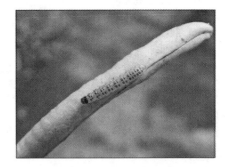

A　　　　　　　　　　　　　　　B

图 5-67 豆野螟形态特征
A. 成虫　B. 幼虫

**2. 发生规律及发生条件** 豆野螟的发生代数因地域而异，本地一年发生4～5代，以老熟幼虫在土表隐蔽处或浅土层内，或豇豆支架中结茧化蛹越冬，每年6～10月是此幼虫的为害盛期。成虫有趋光性，昼伏夜出。成虫羽化后1～3d开始产卵，卵散产于嫩荚、花蕾和叶柄上。初孵幼虫钻入幼荚、花蕾、花器取食花药及幼嫩子房，被害花蕾、幼荚不久会同幼虫一起掉落。一般植株花内的虫龄较低，落地花内的虫龄大多在3龄以下，3龄后的幼虫蛀入荚内为害豆粒，被害荚在雨后常致腐烂。此外，幼虫还能蛀茎和吐丝缀叶为害。

豆野螟喜高温、高湿，土壤湿度直接影响成虫羽化和出土。6～8月份多雨，常能引起其大发生，光滑少毛的品种着卵量大，受害重；成虫产卵期与寄主的开花期吻合者受害重。

蔓性无限花序的豆类品种，开花嫩荚期长，受害重。豆野螟对温度适应范围广，6～31℃都能发育，最适温度为28℃，相对湿度为80%～85%。

**3. 防治措施**

（1）减少虫源。及时清除田间落花、落荚，并摘除被害卷叶和豆荚，将所摘落的花、荚等物集中烧毁，以减少虫源。

（2）诱杀。利用成虫的趋光性在田间架设黑光灯，进行灯光诱杀。

（3）药剂防治。可在豆类植株盛花期喷药，或孵卵盛期喷施第一次药，隔6d再喷1次，连续喷3～4次。一般宜在清晨豆类植物花瓣开放时喷药，喷洒重点部位是花蕾、已开的花和嫩荚，落地的花荚也要喷药。喷施药剂可选用高含量苏云金杆菌乳油500倍液、15%阿维·毒死蜱乳油1500倍液、5%氟虫腈胶悬剂1500倍液等药剂喷洒。

## 六、豆荚螟

豆荚斑螟别名豆蛀虫，属鳞翅目，螟蛾科。此虫为寡食性，寄主为豆科植物，如大豆、豌豆、扁豆、绿豆、菜豆、豇豆等。以幼虫为害花、荚和豆粒，严重时整个豆粒被吃空，被害籽粒充满虫粪，变褐以致霉烂，严重影响豆类的产量和质量。

**1. 形态特征** 豆荚螟成虫体长10～12mm，翅展20～24mm，体灰褐色或暗黄褐色。卵椭圆形，初产时乳白色，渐变为红色。幼虫初孵幼虫淡黄色，老熟幼虫背面紫红色，腹面绿色，前胸背板近前缘中央有人字形黑斑。蛹长初化蛹为绿色，以后呈黄褐色（图5-68）。

A            B

图5-68 豆荚螟形态特征
A. 成虫 B. 幼虫

**2. 发生规律及发生条件** 豆荚螟每年发生代数随不同地区而异，广东、广西一般7～8代；湖北、湖南、江苏、浙江、江西4～5代；山东、陕西2～3代。各地主要以老熟幼虫在寄主植物附近土表下5～6cm深处结茧越冬。翌春，越冬代成虫在豌豆、绿豆或冬种豆科绿肥作物上产卵发育为害，一般以第二代幼虫为害春大豆最重。成虫昼伏夜出，趋光性弱，飞翔力也不强。每头雌蛾可产卵80～90粒，卵主要产在豆荚上。初孵幼虫先在荚面爬行1～3h，再在荚面结一白茧（丝囊）躲在其中，经6～8h，咬穿荚面蛀入荚内，幼虫进荚内后，即蛀入豆粒内为害。2～3龄幼虫有转荚为害习性，老熟幼虫离荚入土，结茧化蛹。

**3. 防治措施**

（1）合理轮作。避免大豆与紫云英等豆科植物连作或邻作，采用大豆与水稻轮作，或玉米与大豆间作。

（2）灌水灭虫。水旱轮作或水源方便地区，可在冬、春灌水数次，可促使越冬幼虫和蛹大量死亡。

（3）选育抗虫品种。选育早熟丰产、结荚期短、豆荚毛少或无毛品种。

（4）豆科绿肥结荚前翻耕沤肥，及时收割大豆并及早运出本田，减少本田越冬幼虫。

（5）药剂防治。从豆科作物始花盛期开始，在幼虫卷叶前即采用"治花不治荚"的施药原则，于早上8点以前，太阳未出之时，集中喷在蕾、花、嫩芽和落地花上，每7～10天防治1次，连续2～3次，效果较好。药剂可选用5%氟虫腈1 500～2 000倍，2.5%氯氟氰菊酯乳油3 000倍液，24%甲氧虫酰肼2 500～3 000倍液、5%氟啶脲1 000～1 500倍液。

### 七、大豆毒蛾

大豆毒蛾又称豆毒蛾，俗称飞机刺毛虫，属鳞翅目毒蛾科，主要危害菜用毛豆，还危害棉花、柿、柳等。在苏州地区发生普遍，以幼虫食害叶片，吃成缺刻、孔洞、重者全叶被吃光，严重影响毛豆生长发育，影响千粒重。

**1. 形态特征**　大豆毒蛾成虫体长16～19mm，翅展35～50mm，黄褐色至暗褐色。雄蛾触角羽毛状，雌蛾触角锯齿状。卵半球形，淡青绿色。幼虫头部黑褐色，有光泽，体被褐色毛束。蛹长红褐色（图5-69）。

图5-69　大豆毒蛾形态特征
A. 成虫　B. 幼虫

**2. 发生规律及发生条件**　大豆毒蛾在长江流域一年发生3代，以幼虫越冬。越冬代成虫出现在4月中下旬羽化，第一代幼虫发生期在5月中下旬，6～9月是第二、三代发生盛期，10月前后以幼虫在枯叶或田间表土层中结茧越冬。

成虫对黑光灯具有趋光性，卵产在叶片背面，每个卵块有卵50～200粒。初孵幼虫群集在叶片背面为害，不久分散为害。老熟幼虫在叶片背面作茧化蛹。

适宜大豆毒蛾生长发育的温度范围为15～35℃，最适环境温度为22～28℃，相对湿度60%～80%。

**3. 防治措施**

（1）物理措施。灯光诱杀成虫，人工摘除卵块和群集于叶片背面的初孵幼虫。

（2）药剂防治。利用低龄幼虫集中为害的特点，在低龄期适时喷洒90%晶体敌百虫800倍液或2.5%溴氰菊酯2 000倍液等药剂防治。

（3）生物防治。可喷洒每克含100亿孢子杀螟杆菌粉700～800倍液。

# 第五节 其他蔬菜病虫害

## 一、芹菜斑枯病

芹菜斑枯病又名叶枯病，分布很广，此病在贮运期还能继续发生。芹菜斑枯病仅危害芹菜和根芹菜。

**1. 症状** 芹菜斑枯病主要侵害叶片，其次是叶柄和茎。叶片染病，一般从下部老叶开始，逐渐向上发展，病斑初为淡褐色水渍状小斑点，扩大后，病斑外缘黄褐色，中间散生许多黑色小粒点（分生孢子器）。在叶柄和茎上，病斑长圆形，稍凹陷。严重时叶枯，茎秆腐烂（图5-70）。

A　　　　　　　　B　　　　　　　　C

图5-70　芹菜斑枯病及病原
A. 病叶　B. 孢子角　C. 病原

**2. 病原** 为芹菜壳针孢菌，属真菌半知菌亚门壳针孢属。异名：芹菜大壳针孢和芹菜小壳针孢。大斑型斑枯病菌为芹菜小壳针孢，小斑型斑枯病菌为芹菜大壳针孢，江苏地区以后者为主。分生孢子器球形、扁球形。分生孢子无色透明，丝状，微弯曲，顶端较钝，具有0～6个横隔膜。病菌在低温下生长良好。最适温度为20～25℃，超过25℃生长渐缓（图5-70）。

**3. 发生规律及发生条件** 病菌主要以菌丝体潜伏在种皮内越冬，种皮内的病菌可存活1年多，也可在病残体上越冬。在条件适宜时，病菌在种皮及病残体上形成分生孢子器和分生孢子。分生孢子主要借风、雨传播，农事操作也能传播。病菌从气孔或直接穿透寄主表皮侵入体内。发病后在病斑上产生分生孢子器及分生孢子进行再侵染。

冷凉多湿的气候条件有利于病害的发生和流行，因为病菌在冷凉天气下比在高温天气下发育迅速。而潮湿、多雨又是分生孢子传播和萌发的必要条件。所以温度在20～25℃，相对湿度95%以上的冷凉潮湿条件有利于发病，多雨的情况下，病害发生严重。白天干燥，夜间有露，温度过高过低时，芹菜生长不良，抗病力下降，病害会加剧。

**4. 防治措施**

（1）选用无病种子，播前种子处理。从无病植株上采种，也可使用2年以上的陈种，有一定防病效果。如果使用贮存不足1年的新种子，必须进行种子消毒，消毒时可用48～49℃的温水浸种30min，立即投入冷水中降温，然后晾干播种或催芽播种。

（2）合理轮作。重发田应与其他蔬菜进行2～3年的轮作。

(3) 加强田间栽培管理。发病初期及时摘除病叶，田间病残体要集中沤肥或深埋。适当密植，及时间苗，合理灌溉，降低田间湿度和地下水位，施足有机基肥，适时追肥。

(4) 药剂防治。芹菜苗高 2~3cm 时，就应开始喷药保护，以后每隔 6~10d 喷药 1 次。可选用 65% 百菌清可湿性粉剂 500~800 倍液，65% 代森锌可湿性粉剂 500 倍液，50% 代森铵 1 000 倍液等药剂。

## 二、莴苣霜霉病

莴苣霜霉病主要危害莴苣，在莴苣整个生长过程中均可发生，而以成株期发病较重，保护地栽培的莴苣易发病，常导致成片发病，造成严重减产。

**1. 症状** 莴苣霜霉病主要危害叶片。叶片染病，从植株下部老叶开始，逐步向上发展，发病初始产生褪绿色斑，边缘不明显，扩大后受叶脉限制呈多角不规则形，正面淡黄色至褐色，背面有浓厚的白色霜状霉层，高温时叶正面也能看到，最后病斑连成片，全叶枯死（图5-71）。

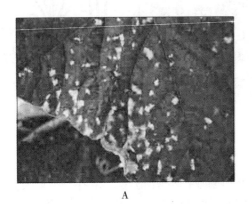 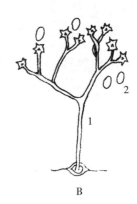

A　　　　　　　　　　　　　　B

图 5-71　莴苣霜霉病症状及病原
A. 症状　B. 病原
1. 孢子囊梗　2. 孢子囊

**2. 病原** 此病由鞭毛菌亚门真菌莴苣盘梗霉菌（图5-71）侵染所致。

**3. 发生规律及发生条件** 病菌以菌丝体或卵孢子随病残体在田间或种子上越冬。在田间适宜时，产生孢子囊，通过雨水反溅、气流及昆虫传播，从寄主叶片表皮直接侵入，引起初侵染。

病菌喜低温高湿的环境，适宜发病温度范围 1~19℃，最适发病环境温度为 15~16℃，相对湿度 90% 以上；最适感病生育期为成株期。

田块间连作地、地势低洼、排水不良的田块发病重，栽培上种植过密、通风透光差、肥水施用过多发病重。

**4. 防治措施**

(1) 合理轮作。与非菊科作物轮作，也可与禾本科作物实行 2~3 年轮作，减少田间菌源。

(2) 加强田间栽培管理。及时清除植株病残体，带出田外。合理密植，开沟排水，合理施肥，增强田间通风透光，降低田间湿度，促使植株健壮，提高植株抗病能力。

（3）药剂防治。在发病初期开始喷药，用药间隔期7~10d，连续喷2~3次。可选用65％百菌清可湿性粉剂500~600倍液，40％百菌清悬浮剂600倍液等药剂。

## 本章小结

蔬菜病虫害
- 病虫害种类
  - 十字花科蔬菜病虫害
    - 病害种类：病毒病、霜霉病、软腐病、菌核病等。
    - 害虫种类：菜粉蝶、小菜蛾、夜蛾类、菜蚜、黄曲条跳甲等。
  - 茄科蔬菜病虫害
    - 病害种类：番茄灰霉病、病毒病、青枯病、晚疫病、早疫病；茄子绵疫病、褐纹病、黄萎病，辣椒炭疽病等。
    - 害虫种类：棉铃虫和烟青虫，叶螨，茄二十八星瓢虫等。
  - 葫芦科蔬菜病虫害
    - 病害种类：黄瓜霜霉病、瓜类白粉病、枯萎病、黄瓜细菌豆荚螟、豆野螟、大豆毒蛾。
    - 害虫种类：瓜蚜、瓜绢螟、温室白粉虱、美洲斑潜蝇、黄足黄守瓜、瓜实蝇等。
  - 豆科蔬菜病虫害
    - 病害种类：豆类锈病、豇豆煤霉病、菜豆细菌性疫病等。
    - 害虫种类：豆野螟、豆荚螟、大豆毒蛾等。
- 发病规律
  - 病菌越冬或越夏场所，田间传播等。
  - 影响病害发生的环境因素。
  - 成幼虫的习性，越冬场所。
  - 影响害虫发生轻重的环境因素。
- 防治方法
  - 病害　种植抗病品种，加强栽培管理，选用合适的农药等措施。
  - 害虫　诱杀或人工捕杀成虫，选用生物制剂或高效环保农药等。

## 复习思考题

1. 十字花科蔬菜病毒病在什么情况下容易发生？简述发病规律及防治措施。
2. 白菜霜霉病的发生规律、发生条件如何？怎样防治？怎样防治白菜菌核病？
3. 简述桃蚜、萝卜蚜生活史和习性及菜蚜的防治措施。哪些条件可影响菜蚜的发生？
4. 十字花科蔬菜软腐病的主要症状特点是什么？怎样进行防治？
5. 为什么菜粉蝶和小菜蛾在春秋两季发生重？简述其生活史和习性及防治措施。
6. 简述番茄病毒病的症状特点、发病规律及防治措施。
7. 影响黄瓜疫病病害发生的因素有哪些？如何对该病害进行有效防治？
8. 番茄早疫病的主要症状是什么？防治番茄早疫病应采取怎样的措施？
9. 影响茄科蔬菜青枯病发生和流行的因素有哪些？如何防治这种病害？
10. 保护地茄科蔬菜灰霉病的防治措施有哪些？
11. 防治辣椒炭疽病应采取哪些具体措施？
12. 棉铃虫和烟青虫的形态如何区别，习性有哪些？怎样防治？
13. 叶螨为害有哪些特点，生产上如何防治？
14. 二十八星瓢虫为害特点有哪些？如何防治？

15. 黄瓜枯萎病的症状特点是什么？主要防治措施有哪些？
16. 温室白粉虱大发生的原因是什么？防治应抓好哪些关键措施？
17. 当地菜豆细菌性疫病发生为害情况怎样？应如何加以防治？
18. 为什么播种贮藏2年以上的陈种子可减轻芹菜斑枯病发病？怎样防治芹菜斑枯病？
19. 调查当地蔬菜生产上发生的主要病虫害种类、防治方法及防治方面存在哪些问题？
20. 结合本章节内容，设计蔬菜病虫害综合防治方案。

# 第六章　果树病虫害

## 知识目标

1. 了解当前生产上果树常见病虫害的种类、发生特点、发生规律及其防治方法。
2. 重点掌握苹果树腐烂病、梨星病、梨锈病、桃缩叶病、葡萄黑痘病等果树常发病害的症状、发生规律、发病条件等，并能提出相应综合防治措施。
3. 重点掌握食心虫类、蚜虫类、锈壁虱、潜叶蛾、桃蛀螟、桃红颈天牛等果树常见害虫的为害特点、形态识别、发病规律、发病条件等，并能提出相应综合防治措施。

## 能力目标

1. 掌握本地常见的果树病害的种类及其防治方法。
2. 掌握本地常见果树害虫的种类、发生特点，并进行有效防治。
3. 能识别常见果树害虫及所属目、科。
4. 能识别和田间诊断常见果树主要病害。

## 第一节　苹果病虫害

### 一、苹果树腐烂病

苹果树腐烂病俗称烂皮病，是苹果树树干上一种很严重的病害，目前在我国北方苹果产区均发生普遍，患病果树若不及时防治，导致发病严重，树干上病疤累累，树势严重衰弱，枝干残缺，直至整树枯死和毁园。腐烂病除危害苹果外，还可感染花红、海棠等苹果属植物。

**1. 症状**　苹果腐烂病菌主要危害树龄10年以上的结果树枝干，幼树和苗木甚至果实也可被害，主干和大枝受害显著重于小枝。病害一般仅使皮层组织腐烂死亡，严重时可侵染靠近皮层的木质部，枝干上的症状可归纳为溃疡型和枝枯型2种类型。

以溃疡型为主，发病初期病部红褐色，水渍状，组织松软，常伴有黄褐色汁液流出，皮易剥离。腐烂皮层为鲜红褐色，组织质地糟烂，湿腐状，有酒糟味，用手指按压即下陷，并流出红褐色汁液，掀开表皮可见树皮内层已完全腐烂。发病后期病部失水干缩，有黑绿色或橘黄色小粒点，病斑绕干一周，其上部枯死。

枝枯型病害春季多发生在弱树或小枝上，病部扩展迅速，形状不规则，病斑很快包围枝干，枝条逐渐枯死，后期病部也产生很多小黑点。被浸染果实病斑呈红褐色，有轮纹，病组织腐烂软化，有酒精味，病斑中部散生或集生有时略呈轮纹状排列的小黑点，潮湿时涌出橘黄色卷须状的分生孢子角（图6-1）。

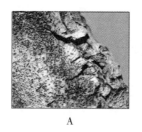  

图 6-1 苹果树腐烂病
A. 溃疡型症状　B. 枝枯型症状　C. 果实上发病

**2. 病原**　苹果树腐烂病有性世代为苹果黑腐皮壳菌，属子囊菌亚门黑腐皮壳属真菌。秋季形成子囊壳，子囊孢子无色，单胞。无性世代为苹果壳囊孢菌，属半知菌亚门壳囊孢属真菌，于树皮下形成分生孢子座（小黑粒点），产生多个分生孢子器。病菌菌丝生长最适温度为 28～32℃，分生孢子萌发最适温度为 24～28℃，子囊孢子最适萌发温度为 19℃ 左右（图 6-2）。

**3. 发生规律及发生条件**　病菌主要以菌丝体、分生孢子器和子囊壳在病树皮上越冬，次年春季树液开始流动时，病菌即开始活动，遇雨或潮湿时产生孢子角，大量分生孢子和子囊孢子从分生孢子器和子囊壳中排出。分生孢子通过风雨或昆虫活动传播，从植株的各种伤口如冻伤、剪锯伤、环剥伤、虫伤等，及叶痕、果柄痕和皮孔侵入，子囊孢子也能侵染。该病菌是一种弱寄生菌，具有潜伏侵染特性，当树体健壮时，侵入的病菌不能扩展，以潜伏状态存活在侵染点内，当树体衰弱后病菌迅速扩展蔓延，引起树皮腐烂。

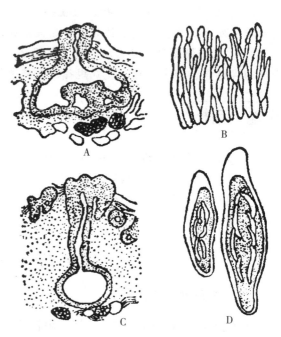

图 6-2 苹果树腐烂病菌
A. 分生孢子器　B. 分生孢子梗和分生孢子
C. 子囊壳　D. 子囊及子囊孢子

苹果树腐烂病在树上发病的时间常始于夏季，此时因树体生长旺盛，病菌只能在落皮层上扩展，形成表层溃疡斑。10月下旬至 11 月间，树体生活力减弱，病菌活动加强，穿过周皮，向树皮内层发展，形成坏死点，开始扩展为害。11 月至次年 1 月，皮内发病数量激增，但病斑扩展缓慢，病状不明显。苹果腐烂病的外观症状出现的高峰期在早春的 2～3 月（北方苹果主区），此时病斑迅速扩展，危害最重，为一年内的发病盛期，5 月份后发病盛期结束到晚秋，腐烂病斑又会出现一个小高峰。

江苏省苹果树腐烂病发病规律区别于北方苹果产区主要表现在：发病盛期在 1～4 月，高峰期为 1～2 月，4 月有个小高峰，5 月以后病斑明显减少，无晚秋小高峰。新病疤的产生部位以剪锯口为主，而不是老皮下的绿皮层。

树体冻伤是诱导腐烂病流行的主导因素之一。果园栽培管理粗放、果树营养不良是腐烂病流行另一个重要因素。愈伤能力强的品种或单株抗病菌扩展能力也较强。土壤瘠薄，干旱缺水，其他病虫害严重，树体负载量过大，病斑刮治不及时，病枯枝处理不妥发病重。

**4. 防治措施**　苹果树腐烂病的防治应以加强苹果栽培管理，增强树势，提高抗病能力为基础，采用预防和治疗相结合的综合防治措施。

（1）增强树势，施足有机肥。注意种植果园绿肥，做到氮、钾、磷配合施肥，避免偏施氮肥。适度修剪，调节控制好结果量，注意排涝抗旱，防治好早期落叶病和叶螨等各种病虫害。

（2）清除菌源。冬季结合修剪，清除枯死树、病枯枝及残桩等，集中烧毁，减少病源，在发芽前喷布40%福美砷可湿性粉剂100倍液于树体。

（3）刮治病斑。刮治病斑要早刮，原则上要定期检查，及时刮治。其中冬季每半月1次，病斑刮除后用40%福美砷可湿性粉剂50倍液进行涂抹。

## 二、苹果轮纹病

苹果、梨轮纹病又称瘤皮病、粗皮病、轮纹褐腐病、水烂病。各苹果、梨产区均普遍发生，是为害苹果树、梨树枝干和果实的重要病害。苹果轮纹病除危害苹果、梨树外，还能危害桃、李、杏等多种果树，但较轻微。

**1. 症状**　苹果轮纹病与梨轮纹病的症状相似。病菌主要危害枝干和果实，叶片受害比较少。受害枝干，常以皮孔为中心，形成扁圆形或椭圆形直径3~20mm的红褐色病斑。病斑的中心突起，质地坚硬，如一疣状物，边缘龟裂，往往与健部组织形成一道环沟。第二年病斑呈黑色小粒点（分生孢子器）。病斑与健部裂缝逐渐加深，病组织翘起如马鞍状，许多病斑连在一起，树皮极为粗糙，故又称为粗皮病（图6-3）。

图6-3　苹果轮纹病症状及病原
A、B. 症状　C. 病原
1. 子囊及侧丝　2. 子囊壳　3. 分生孢子　4. 分生孢子器

果实发病主要在近成熟期或贮藏期。果实受害时，也是以皮孔为中心，生成水渍状褐色小斑点，病斑很快扩大成同心轮纹状，呈淡红褐色，病斑发展迅速，在条件适宜时，几天即可使全果腐烂，并发出酸臭气味。病部中心表皮下，逐渐散生黑色粒点。病果腐烂多汁，失水后变为黑色僵果。

叶片发病产生近圆形具有同心轮纹的褐色病斑或不规则形的褐色病斑，直径大小为0.5~1.5cm。病斑逐渐变为灰白色，并生出黑色小粒点。叶片上病斑很多时，往往引起干枯早落。

**2. 病原** 苹果轮纹病有性阶段为梨生囊孢壳菌，属子囊菌亚门囊孢壳属，有性阶段不常出现。无性阶段为轮纹大茎点菌，属半知菌亚门大茎点属。子囊孢子椭圆形，单胞，无色至淡褐色。分生孢子无色、单胞，纺锤形或椭圆形。病菌菌丝生长和分生孢子器形成的最适温度均为26℃左右，且需要光照。分生孢子萌发对湿度条件的要求严格，离开水膜时，分生孢子不能萌发（图6-3）。

除轮纹病菌外，引起苹果采收前后烂果的还有苹果干腐病菌，即贝伦格葡萄座腔菌梨生专化型，属子囊菌亚门葡萄座腔菌属，其小黑点是病菌的子座。1个子座含1个分生孢子器或子囊腔室。无性态为簇小穴壳菌，半知菌亚门小穴壳属。其分生孢子无色，单胞，长椭圆形。两者的区别在于，前者子座不发达，多形成1个子囊腔室，而后者子座发达，常形成多个腔室。两菌在苹果上所致的果腐症状无明显差别，故习惯上将该两种病菌引起的果腐统称轮纹病。

**3. 发生规律及发生病条件** 苹果、梨轮纹病病菌以菌丝体、分生孢子器及子囊壳在病枝上越冬，菌丝在枝干组织中可存活4～5年。翌年春季菌丝体恢复活动，继续为害枝干。4～6月间生成分生孢子，成为初次侵染来源，6～8月份分生孢子散发较多。分生孢子靠雨水飞溅传播；从枝条和果实的皮孔或伤口侵入。该病菌是一种弱寄生菌，衰弱植株、老弱枝干及弱小幼树易感病。枝条的侵染在整个生长期间都有发生；果实从幼果期便开始侵染，直至成熟期，在徐淮地区6～8月是果实侵染的高峰期。幼果侵染后不立即发病，病菌在果实内呈潜伏状态，一般为80～150d，待果实近成熟期、贮藏期或生活力衰退后，潜伏菌丝迅速蔓延扩展，果实才开始发病。由于病菌菌丝扩展蔓延，陆续出现轮纹状病斑。由于田间果实发病很晚，很少形成子实体进行再侵染，故轮纹病菌的田间侵染多属初侵染，无再侵染。

若幼果期降雨频繁，园内病菌分生孢子散发多，当年轮纹烂果病较重。故果实发病多少与田间菌源多少、5～6月降雨多少关系密切。另外，品种间的抗病性也有一定的差异，在苹果品种中，以红星、富士、金冠和青香蕉等最易感病；国光、祝光和印度等品种次之；伏皮花等较抗病。在梨品种中，日本梨系统的品种发病较多；中国梨品种中，白梨系统的秋白梨、鸭梨和早酥梨发病较重，严州雪梨、莱阳梨、黄花梨等发病较轻。凡皮孔密度大、表皮结构疏松的品种都较感病。果园管理粗放，挂果过多，蛀果和蛀干性害虫危害严重等均可导致树势衰弱，从而加重发病。

**4. 防治措施**

（1）加强栽培管理，增强树势，提高树体抗病能力。

（2）休眠期刮除枝干病瘤或粗翘皮后可用涂抹剂作铲除剂。

（3）苹果落花后10d，雨后立即喷洒50%多菌灵可湿性粉剂600倍液或60%甲基托布津可湿性粉剂800倍液，80%代森锰锌可湿性粉剂800倍液等。其他次喷药应根据前一次药的持效期及降雨程度而决定。雨季上述有机杀菌剂与1∶（2～3）∶240倍波尔多液交替使用，至果实成熟前40d左右停止喷药。

（4）果实套袋。套袋一般在谢花后30～40d进行，套袋前喷1次杀虫杀菌剂（波尔多液除外，它会污染果面）可有效地防治果实轮纹病的发生。

## 三、苹果斑点落叶病

苹果斑点落叶病是我国苹果产区的一种严重的苹果病害，此病可造成苹果早期落叶，树势衰弱，不仅影响当年产量，还会影响花芽形成，降低来年的产量。

**1. 症状**　苹果斑点落叶病主要危害嫩叶，特别是 20d 以内的嫩叶。发病初期叶片上出现褐色小斑点，周围有紫红色晕圈。条件适宜时，病斑相连成片，最后叶片焦枯脱落。天气潮湿时，病斑反面长出黑色霉层。幼嫩叶片受侵染后，受害部位停止生长，致使叶片皱缩、畸形，有的病斑破裂穿孔。叶柄及嫩枝受害后，产生椭圆形褐色凹陷病斑，叶片易脱落和病枝易折、易枯。果实受害多在近成熟期，果面产生直径 1～4mm 的褐色斑点，果心受害，产生褐色至黑褐色霉层，严重时扩大至果肉（图 6-4）。

图 6-4　苹果斑点落叶病症状

**2. 病原**　苹果斑点落叶病病原为链格孢菌苹果专化型，系轮斑病菌强毒菌系，属半知菌亚门链格孢属真菌。分生孢子梗从病斑表面生出，褐色，丝状，弯曲，有分隔，顶端串生数个分生孢子。分生孢子暗褐色，短棒锤形，或卵形，具 2～5 个横隔 1～3 个纵隔，顶端有小突起或无。

**3. 发生规律及发生条件**　苹果斑点落叶病病菌以菌丝体在被害叶、枝条或芽鳞中越冬，翌年春产生分生孢子，随气流、风雨传播，侵染危害春梢叶片。一般果园花期前后可出现病叶，发病严重的果树，6 月上中旬就可落叶。病叶上产生的分生孢子可再侵染。第二次发病高峰在 9 月份，主要秋梢发病严重，病叶大量脱落，9 月下旬病害停止发展。

气候条件对病害流行影响甚大，若春季雨多而早，夏季遇到连阴雨天，病害发生早而重，温度在 16～31℃ 叶片均可发病，最适温度 28～31℃。但病菌的潜伏期随温度增高而缩短，品种间的抗病性亦有差异，红星、新红星、红冠、陆奥、富士、红富士、印度、元帅、青香蕉等品种易感病，金冠、国光感病，红玉、祝光、旭等较抗病。

**4. 防治措施**　苹果斑点落叶病病菌靠气流传播，再侵染次数多，所以要侧重于化防，辅以清洁田园等措施。

（1）秋末冬初落病叶集中烧毁，并剪除病枝。

（2）进入 6 月中旬，苹果徒长枝、叶片病情加剧，此为后期发病的主要侵染源，及时将这些无用徒长枝剪除，改善果园通风透光条件可减轻发病。

（3）苹果斑点落叶病一般只危害展叶 20d 内的嫩叶，而苹果树一年有 2 次新梢生长，其中春梢叶片对全年树体营养、果品质量、产量以及花芽形成起着决定性的作用，因此要采取重点保护春梢，压低后期菌源的原则，在春梢抽生后病叶率达 5%～10% 时开始喷 10% 多抗霉素可湿性粉剂或 50% 异菌脲可湿性粉剂 1 000～1 500 倍液，80% 代森锰锌可湿性粉剂 800

倍液，60%代森锰锌可湿性粉剂500倍液1~2次，秋梢抽生时喷药1次，即可达到控制病害的目的。

### 四、苹果炭疽病

苹果炭疽病又称苦腐病、晚腐病，是苹果果实的重要病害。各苹果产区均有发生，在黄河故道及其以南地区为害严重。除危害苹果属果树外，还能侵害梨，葡萄等多种果树。

**1. 症状** 苹果炭疽病主要危害果实，发病初期在果面上产生淡褐色斑点，扩大后呈圆形病部下陷，果实软腐，并成圆锥状向果心发展。当病斑扩大到1~2cm时病斑表面形成许多黑色小粒点，呈同心轮纹状排列，潮湿时从小黑点上溢出粉红色黏液。一个病斑可扩展到果面的1/3~1/2，一个病果上病斑数量不等，有的可多达几十个，但只有少数病斑扩大，其余病斑只有1~2mm，病果易脱落。也有少数病果失水干缩成黑色僵果留于树上经冬不落（图6-5）。

 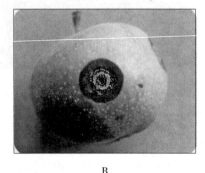

A　　　　　　　　　　　　B

图6-5　苹果炭疽病
A. 叶片上症状　B. 果面上分生孢子堆

**2. 病原** 苹果炭疽病有性世代为围小丛壳菌，属子囊菌亚门核菌纲小丛壳属。无性世代为果生盘长孢菌（为半知菌亚门黑盘孢目盘长孢属）和胶孢炭疽菌（属半知菌亚门炭疽菌属）。菌丝产生孢子盘（小黑点），埋于表皮下，枕状。成熟后突破表皮，涌出分生孢子团，即红色黏液。分生孢子单胞，无色，椭圆或长卵圆形。其子囊孢子与分生孢子相似。

**3. 发生规律及发生条件** 苹果炭疽病病菌主要以菌丝体在树上病僵果、病枯枝、病果台上等部位越冬。第二年春天产生分生孢子，借雨水和昆虫传播。分生孢子萌发通过角质层或皮孔、伤口侵入果肉，病菌孢子从幼果期即可侵入，有潜伏侵染特性，到近成熟期或贮藏期发病，病害有多次再侵染。菌丝在细胞间生长，分泌果胶酶，引起果腐。黄河故道果区5月底至6月初就可见到病果，6~8月份为发病盛期。

田间发病有明显的发病中心，以树上残留僵果，病果台下面发病最明显。发病与降雨关系密切，特别是雨后高温更有利于病害流行。树势弱、树冠郁闭、通风不良、土壤黏重的果园，病害发生严重。品种不同抗病性不同，红玉、鸡冠、祥玉等发病早而重；祝光、金冠、元帅、大国光、秦冠、印度、国光、红星发病较轻；伏花皮、黄魁等早熟品种很少发病。

**4. 防治措施**

（1）清除越冬菌源，控制"中心病株"，结合冬剪，冬季剪除树上病僵果、病果台、病枯枝、爆皮枝。夏、秋季，摘除树上病果。避免用刺槐作防风林。

（2）深翻改土，控制结果量，改造树体的通风透气条件，及时中耕除草。

（3）果树发芽前，全树喷40%福美砷可湿性粉剂100倍液。落花后10d喷第一次药，以后间隔15～20d喷药一次，到8月中旬结束，常用药剂有50%退菌特可湿性粉剂600～800倍液；60%甲基托布津可湿性粉剂800倍液；1：（2～3）：200倍波尔多液，波尔多液在雨季与其他药剂交替使用。

### 五、山楂叶螨

山楂叶螨又名山楂红蜘蛛，属蛛形纲真螨目、叶螨科。分布较广，我国的苹果产区均有分布，它除了为害山楂、苹果外，梨、桃、李、杏等果树也受其为害。山楂叶螨以口器插入苹果叶片的栅栏组织吸食汁液，使叶绿素遭到破坏减少，叶片正面产生褪绿斑点，叶背呈褐色，褪绿斑点逐渐扩大连片，使叶片呈苍白色，最后枯黄脱落，严重时导致大量落叶，严重影响苹果生产。

**1. 形态特征** 山楂叶螨雌成螨有冬型和夏型2种。夏型体长0.5mm，起初为红色，取食以后变为暗红色。越冬型体长0.4mm，鲜红色。雌成螨近椭圆形，体背前方稍隆起，平腹，体背生有26根细长刚毛，足4对，足为淡黄白色，比体短。雄成螨体长约0.3mm，初为黄绿色，渐变为绿色或橙黄色，体躯后半部尖削，体背两侧各有一条纵向黑色斑纹。

卵径0.14mm，圆球形，半透明，前期产的为橙红色，后期产的卵为橙黄色或黄白色，将孵化时出现2个红点。幼螨体长约0.2mm，圆形，3对足，初为黄白色，取食后渐变卵圆形，呈淡绿色，体侧有深绿色颗粒斑。若螨分前若螨及后若螨，有足4对。前若螨体长约0.22mm，体背两侧显露墨绿色斑纹，刚毛明显可见，开始吐丝拉网；后若螨体长约0.4mm，体形较大可以区别雌雄，雌体形近似雌成螨，卵圆形翠绿色，背部黑斑明显，雄体末端渐尖削（图6-6）。

图6-6 山楂叶螨形态特征

**2. 发生规律及发生条件** 山楂叶螨年发生世代数，不同地区或同一地区因营养条件不同而有差异，江苏一年发生9～10代，辽宁5～6代，山东6～8代。其都以受精冬型雌成螨越冬，越冬部位各地稍有差异，在江苏主要藏于枝干翘皮裂缝、废纸袋、卷叶中越冬；北方较寒冷地区在老翘皮裂缝及根颈周围的土壤缝隙里越冬。春季花芽萌动时出蛰上芽为害，花序分离期为出蛰盛期，从出蛰到出蛰盛期约需1周时间。开花前出蛰数量多而集中，落花期则出蛰基本结束。出蛰期的长短受当年气温变化影响，早春若时冷时暖，出蛰期延续较长；气温平稳上升，出蛰期则短而集中。出蛰盛期是全年的第一个防治关键期。雌虫出蛰1周后开始产卵，卵多产在叶片背后主脉两侧丝网上，卵期约 6d，谢花后 6～10d 为第一代幼虫的孵高峰，出现第一代雌成虫，这是第二个防治关键期。花落 1 个月后为第二代幼虫孵化盛期，这时为第三个防治关键期。

山楂叶螨在前期一段发生数量不多，到 6 月份气温开始上升时，种群迅速增长，至 6 月份达到高峰，危害最大，干旱有利于山楂叶螨的发生。6 月份后山楂叶螨的发生逐渐减少，8 月份后开始出现越冬型雌螨。

山楂叶螨的早春越冬雌成螨出蛰后多集中在树冠内膛枝叶上危害，多呈集团分布，然后向外围扩散，由里到外，由下向上，均匀分布，以后在树冠外围繁殖危害。群体数量少时，多群集在叶片背面主脉两侧叶丝网下危害，群体数多时，也可爬到叶面及其果实上危害。

**3. 防治措施**

(1) 冬季清园，刮除老翘皮，根际培土，清洁树体，清除枯枝落叶，减少越冬虫源，结合修剪，剪除有卵枝条。

(2) 8～9 月份进行树干捆草，诱集越冬螨，第二年初解草烧毁。

(3) 化学防治。

①花前喷洒 1 次 0.5 波美度石硫合剂，或 100～150 倍的矿物油，5％噻螨酮1 500倍液。

②发生盛期可选用 25％三唑锡可湿性粉剂 1 500 倍，50％苯丁锡可湿性粉剂1 500倍液，15％哒螨灵乳油1 000倍液等杀螨剂进行扑杀。

③保护和利用天敌。

## 六、苹果绵蚜

苹果绵蚜又名苹果绵虫、白毛虫、白色蚜虫等，属同翅目，绵蚜科。原产北美，1914年传入我国山东威海，分布于山东、江苏、辽宁、云南、西藏等地。主要为害苹果，也可为害海棠、花红、山荆子及山楂。

苹果绵蚜以无翅胎生雌成虫及若虫群集在苹果新梢叶腋短果枝的叶丛中，树皮缝隙、剪锯伤口、病虫伤口、果实梗洼、萼洼以及地下枝部或露出地面的根际和萌蘖根部为害，吸食树液，消耗果树营养。被害部位最后会凹陷形成皱褶，变黑坏死，形成大小深浅不同的伤口，成为绵蚜的越冬场所。叶柄被害后变成黑褐色提前脱落；果实被害后育不良，品质变劣；根部受害后不生须根，变黑腐烂，失去吸收能力，影响产量及树体寿命，并可招致其他病虫害的侵染。

**1. 形态特征**　无翅胎生雌虫，体长 1.8～2.2mm，椭圆形，腹部胀大，暗赤褐色。腹部腹背有 4 条纵列的泌蜡孔，分泌白色蜡质丝状物在苹果树上，严重危害时，白色蜡质如绵状物。有翅胎生雌虫，体长约 1.6～2mm，翅展为约 6mm，体暗褐色，较瘦。有性雌蚜体长约 1mm，淡黄褐色，触角 5 节；有性雄蚜体长约 0.6mm，宽约 0.25mm，体淡黄绿色。卵椭圆形，初产时为橙黄色，后渐变为褐色，一端略大，精孔突出，表面光滑，外被白粉（图 6-7）。

**2. 发生规律**　苹果绵蚜在山东地区每年产生 16～18

图 6-7　苹果绵蚜

代，大连地区一年13代以上。3月下旬至4月上旬开始活动，5月中旬至6月中旬盛发，一直可为害至11月下旬，秋后成蚜全部死亡。越冬虫态主要以1～2龄若虫在苹果枝干的病虫伤疤、翘皮裂缝、根瘤皱褶、根蘖及剪口或浅土下根部等处越冬。第二年4月底～5月初越冬若虫变成无翅胎生雌成虫，以孤雌胎生方式产生若虫进行繁殖为害当年生枝条，主要集中在嫩梢基部，叶腋或嫩芽处。5月底至6月，虫量大增，是扩散迁移盛期，6月中旬蔓延至嫩梢顶为害，当年生枝梢被害最为严重；6月下旬到6月中旬为全年繁殖盛期；6月中下旬至8月中旬，虫口会形成全年第二次的危害高峰，11月下旬后，若虫藏于隐秘处越冬。

**3. 防治措施**

（1）加强苗木、果品检疫，防其扩散。

（2）保护利用好天敌，苹果绵蚜的天敌有中华草蛉、七星瓢虫、异色瓢虫、苹果绵蚜小蜂等。

（3）在果树冬眠期，刮除翘皮和虫害枝条喷施48%毒死蜱乳油1 500倍液或99%矿物油150倍液消毒。

（4）5月份若虫大量发生时，可用10%吡虫啉可湿性粉剂1 500倍液或3%啶虫脒乳油1 500倍液喷施。

（5）根部苹果绵蚜的防治可在根部为害期，在地下撒施25%辛硫磷胶囊剂1.5kg/667m$^2$，撒药后浅锄即可。

## 七、苹果瘤蚜

**1. 形态特征**　苹果瘤蚜有翅胎生雌成虫体长1.5mm左右，翅展4mm，头、胸部黑色，腹部绿至暗绿色。额瘤明显，上生2～3根黑毛；口器、复眼、触角黑色；触角第三节具次生感觉圈23～27个，第四节有4～8个，第五节有0～2个。翅透明；腹管和尾片黑褐色，腹管端半部色淡。无翅胎生雌蚜体长1.4～1.6mm，暗绿色。头淡黑色，额瘤明显，复眼暗红色，触角黑色，3～4节基半部色淡，胸腹背面均具黑横带5条，腹管与尾片，似有翅胎生雌蚜，腹管长筒形，末端稍细，具瓦状纹，尾片圆锥形上生3对细毛。无翅若蚜淡绿色，似无翅胎生雌蚜。有翅若蚜胸部发达，有暗色翅芽，体淡绿色。卵长椭圆形，长约0.5mm，黑绿色，具光泽。

图6-8　苹果瘤蚜

**2. 发生规律**　一年发生10多代，以卵在一年生枝条芽缝、芽腋及一年与二年生枝条分叉处或剪锯口处越冬。从春季至秋季均孤雌生殖，10～11月出现性蚜，交尾后产卵，以卵越冬。

**3. 防治措施**

（1）发芽前喷3波美度石硫合剂或5%柴油乳剂消灭越冬卵。

（2）药剂喷雾防治。50%抗蚜威可湿性粉剂3 000～4 000倍液，10%吡虫啉可湿性粉剂3 000～5 000倍液。

(3) 在蚜虫初发时,将具有内吸作用的药剂涂在树干上部或主枝基部,涂成 6cm 宽的药环。

(4) 保护天敌。选择对天敌安全的农药及施药时期。

## 八、苹果小卷叶蛾

苹果小卷叶蛾又名小黄卷叶蛾、棉褐带卷叶蛾、苹小卷叶蛾,属鳞翅目、卷叶蛾科。分布很广,东北、华北、西北、华中、华东、华南、西南等地均有发生。主要危害苹果、梨、柑橘,此外还有桃、李、梅、杏、山楂等果树。幼虫食害叶片、嫩芽、花蕾,并能啃食果皮。在苹果、梨上啃食果皮尤重。

**1. 形态特征**　成虫体色个体间有变化,一般为黄褐色。雄虫体较小,前缘褶明显。卵椭圆形,淡黄色,数十粒排列成鱼鳞状块,近孵化时黑褐色。幼虫共 5 龄,老熟幼虫体细长,翠绿色。蛹黄褐色,腹末尖细,有 8 根钩状刺(图 6-9)。

A　　　　　　　　　B　　　　　　　　　C

图 6-9　苹果小卷叶蛾
A. 成虫　B. 幼虫　C. 危害状

**2. 发生规律**　一年 3~4 代,以初龄幼虫在老树皮(翘皮)、剪锯口周缘及受梨潜皮蛾幼虫危害的爆皮等缝隙中结白色茧越冬。大树以主干及主枝上的翘皮及树皮裂缝中虫量多,幼树以枯叶与枝条黏合处及锯口周缘较多。

翌年苹果花芽开绽时,越冬幼虫开始出蛰。4 月下旬至 5 月上旬为出蛰盛期,出蛰约 25d 左右。幼虫出蛰后,爬到花丛及新梢嫩枝隙缝,吐丝把几个花朵或嫩叶缀合在一起,潜伏在里面危害。稍大后吐丝将几张叶片缀合成虫苞,在其中食害,并有向新梢转移危害的习性。4 月下旬是活动危害盛期。5 月中下旬幼虫开始老熟后,在卷叶内化蛹,蛹期 10d 左右。

越冬代成虫 5 月下旬至 6 月上中旬羽化,5~6 月产卵,卵产在叶片或果实上。6 月底到 7 月第一代幼虫危害期是全年防治关键时期。7 月中旬至 8 月第一代成虫发生,8 月上旬盛发。卵期约 6d。6 月底至 8 月下旬第二代幼虫孵化,吐丝将叶片贴在果实上,在果叶之间啃食果皮。幼虫危害约 16d,于 8 月上旬开始化蛹。黄河故道及江苏发生 4 代区,各代成虫发生期为:越冬代成虫 5 月中下旬盛发,第一代 6 月下旬盛发,第二代 6 月下旬 8 月上旬盛发,第三代 9 月中旬盛发。幼虫期 18~26d,蛹期 6~8d。

品种之间受害程度不同,晚熟品种国光受害最重,金帅、倭锦次之,红奎、黄奎、祝光等早中熟品种受害较轻。

## 3. 防治措施

（1）冬季防治。小卷叶蛾多在翘皮裂缝等处结茧越冬，冬季或早春刮除翘皮及黏附在枝干上的枯枝叶，消灭越冬幼虫。

（2）天敌利用。在各代卵开始发生时释放赤眼蜂等天敌，助长天敌群体数，控制小卷叶蛾种群数量。

（3）糖醋液诱杀。始见成虫后，开始在田间挂红糖∶果酒∶醋∶水＝1∶1∶4∶16的糖醋罐，日落时挂出，日出前取回，放置在阴凉处并加盖。

（4）用性引诱剂诱杀雄成虫。将刚羽化未经交配的雌成虫于夜间3点前，剪取腹末3节，放入浸提液（三氯乙烷）中浸泡，然后捣碎，碾拌约30min，配成5头/mL浓度的溶液，吸附滤纸上，卷成指状挂在盛有水的盆上距水面约3cm处。

（5）摘虫苞。在5～6月份摘除小卷叶蛾危害的虫苞，效果也较好。

（6）化学防治。在虫量大可能成灾的果园，应注重早春防治，关键是越冬幼虫出蛰期及第一代幼虫发生期。这对保护天敌，减少以后的虫量，减少喷药次数都有重要作用。越冬幼虫出蛰期，结合其他害虫防治，喷洒50%杀螟硫磷乳油1 000倍液，尤其要注意喷及枝干剪、锯口周缘及翘皮缝隙。也可喷苏云金杆菌乳剂400倍液或50%马拉硫磷乳油。

## 九、梨网蝽

梨网蝽又名梨冠网蝽、梨军配虫。属半翅目网蝽科。分布河北、山西、陕西、山东、江苏、浙江等地。危害苹果、梨、桃、李、山楂等果树叶片。成虫和若虫群集在叶片背面主脉两侧刺吸汁液。叶片被害后，正面出现灰白色斑点，严重时全叶变成苍白色，在叶片背面分泌褐色黏液，诱发煤污病，使叶片早期枯黄脱落，树势生长衰弱，幼树被害严重时，可造成冬季枯死。

**1. 形态特征** 梨网蝽成虫体长约3.5mm，初羽化时乳白色，渐变黑褐色。前胸两侧呈扇形扩展，呈翼片状，扩展部分及前翅半透明，密布黑褐色网状花纹。两翅合拢时形成X状纹。卵长圆筒形，初产时淡绿色，渐变乳黄白色，产在叶背组织里，卵顶外露，呈瓶口状，上面常涂有褐色粪便。若虫共有5龄（图6-10）。

图6-10 梨冠网蝽危害状

**2. 发生规律及发生条件** 长江中下游梨网蝽一年发生5代左右，南京主要4代，部分5代。以成虫在枝干裂缝、落叶、杂草及土壤缝隙中越冬。翌年4月中下旬苹果发芽后，国光花序伸出期成虫出蛰，开始在树冠下部叶背危害，4月下旬至5月上旬国光落花期为出蛰盛期及产卵期。卵产在叶背组织中，外涂有褐色排泄物。5月中下旬第一代若虫开始孵化，群栖在叶背吸食。前期成虫数量少，危害较轻，随后逐渐加重，各代重叠发生，以6～9月危害最严重，尤其盛夏干旱时，虫口密度激增。10月中下旬成虫开始越冬。

**3. 防治措施**

（1）农业防治。冬季清洁果园，清除杂草、落叶，刮除老树皮，落叶后进行1次冬耕或春耕，消灭越冬成虫，可明显减少种群数量；越冬成虫出蛰时，多集中在树冠下部的部分叶片背面取食产卵，可行人工摘除虫叶，效果很好。

（2）药剂防治。梨网蝽的防治应掌握在消灭越冬成虫及花后第一代若虫期喷药。生长期防治亦应掌握在若虫最多而卵和成虫最少时进行喷药。成虫开始出蛰时，地面施药 25%辛硫磷胶囊剂 1.5kg/667m² 或 50%辛硫磷乳油 300 倍液。成虫出蛰后进行第一次树冠喷药，重点喷树冠中下部，可喷 25%异丙威乳油 400 倍液等。花谢后，当第一代卵孵化基本结束时或 6～8 月大发生前喷 2.5%溴氰菊酯乳油 1 500 倍液。第一次喷药后隔 10d 再喷一次。

## 十、桃小食心虫

桃小食心虫又名桃小食蛾、苹果食心虫、桃食卷叶蛾等，简称桃小。主要分布于山东、安徽、河南、江苏等地。主要为害苹果、桃、梨、枣、山楂等果树。

A          B

图 6-11　桃小食心虫危害状
A. 猴头果　B. 豆沙馅

**1. 形态特征**　桃小食心虫雌蛾体长 7～8mm，翅展 15～18mm；雄蛾体长 5～6mm，翅展 12～14mm。体灰白至淡褐色，复眼红色。前翅前缘近中央处有一个近似三角形蓝褐色有光泽的大斑纹，翅基部和中部有 7 簇黑色斜立的鳞片，后翅灰色。卵近椭圆形，长 0.45mm，一般 1～3 粒，最多的有 20 多粒，直立在果实萼凹茸毛中，卵顶端有 Y 形刺毛 2～3 圈，刚产下的卵橙色，后变橙黄色、鲜红色，接近孵化时为暗红色，卵壳表面有不规则的多角形网状刻文。老熟幼虫体长 13～16mm，较肥胖，体乳白色或橙黄色，头黄褐色，前胸背板及臀板褐色，无臀节，前胸气门前毛片上只有 2 根刚毛，其他食心虫均为 3 根刚毛，腹足趾钩排成单序环，趾钩 10～24 个，每个体节有明显的黑点。蛹体长 6.5～8.6mm，黄白色，近羽化时变成灰黑色（图 6-12）。

**2. 发生规律及发生条件**　桃小食心虫一般一年发生 1～2 代，山楂、梨树上一年 1 代。以老熟幼虫做冬茧在 3～13cm 土层中越冬。辽南、辽西苹果产区，越冬幼虫 5 月中旬开始出土，7 月中下旬基本结束。越冬代成虫发生在 6 月上旬至 8 月中旬，昼伏夜出，有趋光性，卵主要产在果实的萼洼处。初孵化幼虫先在果面爬行数十分钟到数小时，选择适宜部位蛀入果中。第一代幼虫在 7 月 25 日以前脱果的，几乎都不滞育，继续发生第二代；8 月中旬脱果的，约有 50%幼虫滞育；8 月下旬脱果的，几乎全都滞育。

平均气温达到 16.9℃，土温达到 19.7℃时，越冬幼虫开始出土，如果有适宜的雨水，即可连续出土。5～6 月如果雨水较多且较早，越冬幼虫出土盛期就会提前，每当降雨当天或次日，幼虫出土数量明显增多。温度在 21～27℃，相对湿度在 75%以上，对成虫的繁殖

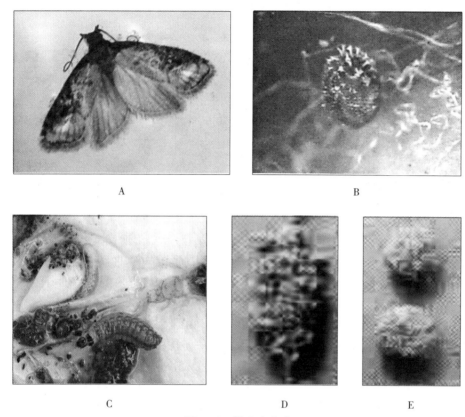

图 6-12 桃小食心虫
A. 成虫　B. 卵　C. 幼龄幼虫和老熟幼虫　D. 夏茧　E. 冬茧

和卵的孵化都较有利。

**3. 防治措施**

（1）地面药剂防治。25%辛硫磷微胶囊剂、50%辛硫磷乳油、40.7%毒死蜱乳油等，每次用药剂 7.5kg/hm²，每隔 15d 左右施一次，酌情连施 2～3 次。

（2）树上药剂防治。当卵果率达到 0.5%～1.0% 时立即喷药防治。

（3）人工防治。处理越冬场所，摘掉虫果，诱集出土幼虫及果实套袋等。

# 第二节　梨树病虫害

## 一、梨黑星病

梨黑星病又称疮痂病、黑霉病，全国梨产区均危害严重，是梨树重要病害之一，尤在种植鸭梨、白梨等高度感病品种的梨区，病害流行频繁，造成重大损失。

**1. 症状**　梨黑星病病菌危害梨树所有绿色幼嫩组织，其中以叶片和果实受害最重，危害期从落花后直到果实近成熟期。叶片受害时，病斑多发生在叶片背面，呈不规则淡黄色，叶脉上和叶柄上的病斑是长条形或椭圆形，病斑上很快长出黑霉层，叶片变成黄绿相间的斑纹，病叶易脱落。果实发病初期为淡黄色圆斑，逐渐扩展，病部稍凹陷，上生黑霉，后病斑木栓化并龟裂。幼果畸形，有时造成裂果，大果表面粗糙。新梢和果柄受害时产生黑褐色椭圆形病斑,边缘不清晰,病斑生黑色绒毛状霉层。芽发病时生长受阻,鳞片绒毛增多,有黑霉,严重时枯死(图6-13)。

图6-13 梨黑星病症状

**2. 病原** 梨黑星病病原无性阶段为梨黑星病菌,为半知菌亚门黑星孢属。有性阶段为黑星菌和纳雪黑星菌,为子囊菌亚门黑星菌属。病菌易形成大量的假囊壳越冬。病菌种内存在生理和致病性分化现象。分生孢子耐低温干燥,在自然条件下,残叶上的分生孢子能存活4~6个月,但潮湿时,分生孢子易死亡。

**3. 发生规律及发生条件** 病菌主要以分生孢子和菌丝体在梨芽鳞片和病枝中越冬,或以分生孢子、菌丝体及未成熟的假囊壳在落叶上越冬。次年春季梨萌芽后,先是花序发病,其次是嫩梢,病花、病梢布满黑色霉层。分生孢子由风雨传播到附近的叶果上,在相对湿度达60%~80%,温度达20~23℃时,一般经14~25d的潜伏期后表现症状,以后条件适宜可陆续多次侵染。病菌在20~23℃发育最为适宜。低温高湿是病害流行的有利条件,高温能延长病害的潜育期。春雨早,持续时间长,夏季5~6月雨量多,日照不足,空气湿度大,往往引起病害流行。地势低洼、树冠茂密、通风透光不良和湿度较大的梨园,以及肥力不足、树势衰弱的梨树易发病。梨树的不同品种对黑星病的抗性有明显差异。一般中国梨最为感病;日本梨次之;西洋梨最抗病。

**4. 防治措施**

(1)清洁果园。秋冬季节清除果园的落叶、病叶、病果。冬季或早春结合修剪,剪除树上的病枝、病芽。春季开花后摘除病花、病梢,集中销毁,消除和减少病菌初侵染来源。发病初期,及时连续地剪除中心病梢和花序,防止病菌扩散蔓延。

(2)加强果园管理。合理施肥,提高梨树的抗病性。

(3)药剂防治。梨树休眠期,对全树喷4~5波美度石硫合剂。萌芽期对树下地面及树冠喷硫酸铵20倍液。开花前和花落2/3时各喷一次50%多菌灵可湿性粉剂500~600倍液或1:2:300倍波尔多液。以后根据降雨情况和病情发展情况,间隔15~20d用药一次,前后约用4次。常用药有80%代森锰锌可湿性粉剂800倍液,60%甲基托布津可湿性粉剂800~1 000倍液,40%氟哇唑乳油8 000倍液。

## 二、梨锈病

梨锈病又称赤星病、羊胡子,俗名羊毛丁。分布于我国各梨产区,是梨产区的主要病害。梨锈病菌除危害梨外,还能危害山楂、木瓜、棠梨和铁梗海棠。由于锈病菌具有转主寄生的习性,其转主寄主松柏科的桧柏、欧洲刺柏、高塔柏、圆柏、龙柏和翠柏等桧柏类植物的分布和多少是影响梨锈病发生的重要因素。在桧柏类植物较多的南方地区，梨锈病发生较普遍，北方平原地区零星发病。

**1. 症状** 梨锈病主要为害幼叶和新梢，严重时也能为害果柄和幼果。叶片受害，初在叶正面发生橙黄色、有光泽的小斑点，后逐渐扩大为近圆形的病斑，病斑中部橙黄色，边部淡黄色。天气潮湿时，其上溢出淡黄色黏液，黏液干燥后，小粒点变为黑色。病斑组织逐渐变厚，叶背隆起，正面微凹陷，在隆起的部位长出灰黄色的毛状锈孢子器，其中含有大量孢子。随后病斑变黑枯死，引起落叶。幼果多在萼片处发病，初期症状与叶相似，病果果肉硬化，畸形提早脱落。嫩梢的病斑龟裂，易折断（图6-14）。

A　　　　　　　B　　　　　　　C　　　　　　　D

图6-14 梨锈病症状
A. 叶片正面　B. 叶片背面　C. 转主寄主桧柏　D. 冬孢子角胶化物

**2. 病原** 病原为梨胶锈菌，属担子菌亚门胶锈菌属。

**3. 发生规律及发生条件** 病菌以多年生的菌丝体在桧柏等转主寄主的病组织中越冬，翌春2~3月间开始形成冬孢子角。冬孢子成熟后，遇雨水时吸水膨胀，冬孢子开始萌发产生担孢子（也称小孢子）。担孢子随风雨传播，当散落在梨树幼叶、新梢、幼果上时，遇水萌发成芽管，从气孔、皮孔或从表皮直接侵入，引起梨树叶片和果实发病。叶面产生橙黄色病斑，病斑表面长出性孢子器，叶背形成锈孢子器和锈孢子。一般在4月上旬，梨树上开始产生性孢子器，4月中旬出现最多，并有性孢子溢出。4月底开始，锈孢子器突破表皮外露，5月中旬锈孢子器成熟并陆续释放锈孢子，到6月上旬锈孢子器因锈孢子的释放和重寄生菌的寄生而脱落，病斑变黑、干枯。锈孢子借风传播到柏树枝叶上，产生黄色隆起的小病斑。梨锈病一年发生1次，锈孢子只能侵害转主寄主桧柏的嫩叶和新梢，无再侵染。病害发生与转主寄主、气候条件和品种抗病性等相关。担孢子最大有效传播距离为2.5~5km。因此病害的轻重与桧柏的多少及距离远近有关，尤以离梨树栽培区2.5~5km范围内的桧柏关系最大，此范围内患病桧柏越多，梨锈病发生越重。

病害的流行与否受气象因子的影响。病菌一般只侵染幼嫩组织，当梨树萌芽、幼叶初展时，若天气温暖多雨，且温度适宜冬孢子萌芽，田间就会有大量担孢子释放，发病必定严重。风力的强弱和风向都可影响担孢子与梨树的接触，对发病也有一定的影响。在长江中下游地区3月中旬后，冬孢子陆续成熟，只要气温高于15℃，每次雨后，冬孢子角即吸水胶化萌发产生担孢子，此时正值梨树萌芽展叶易感病的时期。病害潜育期长短与气温和叶龄有密切关系，一般为6~10d，温度越高，叶龄越小，潜育期越短。梨树的感病期很短，自展叶开始20d内最易感病，超过25d，叶片一般不再受感染。梨树不同品种对锈病的抗性有一定差异，一般中国梨最感病；日本梨次之，西洋梨最抗病。

**4. 防治措施**　根据病菌无再侵染和具有转主寄生的特点，梨锈病的防治关键是清除转主寄主和合理用药防治，可将病害所造成的损失减少到最低限度。

（1）清除转主寄主。梨区不用桧柏等柏科植物造林绿化，新建梨区应远离柏树多的风景区。在梨区周围5km范围内，禁止栽植桧柏和龙柏等转主寄主，砍除少量桧柏等植物，是防治梨锈病最彻底的有效的措施。

（2）合理用药防治。无法清除转主寄主时，应在3月上中旬在梨树萌发前和春雨前剪除桧柏上冬孢子角，或选用2～3波美度石硫合剂，1∶2∶（160～200）的波尔多液，15%三唑酮乳剂2 000倍液等喷射桧柏，以抑制冬孢子萌发。梨树上用药，应在梨树萌芽至展叶后25d内喷药保护，一般应在梨萌芽期用第一次药，以后每隔10d左右用一次，酌情喷1～3次。药剂可选用1∶2∶（160～200）波尔多液。开花后，如遇降雨，雨后1周可喷20%粉锈宁乳油1∶（2 000～2 500）倍液。

（3）抗病品种的利用。在桧柏等转主寄主多、病害发生严重的地区，种植抗病品种。

### 三、梨黑斑病

**1. 症状**　梨黑斑病病菌主要为害叶片、果实和新梢。幼嫩的叶片最早发病，初时发生针头大圆形黑色的斑点，后斑点逐渐扩大为1cm左右近圆形或不规则形，中心灰白色，边缘黑褐色，有时微现轮纹。叶上病斑多时，相互联合成不规则形大病斑，叶片成为畸形，引起早期落叶。幼果受害，初时发生1个至数个黑色圆形针头大斑点，逐渐扩大为近圆形或椭圆形，病斑略凹陷，表面遍生黑霉，后果面发生龟裂，裂缝可深达果心，病果易早落。成熟果受侵染时，病斑发展很快，微显黑褐色同心轮纹。新梢上病斑，早期黑色椭圆形，稍凹，后扩大为长椭圆形，凹陷更明显，病健部分界处产生裂缝（图6-15）。

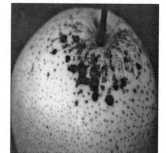

图6-15　梨黑斑病症状

**2. 病原**　梨黑斑病病原为菊池链格孢，属于半知菌亚门链格孢属。

**3. 发生规律及发生条件**　病菌以分生孢子和菌丝体在受害枝梢、病芽、病果梗、树皮及落于地面的病叶、病果上越冬。次年春气温达9℃以上时，病菌开始活动并产生孢子。一般气温在24～28℃、相对湿度为60%～80%以上时，病斑的分生孢子借风雨传播到嫩叶、幼果及新梢，产生新的病斑。新老病斑不断产生分生孢子，能引起多次再侵染。从梨树开花到果实采收均可发病，但以高温多湿季节发病重。在江浙一带，发病盛期为6月下旬至6月初，被侵染的树上会出现大量病叶和病果。肥力不足，氮肥过多，管理粗放，树势衰弱，果园排水不良，低洼潮湿等均有利于病害的发生和蔓延。一般日本梨易感病，西洋梨次之，中国梨较抗病。

**4. 防治措施**

（1）清除菌源。结合冬季修剪，剪除树上病枝，清扫落叶、落果，集中烧毁和深埋。

其次，品种合理布局，加强栽培管理，增施有机肥，做好排灌工作，增强树势，提高抗病能力。

（2）药剂防治。梨树发芽前喷 3～5 波美度石硫合剂；梨树生长期，喷药保护幼叶幼果。南方梨区在落花后至梅雨结束前，间隔 10～15d 用药一次，常用药剂有 1：2：（160～200）波尔多液，10% 多抗霉素可湿性粉剂 1 000 倍液，80% 代森锰锌可湿性粉剂 800 倍液等。

### 四、梨树腐烂病

梨树腐烂病又叫臭皮病，在我国各梨区都有发生。主要危害主干、主枝及侧枝上的向阳面及枝杈部，发病后常引起全株死亡，对生产影响很大。

**1. 症状**　梨树腐烂病为害梨树枝干，多发生在主干、主枝和侧枝上，病部易发于枝干的向阳面，桠部也易发病。发病初期病部呈红褐色，椭圆形或不整形，水渍状，稍肿起，用手指压之，病部下陷。病部组织糟烂，有时溢出红褐色汁液，发出酒糟气味。发病后期，病皮表面出现小疣状突起，渐突破表皮，露出黑色小点粒，即病原菌的子座和分生孢子器，病部表面色泽转暗，逐渐变为黑褐色至炭黑色，干缩下陷并于病健交界处发生龟裂，病情严重时，树体局部或全部死亡（图 6-16）。

图 6-16　梨树腐烂病

**2. 病原**　梨树腐烂病的病原同苹果树腐烂病。其症状如图 6-16 所示。

**3. 发生规律及发生条件**　病原菌以菌丝体、分生孢子器及子囊壳在枝干病部越冬，早春树体萌动时开始产生孢子并随雨水传播，多从伤口侵入。病害发生一年有 2 个高峰，春季盛发，夏季停止扩展，秋季再次活动，但没有春季严重。该病的发生与土质、树龄、枝干部位、品种有一定的关系，土质为泡沙土的梨园，因有机质含量低，树势差，一般发病较重。6～8 年以上的结果树及老树、弱树较易发病。西洋梨在遭受冻害后易发病。

**4. 防治措施**　同苹果树腐烂病。

### 五、梨小食心虫

梨小食心虫又称东方果蛀蛾，简称梨小，俗称蛀虫、水眼。属鳞翅目小卷叶蛾科。国内分布广，以幼虫危害梨、苹果、桃、李、梅、杏、山楂、枇杷、樱桃等果树的果实及新抽嫩梢。幼虫孵化后，从梢端第二至三叶片基部蛀入梢中，蛀孔处流出胶液，受害部中空，先端凋萎下垂而干枯。幼虫可转移危害 4～5 个新梢，当新梢停止抽发并木栓化后转害果实，蛀入果后直达果心，常喜食种子，入果孔小，有时可见少量虫粪。梨果被害处常易感染病菌引起腐烂变黑（称黑膏药）。危害桃果多从梗洼或两果相接处蛀入。8～9 月梨果采收时，若果上带有虫卵，装入果框后，幼虫蛀入果内食害，则引起病菌繁殖，果实腐烂，常造成很大损失。

**1. 形态特征**　梨小食心虫成虫全体灰黑色。雄蛾腹末尖形，雌蛾末端腹面有圆形产卵孔。卵扁椭圆形，初产时淡黄白色或白色，半透明，渐变淡黄色至淡红色，孵化前黑褐色。幼虫初龄头及前胸背板黑褐色，体乳白色；3 龄后的幼虫头褐色。蛹纺锤形，黄褐色。茧白色，呈松软的丝质袋状（图 6-17）。

图 6-17　梨小食心虫
A. 成虫　B. 蛹　C. 幼虫

**2. 发生规律**　江苏一般一年发 4～5 代。幼虫在树干翘皮裂缝、草根、果筐、树干基部表上中结茧越冬。梨小食心虫的发生与危害，除地区差异外，还与果树种类的布局关系较大。一般来说，桃、梨、苹果混栽的果园，梨小食心虫的发生与危害普遍严重。越冬幼虫在 3 月中下旬化蛹，蛹期约 3 周。在 4～5 月当 5d 平均温度达 10℃ 时成虫开始羽化，出现越冬代成虫。发高峰后 10d 左右，常还有一小高峰。第一代卵的盛期在 5 月中旬，卵期 5～11d。幼虫危害旺树梢，弱树蛀果多，一般转枝为害 3 枝左右。5 月下旬至 6 月上旬为第一代成虫羽化高峰。第二代卵的盛期在 6 月上中旬，多产在桃梢上，尤其是旺树冠中上部的旺梢较多，卵期 4～6d。幼虫先蛀梢再蛀果，第二代羽化高峰在 6 月中旬到 6 月上旬。第三代卵的盛期在 6 月上旬，卵期约 5d，仍主要危害桃，部分危害梨。第三代羽化高峰在 6 月中下旬至 8 月中旬。第四代卵的盛期在 8 月上旬，多产在梨果上，少数在梨果附近的叶处下，卵期约 4d。第五代卵的盛期在 8 月下旬至 9 月初，卵期 4～6d，幼虫主要危害果实。最后一代幼虫多数不能在园地老熟，而随果被带走，在果内危害至老熟再脱出果外越冬。8 月中旬就有部分第四代幼虫滞育越冬，一般从 8 月底开始入蛰至 10 月底入蛰结束。

成虫产卵对品种和树势有明显的选择性，江苏淮阴地区调查，在莱阳梨上产卵最早，砀山酥梨迟半月左右，康德梨最迟；同一品种中采收愈晚，被害愈重。在桃树上，凡嫩梢多、长势好的落卵量大，危害严重。卵在桃梢上的新梢中部的 3～5 张叶片的背面最多。幼虫从嫩梢第二、三叶片基部蛀入，3d 后被害梢逐渐枯萎。

**3. 防治措施**

（1）人工防治。冬春季清洁果园及树体，刮除枝干上的老翘皮。在 1～2 代幼虫危害桃梢时，尤其是第一代幼虫，组织人力于中午在桃园巡查虫梢，剪除萎蔫梢。6 月份以前人工摘除虫梢、虫果，6 月开始施药保护果实，冬季消灭越冬幼虫。

（2）诱杀成虫。可利用糖醋液或用坏的病虫伤果发酵后进行诱杀，诱杀液中需加无气味的药剂，诱杀液挂在迎风面。黑光灯诱杀，每 3.3hm² 安装一盏 40W 黑光灯。在末代幼虫脱果前，在树干上离地面 30cm 高处，绑缚草把，诱集越冬幼虫，早春将草把解下烧掉或将草中的幼虫保存起来，留作春季测报用。

（3）合理规划果园。梨小食心虫寄主复杂，并有转移寄主的习性，在建立新果园时，尽可能避免桃、梨连片种植，品种搭配亦要适当集中。

（4）药剂防治。在桃、梨、苹果连片栽种的果园，4～6月着重桃园防治，6～8月着重梨园防治。4～6月份1～2代羽化盛期喷50%马拉硫磷乳油1 500倍液。6月份3～4代卵始盛期卵果率达1%左右时，喷50%敌敌畏乳油加2.5%溴氰菊酯1 500倍液，或20%氰戊菊酯乳油2 000倍液，10d至半月后再喷一次；采收前1周根据虫情，可再喷一次。

## 六、梨大食心虫

**1. 形态特征**　梨大食心虫成虫体长10～15mm，全体暗灰色，稍带紫色光泽。距翅基2/5处和距端1/5处，各有1条灰白色横带，嵌有紫褐色的边，两横带之间，靠前处有1条灰色肾形条纹。幼虫体长17～20mm，头、前胸盾、臀板黑褐色，胸腹部的背面暗绿褐色，无臀栉。卵长0.9mm，椭圆形，稍扁，初产时黄白色，1～2d后变红色（图6-18）。

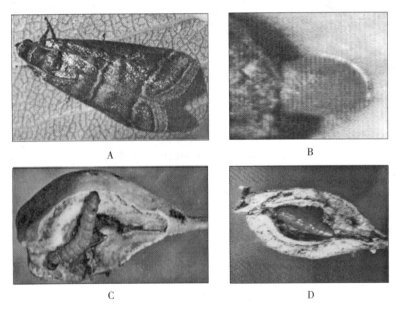

图6-18　梨大食心虫
A. 成虫　B. 卵　C. 幼虫　D. 蛹

**2. 发生规律**　以幼龄幼虫在花芽内结灰白色薄茧越冬。一年1～2代区，越冬幼虫在翌年梨花芽膨大前后开始"拱盖"出蛰，当鸭梨、秋白梨花芽抽芽，鳞片间露出1～2道1mm宽的绿白色裂缝时为出蛰始期，花芽开放期为出蛰盛期，花序分离时为出蛰终止期。出蛰后，立即转害其他花芽，5月中旬至6月中旬，当梨果长到指头大时，越冬幼虫转害梨果，在最后被害的果实内化蛹，蛹期8～15d。越冬代和1代成虫发生盛期分别为6月下旬至7月上旬、8月上中旬。

**3. 防治措施**

（1）人工防治。剪除虫芽，掰下萎凋的花丛、叶丛，捏死幼虫，摘除虫果，利用黑光灯、性诱剂诱杀成虫。

（2）药剂防治。越冬幼虫出蛰初期或转果期，卵及幼虫孵化初期喷药。可使用50%敌敌畏乳油1 000倍液，20%甲氰菊酯乳油1 500～2 000倍。

### 七、梨木虱

梨木虱又名中国梨木虱，属同翅目木虱科。梨木虱在梨产区普遍分布，主要危害梨树。春季梨树萌发后，以成虫、若虫在梨树花蕾、嫩芽、叶片、叶柄及果面刺吸汁液。夏秋季多在叶背危害。叶片被害后造成坏死斑，并能分泌甜液，被害部污染变黑，使叶片枯黄脱落。

**1. 形态特征** 梨木虱成虫有冬型和夏型之分，冬型暗褐色或褐色，有黑褐斑纹；夏型体较小，黄绿色，渐变暗褐色。雄虫细小，成虫头部颊锥与头部约等长呈圆锥形。早春卵淡黄色至黄色，夏卵黄白色，长椭圆形。若虫淡黄色至暗绿色，夏季为绿色（图6-19）。

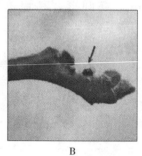

图6-19 梨木虱
A. 夏型成虫　B. 冬型成虫　C. 若虫

**2. 发生规律及发生条件** 辽宁一年3代，河北4～5代，以成虫在树皮缝、树洞及翘皮落叶下越冬，耐低温。早春梨树花芽萌动时，越冬成虫开始出蛰，露白期出蛰达盛期，出蛰后在小枝上活动刺吸汁液。花膨大时开始在短果枝痕及芽腋间产卵，排列成断续的黄色线。花序伸出期为产卵盛期，花蕾出现时，卵开始孵化，终花期为第一代若虫盛孵期，盛花后20d为成虫始见期，盛花后1个月为盛发期。第二代卵产于果台、嫩梢新叶和花蕾等幼嫩组织处，坐果后各代产卵于叶面主脉沟内、叶柄沟内、叶缘锯齿内。若虫群集在背光的叶簇间、卷叶内，尤以叶丛密生处较多。成虫白天静伏在叶背，遇惊即飞跳。第二代后各代及各虫期重叠发生，9月下旬至10月出现越冬型成虫。

梨木虱发生轻重与湿度和天敌密切相关。干旱有利于虫害大发生。主要天敌有梨木虱跳小蜂、花蝽等。此外，黄河故道地区的梨木虱已普遍对乐果、氧化乐果产生了不同程度的抗药性。

**3. 防治措施** 梨木虱防治的关键时期是越冬成虫出蛰盛期。这时成虫已大都出蛰，虽已有产卵，但梨树尚未发叶，成虫及卵均暴露在枝条上，易于消灭。

（1）农业防治。冬季清洁果园及树体，早春刮净老翘皮，清除落叶杂草，消除越冬虫源。

（2）保护利用天敌。

（3）药剂防治。春季梨树芽膨大时，喷施99%矿物油乳油100倍液，在成虫出蛰盛期主花谢后若虫盛发期喷1%阿维菌素2 500倍液或2.5%的氯氟氰菊酯乳油2 000倍液，可兼治其他梨树害虫。

### 八、梨黄粉蚜

梨黄粉蚜又名梨黄粉虫，属同翅目、根瘤蚜科。分布辽宁、河北、山东、江苏、安徽、河南、陕西、四川等地，尤以四川等危害较重。食性单一，只危害梨。成虫和若虫先在翘皮下、嫩皮处刺吸汁液，以后转移到果实的萼洼、果面部刺吸果汁，虫量多时，可见果面堆集黄色粉状物。被害部初期出现黄色凹陷斑，渐扩大变成大黑疤或黑腐瘤。

**1. 形态特征** 梨黄粉蚜成虫长约0.6mm，体卵圆形，黄色，触角及足短小，无腹管及尾片。卵长0.25～0.4mm，椭圆形，淡黄色，呈堆形黄粉状。若虫黄色似成虫，体很小（图6-20）。

**2. 发生规律及发生条件** 梨黄粉蚜一年发生8～10代，以卵在梨树翘皮、裂缝等处越冬。翌年梨树开花时，越冬卵孵化，若蚜先在梨树翘皮下、嫩枝处取

A　　　　　　　　B

图6-20　梨黄粉蚜
A. 梨树严重受害状　B. 成虫

食危害。6月上旬开始转向果实为害，后逐渐转到果实萼洼处产卵繁殖，6月下旬大量上果，越接近成熟为害越严重，扩散到果面后呈一堆黄粉状。

黄粉蚜喜在背阴处栖息危害，活动能力差，主要靠苗木传播。高温、高湿的气候条件不利其繁殖，在干旱、温暖的环境下繁殖快，危害重。不同梨树品种受害程度不同，有萼片的受害重。

捕食蚜虫的天敌有黑带食蚜蝇、大灰食蚜蝇、七星瓢虫、异色瓢虫、大草蛉、丽草蛉、中华草蛉、多斑草蛉等。

**3. 防治措施**

（1）选用优良品种。选育无萼片的不感染此虫的优良品种。

（2）冬季防治。冬季刮除老翘皮，清洁树体，消除越冬卵。可在萌芽前刮除翘皮后，结合防病，喷洒1次3波美度石硫合剂或5%柴油乳剂或95%机油乳剂100倍液，杀越冬卵。

（3）保护利用天敌。异色瓢虫、草蛉、食蚜蝇、蚜茧蜂等。

（4）药剂防治。果实受害初期，喷布10%吡虫啉可湿性粉剂2 000倍液，50%抗蚜威乳油3 000倍液，50%杀螟松乳油1 000倍液。

### 九、梨蚜

梨蚜又名梨卷叶蚜、梨二叉蚜，属同翅目、蚜科。分布北京、吉林、辽宁、河北、山东、河南、江苏、四川、台湾等地。寄主有梨、白梨、棠梨、杜梨。当春天梨树萌芽时，集中在绿色部分危害，嫩芽开放后，钻入芽间及花蕾缝隙中危害，展叶后群集于叶面刺吸汁

液，受害叶片两侧边缘向正面纵卷。蚜虫的分泌物引发煤污病，造成叶片脱落。南京地区一年危害2次，第一次在4～5月，危害最重；第二次在10月份，危害较轻，但为下一年积累了虫源。

**1. 形态特征** 梨蚜中有翅成蚜头胸淡黑色；无翅胎生雌蚜暗绿色或黄绿色，常被有白粉。卵椭圆形，墨绿色至漆黑色，有光泽。若虫体形与无翅胎生雌蚜相似，但体小，绿色（图6-21）。

**2. 发生规律** 一年发生20代左右，以卵在梨树的芽腋或小枝裂缝里越冬，第二年梨芽膨大露绿叶时开始孵化。幼蚜群集在绿色及白色部危害，花芽现蕾花序分离时钻入花序中危害。叶伸展后，即到叶面危害和繁殖，受害叶片向正面卷曲。江苏4月繁殖最快，危害最重。花谢后半月开始发生有翅蚜，迁移到其他寄主如狗尾草上危害。10月又飞回梨树，在梨树上繁殖几代后产卵越冬。主要天敌有蚜茧蜂、食蚜蝇。

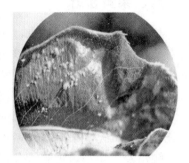

图6-21 梨 蚜

**3. 防治措施**

（1）冬季防治。结合冬季修剪，剪除虫卵枝，发生危害期，摘除卷叶集中烧毁。

（2）早春防治。早春萌芽前，喷布99%矿物油乳油100倍液。

（3）药剂防治。梨芽萌动至发芽展叶期是药剂防治的关键时期，要及时喷药常用药剂有10%吡虫啉可湿性粉剂1 500倍液，48%毒死蜱乳油1 500倍液喷施。

# 第三节 柑橘病虫害

## 一、柑橘溃疡病

柑橘溃疡病是柑橘生产的重要病害之一，为国内外植物检疫对象。我国长江流域、东南沿海、两广及西南、台湾等橘区均有发生，局部地区还相当严重。

**1. 症状** 叶片受害后，开始在叶背出现黄色或暗绿色针头大小的水渍状斑点，后逐渐扩大，同时叶片正、背两面均逐渐隆起，成为近圆形米黄色的斑点，不久，病部表皮破裂，呈海绵状，隆起更显著，木栓化，表面粗糙、灰白色或灰褐色，后病部中心凹陷，并呈现微细的轮纹，周围有黄色晕环，紧靠晕环处常有褐色的釉光边缘。病斑的大小与品种有关，一般直径在3～5mm，有时几个病斑互相连合，形成不规则形的大病斑。后期病斑中央凹陷成火山口状开裂。枝梢受害以夏梢为重，病斑特征基本与叶片上相似，但无黄色晕环，严重时引起叶片脱落，枝梢枯死。果实上病斑也与叶片上相似，但病斑较大，一般直径为4～5mm，最大的可达12mm，木栓化程度比叶部更为坚实，病斑限于果皮上，发生严重时引起早期落果（图6-22）。

**2. 病原** 柑橘溃疡病病原为野油菜黄单胞杆菌柑橘致病变种，属薄壁菌门黄单胞杆菌属细菌。病菌短杆状，两端圆，极生单鞭毛，有荚膜，无芽孢，革兰氏染色反应阴性，好氧性。

病菌生长适宜温度为20～30℃，致死温度55～60℃。病菌耐干燥，在相对湿度较低的土壤表面，病菌能在落叶中存活90～100d，当落叶埋入土壤时，存活期为85d。病菌耐低

图 6-22　柑橘溃疡病

温,但在阳光下曝晒 2h,病菌即死亡。病菌发育的适宜 pH 为 6.6。病菌主要侵染芸香科的柑橘属和枳属,金柑属也可受侵染。

**3. 发生规律及发生条件**　病菌潜伏在病叶、病梢、病果等病组织内越冬,尤其是秋梢上的病斑是病菌主要的越冬场所。翌春气温回升并有降雨时,越冬病菌从病部溢出,借风、雨、昆虫、人和工具以及枝叶交接作近距离传播到附近的嫩梢、嫩叶和幼果上。病菌的远距离主要是通过带菌的苗木、接穗和果实等繁殖材料的调运传播。病菌从寄主气孔、皮孔和伤口侵入。侵入后,温度较高时,在寄主体内迅速繁殖并充满细胞间隙,刺激细胞增生,使组织肿胀。潜育期长短因品种的抗(感)病性、组织的老熟程度和温度而异,一般为 3～10d。发病后病斑上产生菌脓,通过风雨传播,再侵染幼叶、新梢和幼果,加重病情。沿海地区台风暴雨后,常导致病害严重发生。病菌具潜伏侵染特性,从外观健康的温州蜜柑枝条上可分离到病菌,有的秋梢受侵染后,常至翌年春季气温回升后才显现症状。

从柑橘的物候期来说,以夏梢发病最严重,秋梢次之,春梢发病较轻,但春梢的感病则影响到夏梢的发病程度。柑橘溃疡病的发生主要与气候条件、寄主品种、栽培管理等有关。高温多雨的天气有利于发病,当气温在 25～30℃,寄主表面保持 20min 以上的水膜,即可侵入。暴风雨和台风给寄主造成大量伤口,有利于病菌的入侵,也有利于病菌的传播。不同种的感病性不同,以橙类最感病;柚类、柠檬和枳次之;柑类、橘类感病较轻;金柑类抗病。发病的轻重与树龄也有关,一般是苗木及幼树比成年树发病重,树龄越大,发病越轻。此外,与寄主组织的老熟程度有关,病菌只侵染幼嫩的寄主组织,老熟组织不侵染或很少侵染。

合理施肥,适当修剪,控制夏梢,可减少发病,增施钾肥的比偏施氮肥的发病轻。受潜叶蛾、凤蝶幼虫为害严重的,溃疡病一般发生严重。所以,及时防治害虫,特别是潜叶蛾,可以减轻溃疡病的发生。

**4. 防治措施**

防治柑橘溃疡病必须以防为主,在无病区或新发展区应严格实行检疫,防止病菌传入,在病区则应以药剂保护为主,开展综合防治。

(1) 加强检疫。无病区或新区应严格执行检疫制度,严禁从病区调运苗木、接穗、砧木、果实和种子等。

(2) 建立无病苗圃,培育无病苗木。苗圃应设在无病区或远离柑橘园 2～3km 以上。砧木的种子应采自无病果实,接穗采自无病区或无病柑橘园。种子、接穗要按规定的方法消毒。育苗期间发现有病株，应及时挖掉烧毁，并喷药保护附近的健苗。

（3）加强栽培管理。冬季做好清园工作，收集落叶、落果和枯枝，加以烧毁。早春结合修剪，剪除病枝、徒长枝和弱枝等，以减少侵染来源。适时控梢，抹去夏梢，培育春梢和早秋梢。合理施肥，增强树势，提高树体的抗病力。

（4）适时用药防治。在病区要用药剂进行保护，应按苗木、幼树和成年树的不同特性区别对待。苗木和幼树以保梢为主，各次新梢萌芽后20～30d（梢长1.5～3cm，叶片刚转绿期）各喷药一次。成年树以保果为主，在谢花后10、30、50d各喷药一次。药剂可选用1：1：200波尔多液，50%退菌特可湿性粉剂500～800倍液，40%灵·福超微粉剂1：1 000倍液。

## 二、柑橘疮痂病

柑橘疮痂病又称"癞头疤""疥疙疤"，是柑橘重要病害之一。该病在我国东南、西南、长江流域及台湾省均有分布，是温带柑橘区的常发病。

**1. 症状**　柑橘疮痂病主要危害嫩叶、幼果和新梢，也可危害花器。叶片受害，初生水浸状黄褐色圆形小点，逐渐扩大变为蜡黄色至黄褐色，后病斑木栓化隆起，多向叶背突出而叶面凹陷，形成向一面突起的直径0.5～2mm的变灰白色至灰褐色圆锥形疮痂状木栓化病斑，形似漏斗。早期被害严重的叶片常焦枯脱落。在叶片正反两面都可生病斑，但多数发生在叶片背面，不穿透两面，天气潮湿时病斑顶部有一层粉红色霉状物。病斑多时常连成一片，使叶片扭曲变为畸形。新梢叶片受害严重的常早期脱落。在温州蜜柑叶片上，病斑在后期常脱落成穿孔。新梢受害与叶片上病斑相似，但突起不显著，病斑分散或连成一片，枝梢变得短小、扭曲。花瓣受害很快凋落。

果实发病在果皮上散生或密生突起病斑。幼果在落花后即可发病，长至豌豆大小时发病，呈茶褐色腐烂脱落。稍大的果实初期病斑极小，褐色，后变黄褐色木栓化的瘤状突起病斑，严重时病斑连成一片，果小畸形易早落。果实长大后发病，病斑往往变得不太显著，但果小、皮厚、汁少。病果的另一症状是果实后期发病，病部果皮组织一大块坏死，呈癣皮状剥落，下面的组织木栓化，皮层较薄，久晴骤雨常易开裂（图6-23）。

图6-23　柑橘疮痂病

**2. 病原**　柑橘疮痂病病原有性态为柑橘痂囊腔菌，我国尚未发现。无性态为柑橘痂圆孢菌。子囊果为子囊座，每个子囊腔内含有1个子囊。病菌菌丝生长温度最适为21℃。分生孢子形成的温度以20～24℃为最适。分生孢子在24～28℃下能萌发最适。

**3. 发生规律及发生条件**　病菌以菌丝体在病叶、病枝梢等病组织内越冬。翌年春季阴雨多湿，当气温在15℃以上时，旧病斑上的菌丝体开始活动，并产生分生孢子，通过风雨传播，侵害当年生的新梢、嫩叶和幼果。经过3～10d的潜育期后即形成病斑。病斑上产生分生孢子，进行再次侵染，侵害幼嫩叶片、新梢。花瓣脱落后，病菌侵害幼果。夏秋抽梢期又为害新梢，最后又以菌丝体在病部越冬。病害远距离传播则通过带菌苗木、接穗及果实的调运。

疮痂病的发生与气候条件等关系密切。病害的发生需要较高的湿度和适宜的温度，发病适宜温度为20～24℃，当温度达28℃以上就很少发病。凡春天雨水多的年份或地区，春梢发病就重，反之则轻。长江流域、东南沿海及华南高海拔的橘区，由于雨多、雾大、温度适宜，疮痂病发生往往严重。

病菌只侵染幼嫩组织，以刚抽出尚未展开的嫩叶、嫩梢及刚谢花的幼果最易感病。随着组织不断老熟，抗病力增强，叶片宽1.5cm左右，果实至核桃大小时就具有抵抗力，组织完全老熟则不感病。橘苗及幼树因梢多，时间长，发病较重；成年树次之；15年以上树龄的柑橘发病很轻。合理修剪，树冠通风透光良好；施肥适当，新梢抽生整齐；墩高沟深，排水畅通的橘园发病轻。

疮痂病菌对不同种类和品种的橘类为害有显著差异。一般来说，早橘、本地早、温州蜜橘、乳橘、朱红橘、福橘等橘类最为感病；椪柑、蕉柑、葡萄柚、香柠檬等柑类、柚类、柠檬类等属中度感病；甜橙类的脐橙和金柑等抗病性较强。

**4. 防治措施**　柑橘疮痂病防治应采取加强果树栽培管理和适时喷药保护相结合的综合治理措施。

(1) 加强栽培管理，减少侵染来源。加强冬季清园，剪除、烧毁病枝病叶，喷施10～15倍松脂合剂或3～5波美度石硫合剂1～2次，减少越冬病菌基数。结合春季修剪，剪去病梢和病叶，改善橘园内树冠通气透光条件，降低湿度，以减轻发病。加强肥水管理，促使树体健壮，新梢抽发整齐，成熟快，缩短疮痂病的为害时间。

(2) 喷药保护。疮痂病菌只侵染柑橘的幼嫩组织，药剂防治的目的是保护新梢和幼果不受病菌侵染，苗木和幼树以保梢为主，成年树以保果为主。掌握在春梢抽发期，梢长1～2mm时喷第一次药，喷施0.8%波尔多液以保护春梢；谢花2/3时喷第二次药，喷0.6%波尔多液以保护嫩梢和幼果；10～15d再次喷药，可喷50%～60%甲基托布津可湿性粉剂或代森锰锌500～800倍液或50%多菌灵1 000倍液。

(3) 接穗、苗木消毒处理。新开发的柑橘区，对外来的苗木应进行严格检验，发现病苗木或接穗应予以淘汰，来自病区的接穗，可用50%苯来特800倍液浸30min，或50%多菌灵可湿性粉500倍液或60%甲基硫菌灵可湿性粉剂800倍液浸泡30min，以杀灭携带病菌，消毒效果甚好。

### 三、柑橘树脂病

柑橘树脂病是柑橘上普遍发生的重要病害之一。在国内分布很广，长江流域、东南沿海、华南地区以及台湾等橘区均有发生。

**1. 症状**　因发病部位不同而有各种名称，发生在树干上的称流胶和干枯病，发生在叶片上的称砂皮和黑点病，发生在果实上的称蒂腐病。在橘树遭受冻后最易发病和流行。

(1) 流胶和干枯。这2种在枝干上的受害类型并非截然分开，可相互转化。

①流胶型。病部皮层组织松软，呈灰褐色，渗出褐色的胶液。在高温干燥情况下，病势发展缓慢，病部逐渐干枯下陷，病势停止发展，病斑周围产生愈伤组织，已死亡的皮层开裂剥落，木质部外露，现出四周隆起的疤痕。在甜橙、温州蜜柑、椪橘等品种上发生较普遍。

②干枯型。病部皮层红褐色，干枯略下陷，微有裂缝，但不立即剥落。在病健交界处，有一条明显隆起的界线。在适温、高湿条件下，干枯型可转化为流胶型。在早橘、本地早、南丰蜜橘、朱红橘等品种上发生较多。

(2) 蒂腐或褐色蒂腐。主要发生在成熟果实上，特别是在贮藏过程中发生较多。主要特征为环绕蒂部周围出现水渍状淡褐色的病斑，病部渐向脐部扩展，边缘呈波纹状，最后可使全果腐烂。由于病果内部腐烂比果皮腐烂快，因此，又有"穿心烂"之称。甜橙、葡萄柚等的绿果，有时亦能受害，在蒂部周围出现红褐色、暗褐色乃至近于黑色的病斑，引起早期落果。

(3) 砂皮和黑点。病菌侵害新叶、嫩梢和幼果时，在病部表面产生苋褐色或黑褐色硬胶质小粒点，散生或密集成片称为"砂皮"和"黑点"。病菌为害限于表皮及其下数层细胞，一般不超过5~6层，因此发病迟的影响不大；发病早的生长缓滞，发育不良。

(4) 枯枝。生长衰弱的果枝或上一年冬季受冻害的枝条，受病菌侵染后，因抵抗力弱，病菌深入内部组织，病部一开始则呈现明显的褐色病斑，病健交界处常有小滴树脂渗出。严重时，可使整枝枯死，表面散生无数黑色细小粒点状的分生孢子器。

**2. 病原** 柑橘树脂病有性阶段为柑橘间座壳菌侵染所致，属子囊菌亚门核菌纲间座壳属。其无性阶段为柑橘拟茎点霉菌，属半知菌亚门拟茎点霉属。病菌生长最适温度为20℃左右，在10℃以下及35℃以上时生长缓慢。卵形分生孢子萌发的温度范围为5~35℃，适温为15~25℃，丝状或钩状分生孢子不易萌发。

**3. 发生规律及发生条件** 柑橘树脂病病菌以菌丝体和分生孢子器在病枯枝及病死树干皮层内越冬，分生孢子器为次年初侵染的主要来源，菌丝体为初侵染的次要来源。翌春，潜伏的菌丝体加快生长，形成更多的分生孢子器，环境适宜时（特别是雨后），大量孢子从孢子器孔口溢出，经雨水冲刷，随水滴沿枝干流下，或由风吹散溅飞到新梢、嫩叶和青果上，亦可由昆虫等传播。孢子萌发后从枝干的伤口，或从嫩叶、新梢、青果的表皮直接侵入，5~6月平均气温在21~25℃时经5~10d的潜育期，一般枝龄、树龄大的潜育期短，出现新病斑后完成初侵染。发病后病部又可产生大量分生孢子，在橘园中辗转传播，进行多次再侵染。当大量分生孢子萌发侵入幼嫩组织时，由于柑橘新生组织活力较强，能产生一种保卫反应以阻止病菌的继续扩展；同时，柑橘油胞内的油质和某些酶也对病菌有抑制或杀伤作用，使病组织下面形成木栓层，挤裂上面角质层而溢出胶质，因而病部形成许多胶质的小黑硬粒点，呈现"砂皮"或"黑点"症状。病菌危害成熟果实从蒂部伤口侵入，在室温下潜育期一般为10~15d，在果园和贮运期间发生蒂腐病。

柑橘树脂病的发生和流行程度主要决定于植株伤口、雨水和温度等因素。树脂病菌寄生性不很强，只有在柑橘生长衰弱或受伤的情况下才易侵入为害。因此，导致树势衰弱或受伤的各种环境因素，均易诱发树脂病的发生为害。

(1) 气候条件。严寒冰冻是诱发树脂病的主导因素。每年5~6月和9~10月，平均气温 18～25℃，降水充足，阴雨天多，是发病的主要季节。

（2）伤口。该病菌为一个弱寄生菌，只能从寄主的伤口侵入为害，所以冻伤、日灼伤、机械伤等伤口是该病流行的先决条件。如在适宜条件下，雨水充足，植株产生伤口多，该病就会严重发生。

（3）栽培管理。树势旺盛发病较轻，壮年树较老树发病轻。肥料不足或施肥不及时，偏施氮肥，土壤保水、排水力差和病虫害为害严重的柑橘园，树势衰弱，容易遭受冻害，从而加重柑橘树脂病的发生。

**4. 防治措施** 树脂病的防治措施主要是做好防寒工作，培养树势，提高树体的抗病能力。

（1）加强栽培管理。果实采收后，及时施肥培土，恢复树势，提高树体防寒抗冻能力。树干涂白，有条件时在小树主干包扎稻草，或于地面铺草进行防冻。春季结合修剪，剪病枝梢，锯枯死枝，加以烧毁。

（2）刮治或涂药。对为害树体枝干的树脂病病斑，春季（4～5月）在病斑的病健交界处用纵横刻伤的方法，涂上1：（20～30）倍液50%多菌灵或40%灵·福，使病部周围长出愈伤组织，促使树体恢复健康。

（3）灼烧。用煤油喷灯对准病部，由病斑外缘向中间灼烧，刮除病部时灼烧到刮伤部位呈黑褐色即可，时间30～40s；不刮除病部的，灼烧到腐烂部和与之相接的健部不冒紫色流胶为止。

（4）喷药保护。结合防治柑橘疮痂病，于春梢萌发前喷1次0.8：0.8：100波尔多液，花落2/3及幼果期各喷1次40%灵·福1：1 000倍液，或50%多菌灵1：1 000倍液，以保护叶片和枝干。

（5）防止蒂腐。果实适当早采，并剔除病、伤果后，包装入箱贮藏，有减轻该病作用。

## 四、柑橘黄龙病

柑橘黄龙病又称黄梢病、青果病，为我国对内对外检疫对象，是一种世界性的柑橘病害。黄龙病在亚洲、非洲和印度洋的40多个国家和地区已有分布，其中以东南亚和南非受害最重。我国20世纪20年代在广东省汕头地区首次发现，至今，除在广东、广西、福建、台湾外，病害在江西、湖南、贵州、云南、四川、浙江和海南等省发生。1995年在第13届国际柑橘病毒病学家会议上一致通过以 Citrus Huanglongbing 为这类病害的正名。

**1. 症状** 柑橘黄龙病全年均可发生，以夏秋梢发生最多，春梢次之。

枝、叶症状：在浓绿的树冠中发生1～2条或多条枝梢的发黄。叶片均匀黄化或黄绿相间的斑驳状黄化。新抽的春梢，叶肉渐褪绿变黄，形成黄绿相间的斑驳状，病叶叶质变硬。夏秋梢期，树冠上出现的病梢，多数在1～2个梢或几个梢尚未完全转绿时，即停止转绿。叶片在老熟过程中黄化，叶质变硬。

花、果症状：病树一般开花多而早，花瓣短小、肥厚，颜色较黄。有的品种近果蒂部分为橙黄色而其余部分为青绿色，形成"红鼻果"。病果果汁少，渣多，其中种子多发育不健全（图6-24）。

**2. 病原** 柑橘黄龙病病原为亚洲韧皮杆菌。病菌菌体有多种形态，多数圆形、椭圆形或香肠形，少数呈不规则形，无鞭毛，革兰氏染色反应阴性，限于韧皮部寄生，至今还未能

图 6-24  柑橘黄龙病症状

在人工培养基上培养，故也称为韧皮部难培养菌。病菌的寄主主要是柑橘属、金柑属和枳属。另外，草地菟丝子可从柑橘上将病菌传到夹竹桃科草本植物长春花植株上，引起典型的黄龙病症状。

**3. 发生规律及发生条件**　病菌在田间病株和带菌木虱虫体上越冬，通过柑橘木虱在田间传播扩散。柑橘木虱的成虫和 4～5 龄若虫均可传病，病菌在木虱体内的循回期短者为 1～3d，长者可达 29～30d，类似于持久性病毒的传播方式，汁液摩擦或土壤不能传病。病害的远距离传播则通过带病的苗木和接穗的调运。

发病因素主要为：

（1）品种。栽培的柑橘品种均能感染黄龙病，其中以蕉柑和椪柑最感病；甜橙、早橘和温州蜜柑次之；柚子和柠檬则较耐病。

（2）田间侵染源（病株）和传播介体。一般来说，果园病株率超过 10%，如果传病木虱的数量较大，病害将严重发生。

（3）树龄。各种树龄的柑橘树均能感染黄龙病，其中以幼年树（6 年生以下）比老年树更容易感病。

（4）生态条件。生态条件主要影响传病木虱的数量和活动性，从而影响病害的发生。

**4. 防治措施**

（1）实行检疫。禁止病区苗木及一切带病材料进入新区和无病区，新开辟的果园种植无病苗。

（2）建立无病苗圃，培育无病苗木。

①对优良单株进行脱毒（茎尖嫁接脱毒或热力脱毒）并经鉴定证明不带菌。

②在网室内建立种质圃。

③在隔离地方或在网室内建立无病母本园。

④在隔离地方或在网室内建立无病苗圃。

⑤挖除病株。发现病株或可疑病株，应立即挖除，用无病苗进行补植。

⑥防治柑橘木虱通过水肥管理控梢以减少木虱繁殖和传播。新梢期喷布 1～2 次杀虫剂。果园四周栽种防护林带，对木虱的迁飞也有阻碍作用。

⑦加强管理。保持树势健壮，提高抗病力。

⑧病区改造。对于一些黄龙病发生非常严重，已失去经济价值的果园，应实行病区改造。把整个果园的柑橘树（包括未显症状的植株）全部挖除，喷杀带菌木虱，然后用无病柑

橘苗重新种植，把病区改造为无病新区。

## 五、柑橘锈壁虱

柑橘锈壁虱又称柑橘刺叶瘿螨、锈螨、牛皮柑、黑炭丸、铜病等，属蜱螨目瘿螨科。国内各柑橘产区均有发生，其中浙江、福建、、湖北、四川等地为害最重。主要为害柑橘类，其中以柑、橘、橙、柠檬受害最重；柚、金柑受害较轻。成、若螨群集叶、果和嫩枝上，刺破表皮细胞吸食汁。叶、果被害后油胞破坏，内含芳香油溢出，经空气氧化变成黑褐色。叶上则多在叶背呈许多赤褐色小斑，逐渐扩布全叶背。果实受害一般先在果面凹陷处出现赤褐色小斑，逐渐扩展至全果呈黑褐色，果皮粗糙，果面布满龟裂状纹，品质变劣（图6-25）。

图6-25 柑橘锈壁虱为害状

**1. 形态特征** 柑橘锈壁虱的成螨体微小，0.1～0.14mm，胡萝卜形，初淡黄色后变橙黄至锈黄色。卵圆球形，灰白色，半透明。幼螨体似成螨，较小，初孵灰白色，后渐变为灰色至淡黄色，环纹不明显，快脱皮时体表呈薄膜状，前端为灰黑色，其余部分仍为淡黄色。

**2. 发生规律** 柑橘锈壁虱一年可发生18～20代，世代重叠。主要以雌成螨群集在腋芽缝隙中和病虫危害的卷叶内越冬。越冬成螨4月上中旬开始活动产卵，5月迁至春梢嫩叶，6月上果危害，虫口密度迅速增加，6～8月危害严重。多时一叶和一果有虫、卵数达几百头至千余头。在叶片和面上往往附有大量虫体和蜕皮壳，好像薄敷一层灰尘。8月以后部分虫口转移至当年生秋梢叶上为害。11月后生长缓慢，但11月温暖干旱地区虫口仍可上升，冬季低温可引起大量死亡。该螨性喜荫蔽，先为核心分布，后为均匀分布，且虫体小，一般可借风、昆虫、雀鸟、苗木、器械传播蔓延。锈壁虱的天敌近10种，主要是多毛菌、钝绥螨、蓟马和食螨蝇等。

**3. 防治措施** 主要采取农业防治、适时用药和保护利用天敌。

（1）农业防治：加强柑橘园的肥培管理，增强树势，提高树体的抵抗能力。土壤干旱时及时灌溉，改善小气候，减轻为害。柑橘园、苗圃尽量远离茄科蔬菜及其他寄主植物。摘除过早或过迟抽发的不整齐嫩梢，结果树宜控制夏梢抽发。

（2）适时用药防治：在新梢长0.5cm时，或虫口密度达到每视野2～3头或橘园开始出现"灰果"和黑皮果时应立即喷药防治。药剂可用：晶体石硫合剂300倍液；20％三磷锡乳油1∶2 500倍液；25％三唑锡可湿性粉剂1∶2 500倍液等。

（3）保护利用天敌：减少用药次数，或选用对天敌杀伤很小的99％绿颖150～200倍液进行防治。尽量少用铜制剂防治柑橘病害，保护天敌多毛菌。

## 六、柑橘介壳虫类

为害柑橘的蚧类主要有红蜡蚧、矢尖蚧、褐圆蚧、柑橘粉蚧，分别属同翅目蜡蚧科、盾蚧科和粉蚧科。

以红蜡蚧为例，其主要分布于台湾及长江以南各省，河北、山东也有发生，其中，以四川、浙江、贵州3省发生较为严重。在柑橘类中，以红橘受害最重；甜橙、柚类次之。该虫多聚集于枝梢上吸取汁液，叶片及果梗上亦有寄生。柑橘受害后，抽梢量减少，枯枝增多，并诱发煤污病，妨碍光合作用，影响果实品质，产量减少，树势衰弱，枝干枯死。

**1. 形态特征**（图6-26）（表6-1）

A　　　　　　　　　　　　B

图6-26　介壳虫形态特征
A. 红蜡蚧　B. 矢尖蚧

表6-1　为害柑橘主要介壳虫识别

| 识别要点 | 红蜡蚧 | 矢尖蚧 | 褐圆蚧 |
| --- | --- | --- | --- |
| 体长（mm） | 2~3 | 2.5 | 1 |
| 蚧壳形状 | 椭圆形 | 箭头形 | 圆形 |
| 蚧壳颜色 | 红褐色 | 黄褐色或棕褐色，边缘灰白色 | 紫褐色，边缘淡褐色 |
| 为害部位 | 多群集在枝条和叶柄上 | 群集在叶背、果柄、枝梢和果实上 | 群集在叶片、枝梢和果实上 |
| 活动能力 | 成虫固定 | 成虫固定 | 成虫固定 |
| 发生世代 | 1代 | 2~3代 | 4~6代 |

**2. 发生规律**

（1）红蜡蚧。一年发生1代，以受精雌成虫越冬。一般5月中旬开始产卵，5月下旬达盛期，一般可达1个月左右。孵化的幼蚧多在晴天中午爬出活动，以当年生春梢上最多，二年生梢次之。有趋光，初孵幼虫半小时左右固定，2~3d后开始分泌蜡质，覆盖体背。新叶、嫩梢上若虫密布，犹如白色星点，此时即为药剂防治适期。随后蜡壳逐渐增大加厚，直至雌若虫老熟或雄虫化蛹时为止。雌虫蜕皮3次，雄虫2次，至8月中旬到9月上旬发育成熟。可借风、昆虫、果园操作等活动在近距离扩散，远距离主要是随苗木运输传播。

（2）矢尖蚧。江苏地区一年发生2~3代。主要以受精的雌成虫越冬，少数以若虫越冬。行两性生殖，每年4月下旬开始产卵，初孵若虫行动活泼，经1~2h后固定，次日体上开始分泌棉絮状蜡质。雌若虫蜕皮3次成成虫，雄若虫蜕皮2次，经前蛹期、蛹期后羽化为成虫。第一代若虫高峰期为5月中下旬，多在老叶上寄生为害；第二代若虫高峰在6月中旬左右，大部分寄生于新叶上，一部分上果为害；第三代若虫高峰期在9月上中旬。各代1～2龄若虫的盛发期为药剂防治的关键时期。通过枝、叶、果及苗木被动地传播。

(3) 褐圆蚧。一年发生3～4代，以若虫越冬。行两性生殖，卵产在介壳下，经数小时到2～3d孵化为若虫，爬行数小时后固定，开始分泌蜡质。雌若虫多固定在叶背、果实上，经2次蜕皮后为成虫；雄若虫多固定在叶面，蜕皮后经预蛹和蛹期羽化为成虫。第一代若高峰期在5月中旬；第二代在6月中旬；第三代在9月下旬；第四代在10月下旬。

**3. 防治措施**

(1) 做好冬季清园工作，剪除病虫枝、枯枝，并彻底烧毁。冬季喷8～10倍的松碱合剂或100倍液机油乳剂加3 000倍液有机磷农药。

(2) 加强栽培管理，增施有机质肥料，增强树势。结合修剪，剪除有虫枝梢。

(3) 用对天敌杀伤小的农药防治。加强检查，切实掌握在若虫盛孵期和1龄若虫期喷药防治。一般在5月中旬至6月上中旬喷药2次和8～9月喷药1～2次加以防治。矢尖蚧在越冬雌成虫的秋梢叶达10%以上、初花后1月左右，低龄若虫期施第一次药；发生严重的果园第二代低龄幼虫期再施一次药。吹绵蚧防治时期为春花幼果期及夏秋梢抽发期。红蜡蚧防治时期为春梢枝上幼蚧初见后20d～25d施第一次药，间隔15d左右一次。药剂可选择以下之一或交叉选择：25%喹硫磷600～1 000倍液，松脂合剂10～15倍液，95%机油乳剂50～200倍液、25%噻嗪酮1 000～1 500倍液（注意：噻嗪酮对成虫无效）。

(4) 保护橘园内大红瓢虫、澳洲瓢虫等天敌。

## 七、黑刺粉虱

黑刺粉虱又称橘刺粉虱，属同翅目粉虱科。江苏、浙江、安徽、江西、福建、台湾、湖南、广东、广西、四川、云南、贵州等地均有分布。除为害柑橘外，还为害梨、苹果、葡萄等30多种植物。多以幼虫密集于叶背面吸食为害。植物遭害后，诱发煤菌滋生，枝叶黑，生长减弱，抽梢量减少，产量剧减。此虫常在西南、中南和华南等地的部分柑橘园猖獗成灾。

**1. 形态特征** 黑刺粉虱成虫体长0.96～1.3mm，橙黄色，薄覆白粉。前翅灰褐色，有6个不规则形白斑；后翅较小，淡褐色。卵长椭圆，弯曲，黄色，由一短柄直立叶面。初孵幼虫淡黄色，扁平，长圆形，后变黑色，周围分泌白色蜡质物。蛹长椭圆形，黑色，有光泽（图6-27）。

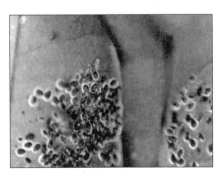

图6-27 黑刺粉虱

**2. 发生规律** 黑刺粉虱一年发生4代，世代重叠，以幼虫和蛹在叶背上越冬。寄主有柑橘、枇杷、苹果、桃、李和茶等经济作物。5月至6月、6月下旬至6月中旬、8月上旬至9月上旬、10月下旬至11月下旬是各代1～2龄幼虫的盛发期，也是药剂防治的关键时期。

**3. 防治措施** 防治黑刺粉虱主要采取农业防治、保护利用天敌和适时用药防治的综合措施。

(1) 农业防治。加强肥培管理，改良土壤，增强树势，提高树体的抗虫能力。合理修剪，改善树冠间的通风透光条件。

(2) 保护利用天敌。天敌种类主要是寄生蜂，在天敌发生高峰期，应避免用药。

(3) 适时用药防治。应抓住第一代幼虫发生高峰期的关键时间。药剂可选用25%噻嗪酮可湿性粉剂1∶1 500倍液，48%毒死蜱乳油1 000倍液。

## 八、柑橘蚜虫类

为害柑橘的蚜虫主要有棉蚜、橘二叉蚜和橘蚜3种，属同翅目蚜科。柑橘蚜虫普遍分布于长江流域及长江以南柑橘产区。除为害柑橘外，亦为害桃、梨、柿等果树。

**1. 形态特征**

(1) 橘蚜。橘蚜无翅胎生雌蚜全体漆黑色，触角灰褐色。有翅胎生雌蚜与无翅胎生雌蚜相似，但触角第三节有感觉圈6～16个，呈不规则排列。无翅雄蚜形状与雌蚜相似，全体深褐色，触角第五节端部仅有1个感觉圈。有翅雄蚜触角第三节上有感觉圈45个，第四节26个。卵黑色有光泽，椭圆形，初产时淡黄色，渐变黄褐色，最后变成黑色。若虫体褐，有翅蚜的翅芽在3龄和4龄时已明显可见。

图6-28　橘　蚜

(2) 橘二叉蚜。橘二叉蚜无翅胎生雌蚜近圆形，暗褐色，胸部和腹部背面有网状纹。有翅胎生雌蚜体长，黑褐色，触角第三节有5～6个感觉圈排成一列，前翅中脉分二叉。

**2. 发生规律**　蚜虫一年发生10余代，6～40d一代，一般10d一代。以成虫和卵在秋梢上过冬，过冬的卵于2月下旬至4月上旬孵化为无翅若虫，此时过冬成虫产卵。若虫群集在幼嫩组织上吸食汁液，使叶片卷缩，新梢枯，落花、落果。同时，蚜虫能诱发煤污病，严重影响光合作用的进行。

**3. 防治措施**　防治蚜虫应采取农业防治、保护利用天敌和适时用药防治的综合措施。

(1) 农业防治。合理施肥，促使树体健壮生长，提高抗虫能力。结合修剪，剪除秋梢上越冬的虫和卵。

(2) 保护利用天敌。蚜虫的天敌在高温高湿大时繁殖快，对蚜虫有很好的控制效果，应加以保护利用。

(3) 适时用药防治。药剂可选用10%吡虫啉可湿性粉剂1 500倍液；3%啶虫脒乳油1 500倍液，2.5%溴氰菊酯乳油1∶1 500倍液。

## 九、柑橘潜叶蛾

柑橘潜叶蛾又称鬼画符、绘图虫，属鳞翅目叶潜蛾科。各柑橘产区均有分布，能为害所有柑橘属植物，还可在枳壳上完成个体发育。以幼虫在柑橘嫩茎、嫩叶表皮下钻蛀为害，成银白色的弯曲隧道。受害叶片蜷缩或变硬，易于脱落，使新梢生长不良，影响树势及来年开花结果。被害叶片常是害螨的越冬场所，幼虫造成的伤口利于柑橘溃疡病的侵入。老树受害较轻，幼树较重，一般春梢不受害，夏梢受害轻，秋梢受害重。

**1. 形态特征**　柑橘潜叶蛾成虫体及前翅均银白色，前翅披针形，翅中有2个黑色Y字纹。卵椭圆形，白色透明。幼虫体黄绿色。成熟幼虫扁平，纺锤形，具1对细长的尾状物。预蛹和蛹长筒形，胸腹部第二、三节较大，初化蛹时淡黄色，后渐变黄褐色（图6-29）。

A　　　　　　　　　B　　　　　　　　　C

图6-29　柑橘潜叶蛾
A. 为害状及银白色的弯曲虫道　B. 成虫　C. 幼虫

**2. 发生规律**　柑橘潜叶蛾一年发生9～15代，世代重叠。5～6月幼虫开始为害，6～9月间柑橘不断抽发新梢，食料丰富，同时正值高温干旱，适宜其发生和繁殖，因而这段时间发生最重，为害最烈；10月以后，发生数量下降。

**3. 防治措施**　防治柑橘潜叶蛾应采取农业防治、人工防治和适时用药防治的综合措施。

（1）农业防治。摘除零星过早或过晚抽发的新梢，夏秋梢抽发时应控制肥水，加强肥水管理，抹芽放梢，抹除过早和过晚抽发不整齐的夏秋梢，促使新梢抽发整齐，以利施药。

（2）人工防治。结合冬季清园，剪除受害枝梢及在嫩梢上越冬的幼虫和蛹，初夏早期摘除零星发生的幼虫和蛹，并予烧毁。

（3）适时用药。新梢萌发达20%或多数新梢嫩芽长0.5～2cm，或嫩叶受害率达5%时，开始喷药，每隔5～6d喷一次，连喷2～3次。药剂可用2.5%敌杀死乳油1∶3 000倍液，1.45%捕快可湿性粉剂1∶800倍液，10%吡虫啉1 500～2 500倍液，3%啶虫脒1 500～2 500倍液，20%除虫脲1 500～3 000倍液等。

## 十、柑橘实蝇

为害柑橘的实蝇在国内主要有柑橘大实蝇、蜜柑大实蝇、柑橘小实蝇。均属双翅目实蝇科。

柑橘实蝇为国内外重要检疫对象，以成虫产卵于柑橘幼果中，幼虫孵化后取食果肉和种子，在果实中发育成长，使被害果未熟先黄，内部腐烂，造成严重经济损失。其中，柑橘小实蝇寄主植物可达250余种，主要分布在广东、广西、福建、四川、台湾等地区。近年浙江、上海等省市已宣布柑橘小实蝇可在本地越冬，繁殖。

图6-30　柑橘大实蝇

**1. 形态特征**

表 6-2 柑橘大实蝇、蜜柑大实蝇和柑橘小实蝇特征比较

| 虫态\种类 | 柑橘大实蝇 | 蜜柑大实蝇 | 柑橘小实蝇 |
|---|---|---|---|
| 成虫 | 体形较大，长 12～13mm，黄褐色。胸背无小盾片前鬃，也无前翅上鬃，肩板鬃仅具侧对，中对缺或极细微，不呈黑色。腹背较瘦长，背面中央黑色纵纹直贯第五节。产卵器长大，基部呈瓶状，基节与腹部约等长，其后方狭小部分长于第五腹节 | 体形也较大，长 10～12mm，黄褐色，甚似大实蝇。胸背也无小盾前鬃，但具前翅上鬃 1～2 对，肩板鬃常 2 对，中对较粗、发达、黑色。腹部也较瘦长，背面纵纹与第三节前缘相交成十字形。产卵器基节长度仅为腹长之半，其后方狭小部分短于第五腹节 | 体形小，长 6～8mm，深黑色，胸背具小盾，前鬃 1 对。腹较粗短，背面中央黑色纵纹仅限于第 3～5 节上。产卵器较短小，基节不呈瓶状 |
| 幼虫 | 体肥大。前气门为宽大扇形，外缘中部凹入，两侧端下弯，约具指突 30 多个。后气门肾脏形，上有 3 个长椭圆气门裂口，其外侧有 4 丛排列成放射状的细毛群 | 体亦肥大，甚似大实蝇。前气门宽阔呈工字形，外缘较平直，微曲，有指突 33～35 个。后气门亦呈肾脏形，3 个裂口也为长椭圆形，其周围有细毛群 5 丛 | 体较细小，末节端有瘤，前气门较窄，略呈环柱形，前缘有指突 10～13 个，排列成形。后气门新月形，也具 3 个长形裂口，其外侧有 4 丛细毛群，每群细毛特多 |
| 分布 | 我国四川、贵州、云南、湖北、湖南、广西、陕西。国外未发现 | 日本、越南及我国台湾、广西、四川、贵州 | 印度、巴基斯坦、斯里兰卡、泰国、印尼、马来西亚及我国台湾、广东、广西、四川等 |
| 寄主 | 仅限柑橘类 | 柑橘类 | 番石榴、芒果、枇杷、柿、枣、杏、李、桃、苹果、无花果、香蕉、柑橘等 |

**2. 发生规律** 柑橘小实蝇在不同的为害地区，其生活史也不相同。一般每年发生 3～5 代，而且无严格的越冬过程，各代生活史相互交错，世代不整齐，各种虫态并存。在广东 6～8 月间发生较多，主要为害杨桃，江浙一带成虫高峰期在 9～10 月，主要为害柑橘、枣等果树。

成虫集中在午前羽化，以上午 8 时左右出土最多。成虫羽化后需经历一段时间方能交尾产卵。被产卵的果实有针头大小的产卵孔存在，由于产卵孔排出汁液，凝成胶状，形成乳状突起，每孔卵粒 5～10 不等。幼虫孵化即在果内为害，幼虫期随季节不同而长短不一，一般夏季需 6～9d，春秋季需 10～12d。幼虫蜕皮 2 次，老熟后即脱果入土化蛹，入土深度一般 3cm 左右，沙质松土中较深，黏土较浅。蛹期在夏季为 8～9d，春秋季 10～14d，冬季 15～20d，有的地方蛹期长达 64d。以幼虫随被害果远距离传播。

**3. 防治措施**

（1）加强检疫措施，防止蔓延。在了解产地虫情的基础上，对果品苗木的调运要加强检验，严禁从疫区内调运带虫的果实、种子和带土苗木运进无此虫的柑橘产区，防止蔓延为害。

（2）摘橘杀蛆。9～11 月，巡视果园，摘除未熟先黄、黄中带红的被害果和捡除落地果，挖坑深埋，一般坑深 50～60cm，或用沸水煮 5～10min 杀蛆。

（3）药剂防治。于成卵前期在橘园喷施敌百虫 800 倍液或甲氰菊酯 2 000 倍与 3% 红糖混合液诱杀成虫。全园喷 1/3 树，喷中下部树冠即可，每 4～5d 喷一次，连续 3～4 次。遇暴

雨须重喷,喷后 2~3h,成虫便大量死亡。

(4) 冬耕除蛹。冬耕除蛹可消除部分幼虫和蛹,可作为辅助措施之一。

# 第四节　葡萄病虫害

## 一、葡萄霜霉病

葡萄霜霉病是一种古老的病害,该病原发生在非洲,1860 年,随引进抗根瘤蚜砧木而传入法国,然后陆续在全世界分布。在我国各葡萄产区均有分布,以山东沿海地区及华北、西北春夏多雨时发病较重。秋季发生多,主害叶片。此病除为害葡萄外,还侵染山葡萄、野葡萄、蛇葡萄等。

**1. 症状**　葡萄霜霉病主要为害叶片,也为害新梢、叶柄、花、幼果、果梗及卷须等幼嫩部分。叶片受害初呈半透明水渍状斑,后来变为淡绿至黄绿色不规则病斑,边缘不明显,邻近的病斑可互相愈合成多角形大斑。在病斑发展过程中,叶背长出灰白色霜霉状孢囊梗和孢子囊。天气潮湿时霜霉扩展快,布满全叶,病组织变为黄褐色枯斑;天气干旱病斑不易扩大,不生霉层,病斑呈褐色或红褐色。病叶发育不良,早期脱落。新梢、叶柄、果梗、卷须等受害,初呈水渍状斑,后变为淡褐色至暗褐色不规则病斑。天气潮湿,病斑上生霜霉状;天气干旱,病部组织干缩,生长停滞,扭曲枯死。花及幼果受害,病斑初为淡绿色,后呈深褐色,病粒硬,可生霉层,不久干缩脱落。果实着色后很少染病(图 6-31)。

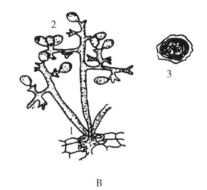

A

B

图 6-31　葡萄霜霉病症状及病原
A. 葡萄叶正面症状和叶背霜霉层　B. 病原
1. 孢囊梗　2. 孢子囊　3. 卵孢子

**2. 病原**　葡萄霜霉病病原为葡萄生单轴霉菌,属鞭毛菌亚门单轴霉属。孢囊梗 4~6 根成簇从气孔伸出,单轴直角分枝。菌丝生长最适温度为 25℃ 左右。病菌孢子囊形成最适温度为 15℃,适宜的相对湿度为 95%~100%,至少需要 4h 的黑暗(图 6-31)。

**3. 发生规律及发生条件**　病菌主要以卵孢子在病组织中或随病残体在土壤中越冬,或以菌丝在幼芽中越冬。当日平均温度达 13℃ 时,卵孢子可在水滴或潮湿土壤中萌发,产生的游动孢子借风雨传播,进行初浸染,潜育期 6~12d。只要条件适宜,病菌可不断产生孢子囊进行再侵染。孢子囊在 13~28℃ 形成,萌发的最适温度为 10~15℃。孢子囊的产生与萌发均需雨露,因此高湿、低温是发病的重要条件。

冷凉潮湿的气候有利于发病,春秋两季少风、多雾、多露、多雨的地区霜霉病发生重。不同品种对霜霉病的抗性存在差异。美洲系统品种较抗病,欧洲系统品种比较感病,圆叶葡萄较抗病,欧亚种葡萄较感病。

一般含钙量高的葡萄组织抗霜霉病的能力也强。果园地势低洼、排水不良,土质黏重、栽植过密、棚架过低、枝蔓徒长郁蔽、通风透光不良、寄主表面易结露,及偏施迟施氮肥,刺激葡萄抽新梢,延迟组织成熟,树势衰弱等均有利于发病。

**4. 防治措施**

(1) 园艺防治。清扫落叶,剪除病梢,集中烧毁,并进行深翻,以减少菌源。

(2) 加强栽培管理。合理修剪使植株通风透光,增施磷、钾肥,酸性土壤多施石灰,提高植株的抗病能力。

(3) 药剂保护。在发病前或发病初期喷布 1∶0.6∶200 波尔多液,以后每隔半个月喷一次,连续喷 2～3 次。发病初期可用 25% 嘧菌酯悬浮剂 1 500 倍或 60% 丙森锌可湿性粉剂 500 倍液,甲霜灵防治霜霉有特效,使用 25% 可湿性粉剂 1 500～2 000 倍液。

## 二、葡萄黑痘病

葡萄黑痘病又名疮痂病、鸟眼病,是葡萄重要病害之一。病害分布广,南北方产区均有发生,在多雨潮湿地区发病严重,给葡萄生产造成的损失较大。

**1. 症状**　葡萄黑痘病病菌主要为害葡萄的绿色幼嫩部分,如果实、果梗、叶片、叶柄、新梢及卷须等。幼果受害后,果面出现褐色小圆斑,后扩大,直径达 3～8mm,病斑中央凹陷,灰白色,外部深褐色,周缘紫褐色,似鸟眼状,后期病斑硬化或龟裂,果实小而酸。果梗、叶柄、新梢、卷须受害,初呈褐色圆形或不规则形小斑点,后扩大为近椭圆形,灰黑色,边缘深褐色或紫色的病斑,中部明显凹陷并开裂。新梢未木质化前易受侵染,发病严重时,新梢停止生长,萎缩枯死。幼叶受害,初呈针头大褐色或黑色斑点,周围有黄晕,后病斑扩大为圆形或不规则,直径 1～4mm,病斑中央灰白,梢凹陷,边缘黑褐或黄色,干燥时病斑中央破裂穿孔,叶脉受害重时常使病叶扭曲皱缩(图 6-32)。

A　　　　　　　　　　B　　　　　　　　　　C

图 6-32　葡萄黑痘病症状及病原
A. 叶片病斑　B. 幼果受害状　C. 分生孢子盘和分生孢子

**2. 病原**　葡萄黑痘病有性阶段为葡萄痂囊腔菌,属子囊菌亚门痂囊腔菌属,我国尚未发现;无性阶段为葡萄痂圆孢菌,属半知菌亚门痂圆孢属。病菌子囊果为子囊座,内有多个排列不整齐的腔穴，每个腔穴内着生1个子囊（图6-32）。

**3. 发生规律及发生条件** 葡萄黑痘病病菌以菌丝体或分生孢子盘在病枝梢、病蔓、病叶、病果、叶痕等处越冬。菌丝生命力强，在病组织内能存活3～5年。第二年5月前后葡萄开始萌芽展叶时，遇雨水，越冬病菌产生新的分生孢子，随风雨传播，引起初侵染，经10d潜育而发病。一般在开花前后发病，幼果期为害较重。病害的潜育期长短受气温、感病组织的幼嫩程度和品种抗病性的影响。一个生长季节，特别是在幼嫩组织、器官的形成期，黑痘病可以发生多次再侵染，引致病害流行。葡萄黑痘病菌寄主较少。病害的远距离传播主要通过带菌苗木与插穗的调运。

分生孢子在25℃左右、高湿时最易形成。分生孢子的萌发温度以24～25℃为最适。菌丝生长最适温度为30℃，在24～30℃下，潜育期最短，超过30℃，发病受到抑制。黑痘病的发生与降雨、空气湿度及植株幼嫩情况密切相关。多雨闷热利于分生孢子的形成、传播及萌发侵入，同时寄主组织生长迅速而幼嫩，致使病害容易流行。果园地势低洼、排水不良、管理粗放、通风透光不好和施氮肥过多等，使病害加重。

**4. 防治措施**

(1) 消除菌源。在生长期中，及时摘除不断出现的病叶、病果及病梢。秋季清扫落叶病穗，冬季修剪时，仔细剪除病梢、僵果，刮除主蔓上的枯皮，集中烧毁。在葡萄发芽前全面喷布一次铲除剂，消灭枝蔓上潜伏的病菌。常用的铲除剂有0.3%五氯酚钠加3波美度石硫合剂；10%硫酸亚铁加1%粗硫酸。

(2) 加强栽培管理。合理施肥，增施磷、钾肥，不偏施氮肥，增强树势，同时加强枝梢管理，注意通风透光。

(3) 药剂保护。葡萄展叶后开始喷药防治，以开花前和落花60%～80%后的2次喷药最为重要。可根据降雨及病情决定喷药次数。常用的杀菌剂有1∶0.5∶（200～240）波尔多液，50%退菌特可湿性粉剂800～1 000倍液，50%多菌灵可湿性粉剂1 000倍液，65%百菌清可湿性粉剂600倍液等。

(4) 苗木消毒。新建的葡萄园或苗圃除选用抗病品种外，对苗木插条要严格检验，烧毁病重苗，对可疑苗木进行消毒处理，即在萌芽前，用上述铲除剂或3%～5%硫酸铜、15%硫酸铵，整株喷药或浸泡3min，进行消毒。

### 三、葡萄白腐病

葡萄白腐病又称腐烂病、水烂、穗烂，是葡萄重要病害之一。主要发生在东北、华北、西北和华东北部地区。一般年份果实损失为15%～20%，流行年份损失达60%以上。

**1. 症状** 葡萄白腐病病主要为害果穗，也为害新梢和叶片。一般在近地面的果穗尖端首先发病，在果梗和穗轴上产生淡褐色水渍状边缘不明显的病斑，病斑逐渐向果粒蔓延，使果粒基部变褐软腐，然后整个果粒很快变色变软，病穗轴及果粒表面密生灰白色小粒点。发病严重的全穗腐烂，果梗穗轴干枯皱缩，病果、病穗易脱落。有时果粒干缩呈深褐色僵果，长久不落。

新梢多在受损伤部位发病，病斑初呈淡褐色水渍状，形状不规则，边缘深褐色。病斑纵向扩展快，成为暗褐色凹陷的不规则大斑，表面密生灰白色小粒点。后期病部表皮纵裂，成乱麻状。当病斑环绕枝蔓时，病部以上枝叶枯死。叶片发病多从叶缘开始，产生淡褐色水渍状近圆形或不规则形病斑，逐渐扩大为略显同心轮纹边缘色深的大斑，上面也有灰白色小粒点，但以背和叶脉两边多，后期病斑干枯易破裂（图6-33）。

**2. 病原** 葡萄白腐病病原为白腐盾壳霉菌，属半知菌亚门盾壳霉属。在病组织内，病菌菌丝密集成子座，子座内产生分生孢子器。分生孢子萌发的最适温度为28～30℃。相对湿度95%以上时分生孢子萌发良好（图6-33）。

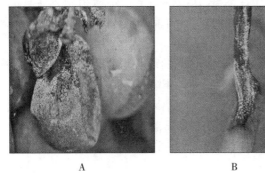

图6-33 葡萄白腐病症状及病原
A. 病果  B. 病梗  C. 病原分生孢子器和分生孢子

**3. 发生规律及发生条件** 病菌主要以分生孢子器、分生孢子和菌丝体在病残体上遗留于地面和土壤中越冬，病菌也可在悬挂于树体的僵果上越冬。散落在地面及表土中的病残体是来年初侵染的主要来源。僵果上分生孢子器的基部有结构紧密的菌丝体，抗逆性强，越冬后能形成新的分生孢子器和分生孢子。分生孢子借风雨昆虫传播，主要由伤口，也可由蜜腺、水孔、气孔侵入，引起初侵染，以后病斑上产生分生孢子器，散出分生孢子引起再侵染。前期主要危害枝叶，6月以后主要危害果实。病害潜育期一般为3～8d，白腐病菌具潜伏侵染现象。病菌在枝蔓发芽展叶后（5月上旬）即可对其绿色幼嫩组织进行侵染，以花序最易感病。

分生孢子萌发温度范围是13～40℃，最适温度为28～30℃，空气相对湿度达95%以上，分生孢子才能萌发。因此高温高湿是发病的主要因素，一般从6月开始，直至果实成熟，病害不断发生。

白腐病的发生与降雨关系密切，雨季早发病亦早，雨季迟发病亦迟。果园发病后，每逢雨后就会出现一个发病高峰。一切造成伤口的条件，如风害、虫害、农事操作等均利于病菌侵入，尤其是风害影响更大，每次暴风雨后发病严重。果实进入着色与成熟期，感病性增加。距地表近的果穗易受越冬菌源侵染，并且下部通风透光差，湿度大易发病。果园土壤黏重、地势低洼、排水不良，以及管理不善、杂草丛生地发病严重。

**4. 防治措施** 防治葡萄白腐病应采取铲除侵染源、加强栽培管理和喷药保护相结合的综合治理措施。

（1）清除越冬菌源。冬季结合修剪，彻底剪除病果穗、病枝蔓，刮除可能带病菌的老树皮，清除园中枯枝蔓、落叶、病果穗等，并集中烧毁或深埋。冬季深翻果园，可将病残体埋入土壤深层加速其腐烂分解，减少翌年初侵染源。生长季及时剪除病果、病穗、病枝蔓，拣净落地病粒。

(2) 加强栽培管理。通过修剪绑蔓提高结果部位，50cm 以下不留果穗；做好中耕除草、雨季排水和其他病虫害防治等经常性田间管理工作，降低田间小气候湿度，抑制病害发生。增施有机肥和钾肥，合理修剪、疏花疏果，及时摘心、抹副梢、绑蔓，适当疏叶，加强通风透光，调节植株挂果量。这些措施均可增强植株生长势，提高植株抗病力。

(3) 喷药防治。葡萄坐果后经常检查下部果穗，出现零星病穗时应摘除，并立即开始喷药，第一次喷药应掌握在病害的始发期，一般在 6 月中旬开始，以后每隔 10~15d 喷药一次，连续喷 3~5 次，直至采果前 15~20d 停止。喷药时要仔细周到，重点保护果穗。喷药后遇雨，应于雨后及时补喷，直至采果。有效药剂有 50% 退菌特可湿性粉剂 800~1 000 倍液，50% 多菌灵可湿性粉剂 1 000 倍液，65% 百菌清可湿性粉剂 600 倍液，50% 托布津可湿性粉剂 500 倍液；50% 福美双可湿性粉剂 600~800 倍液，喷药时，在配好的药液中加入 0.05% 皮胶或其他黏着剂，可提高药液的黏着性。为消除来自土壤的病菌，重病果园于发病前，地面撒药灭菌。可用 50% 福美双可湿性粉剂 1 份、硫黄粉 1 份、碳酸钙 2 份，混合均匀，15~30kg/hm² 混合药，拌沙土 365kg，撒施果园土表，进行地面消毒。

(4) 套袋。对重病区可在最后一次疏果后，进行套袋，预防病菌感染。套袋前应对葡萄进行全面喷药，在果实采收前半个月，选择晴天（切忌雨天）去除纸袋，以利果实着色，开袋后及时喷药保护。

### 四、葡萄炭疽病

葡萄炭疽病又名晚腐病，是葡萄重要病害之一。吉林、辽宁、河北、河南、山东、陕西、四川、湖南、湖北、安徽、江苏、福建、浙江、台湾等地都有分布。

**1. 症状**　葡萄炭疽病主要发生在着色或近成熟的果实上，但病菌也能侵染绿果、蔓、叶和卷须等，表现不明显症状。着色后的果实发病，初在果面产生很小的褐色圆形斑点，其后病斑逐渐扩大，并凹陷，在表面逐渐长出轮纹状排列的小黑点。天气潮湿时，病斑上长出的粉红色黏状物，这是该病的典型特征。发病严重时，病斑可以扩展到半个或整个果面，果粒软腐，易脱落，或逐渐干缩成为僵果。果穗及穗轴发病，产生暗褐色长圆形凹陷病斑，影响果穗生长，发病严重时使全穗果粒干枯或脱落（图 6-34）。

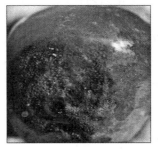
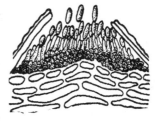

A　　　　　　　　　　B　　　　　　　　　　C

图 6-34　葡萄炭疽病症状及病原
A. 病果　B. 果实上青灰色小点粒（子囊壳）　C. 分生孢子盘和分生孢子

**2. 病原**　葡萄炭疽病有性阶段为围小丛壳菌，属子囊菌亚门小丛壳属，在自然条件下很少发现。无性阶段为生长盘孢菌和胶孢炭疽菌，属半知菌亚门。分生孢子盘橙红色，分生孢子圆筒形，两端钝圆，单胞、无色，病菌生长适宜温度 20～30℃，分生孢子形成的最适温度为 28～30℃。分生孢子萌发最适温度为 28～32℃。

**3. 发生规律及发生条件** 葡萄炭疽病病菌主要以菌丝体在一年生枝蔓表层组织及病果上越冬，也可在叶痕、穗梗及节部等处越冬。翌春环境条件适宜时，产生大量的分生孢子，借助风雨、昆虫传到果穗上引起初侵染。在河南郑州从 5～6 月开始，每下一场雨即产生一批分生孢子，孢子发芽直接侵入果皮或通过皮孔、伤口侵入。潜育期因受侵染时期不同而异，幼果期侵入潜育期长达 20d，一般为 10d 左右，近成熟期侵染只需 4d。潜育期的长短除温度影响外，与果实内酸、糖的含量有关，酸含量高病菌不能发育，也不能形成病斑；熟果含酸量少，含糖量增加，病菌发育好，潜育期短。所以一般年份，病害从 6 月中下旬开始发生，以后逐渐增多，6～8 月果实成熟时，病害进入盛发期。

一年生枝蔓上潜伏带菌的病部，越冬后于第二年环境条件适宜时产生分生孢子。它在完成初侵染后，随着蔓的加粗与病皮一起脱落，而新越冬部位，又在当年生蔓上形成，这就是该病菌在葡萄上每年出现的越冬场所的交替现象。二年生蔓的皮脱落后即不带菌，老蔓也不带菌。

病菌产生孢子需要一定的温度和雨量。孢子产生最适温度为 28～30℃，在此温度下经 24 小时即出现孢子堆；15℃以下也可产生孢子，但所需时间较长。产生分生孢子所需雨量以能湿润组织为度。炭疽病菌分生孢子外围有一层水溶性胶质，分生孢子团块只有遇水后才能散开并传播出去；孢子萌发也需要高的湿度。所以，夏季多雨，发病常严重。

一般果皮薄的品种发病较重，早熟品种可避病，而晚熟品种往往发病较严重。抗病的品种有赛必尔 2006、赛必尔 2003 和刺葡萄等。此外，果园排水不良，架式过低，蔓叶过密，通风透光不良等环境条件，都有利于发病。

**4. 防治措施**

（1）做好清园工作。结合修剪清除留在植株上的副梢、穗梗、僵果、卷须等，并把落于地面的果穗、残蔓、枯叶等彻底清除，集中烧毁，以减少果园内病菌来源。

（2）加强栽培管理。生长期要及时摘心和处理副梢，及时绑蔓，使果园通风透光良好，以减轻发病。注意合理施肥，氮、磷、钾三要素应适当配合，要增施钾肥，以提高植株的抗病力。雨后要做好果园的排水工作，防止园内积水。

（3）喷药保护。幼果期开始喷药，每隔 15d 左右喷一次，连续喷 3～5 次，葡萄采收前半个月应停止喷药。防治葡萄炭疽病的药剂，以 50% 退菌特可湿性粉剂 800～1 000 倍液。为了提高药液的黏着性能，可加入 0.03% 的皮胶或其他黏着剂。此外，可喷用 1∶0.5∶200 的波尔多液，或 65% 代森锰锌可湿性粉剂，65% 百菌清可湿性粉剂 500～800 倍液。敌菌丹和灭菌丹对防治此病也很有效。

## 五、葡萄灰霉病

**1. 症状** 葡萄灰霉病主要为害果实。病果初现凹陷的病斑，很快扩展至全果而腐败，其上长出鼠灰色霉层。在叶片上产生淡褐色不规则病斑，并有不规则轮纹。果梗发病后变黑色，后期其上长出黑色块状菌核（图 6-35）。

**2. 病原** 葡萄灰霉病病原无性阶段为灰葡萄孢菌，属半知菌亚门葡萄孢属，有性阶段为富氏葡萄孢菌（图 6-35）。

**3. 发生规律** 葡萄灰霉病病菌以分生孢子及菌核在被害部越冬,通过气流传播。高湿有利病害发生。

**4. 防治措施**

(1) 加强栽培管理。做好果园排水及摘心绑蔓等工作,以降低果园湿度,减轻发病。

(2) 喷药保护。发病初期喷1∶0.6∶200波尔多液或50%托布津可湿性粉剂500倍液。

图 6-35 葡萄灰霉病
A. 葡萄孢菌 B. 病果

(3) 果实采收应在晴天进行,在运输、贮藏过程中注意降温和通气。

## 六、葡萄透翅蛾

葡萄透翅蛾又名葡萄透羽蛾,属鳞翅目透翅蛾科。分布于江苏、浙江、安徽、山东、河南、河北、吉林、四川、贵州等地,主要危害葡萄及野生葡萄。

**1. 形态特征** 葡萄透翅蛾成虫体长约20mm,翅展30~36mm,体蓝黑色。头顶、下唇须第三节、颈部及后胸两侧黄色,触角紫黑色。前翅膜质,紫红褐色,翅脉紫黑色,翅面有黄褐色鳞毛;后翅透明,腹部有3条黄色横带,第四节上的横带最宽,第六节次之,第五节最细。雄虫腹部末端两侧有毛丛束。卵长约1.1mm,红褐色,扁平,中央略凹。老熟幼虫体长约38mm,圆筒形,老熟时带有紫红色,头部赤褐色,口器黑褐色,前胸背板有倒八字纹。胸呈淡黑色,爪黑色。蛹体长约18mm,红褐色,纺锤形。腹部2~6节背面各节有刺2列;6~8节有刺1列;末节腹面有刺1列(图6-36)。

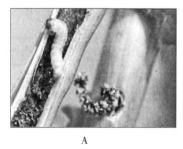

图 6-36 葡萄透翅蛾
A. 幼虫 B. 成虫 C. 卵

**2. 发病规律** 葡萄透翅蛾一年发生1代,以幼虫在葡萄蔓被害部越冬。翌春越冬幼虫咬一羽化孔后作室化蛹,化蛹期各地不一,在南京,其化蛹期在3月下旬至4月间,4月下旬~5月为成虫羽化期,幼虫孵化期主要集中在5月中旬到6月上旬。

成虫多在白天上午羽化,具趋光性,性比约1∶1,羽化后立即交尾,产卵前期1~2d,雌虫的寿命为4~16d,雄虫5d左右。卵单粒,多产在新梢6~12节间的腋芽处,也有产在叶柄及叶脉处的。每头雌虫产卵 50 粒左右，产卵期约 9d。幼虫孵出后，从新梢叶柄基部蛀入，沿髓部向下蛀食，多在 6～8 月间转梢为害，一般可转移 1～2 次。长势弱，枝蔓细，节间短的植株转梢次数较多，转移多在夜间进行，转入粗蔓后向上蛀食，幼虫危害部常表虫粪从蛀孔处排出。老熟幼虫进入越冬前，啃取木屑堵塞虫道，冬后在离蛀道底部 2.5cm 处咬一圆形羽化孔并堵塞孔口，作室吐丝作茧化蛹，葡萄发芽时始蛹，开花时始蛾。

**3. 防治措施**

（1）人工防治。结合修剪，剪除有虫枝蔓，结合田间管理摘除被害嫩梢。晴天中午被害的嫩梢易出现凋萎状，极易寻找，捕杀幼虫效果较好。

（2）药剂防治。在危害严重的果园于始见成虫 1 周后，第一次施药。药剂可选择 50% 杀螟松 1 000 倍液进行喷施。在枝蔓中危害的幼虫可用棉花蘸敌敌畏乳油 200 倍液塞入排粪孔中，然后用黄泥封闭。

# 第五节 桃、李、杏及其他果树病虫害

## 一、桃褐腐病

桃褐腐病是桃树的重要病害之一。辽宁、河北、河南、山东、四川、云南、湖南、湖北、安徽、江苏、浙江等省均有分布，尤以浙江、山东沿地区和长江流域的桃区发生最重。

**1. 症状** 桃褐腐病能为害桃树的花、叶、枝梢及果实。低温高湿时，花易被害。花部受害常自雄蕊及花瓣尖端开始，先发生褐色水渍状斑点，后逐渐延至全花，随即变褐而枯萎。天气潮湿时，病花迅速腐烂，表面丛生灰霉，若天气干燥时则萎垂干枯，残留枝上，长久不脱落。嫩叶受害，自叶缘开始，病部变褐萎垂，俨若霜害残留枝上。侵害花与叶片的病菌菌丝，可通过花梗与叶柄逐步蔓延到果梗和新梢上，形成溃疡斑。病斑长圆形，中央稍凹陷，灰褐色，边缘紫褐色，常发生流胶。当溃疡斑扩展环割一周时，上部枝条即枯死。气候潮湿时，溃疡斑上也可长出灰色霉丛。

果实自幼果至成熟期均可受害，但以果实越接近成熟受害越重。果实被害，最初在果面产生褐色病斑，如环境适宜，病斑在数日内便可扩及全果，果肉也随之变褐软腐，后病斑表面生出灰褐色绒状霉丛，孢子层常成同心轮纹状排列，病果腐烂后易脱落，但不少失水后变成僵果，悬挂枝上经久不落。僵果为一个大的假菌核，是褐腐病菌越冬的重要场所（图 6-37）。

**2. 病原** 桃褐腐病病原有 3 种：桃褐腐（链）核盘菌、果生（链）核盘菌、果产（链）核盘菌（图 6-37）。

**3. 发生规律及发生条件** 桃褐腐病病菌主以菌丝体或假菌核在树上或地面的僵果和枝梢的溃疡部越冬。悬挂在树上或落于地面的僵果，翌春都能产生大量的分生孢子，借风雨、昆虫传播，引起初次侵染。因国内尚未发现有性阶段，故分生孢子在初次侵染中起主要作用。分生孢子萌发产生芽管，经虫伤、机械伤口、皮孔侵入果实，也可直接从柱头、蜜腺侵入花器造成花腐，再蔓延到新梢。在适宜的环境条件下，病果表面长出大量的分生孢子，引起再次侵染。分生孢子除借风雨传播外，桃食心虫、桃蛀螟和桃象虫等昆虫也是病害的重要传播者。在贮藏期病果与健果接触，也可引起健果发病。

  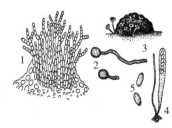

A B C

图 6-37 褐腐病症状及病原
A. 桃褐腐病 B. 李褐腐病 C. 病原
1. 分生孢子 2. 分生孢子萌发 3. 假菌核 4. 子囊 5. 子囊孢子

开花及幼果期如遇低温多雨，果实成熟期又逢温暖、多云多雾、高湿度的环境条件，发病严重。前期低温潮湿容易引起花腐；后期温暖多雨、多雾则易引起果腐。桃椿象和食心虫等为害的伤口常给病菌造成侵入的机会。树势衰弱，管理不善和地势低洼或枝叶过于茂密，通风透光较差的果园，发病较重。果实贮运中如遇高温高湿，则有利病害发展，所致损失更重。品种间抗病性，一般说凡成熟后质地柔嫩、汁多、味甜、皮薄的品种比较感病；表皮角质层厚，果实成熟后组织保持坚硬状态者抗病力较强。

**4. 防治措施**

（1）消除越冬菌源。结合修剪做好清园工作，彻底清除僵果、病枝，集中烧毁，同时进行深翻，将地面病残体深埋地下。

（2）及时防治害虫。如象虫、桃食心虫、桃蛀螟、桃椿象等，应及时喷药防治，可减少伤口及传病机会，减轻病害发生。有条件套袋的果园，可在5月上中旬进行，以保护果实。

（3）喷药保护。桃树发芽前喷布5波美度石硫合剂。落花后10d左右喷射65%代森锌可湿性粉剂500倍液，50%多菌灵1 000倍液，或60%甲基托布津800～1 000倍液。花腐发生多的地区，在初花期需要加喷一次，这次喷用药剂以代森锌或托布津为宜。不套袋的果实，在第二次喷药后，间隔10～15d再喷1～2次，直至成熟前1个月左右再喷一次药。

## 二、桃缩叶病

桃缩叶病是桃树重要病害之一，分布广泛，尤以沿海和滨湖地区发生较重。在我国南北方桃产区均有发生，南方以湖南、湖北、江苏、浙江等省发生较重。桃树早春发病后，引起初夏落叶，不仅影响当年产量，还影响第二年花芽的形成。如连年严重落叶，则树势削弱，甚至导致植株过早衰亡。桃缩叶病除为害桃外，还可为害油桃、扁桃、蟠桃和李等果树。

**1. 症状** 桃缩叶病主要为害桃树幼嫩部分，以侵害叶片为主，严重时也可为害花、嫩梢和幼果。春季嫩梢刚从芽鳞抽出时就显现卷曲状，颜色发红。随叶片逐渐开展，卷曲皱缩程度也随之加剧，叶片增厚变脆，并呈褐色，严重时全株叶片变形，枝梢枯死。春末夏初在叶表面生出一层灰白色粉状物（子囊层）。最后病叶变褐，焦枯脱落。叶片脱落后，腋芽常萌发抽出新梢，新叶不再受害。

枝梢受害后呈灰绿色或黄色，较正常的枝条节间短，而且略为粗肿，其上叶片常丛生。严重时整枝枯死。花、果实受害后多半脱落，花瓣肥大变长，病果畸形，果面常龟裂（图6-38）。

  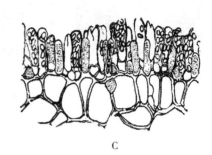

A　　　　　　　　B　　　　　　　　C

图 6-38　桃缩叶病症状及病原
A. 叶片卷曲皱缩　B. 部分组织增厚成瘤状　C. 子囊和子囊孢子

**2. 病原**　桃缩叶病病原为畸形外囊菌，属子囊菌亚门外囊菌属。子囊裸露无包被，在寄主叶片角质层下排列成层。子囊圆筒形，内含有 4~8 个子囊孢子。子囊孢子无色，单胞，椭圆形或圆形。子囊孢子可在子囊内或子囊外芽殖，产生芽孢子。芽孢子卵圆形，可分为薄壁与厚壁 2 种，前者能继续芽殖，后者能抵抗不良环境，进行休眠。病菌生长发育温度范围为 6~30℃。厚壁芽孢子存活期长，在 30℃下能存活 140d，低温条件下可存活 315d（图 6-38）。

**3. 发生规律及发生条件**　桃缩叶病病菌主要以子囊孢子和厚壁芽殖孢子在桃芽鳞片上越冬越夏，亦可在枝干的树皮上越冬越夏。翌年春，当桃芽萌发时，芽孢子即萌发，借风雨昆虫传播，产生芽管直接穿过表皮或气孔侵入嫩叶。病菌只能侵染幼嫩组织，不能侵染成熟的叶片和枝梢。幼叶展开前由叶背侵入，展叶后可从叶正面侵入。病菌侵入后，菌丝在表皮细胞下及栅栏组织细胞间蔓延，刺激中层细胞大量分裂，胞壁加厚，叶片由于生长不均而发生皱缩并变红。初夏则形成子囊层、产生子囊孢子和芽孢子。芽孢子在芽鳞和树皮上越夏，条件适宜时，可继续芽殖，但由于夏季温度高，不适于孢子的萌发和侵染，即或偶有侵入，为害也不显著，所以该菌一般没有再侵染。

桃缩叶病的发生与早春的气候条件有密切关系。低温多湿利于发病，早春桃芽萌发时，如果气温低（10~16℃），持续时间长，阴雨天多，湿度又大，桃树最易受害；当温度在 21℃以上时，病害则停止发展。凡是早春低温多雨的地区，如江河沿岸、湖畔及低洼潮湿地，桃缩叶病往往较重；早春温暖干旱则发病较轻。

病害一般在 4 月上旬开始发生，4 月下旬至 5 月上旬为发病盛期，6 月气温升高，发病渐趋停止。品种间以早熟品种发病较重，中晚熟品种发病较轻。毛桃一般比优良品种更易感病。

**4. 防治措施**

（1）加强果园管理，清除菌源。在病叶初见而未形成白色粉状物之前，及时摘除病叶，集中烧毁，可减少当年的越冬菌源。发病较重的桃树，由于叶片大量焦枯和脱落，树势衰弱，应及时增施肥料，并加强培育管理，促使树势恢复，以免影响当年和第二年的产量。

（2）药剂防治。桃缩叶病菌自当年夏季到翌年早春桃萌芽展前营芽殖生活，不侵入寄主，所以药剂防治桃缩叶病具有明显的效果，但是用药的时间要恰当，过早过晚效果都不好。病菌危害时期主要发生在桃抽梢展叶期，掌握在桃芽开始膨大到花瓣露红（未展开）时，喷洒一次4～5波美度的石硫合剂或1:1:100波尔多液或60%代森锰锌可湿性粉剂500倍液或50%甲基硫菌灵可湿性粉剂600倍液等，铲除树上的越冬病菌，可达到良好的防治效果。注意用药要周到细致。

### 三、桃李穿孔病

桃李穿孔病是桃树上常见的叶部病害，包括细菌性穿孔病和真菌性穿孔病。其中以细菌性穿孔病分布最广，全国各桃产区都有发生，在沿海滨湖地区和排水不良的果园以及多雨年份，常严重发生，如防治不及时，易造成大量落叶，削弱树势和产量，影响第二年的结果。霉斑穿孔病和褐斑穿孔病分布也很广，各地桃区都有发生，部分地区有时为害也较重，引起桃叶脱落和导致枝梢枯死。

**1. 症状**

（1）细菌性穿孔病。细菌性穿孔病主要为害叶片，也能侵害枝梢。叶片发病，初为水渍状小点，扩大后成圆形或不规则形病斑，紫褐色至黑褐色，大小约2mm。病斑周围呈水渍状并有黄绿色晕环，以后病斑干枯，病健组织交界处发生一圈裂纹，脱落后形成穿孔，或一部分与叶片相连。

枝条受害后有两种不同的病斑，一种称春季溃疡，另一种则为夏季溃疡。春季溃疡发生在上一年夏季生出的枝条上。春季在第一批新叶出现时，枝条上形成暗褐色小疱疹，直径约2mm，以后扩展长达1～10cm，宽度多不超过枝条直径的一半，有时可造成梢枯现象。春末病斑表皮破裂，病菌溢出，开始传播。夏季溃疡多于夏末发生，在当年的嫩枝上以皮孔为中心形成水渍状暗紫色斑点，以后病斑变褐色至紫黑色，圆形或椭圆形，稍凹陷，边缘呈水渍状。夏季溃疡的病斑不易扩展，并且会很快干枯，故传病作用不大。果实发病，果面发生暗紫色圆形中央稍凹陷的病斑，边缘水渍状。天气潮湿时，病斑上出现黄白色黏质物，干燥时常发生裂纹（图6-39）。

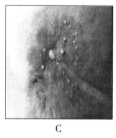

A　　　　　　　B　　　　　　　C　　　　　　　D

图6-39　桃李细菌性穿孔病症状及病原
A、B. 症状　C. 李果实病斑上的菌溢　D. 病原细菌

（2）霉斑穿孔病。霉斑穿孔病侵染叶片、枝梢、花芽和果实。叶片上病斑初淡黄绿色后变为褐色，圆形或不规则形，直径2～6mm，病斑最后穿孔。幼叶被害时大多焦枯，不形成穿孔。潮湿时，病斑上长出污白色霉状物。侵染枝梢时，以芽为中心形成长椭圆形病斑，边

缘褐紫色，并发生裂纹和流胶。果实上病斑初为紫色，渐变褐色，边缘红色，中央渐凹陷。

（3）褐斑穿孔病。侵害叶片、表梢和果实。在叶片两面发生圆形或近圆形病斑，直径1～4mm，边缘清晰并略带环纹，外围有时呈紫色或红褐色。后期在病斑上长出灰褐色霉状物，中部干枯脱落，形成穿孔。病斑穿孔的边缘整齐，穿孔也多时即行落叶。新梢和果实上的病斑与叶面相似，均可生有灰色霉状物（图6-40）。

图6-40　桃李真菌性穿孔病症状
A. 霉斑穿孔病症状　B. 褐斑穿孔病症状

**2. 病原**

（1）细菌性穿孔病菌。细菌性穿孔病病原为黄单胞菌，属薄壁菌门黄单胞菌属。病菌发育最适温度24～28℃，病菌在干燥条件下可存活10～13d，在枝条上溃疡组织内可存活1年以上，细菌在日光下经30～45min即死亡。

（2）霉斑穿孔病菌。霉斑穿孔病病原为嗜果刀孢菌，属半知菌亚门刀孢属。菌丝发育最适温度为19～26℃，最低温度5～6℃，最高39～40℃，孢子在5～6℃即可萌发进行侵染。

（3）褐斑穿孔病菌。褐斑穿孔病病原为核果假尾孢菌，属半知菌亚门假尾孢属真菌。

**3. 发生规律及发生条件**

（1）细菌性穿孔病。病原细菌在枝条病组织内，主要是春季溃疡斑和秋季感染未表现症状的部位越冬。第二春随气温上升潜伏在组织内的细菌开始活动，桃树开花前后，病菌从病组织中溢出，借风雨或昆虫传播，经叶片的气孔，枝条及果实的皮孔等自然孔口和伤口侵入，可发生多次再侵染。叶片一般于5月间发病，梅雨季为发病盛期，夏季干旱时病势进展缓慢，至秋雨季节，又发生后期侵染，果园又有大量细菌扩散，通过腋芽、叶痕侵入。病菌潜育期因气温高低和树势强弱而不同，当温度在25～26℃时，潜育期4～5d，20℃时为9d，19℃时16d；树势强时潜育期可长达40d。温暖、雨水频繁或多雾季节适宜于病害发生，树势衰弱或排水、通风不良以及偏施氮肥的果园发病都较重。品种间以晚熟种玉露、太仓等发病重；早熟品种如小林等发病较轻。

（2）霉斑穿孔病。病菌以菌丝体和分生孢子在被害枝梢或芽内越冬。第二年春季病菌借风雨传播，先侵染幼叶，产生新的孢子后，再侵染枝梢和果实。病菌潜育期因温度高低而不同，日平均温度达19℃时为5d；1℃时为34d。低温多雨适于此病发生。

（3）褐斑穿孔病。病菌主要以菌丝体和分生孢子在病叶中越冬。菌丝体也可在枝梢病组织内越冬，翌春随气温回升和降雨形成分生孢子，借风雨传播，侵染叶片、新枝和果实。低温多雨适合病害发生。

**4. 防治措施**

（1）加强果园管理。冬季结合修剪，彻底清除枯枝、落叶及落果等，集中烧毁，以消灭越冬菌源。注意果园排水，合理修剪，使果园通风透光良好，降低果园湿度。增施有机肥料，避免偏施氮肥，使果树生长健壮，提高抗病力。

（2）喷药保护。在果树发芽前，喷射 4～5 波美度石硫合剂或 1∶1∶100 波尔多液；在 5～6 月可喷射 65％代森锌可湿性粉剂 500 倍液 1～2 次，对 3 种穿孔病均有良好的防治效果。硫酸锌石灰液对细菌性穿孔病有良好的防治效果，其配方为硫酸锌 0.5kg，消石灰 2kg，水 120kg。

（3）避免与核果类果树混栽。细菌性穿孔病除侵害桃外，还能侵害李、杏、樱桃等核果类果树。如上述果树混栽在一园内，在管理和防病上困难较多，尤其是杏和李树对细菌性穿孔现的感病性很强，往往成为果园内的发病中心，而传染给周围桃树。因此在以桃树为主的果园，应将李、杏等果树移植到距离桃园较远的地方。

### 四、桃蛀螟

桃蛀螟又名桃钻心虫、桃实螟，属鳞翅目螟蛾科。国内分布普遍，长江流域桃果被害严重。危害桃、李、石榴、板栗、梨、苹果、山楂、无花果及玉米、向日葵、高粱、棉花、法国梧桐等植物。初孵幼虫多在果梗、蒂基部或果叶片接触处吐丝作室潜食，脱皮后从果梗基部钻入果内沿果核蛀食果肉，同时不断排褐色粪便，堆在虫孔外，有丝联结，并有黄褐色透明胶汁。前期危害幼果，使果实不能发育，后果实变色脱落或成僵果，虫害果常并发褐腐病。

图6-41　桃蛀螟
A. 成虫　B. 幼虫

**1. 形态特征**　桃蛀螟成虫全体橙黄色，翅面及胸腹部、背面有许多小黑斑。卵椭圆形，初产时乳白色，后变米黄色至暗红色，放大镜下可见卵壳表面粗糙有网状纹。幼虫体背淡红色，各节两侧各有粗大的灰褐色斑 4 个。雄虫腹部第五节背面有一灰褐色斑（性腺）。蛹纺锤形，初化时淡黄绿色，后变深褐色翅芽达第五腹节，末端有卷曲的刺 6 根，羽化前一天背面出现黑斑（图 6-41）。

**2. 发生规律**　桃蛀螟在我国的各地发生代数不一。在北方为一年 2 代，黄河至淮河间、陕西、山东约为 3 代，河南及南京为 4 代，江西、湖北 5 代。南京越冬代成虫在 5 月上旬至 6 月上旬发生，6 月盛发；第一代成虫 6 月中旬至 8 月上旬发生，完成第一代约 48d；第 2 代成虫在 6 月底至 8 月下旬发生，完成第二代需 39d；第三代成虫 8 月下旬开始发生，完成第三代共需 33d；9 月下旬幼虫开始越冬；翌年 4 月中旬开始化蛹。南京第一代发蛾期长，以后各代均重叠发生。6～10 月，田间各虫态均能找到。

桃蛀螟成虫多在夜间羽化，白天停息在桃叶背面和叶丛中或停在向日葵花盘背面，傍晚开始活动，取食花蜜及成熟果实的汁液作补充营养。对黑光灯趋性强。成虫羽化后一天交尾，3~5d开始产卵，每头雌虫产卵5~29粒。卵散产，喜产在枝叶茂密的桃果上，晚熟桃上产卵数比中熟桃产卵数多。成虫产卵还对果实的成熟度有一定的选择性，晚熟品种在5月下旬中开始出现卵，6月中旬至6月上旬出现2次产卵高峰。

卵多在清晨孵化，第一代幼虫主要危害桃果及洋葱，第二代幼虫大部分危害桃果，第三代主要危害玉米，第四代危害向日葵及秋玉米。幼虫5个龄期，老熟幼虫结白色茧化蛹，化蛹部位各代不同。危害桃的第一、二代幼虫一般在结果母枝及果和果相靠近的地方或果实内化蛹，10月间以老熟幼虫越冬。在华北在果树翘皮缝隙、向日葵、玉米、高粱穗等处越冬。

长江下游地区成熟期晚，品质好的水蜜桃易受桃蛀螟危害；徐淮地区的早熟硬肉品种受害较轻。

**3. 防治措施**

（1）人工防治。清除越冬寄主中越冬幼虫，特别注意向日葵花盘，晚玉米的穗轴和蓖麻被害种子里的老熟幼虫，彻底烧毁，减少虫源，及时采摘清除虫果。

（2）在桃园周围种植引诱植物，并及时除虫。

（3）套袋。5月中旬开始套袋，5月25日前完成，套袋前结合其他害虫防治喷药1次，可有效地防止桃蛀螟为害。

（4）药剂防治。未套袋的果园，因桃的生长期不同，受桃蛀螟为害的时间也不同，药剂防治时间和次数也不同。在南京早熟桃品种的第一次用药在5月下旬末，第二次在6月中下旬之间；中熟桃第一次在6月初，第二次在6月中下旬之间，第三次在7月上旬前半旬；晚熟桃第一次用药在6月上中旬之间，第二次在6月下旬中期，第三次在7月上中旬之间。药剂选择可用50%杀螟松乳油1 000倍液，22%毒死蜱·氯氰菊酯乳油1 000倍液，5%氟啶脲乳油1 000倍液等喷施。

## 五、桃红颈天牛

桃红颈天牛属鞘翅目天牛科。主要分布于北京、东北、河北、河南、江苏等地。

**1. 形态特征** 桃红颈天牛成虫体黑色，有光亮，体长28~37mm；前胸背板红色，背面有4个光滑疣突，具角状侧枝刺；鞘翅翅面光滑，基部比前胸宽，端部渐狭；雄虫触角超过体长4~5节，雌虫触角超过体长1~2节（图6-42）。

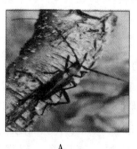

图6-42 桃红颈天牛
A. 成虫 B. 卵 C. 老熟幼虫

**2. 发生规律** 桃红颈天牛在华北地区 2～3 年发生 1 代，以各龄幼虫在蛀道内越冬。成虫于 5～8 月发生，羽化后成虫在蛀道中停留 3～5d，多于雨后晴天 10～15 时在树干和枝条活动，栖息。卵多产在距地面 1.2m 内的主干、主枝的皮缝中。

幼虫孵化后蛀入皮层，长到 30mm 以后蛀入木质部为害，多由上向下蛀食成弯曲的隧道，隔一定距离向外蛀一通气排粪孔。幼虫经过 2～3 个冬天老熟，在蛀道末端先蛀羽化孔但不咬穿，用分泌物黏结木屑作室化蛹。

**3. 防治措施**

（1）成虫出现期白天捕捉，在雨后晴天较易捕捉。

（2）幼虫孵化后检查枝干，发现排粪孔可用铁丝钩杀幼虫，也可用 80% 敌敌畏乳油 15～20 倍液涂抹排粪孔。

（3）树干上涂刷石灰硫黄混合涂白剂（生石灰 10 份：硫黄 1 份：水 40 份）防成虫产卵。

（4）在成虫产卵期和幼虫孵化期，枝干上喷布 50% 杀螟松乳油、50% 西维因可湿性粉剂 800 倍液。幼虫蛀入木质部后，用 56% 磷化铝片剂塞入一虫孔中封口熏杀。

## 本章小结

病虫害种类
- 苹果病虫害
  - 病害种类：苹果树腐烂病、苹果轮纹病、苹果斑点落叶病等。
  - 害虫种类：苹果绵蚜、苹果小卷叶蛾、山楂叶螨、苹果瘤蚜。
- 梨树病虫害
  - 病害种类：梨黑星病，梨锈病、梨黑斑病等。
  - 害虫种类：梨小食心虫病、梨大食心虫、梨木虱。
- 柑橘病虫害
  - 病害种类：柑橘溃疡病、柑橘疮痂病、柑橘黄龙病等。
  - 害虫种类：柑橘全爪螨、柑橘锈壁虱、柑橘潜叶蛾等。
- 葡萄病虫害
  - 病害种类：葡萄霜霉病、葡萄黑痘病。
  - 害虫种类：葡萄透翅蛾、葡萄天蛾等。
- 桃、李、杏及其他果树病虫害
  - 病害种类：桃李穿孔病，桃、李褐腐病、桃缩叶病等。
  - 害虫种类：桃蛀螟、桃红颈天牛等。

发生规律
- 病菌越冬或越夏场所；田间传播等。
- 影响病害发生的环境因素。
- 成、幼虫的习性，越冬场所。
- 影响害虫发生轻重的环境因素

防治措施
- 病害：种植抗病品种，清除菌源，刮治病斑，果实套袋，选用合适的农药等防治措施。
- 害虫：合理规划及管理果园；杀灭越冬卵；果树生长期喷药防治；保护和利用天敌等措施。

## 复习思考题

1. 苹果、梨几种主要枝干病害的病原及其发生规律、发生条件、防治措施是什么？

2. 简述桃小食心虫,梨小、梨大食心虫的发生规律、发生条件及食心虫类的防治措施。
3. 危害苹果、梨的卷叶虫有哪些种类?发生规律如何?怎样防治?
4. 果园常见螨类有哪几种?发生规律有何不同?怎样防治?
5. 当地苹果、梨蚜虫有哪些种类?如何根据不同种类蚜虫发生特点选择防治措施?
6. 梨黑星病、苹果早期落叶病的发生规律、发生条件及防治措施是什么?
7. 葡萄霜霉病症状有何特点?发病与环境条件有何关系?药剂防治应选择哪些农药种类?
8. 葡萄感染黑痘病主要在哪个时期?防治的关键是什么?
9. 葡萄透翅蛾危害有何特点?怎样防治?
10. 简述柑橘溃疡病的病原、发生规律及防治方法。
11. 简述柑橘全爪螨、柑橘潜叶蛾的为害特点、为害状、发生规律及防治方法。
12. 当地桃(或李)穿孔病主要有哪些种类?怎样防治?
13. 怎样结合桃褐腐病及炭疽病的发生特点采取防治措施?
14. 桃树上常见蚜虫有几种,怎样识别及防治?
15. 结合当地果树的主要病虫害种类及发生特点,制订综合防治方案。

# 第七章 观赏植物病虫害

## 知识目标

1. 了解观赏植物常见病虫害的种类及发生特点、发生规律、防治方法。
2. 重点掌握观赏植物立枯病、猝倒病、白绢病、白粉病类、锈病类、炭疽病类、溃疡病类、腐烂病类的识别特征、发生规律及其防治方法。
3. 重点掌握观赏植物地下害虫蝼蛄类、蛴螬类、地老虎类,食叶性害虫刺蛾类,吸汁性害虫蚜虫类、蚧虫类,钻蛀性害虫天牛类等的识别特征、发生规律及其防治方法。

## 能力目标

1. 掌握本地常见的观赏植物立枯病、猝倒病、白绢病、白粉病类、锈病类、炭疽病类、溃疡病类、腐烂病类的识别特征、发生规律及其防治方法。
2. 掌握本地常见的观赏植物地下害虫、食叶性害虫、吸汁类害虫的发生特点,并进行有效防治。

## 第一节 观赏植物苗期和根部病虫害

### 一、苗期病害

#### (一)猝倒病

猝倒病俗称"倒苗"、"霉根"、"小脚瘟"。我国各地普遍发生,危害各种花卉苗木幼苗,如鸡冠花、一串红、蜀葵、观赏辣椒等,严重时导致幼苗死亡。

**1. 症状** 出苗前染病,引起子叶、幼根及幼茎变褐腐烂,即为烂种或烂芽。幼苗发病,多从根颈部开始,初为水渍状,并很快扩展,在子叶仍为绿色萎蔫前,根颈部溢缩变细如线状,幼苗即倒伏死亡,故称猝倒病。苗床湿度大时,病部及周围床土上产生一层白色棉絮状霉。猝倒病一般不危害大苗(图7-1)。

**2. 病原** 猝倒病病原主要是瓜果腐霉和德巴利腐霉,均属鞭毛菌亚门真菌,两种腐霉菌生长最低温度为5～6℃,最适温度为26～28℃,最高温

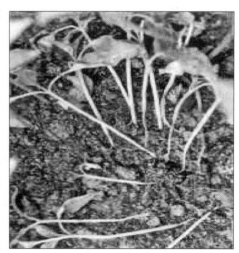

图7-1 幼苗猝倒病症状

度为 36~36℃。此外刺腐霉和终极腐霉，也可引起猝倒病。病菌寄主范围很广，严重时可引起成片死苗。

**3. 发生规律及发生条件**　腐霉菌是土壤习居菌，为典型的土传性病害。主要以卵孢子在表土层越冬，也可混入堆肥中越冬，也能以菌丝体在土壤中的病残体或其他腐殖质上营腐生生活。卵孢子在适宜条件下，萌发产生孢子囊，以游动孢子或直接长出芽管侵入寄主。在土中营腐生生活的菌丝也能产生孢子囊，以游动孢子侵染近土表植株的根颈部。田间再侵染源主要是病苗上产生的孢子囊及游动孢子。病菌可通过雨水、灌溉水和粪土进行传播。病菌侵入寄主后，在皮层薄壁细胞中扩展，菌丝蔓延于细胞间或细胞内，后在病组织内形成卵孢子越冬。

高湿度是幼苗发病的主要条件，湿度大病害常发生重。湿度包括床土湿度和空气湿度，孢子发芽和侵入都需要一定水分。病菌侵入寄主后，当地温 15~20℃时病菌增殖最快，在 10~30℃范围内都可发病。育苗期遇低温高湿条件利其发病，温度高于 30℃发病受到抑制。另外，幼苗新根尚未长成，幼茎柔嫩抗病能力弱，此时最易感病。光照不足，播种过密，通风不良，连作，苗圃地势低洼、土质黏重等易发病。

**4. 防治措施**

（1）选地。露地育苗应选择地势较高，能排能灌，不黏重，无病地或轻病地作苗圃，不用旧苗床土。保护地育苗用育苗盘播种，地温低时，在电热温床上播种。

（2）适期播种。在可能条件下，应尽量避开低温时期，同时最好能够使幼苗出芽后 1 个月避开梅雨季节。

（3）床土消毒。在播种时将药土铺在种子下面和盖在上面进行消毒，方法简便易行。做法：每平方米苗床用 25%甲霜灵可湿性粉剂 9g 加 60%代森锰锌可湿性粉剂 1g，或只用 40%五氯硝基苯可湿性粉剂 9g，加入过筛的细土 4~5kg，充分拌匀。苗床浇水后，先将药土的 1/3 撒匀，接着播种，播种后将 2/3 药土盖在种子上面，然后再撒细土至所需盖土厚度。用药量必须严格控制，否则对子苗的生长有较重的抑制作用。

将床土施药后堆置，然后再播种，防病效果也很好。做法：用 0.5%甲醛喷洒床土，拌匀后堆置，用薄膜密封 5~6d，或 50%的多菌灵粉剂每立方米床土用量 40g，或 65%代森锌粉剂 60g，拌匀后用薄膜覆盖 2~3d，揭去薄膜后待药味完全挥发掉再使用。观赏辣椒、冬珊瑚等茄科花卉，每平方米苗床可用 40%五氯硝基苯可湿粉 8g 对水后进行土壤消毒。还可用蒸汽、开水、高压灭菌和微波等方法消毒。用蒸汽给床土加温，使土温达到 90~100℃，处理 30min，可杀灭所有病虫害及杂草种子。对无机基质，可用开水消毒或用 0.1%高锰酸钾溶液消毒。

（4）苗期管理。精细整地，深耕细整，施用净肥。播种时浇水适量；选晴天上午浇水；播种密度不宜过大，对容易得猝倒病的种类或缺乏育苗经验的可条播；子苗太密又不能分苗的应适当间苗；点播的轻松土，使苗床表土发干；剔除病苗；及时放风排湿，防止雨水漏入苗床。

（5）药剂防治。在发病初期，向幼苗基部喷洒 60%甲基托布津可湿性粉剂 1 000 倍液或用 64%噁霜·锰锌可湿粉 400 倍液，或 62.2%霜霉威盐酸盐水剂 400 倍液，或 15%噁霉灵水剂 450 倍液，或 58%甲霜灵·锰锌可湿性粉剂 500 倍液，或 65%百菌清可湿粉 600 倍液，25%百菌灵 800~1 000 倍液，或用 1∶1∶（120~160）波尔多液，每平方米苗床喷药液 2~

3L。也可用草木灰与石灰（8∶2）混匀后撒于幼苗基部。

（6）带菌种子消毒。对于能耐温水处理的种子用55℃温水浸种15min；或用50%多菌灵可湿粉500倍液浸种1h，或用甲醛100倍液消毒10min，用清水充分洗净后才能催芽或播种。

## （二）立枯病

立枯病又叫死苗，也是多种花卉、苗木、草坪、果树、蔬菜育苗期间较常见的一种病害。

**1. 症状** 刚出土的幼苗及大苗均可发病，以大苗发病率较高，一般多发生于育苗的中后期，床温较高条件下。受害幼苗和幼株主根及近地面茎基部出现红褐色不定型或椭圆形病斑，发病初期病苗茎叶白天萎蔫，夜间和清晨恢复。病斑向四周扩展，并凹陷环绕茎基一周，茎基部变褐腐烂，有的木质部外露，皮层开裂呈溃疡状，最后病株干枯死亡，直立不倒伏，所以称为立枯病。潮湿条件下，在发病部位及其附近表土可见到淡褐色蛛丝状的菌丝体，但不显著，后期形成粒状的菌核。病部没有明显的白色棉絮状霉，可与猝倒病区别（图7-2）。

 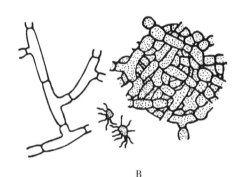

A

B

图 7-2 苗木立枯病
A. 症状 B. 菌丝和菌核

**2. 病原** 立枯病病原无性世代为立枯丝核菌，属半知菌亚门丝核菌属真菌。其无性世代不产生孢子，有发达的菌丝，菌丝有隔膜，初无色，老熟时呈浅褐色至黄褐色。菌丝近直角分支，分支基部略缢缩，菌丝集结交织在一起形成菌核。菌核形状不定，浅褐色、棕褐色或黑褐色。菌核之间常有菌丝相连，菌核的抗逆性强，是越冬器官之一。此菌生长适温为16～28℃，在12℃以下或30℃以上时受抑制，高温有利于菌丝的生长蔓延。有性世代为瓜亡革菌，属担子菌亚门亡革菌属真菌。一般立枯病无有性世代，自然条件下，不易见到（图7-2）。

**3. 发生规律及发生条件** 病菌以菌丝体或菌核在土壤中或病残体上越冬，腐生性较强，在土壤中可存活2～3年。适宜的环境条件下，第二年病菌从伤口或表皮直接侵入幼茎、根部而引起发病。通过雨水、流水、灌溉或农具耕作以及带菌肥料等传播蔓延。条件适宜时对幼苗进行初侵染，发病后，还可以通过菌丝体的扩展蔓延进行再侵染。

一般管理粗放，苗床保温差，通风不良导致幼苗长势弱易发病。育苗期早春遇到寒流倒春寒，长期阴雨天气，苗床内光照不足，土壤湿度大，温度较高，幼苗徒长，生长不良，易受病菌侵染，尤其多年连作的保护地因病菌积累较多，常造成苗期发病严重。夏季遇台风暴雨，苗圃淹水等情况都有利于发病。此外，地势低、土质黏重，或施用未腐熟的有机肥都可能加重苗病发生。

**4. 防治措施**

(1) 育苗场地的选择。选择地势高、排水良好、水源方便、避风向阳的地方育苗。

(2) 加强苗床管理。用肥沃、疏松、无病的新床土；肥料一定要腐熟；播种不易过密，盖土不宜太厚；床土湿度大时，撒干细土降湿；做好苗床保温工作，同时多通风透光。

(3) 土壤处理。播种前2～3周将床土耙松，每平方米床面用40%甲醛30mL加水2～4kg均匀喷洒于床面，并用薄膜覆盖，4～5d后揭去薄膜，耙松床土，待药味充分散尽后再播种。也可每平方米苗床用40%拌种双可湿性粉剂8g，与4～5kg细土拌匀制成药土，打足底水后将1/3药土做垫土，另2/3做盖土，将种子夹在药土中间，若盖土不够，可在其上另加洁净的土壤。

(4) 药剂防治。发病初期选用65%百菌清可湿性粉剂600倍液，60%代森锰锌可湿性粉剂500倍液，58%甲霜灵·锰锌可湿性粉剂500倍液，62.2%霜霉威盐酸盐水剂600倍液，62%霜脲·锰锌可湿性粉剂600倍液，69%烯酰吗啉·锰锌可湿性粉剂800倍液，间隔6～10d喷一次，一般防治1～2次。

## 二、根部病害

### (一) 白绢病

白绢病又名茎基腐烂病，主要分布于热带及亚热带地区。病菌危害的寄主多达100科500种以上，以豆科及菊科最多，其次为葫芦科、石竹科、十字花科、唇形花科、毛茛科、大戟科及茄科等。单子叶植物则以禾本科、百合科、鸢尾科及石蒜科为主。

**1. 症状** 白绢病发病多在根颈处，受害部位出现水渍状褐色病斑，并产生白色菌丝束，病情进一步发展时，根颈部的皮层腐烂，有酒味，并溢出褐色汁液。后期在根部产生白色至黄褐色油菜籽大小的菌核。受害植株叶片变黄、萎蔫，最后全株枯死。

**2. 病原** 白绢病无性世代为半知菌亚门的齐整小核菌；有性世代为白绢伏革菌，属担子菌亚门阿太菌属的罗氏（耳）阿太菌，但自然条件下很少产生有性世代。菌核外观初呈乳白色；后略带黄色至茶褐色或棕褐色，球形至卵圆形，表面具光泽，直径0.5～3mm（图7-3）。

**3. 发生规律及发生条件** 病菌以菌核或菌丝在土壤中或病残体上越冬。菌核是病害主要的初侵染菌源，菌核在自然条件下，可在土壤中存活5～6年。翌年在环境条件适宜时，菌核萌发，产生菌丝进行侵染，从植株根茎基部的表皮或伤口侵入，也可侵入子房柄或荚果。病菌发育的适宜温度为25～33℃，最高温度38℃，最低温度13℃。病菌在田园内主要以菌核随雨水或灌溉水传播，也靠菌丝蔓延。种子带菌可远距离传播。

高温（25～35℃）、高湿、土壤有机质含量高等因素都有利于病害发生。15℃以下低温，土壤紧实、偏碱性，通气性差均不利于病害发生。病菌不耐低温，轻霜即能杀死菌丝体，菌核经受短时间-20℃后死亡。另外，土壤黏重、排水不良、低洼地及多雨年份发病重，蔓延快；连作地、播种早发病重；酸性沙质土也会促进病害的发生。

**4. 防治措施**

(1) 加强栽培管理。对发病重的地块，不能连作，不同植物进行3年以上轮作。适当晚

图 7-3 花木白绢病症状
A. 菌丝　B. 菌核

播,苗期清棵蹲苗,提高抗病力。高温多雨的夏季浇水后晒田,6d后再晒一次,也可在深灌后覆盖地膜晒20~30d。

(2) 减少菌源。及时拔除病株,清除落入土中的菌核和病残体,集中烧毁或深埋。提倡施用日本酵素菌沤制的堆肥或充分腐熟有机肥,改善土壤通透条件。发病重的田块,病穴内撒石灰,每 667m² 施石灰 100~150 kg,把土壤酸碱度调到中性。有些菌核会混杂在花卉种子中,育苗时可用10%盐水或20%硫酸铵除菌核,再用清水冲洗后播种。选用无病种子,用种子重量0.5%的50%多菌灵可湿性粉剂拌种。

(3) 药剂防治。发病初期用70%五氯硝基苯或70%甲基托布津1 000倍液浇灌,后用1%硫酸铜浇根;或用哈茨木霉每667m²0.40~0.45 kg加50 kg细土,或用50%甲基立枯磷(利克菌)可湿性粉剂1份,对细土100~200份,混匀后撒在病部根颈处,防治效果明显。必要时可喷洒20%甲基立枯磷乳油1 000倍液,隔6~10d喷一次,防治1~2次。

## (二) 根癌病

根癌病又称癌肿病,分布世界各地,危害严重。此病菌的寄主范围很广,月季、菊、大理菊、樱花、夹竹桃、银杏、金钟柏、石竹、天竺葵、松、柏、南洋杉、罗汉松等,多达59科142属300多种。

**1. 症状**　根癌病病害主要发生在地面或近地面根颈处。发病初期病部膨大呈球形或半球形的瘤状物。幼瘤为白色,质地柔软,表面光滑,以后,瘤渐增大,木质,褐色或黑褐色,表面粗糙、龟裂。由于根系受到破坏,发病轻的造成植株生长缓慢、叶色不正,重则引起全株死亡(图7-4)。

**2. 病原**　根癌病病原为根癌土壤杆菌,又名根癌农杆菌,属原核生物界薄壁菌门土壤杆菌属(野杆菌属)的根癌土壤杆菌。病菌生长发育最适温度为22℃,最高温度为34℃,最低为10℃,致死温度为51℃。

**3. 发生规律及发生条件**　病原细菌可在病瘤内或土壤中病株残体上生活1年以上,若2年得不到侵染机会,细菌就会失去致病力和生活力。病菌主要靠灌溉水、雨水、扦插苗、接穗、耕作农具、地下害虫等传播。远距离传播靠病苗和种苗的运输。病菌从伤口入侵,经数

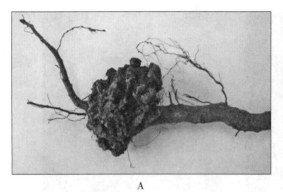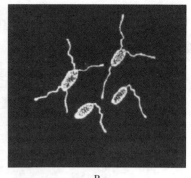

图 7-4 花木根癌病
A. 症状 B. 病原

周或 1 年以上就可出现症状。偏碱性、湿度大的沙壤土发病率较高；连作有利于病害的发生；苗木根部伤口多发病重。

**4. 防治措施**

（1）严格检疫。严禁从病区调运苗木。

（2）改进育苗方法，加强栽培管理。选择无病土壤作苗圃，实施轮作，间隔 2～3 年；苗圃地应进行土壤消毒，可施硫黄粉 50～100 g/m²，或漂白粉 100～150g 对土壤进行处理；碱性土壤应适当施用酸性肥料或增施有机肥料，以改变土壤 pH，使之不利于病菌生长；雨季及时排水，以改善土壤的通透性；中耕时应尽量少伤根；拔除重病株集中烧毁。

（3）苗木处理。花木苗栽种前可选用 1‰硫酸铜液浸 5～10 min，再用水洗净，然后栽植；或用微生物农药放射形土壤杆菌 30 倍液浸根 5 min 后定植；或 4 月中旬切瘤灌根。用放射形土壤杆菌处理种子、扦插苗及裸根苗，浸泡或喷雾，处理过的材料，在栽种前要防止过干，用这种方法可获得较理想防效。

（4）及时治疗轻病株。对已发病的轻病株可用 300～400 倍的二巯丙磺钠对乙基硫代磺酸乙酯浇灌，也可切除瘤体后用 500～2 000 mg/kg 农用链霉素或 500～1 000 mg/kg 土霉素或 5％的硫酸亚铁涂抹伤口。

## 三、地下害虫

地下害虫是指生活史的全部或大部分时间在土壤中生活，主要为害植物的地下部分和近地面部分的一类害虫，又称根部害虫。地下害虫种类多、适应性强、分布广。常见的有地老虎、蛴螬、蝼蛄、金针虫、白蚁等。

地下害虫长期生活于土壤中，形成了一些不同于其他害虫的发生为害特点：

①寄主范围广。各种蔬菜、果树、林木等的幼苗和播下的种子都可受害。

②生活周期长。主要地下害虫如金龟子、叩头甲、蝼蛄等，一般少则 1 年 1 代，多数种类 2～3 年 1 代。

③与土壤关系密切。土壤为地下害虫提供了栖居、保护、食物、温度、空气等必不可少的生活条件和环境条件。土壤的理化性状对地下害虫的分布和生命活动有直接的影响，是地下害虫种群数量消长的决定性因素之一。

④为害时间长，防治比较困难。地下害虫从春季到秋季，从播种到收获，在整个生长期

一直为害，而且在土壤中潜伏，不易及时发现，因而增加了防治上的困难。

## （一）蝼蛄类

蝼蛄属直翅目蝼蛄科。为害严重的有东方蝼蛄、华北蝼蛄2种。

东方蝼蛄属于全国性害虫，但以南方为多。华北蝼蛄在北方各省为害较重。蝼蛄食性很杂，成虫、若虫均可为害。咬食各种植物种子和幼苗，尤其喜食刚发芽的种子，造成缺苗断垄；也咬食幼根和嫩茎，扒成乱麻状或丝状，使幼苗生长不良甚至死亡。特别是蝼蛄在表土层善爬行，造成种子架空，幼苗吊根，导致种子不能发芽，幼苗失水枯死。人常说"不怕蝼蛄咬，就怕蝼蛄跑"。

**1. 形态特征** 蝼蛄个体发育过程中经历卵、若虫、成虫3个虫态。华北蝼蛄与东方蝼蛄形态特征见表7-1和图7-5。

表7-1 华北蝼蛄与东方蝼蛄形态特征

| 虫态＼种类 | 华北蝼蛄 | 东方蝼蛄 |
| --- | --- | --- |
| 卵 | 椭圆形，初产为黄白色，后变为黄褐色，孵化前呈深灰色 | 椭圆形，初产为乳白色，后变为黄褐色，孵化前呈暗紫色 |
| 若虫 | 初孵若虫头、胸特别细，腹部很肥大，全身乳白色，以后颜色加深，5～6龄以后与成虫体色相似。末龄体长36～40mm | 初孵化若虫头、胸特别细，腹部很肥大，全身乳白色，2～3龄以后与成虫体色相似。末龄体长约25mm |
| 成虫 | 雌虫体长45～50 mm，雄虫体长39～45 mm，体黑褐色，密被细毛，腹部近圆筒形，后足胫节内上方有刺1～2根（或无刺） | 雌虫体长31～35 mm，雄虫体长30～32 mm，体黄褐色，密被细毛，腹部近纺锤形，后足胫节内上方有等距离排列的刺3～4根（或4个以上） |

**2. 发生规律及发生条件**

（1）东方蝼蛄。南方1年发生1代，北方2年完成1代，以成虫或6龄若虫越冬。越冬代成虫3月下旬开始上升至土表活动，4～5月为活动危害盛期，5月中旬开始产卵，产卵前先在腐殖质较多或未腐熟的厩肥下筑土室并产卵，5～7d后孵化，6月中旬为孵化盛期，10月下旬以后开始越冬。第二年春季恢复活动，为害至8月开始羽化为成虫。若虫期长达400余天。当年羽化的成虫少数可产卵，大部分越冬后，至第三年才产卵。

（2）华北蝼蛄。各地约需3年左右完成1代。在华北地区，越冬成虫于6月上中旬开始产卵，7月初孵化，到秋季达8～9龄，深入土中越冬。次

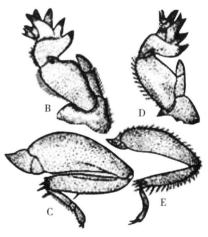

图7-5 华北蝼蛄和东方蝼蛄
A. 华北蝼蛄成虫 　B、C. 华北蝼蛄的前足和后足
D、E. 东方蝼蛄的前足和后足

春越冬若虫恢复活动继续为害，到秋季达 12～13 龄后又进入越冬。第三年春又活动为害，8 月以后若虫羽化为成虫，为害一段时间后即以成虫越冬。至第四年 5 月成虫开始交配准备产卵。

（3）生活习性。

①群集性。初孵若虫有群集性，东方蝼蛄孵化后 3～6d 群集一起，以后分散为害；华北蝼蛄初孵若虫 3 龄后方才分散为害。

②趋光性。蝼蛄昼伏夜出，具有强烈的趋光性。可以利用黑光灯诱杀。

③趋化性。蝼蛄对香、甜物质气味有趋性，特别嗜食煮至半熟的谷子、棉籽及炒香的豆饼、麦麸等，因此可制毒饵来诱杀。此外，蝼蛄对马粪、有机肥等未腐烂有机物有趋性，可用毒粪诱杀。

④趋湿性。蝼蛄喜欢栖息在河岸渠旁、菜园地及轻度盐碱潮湿地，有"蝼蛄跑湿不跑干"之说。东方蝼蛄比华北蝼蛄更喜湿。

**3. 防治措施**

（1）减少产卵。施用厩肥、堆肥等有机肥料时要充分腐熟，可减少蝼蛄的产卵。

（2）灯光诱杀成虫。在闷热天气、雨前的夜晚灯光诱杀非常有效。

（3）鲜马粪或鲜草诱杀。在苗床的步道上每隔 20 m 挖一小土坑，将马粪、鲜草放入坑内，清晨捕杀，或施药毒杀。

（4）毒饵诱杀。用 40％毒死蜱乳油或 50％辛硫磷乳油 0.5kg 拌入 50kg 煮至半熟或炒香的饵料（麦麸、米糠等）中作毒饵，傍晚均匀撒于苗床上。但要注意防止畜、禽误食。

（5）灌药毒杀。在受害植株根际或苗床浇灌 50％辛硫磷或 40％毒死蜱乳油 1 500 倍液。

## （二）地老虎类

地老虎是鳞翅目夜蛾科部分幼虫的俗称。为害重的种类主要有小地老虎和黄地老虎。

小地老虎分布最广，危害最严重。主要分布在长江流域、东南沿海各省。小地老虎食性很杂，寄主植物达 106 种之多，以 1～2 龄幼虫为害寄主的心叶或嫩叶，3 龄后幼虫切断植物幼茎、叶柄，严重影响植株的正常生长。在北方地区，黄地老虎发生也较为普遍。

**1. 形态特征** 夜蛾科昆虫个体发育过程中一般经历卵、幼虫、蛹、成虫 4 个虫态。其幼虫中的小地老虎与黄地老虎形态特征见表 7-2 和图 7-6。

表 7-2 小地老虎与黄地老虎形态特征

| 种类<br>虫态 | 小地老虎 | 黄地老虎 |
| --- | --- | --- |
| 卵 | 馒头形，直径 0.61mm，初产乳白色，后渐变为黄色 | 半球形，直径约 0.5mm，初产乳白色，后渐变为黄褐色 |
| 幼虫 | 老龄幼虫体长 37～47 mm，黄褐色至灰褐色，体表粗糙，密布大小颗粒。腹末臀板黄褐色，有 2 条深褐色纵纹 | 老龄幼虫体长 33～43 mm，黄褐色，体表多皱纹，但无明显颗粒。腹末臀板有两大块黄褐色斑 |
| 蛹 | 体长 18～24 mm，红褐色或暗褐色 | 体长 15～20 mm，红褐色 |
| 成虫 | 体长 16～23mm，体灰褐色，前翅肾状纹外有 1 个尖端向外的楔形斑，亚缘线上也有 2 个尖端向里的黑褐色楔形斑；后翅淡灰白色 | 体长 14～19mm，体黄褐色，前翅肾状纹外没有任何斑纹；后翅灰白色 |

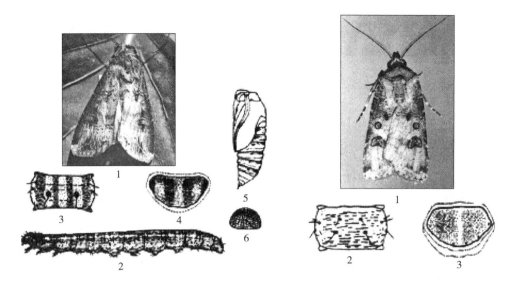

图 7-6 小地老虎和黄地老虎
A. 小地老虎：1. 成虫　2. 幼虫　3. 幼虫第四腹节背面　4. 幼虫末节背板　5. 蛹　6. 卵
B. 黄地老虎：1. 成虫　2. 幼虫第四腹节背面　3. 幼虫末节背板

**2. 发生规律及发生条件**

（1）小地老虎。小地老虎全国从北到南 1 年发生 2~7 代，发生世代自南向北逐渐减少，为迁飞性害虫。小地老虎越冬情况随各地冬季气温不同而异。1 年中常以第一代幼虫在春季发生数量最多，造成危害最重。小地老虎以 1~2 龄幼虫咬食叶片，形成小孔或缺刻，3 龄后白天潜伏于杂草或幼苗根部附近，夜间咬断根颈，尤以黎明前露水未干时更烈，把咬断的幼苗嫩茎拖入土穴内。如遇食料不足，同种个体有自残现象。

小地老虎喜温喜湿，在 18~26℃，土壤含水量 15%~20%，对其生长发育有利。高温不利于小地老虎的生长发育和繁殖，当平均温度高于 30℃时，成虫寿命缩短，不能产卵。一般在河渠两岸、湖泊沿岸、水库边发生较多，沙土地、重黏土地发生少，沙壤土、壤土、黏壤土发生多。杂草丛生，管理粗放地发生重。

（2）黄地老虎。黄地老虎 1 年发生 1~5 代，发生世代自南向北逐渐减少。主要以老熟幼虫在土中越冬，少数以 3~4 龄幼虫越冬。初龄幼虫主要食害植物心叶，2 龄以后昼伏夜出，咬断幼苗。老熟幼虫在土中做土室越冬，低龄幼虫越冬只潜入土中不做土室。春秋两季为害，以春季为害最重。黄地老虎耐旱，年降雨量低于 300mm 的西部干旱区适于其生长发育。土壤湿度适中，土质松软的向阳地块，幼虫密度大。灌水对控制各代幼虫为害有重要作用，可大幅度压低越冬代幼虫的基数。

（3）生活习性。地老虎成虫昼伏夜出，对黑光灯有强烈趋性；具有强烈趋化性，对糖蜜、发酵物等香、甜物质特别嗜好，故可设置糖醋液诱杀。成虫补充营养后 3~4d 交配产卵，卵散产于杂草或土块上。地老虎幼虫有假死性，在活动时受惊立即蜷缩呈 C 形。

**3. 防治措施**

（1）清除杂草。杂草是地老虎早春产卵的场所，因此要及时清除苗床及圃地杂草。

（2）诱杀成虫。成虫发生期利用糖醋液或黑光灯诱杀成虫。

(3) 人工防治。清晨检查，发现被咬断苗等情况，应及时扒开被害株周围，捕杀幼虫。

(4) 毒饵诱杀。在播种前或幼苗出土前，用50%辛硫磷100g加水2.5kg，喷在100kg切碎的鲜草上，傍晚分成小堆放在田间，每667m²用量15kg。也可用防治蝼蛄的毒饵诱杀法。

(5) 药剂防治。幼虫危害期，喷洒20%氰戊菊酯或40%毒死蜱乳油1 500～2 000倍液；或用50%辛硫磷乳油1 000～1 500倍液灌根。

### （三）金龟甲类

蛴螬是鞘翅目金龟甲类昆虫幼虫的统称，是地下害虫中种类最多、分布最广、为害最重的一个类群。蛴螬取食萌发的种子，咬断幼苗的根、茎，造成缺苗断垄，甚至毁种绝收。许多金龟甲类的成虫喜食各种植物叶片、嫩芽、花蕾，造成严重损失。在园林植物上危害较重的有大黑鳃金龟、暗黑鳃金龟、铜绿丽金龟等。

**1. 形态特征**（表7-3和图7-7）

表7-3 大黑鳃金龟、暗黑鳃金龟、铜绿丽金龟形态特征

| 虫态＼种类 | 大黑鳃金龟 | 暗黑鳃金龟 | 铜绿丽金龟 |
|---|---|---|---|
| 卵 | 初产时长椭圆形，长约2.5 mm白色略带黄绿色光泽。发育后期圆球形，洁白色有光泽 | 初产时长椭圆形，长约2.5 mm，发育后期近圆球形 | 初产时椭圆形，长1.65～1.93 mm，乳白色。孵化前圆球形 |
| 幼虫 | 3龄幼虫体长35～45 mm，头部前顶刚毛每侧3根，其中冠侧2根，额缝上方近中部1根 | 3龄幼虫体长35～45 mm，头部前顶刚毛每侧1根，位于冠缝侧 | 3龄幼虫体长30～33 mm，头部前顶刚毛每侧6～8根，排成一纵列 |
| 蛹 | 体长21～23 mm，初期为白色，以后变黄褐色至红褐色 | 体长20～25 mm，初期为白色，以后变黄褐色至红褐色 | 体长18～22 mm，体稍弯曲 |
| 成虫 | 体长16～22 mm，黑或黑褐色，有光泽，鞘翅长椭圆形，每侧各有4条明显的纵肋 | 体长17～22 mm，暗黑色或红褐色，无光泽，鞘翅伸长，每侧各有4条不明显的纵肋 | 体长19～21 mm，背面铜绿色，其中头、前胸背板、小盾片色较浓，鞘翅色较淡，有金属光泽。鞘翅两侧有不明显的纵肋4条 |

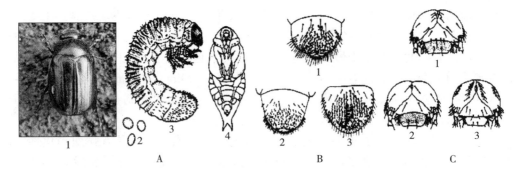

图7-7 几种金龟甲类昆虫形态特征
A. 东北大黑鳃金龟：1. 成虫  2. 卵  3. 幼虫  4. 蛹
B. 幼虫臀节腹面比较：1. 东北大黑鳃金龟  2. 暗黑鳃金龟  3. 铜绿丽金龟
C. 幼虫头部比较：1. 东北大黑鳃金龟  2. 暗黑鳃金龟卵  3. 铜绿丽金龟

**2. 发生规律**

（1）大黑鳃金龟。大黑鳃金龟是我国仅华南地区1年发生1代，以成虫在土壤中越冬。其他地区2年完成1代，以成虫和幼虫在土壤中越冬。

我国北方属2年1代区，越冬成虫春季10cm土温上升到14℃时开始出土，10cm土温达17℃以上时成虫盛发。6月下旬至7月上旬为产卵盛期，8月以后幼虫为害夏播作物，10月中旬以后，幼虫开始向深土层转移，准备越冬。越冬幼虫次年春季气温达14℃左右时上升为害，6月开始化蛹，7月开始羽化成虫，9月达到成虫羽化盛期，当年羽化的成虫不出土即在土壤中越冬，直到翌年的5月下旬才开始出土活动。

（2）暗黑鳃金龟。暗黑鳃金龟在江苏、安徽、河南、山东、河北、陕西等地均1年发生1代，多数以3龄幼虫筑土室越冬，少数以成虫越冬。以成虫越冬的，成为翌年5月出土的虫源。以幼虫越冬的，一般春季不为害，于4月初至5月初开始化蛹，5月中旬为化蛹盛期，6月上旬开始羽化，7月中旬至8月上旬为成虫活动高峰期，7月下旬为卵孵化盛期，初孵幼虫即可害，8月中下旬为幼虫为害盛期。

（3）铜绿丽金龟。铜绿丽金龟1年发生1代，以幼虫在土中越冬。越冬幼虫在第二年春季10cm土温高于6℃时开始活动，3~5月有短时间为害，5月开始化蛹，成虫出现在5月下旬，6月下旬至7月上旬为产卵盛期。1~2龄幼虫多出现在7~8月份，食量较小，9月份后大部分变为3龄，食量猛增，11月份进入越冬状态。成虫昼伏夜出，有假死性和趋光性。

（4）生活习性。除丽金龟和花金龟少数种类夜伏昼出外，绝大多数金龟子是昼伏夜出，白天潜伏于土中或杂草与植物根际，傍晚开始出土活动、飞翔、交配、取食。金龟子夜出种类多具趋光性，特别对黑光灯有趋性。金龟甲有假死性和趋化性，对牲畜粪、腐烂的有机物有趋性。绝大多数成虫取食补充营养，多数喜食榆、杨、桑、胡桃、葡萄、苹果、梨等林木。

**3. 防治措施**

（1）防治成虫。

①人工捕杀。金龟子一般都有假死性，早晚气温不太高时振落捕杀。

②黑光灯诱杀。夜出性金龟子大多数都有趋光性，可设黑光灯诱杀。

③喷药防治。成虫发生盛期（应避开花期），选用1.2%阿维·高氯或2.5%高效氯氟氰菊酯乳油2 000倍液喷雾。

（2）除治蛴螬。

①加强苗圃管理。圃地勿用未腐熟的有机肥，或将杀虫剂与堆肥混合施用。冬季翻耕，将越冬虫体翻至土表冻死。

②处理土壤。用5%辛硫磷颗粒剂2.5 kg拌细土25kg，于犁前撒施，随后翻耕。

③灌根。苗木出土后，发现蛴螬危害根部，可用50%辛硫磷乳油1 000~1 500倍液灌注苗木根际。

④土壤含水量过大或被水久淹，金龟子数量会下降，可于11月前后冬灌，或于5月上中旬生长期间适时浇灌大水，均可减轻危害。

**（四）金针虫类**

金针虫是鞘翅目叩头甲类幼虫的统称，分布广泛，种类有数十种，其中最重要的有沟金针虫和细胸金针虫。金针虫成虫在地面以上活动时间不长，取食植物嫩叶，为害不严重。而幼虫长期生活于土壤中，为害多种植物，咬食播下的种子与幼苗须根、主根或地下茎。一般受害苗主根很少被咬断，被害部位不整齐，呈丝状，这是金针虫为害后造成的显著特征之一。此外还能蛀入块茎或块根，有利于病原菌的侵入而引起腐烂。

**1. 形态特征** 金针虫个体发育过程中一般经历卵、幼虫、蛹、成虫 4 个虫态。其主要害虫沟金针虫和细胸金针虫的形态特征见表 7-4 和图 7-8、图 7-9。

表 7-4 沟金针虫和细胸金针虫形态特征

| 虫态＼种类 | 沟金针虫 | 细胸金针虫 |
| --- | --- | --- |
| 成虫 | 雌虫体长 16～17mm，雄虫 14～18mm，身体栗褐色。前胸背板呈半球状隆起，密布点刻，中央有细纵沟，鞘翅长约为前胸的 4 倍，其上纵沟不明显 | 体长 8～9mm，体暗褐色，密被灰色茸毛。前胸背板略呈圆形，长大于宽，鞘翅长约为前胸的 2 倍，上有 9 条纵列的刻点 |
| 卵 | 椭圆形，乳白色 | 圆形，乳白色 |
| 幼虫 | 老熟幼虫体长 20～30mm，体金黄色，宽而扁平。腹部尾节两侧缘隆起，有 3 对锯齿状突起，尾端分叉，稍向上弯曲 | 老熟幼虫体长约 23mm，呈细长圆筒形，淡黄色有光泽。背面近前缘两侧各有 1 个褐色圆斑和 4 条褐色纵纹 |
| 蛹 | 纺锤形，初为淡绿色，后渐变深 | 纺锤形，初乳白色，后变黄色 |

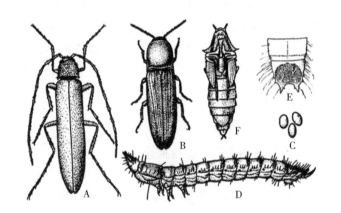

图 7-8 沟金针虫
A. 雄成虫 B. 雌成虫 C. 卵 D. 幼虫 E. 幼虫腹部末节 F. 蛹
（费显伟，2005）

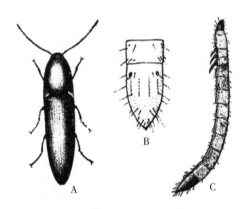

图 7-9 细胸金针虫
A. 成虫 B. 幼虫 C. 幼虫腹部末节
（费显伟，2005）

**2. 发生规律** 一般金针虫的生活史很长，常需 2～5 年才能完成 1 代，以各龄幼虫或成虫在 15～85cm 的土层中越冬。

（1）沟金针虫。沟金针虫一般 3 年完成 1 代，少数 2 年或 4～5 年或更长时间才能完成 1 代。3 月下旬至 6 月上旬产卵，幼虫为害至 6 月底下潜越夏，9 月中下旬秋播开始时，又上升到表土层活动，为害至 11 月上中旬，开始在土壤深层越冬。第二年 3 月初，越冬幼虫开始活动，3 月下旬至 5 月上旬为害最重，随后越夏，秋季继续为害，然后越冬。幼虫期长达 1150 d 左右，直至第三年 8～9 月，老熟幼虫在土中化蛹，9 月初开始羽化为成虫，当年不出土而越冬，第四年春季才出土交配、产卵。

成虫昼伏夜出，白天潜伏在杂草中和土块下，晚上出来交配产卵。雄虫不取食，飞翔力较强，有趋光性；雌虫无趋光性，无后翅，不能飞翔，行动迟缓，只在地面上爬行，黎明前潜入土中。卵散产于3~7cm深土中。

（2）细胸金针虫。细胸金针虫在陕西关中大多2年完成1代，甘肃、内蒙古、黑龙江等地大多3年完成1代。世代重叠、多态现象明显。在陕西，越冬成虫3月上中旬开始出土活动，4月下旬开始产卵，5月中旬卵开始孵化。孵化后的幼虫在土中取食腐殖质和植物根系，并开始越夏，为害减轻。9月下旬又升至表土层为害至12月，向下越冬。越冬幼虫在次年2月中旬开始上升到表土层为害，3~5月是为害盛期，6月下旬幼虫陆续老熟并化蛹，8月是成虫羽化盛期。羽化的成虫当年不出土，至第三年春季出土活动。成虫昼伏夜出，有强叩头反跳能力和假死性，并对新鲜而略萎蔫的杂草及作物枯枝落叶等腐烂发酵气味有极强的趋性，常群集于草堆下，故可利用此习性进行堆草诱杀。

**3. 防治措施**

（1）食物诱杀。利用金针虫喜食甘薯、土豆、萝卜等的习性，在虫害发生较多的地方，每隔一段挖一小坑，将上述食物切成细丝放入坑中，上面覆盖草屑，可以大量诱集金针虫，然后每日或隔日检查捕杀。

（2）翻耕土地。结合翻耕，杀死成虫或幼虫。

（3）药剂防治。用50%辛硫磷乳油1000倍液喷浇苗间及根际附近的土壤。

（4）毒饵诱杀。用豆饼碎渣、麦麸等16份，拌90%晶体敌百虫1份，制成毒饵诱杀。

## 第二节　观赏植物叶部病虫害

### 一、观赏植物叶部病害

观赏植物叶、花、果病害种类繁多，非侵染性病原和侵染性病原（寄生性种子植物除外）都能引起观赏植物叶、花、果病害。在自然情况下，几乎每种观赏植物都会发生病害。尽管叶、花、果病害很少能引起观赏植物的死亡，但叶片的病斑、花朵早落却严重影响观赏植物的观赏效果，而且叶部病害还常导致观赏植物提早落叶，减少光合作用产物的积累，削弱花木的生长势。

观赏植物叶、花、果病害侵染循环的主要特点是：病落叶是初侵染的主要来源，大多数病原菌以菌丝体、子实体或休眠体在病落叶上越冬。一般情况下，叶部病害在整个生长季节都有多次再侵染。再侵染来源单纯，均来自于初侵染所形成的病部。叶、花、果病害的潜育期一般较短，大都在6~15d。病原物主要通过被动传播方式到达新的侵染点。风、雨、昆虫等是叶部病害病原物传播的动力和媒介，多数叶部病害的病原物是通过气流传播的。人类活动在叶部病害传播中起着重要作用。叶部病害病原物的侵入途径主要有直接侵入、自然孔口侵入和伤口侵入。

观赏植物叶、花、果病害的防治原则为：减少侵染来源和喷药保护是防治园林植物叶、花、果病害的主要措施。改善园林植物生长环境是控制病害发生的根本措施。观赏植物叶、花、果病害的类型主要有灰霉病、白粉病、锈病、煤污病、叶斑病、毛毡病、叶畸形、变色等。

## (一)白粉病类

白粉病是观赏植物上发生极为普遍且极为重要的一种真菌性病害,除针叶树和球茎、鳞茎、兰花等类花卉以及角质层、蜡质层厚的花卉(如山茶、玉兰等)以外,许多观赏植物都有白粉病。如大叶黄杨、紫薇、狭叶十大功劳、月季、凤仙花、竹节蓼、丁香、枫杨、黄栌、石楠等多种植物均可受害。

病菌一般在寄主抽发新梢嫩叶时开始侵染活动,可侵害叶片、嫩梢、花。发病初期,叶片上产生近圆形小块褪绿斑,一段时间后病部长出白色菌丝层并产生白粉状分生孢子,生长季节进行多次再侵染,严重时导致叶片皱缩、卷曲,新梢发育扭曲畸形,甚至可导致枝叶干枯、全株死亡。后期病斑扩大并愈合成不规则状,白粉层由白色变至灰白、黄褐色。

白粉菌营专性寄生,其菌丝体通常寄生在寄主表面并蔓延,以吸器伸入表皮细胞内吸收养分,少数可以菌丝从气孔伸入叶肉组织内吸收养分。并在发病部位产生大量的分生孢子,而形成一层白色粉层,既是分生孢子梗、分生孢子、菌丝体。发生后期,病斑扩大并愈合成不规则状,其白色粉层由白色变为灰白或灰褐色,在霉层中出现黄色、褐色以至黑色的小点粒,即白粉菌有性阶段的子囊果,使这类病害具有明显的病征,而易于识别。

**1. 大叶黄杨白粉病** 大叶黄杨白粉病主要分布于江苏、陕西、河南、安徽、上海、浙江、江西、贵州等地。

(1)症状。大叶黄杨白粉病的白粉(病菌的菌丝体和分生孢子)多分布于叶正面,部分产生于叶背面。单个病斑近圆形、白色,病斑扩大并愈合后可呈现不规则形。有时病叶发生皱缩,病梢扭曲畸形、萎缩(图7-10)。

图7-10 大叶黄杨白粉病症状

(2)病原。大叶黄杨白粉病病原无性阶段属于半知菌亚门丝孢目粉孢霉属正木粉孢菌。

(3)发生规律及发生条件。病菌以菌丝体在病组织上越冬,翌年春季病原菌在寄主上产生大量的分生孢子传播侵染,病菌在寄主枝叶表面寄生,产生吸器深入表皮细胞内吸收养分。夏季高温不利于病害发展,秋季病菌又产生大量孢子再次侵染危害。大叶黄杨枝叶过密发病较重。

**2. 月季白粉病** 月季白粉病是世界性病害,是月季上普遍发生的病害。我国各地均有发生,其中重庆、丹东、太原、郑州、苏州、兰州、沈阳等市发病严重。白粉病发生严重时引起早落叶、枯梢、花蕾畸形或完全不能开放,降低切花产量及观赏性。该病也侵染玫瑰、蔷薇等植物。

(1) 症状。月季白粉病病菌侵染月季的绿色器官，叶片、叶柄、花蕾及嫩梢等部位均可受害。生长季节叶片受侵染，首先出现白色的小粉斑，逐渐扩大为圆形或不规则形的白粉斑，严重时白粉斑相互连接成片。叶柄及皮刺上的白粉层很厚，难剥离。花蕾染病，表面布满白粉层，花茎畸形，萎缩干枯，花朵小而少，开花不正常或不能开花（图7-11）。

图7-11 月季白粉病
A. 症状　B. 白粉菌粉孢子

(2) 病原。月季白粉病病原为蔷薇单囊壳菌，属子囊菌亚门核菌纲白粉菌目单囊壳菌属。病菌生长适宜温度为18～25℃。生长最适温度为21℃，最低温度为8℃，最高温度为33℃。粉孢子萌发最适湿度为97%～99%，水膜对孢子萌发不利。

(3) 发生规律及发生条件。月季白粉病病菌主要以菌丝在寄主植物的病枝、病芽及病落叶上越冬，有些地区可以闭囊壳越冬。翌春病菌随病芽萌发产生分生孢子作初侵染，随风传播，直接从表皮侵入或气孔侵入。病菌生长适温为18～25℃，在适宜条件下，潜育期短，只需几天，可进行多次再侵染。5～6月及9～10月为发病高峰，温室栽培可周年发病。温室栽培较露天栽培发生严重。

光照不足、通风不良、空气湿度高、种植密度大，发病严重；氮肥过多钾肥不足，土壤中缺钙或过干的轻沙土，有利于发病；昼夜温差大、花盆土壤过干等，使寄主细胞膨压降低，都将减弱植物的抗病力。月季品种间抗病性有差异，芳香族品种尤其是红色花品种极易感病。一般小叶、无毛的蔓生多花品种较抗病。

**3. 黄栌白粉病**　黄栌白粉病是黄栌上的重要病害。该病主要分布在北京、大连、河北、河南、山东、陕西、四川等省市，其中北京、西安的黄栌发病最严重。白粉病对黄栌最大的为害是秋季红叶不红，变为灰黄色或污白色，失去观赏性。

(1) 症状。黄栌白粉病主要为害叶片，使叶片褪绿，花青素受破坏，秋季叶片不变红而呈黄色，引起早落叶。发病初期，叶片正面出现针尖大小的白色粉点，逐渐扩大成为污白色的圆斑，后发展成典型的白粉斑，边缘略呈放射状。发病严重时，白粉斑相连成片，菌丝生于叶两面，整个叶片被厚厚的白粉层所覆盖。发病后期白粉层上出现白色、黄色、黑色的小点粒（闭囊壳），此时白粉层逐渐消解（图7-12）。

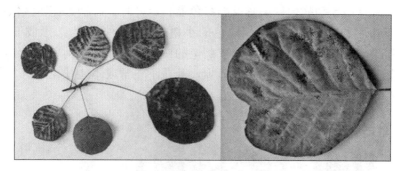

图 7-12 黄栌白粉病症状

（2）病原。黄栌白粉病病原菌是漆树钩丝壳菌，属子囊菌亚门核菌纲白粉菌目钩丝白粉菌属。

（3）发生规律及发生条件。黄栌白粉病病菌以闭囊壳在落叶上或附着在枝干上越冬，也有以菌丝在枝上越冬。翌年 5～6 月当气温达 20℃，雨后湿度较大时，闭囊壳开裂，放出子囊孢子，借风吹、雨溅等传播。多先从树冠下部的叶片开始发病，不断向上蔓延。子囊孢子萌发最适温度为 25～30℃，萌发后菌丝在叶表生长，以吸器从寄主表皮细胞里吸取营养，菌丝不断生出分生孢子梗和分生孢子，借风雨、昆虫等传播，多次再侵染。条件适宜时，病害大发生，7～8 月为发病盛期。

白粉病发生的早晚、严重程度与当年的降雨量多少、早晚关系密切，尤其是 7～8 月份降雨量。在日平均温度为 22～27℃，空气相对湿度为 84%～90% 以上的条件下，最利于白粉菌的侵入。植株密度大、通风不良发病重。山顶部分的树比窝风的山谷发病轻。黄栌生长不良发病重，黄栌和油松等树种混交比黄栌纯林发病轻，分蘖多的树发病重。

**4. 防治措施**

（1）减少菌源。秋冬季节结合修剪，剪除病弱枝，并清除枯枝落叶等集中烧毁，减少初侵染来源。休眠期喷洒 2～3 波美度的石硫合剂，消灭病芽中的越冬菌丝或病部的闭囊壳。

（2）加强栽培管理。合理密植和摆盆；温室栽培注意通风透光。增施磷、钾肥，氮肥要适量。浇水最好在晴天的上午进行。浇水方式最好采用滴灌和喷灌，不要漫灌。生长季节发现少量病叶、病梢时，及时摘除烧毁，防止病害蔓延扩散。

（3）化学防治。发病初期喷施 15% 三唑酮可湿性粉剂 1 500～2 000 倍液；70% 甲基托布津可湿性粉剂 1 000～1 200 倍液；40% 氟硅唑乳油 8 000～10 000 倍液；25% 腈菌唑乳油 3 000～5 000 倍液喷雾。温室内可用 10% 三唑酮烟雾剂熏蒸。

（4）生物防治。近年来生物农药发展较快，武夷菌素、抗霉菌素对白粉病也有良好的防效。

**（二）锈病类**

锈病是农林生产上的重要病害，能为害多种经济作物，也是观赏植物中一类常见病害，据统计全国有 80 余种观赏植物锈病。大多数锈菌能产生黄褐色或红褐色的粉状孢子堆，类似铁锈状，所以称为锈病。锈菌可以危害植物的叶、枝、花、果，为害叶片时，病菌在叶片上产生黄色或褐色的斑点，以后出现锈色孢子堆。有的锈菌为害枝干能引起瘤肿、丛枝、溃疡等症状。观赏植物受害后常造成提早落叶、花果畸形，影响植物的生长，降低植物的观赏性。

**1. 玫瑰锈病**　玫瑰锈病又称蔷薇锈病，是月季、蔷薇上的重要病害，也是世界性病害。在我国发生普遍，江苏、上海、浙江、北京、河北、吉林、广东、云南等省市均有发生。

（1）症状。该病侵染玫瑰地上部分的各个绿色器官，主要为害叶片和芽，嫩梢、叶柄、果实等部位也可受害，以叶片上发病最明显。早春时从病芽展开的叶片布满橘黄色粉状物，叶正面的性孢子器不明显。叶背面出现黄色稍隆起的小斑点——锈孢子器，初生于表皮下，成熟后突破表皮散出橘红色粉末，病斑外围常有褪色晕圈。随着病情发展，叶背出现近圆形的橘黄色粉堆——夏孢子堆。嫩梢、叶柄上夏孢子堆呈长椭圆形。果实上的病斑圆形，果实畸形。生长季节末期，叶背出现大量的黑褐色小粉堆——冬孢子堆。危害严重时叶片枯焦，提前脱落（图7-13）。

图7-13　玫瑰锈病
A. 症状　B. 冬孢子堆

（2）病原。玫瑰锈病病原属担子菌亚门冬孢菌纲锈菌目多孢锈菌属。国内主要有3个种，即玫瑰多胞锈菌、短尖多胞锈菌和蔷薇多胞锈菌。

（3）发生规律及发生条件。玫瑰锈病单主寄生，全型锈菌。病菌以菌丝体在病芽、病组织内或以冬孢子在病落叶上越冬。翌年产生担孢子，侵入植株幼嫩组织。在嫩芽、嫩叶上产生橘黄色锈孢子。在叶背产生橘黄色的夏孢子，经风雨传播后，由气孔侵入进行第一次侵染，在生长季节可以有多次再侵染。

发病的最适温度为18～21℃。锈孢子可以产生6次之多，这在锈菌中是独特的。锈孢子萌发的适宜温度为10～21℃，在6～27℃范围内均可萌发；夏孢子萌发的适宜温度为9～25℃；冬孢子萌发的适宜温度为18℃。气温、雨水、寄主品种的抗病性是影响病害流行的主要条件。一年中以5～6月发病比较重，秋季9月有一次发病小高峰。

（4）防治措施

①园艺措施。月季品种繁多，尽量选用抗病品种。冬季清除枯枝落叶，减少侵染源。生长季节及时摘除病芽或病叶。加强水肥管理，改善环境条件，控制病害发生。温室栽培要注意通风透光，降低空气湿度。增施磷、钾、镁肥，提高抗病性。避免偏施氮肥，防止徒长。休眠期喷洒3～5度的石硫合剂，杀死芽内及病部的越冬菌丝体。

②药剂防治。发病初期，用15%的三唑酮1∶1 000倍液或12.5%烯唑醇1∶2 500倍液，

或 0.2～0.3 波美度的石硫合剂等药剂，每隔 10～15d 喷一次，连续 2～3 次。

**2. 海棠锈病**　见梨锈病。

**3. 锈病类的防治措施**

（1）减少菌源。春季及时摘除病芽集中烧毁，消灭再侵染源。发病初期及时清除，烧毁枯枝败叶，减少侵染源。

（2）加强栽培管理。种植地要求地势高燥，排水良好，土壤肥沃，通风透光。植株密度适当，不过量施氮肥。避免海棠、苹果、梨等与桧柏、龙柏混栽，若混栽间隔距离 5km 以上。

（3）药剂防治。3～4 月冬孢子角胶化前在桧柏上喷洒 1∶2∶100 的石灰倍量式波尔多液，或 50%硫悬浮液 400 倍液，抑制冬孢子堆遇雨膨裂产生担孢子。发病初期可选用 15%三唑酮可湿性粉剂 1 000～1 500 倍液，12.5%烯唑醇可湿性粉剂 3 000～6 000 倍液等。发病期每隔 8～10d 喷 1 次，连喷 2～3 次。

### （三）炭疽病类

炭疽病是观赏植物上极为常见的一类病害。主要危害寄主植物叶片，有的也为害嫩枝、枝干、花、果等部位，降低其观赏性。受害组织产生界线明显、稍微下陷、黄褐色或暗褐色的病斑，其主要症状特点是发病后期，病斑上出现呈轮纹状排列的黑色小粒点，潮湿条件下病部有粉红色、橙黄或者灰白色的黏孢子团出现，即为分生孢子堆。病菌为害肥厚组织时，可引起疮痂或溃疡。炭疽病的另一特点是有潜伏侵染的特点，寄主虽受侵染，但繁殖少不显示任何症状，当条件适宜时大量繁殖侵染显现出症状，经常给观赏植物的引种造成损失。因此苗木的引种、调运一定要加强检疫，做好产地检疫工作，防止引入大量染病植株造成损失。

**1. 葱兰炭疽病**　葱兰炭疽病又名葱兰赤斑病，江苏、上海、浙江、湖北、四川等地都有发生。

（1）症状。葱兰炭疽病发病初期在条形叶上产生红褐色的小斑点，后病斑逐渐扩大，呈梭形，病斑增多后即连成红褐色段斑，然后段斑继续延展，到后期病斑可达整叶的 4/5，最后卷曲枯死。发病严重时，成片的葱兰如火烧一般。病健组织界限明显，交界处有褪绿斑环。9～10 月，病斑上产生小黑点，即分生孢子盘，潮湿后产生粉红色的分生孢子堆（图 7-14）。

（2）病原。葱兰炭疽病为黑线炭疽菌，属半知菌亚门、腔孢纲、黑孢盘目、炭疽菌属。

图 7-14　葱兰炭疽病病叶

（3）发生规律及发生条件。病菌在病叶、病叶残体等病组织内越冬，苏州地区翌年 3 月下旬开始发病。病菌靠风雨传播，多从伤口入侵，生长季节可多次侵染，5～6 月发病最重。夏季高温干旱对病情有抑制作用；种植过密有利于病害的传播侵染。

**2. 洒金珊瑚炭疽病**　洒金珊瑚炭疽病广泛分布于华北、华中、华南、东南等地。

（1）症状。洒金珊瑚炭疽病发病在叶片上，多从叶尖、叶缘开始发病，病斑不规则形，黑灰色，内部稍陷。病斑边缘黑褐色，病健分界明显。后期病斑上着生小黑点，为病菌的分生孢子盘（图7-15）。

（2）病原。洒金珊瑚炭疽病病原无性世代为胶孢炭疽菌，属半知菌亚门、腔孢纲、黑盘孢目、炭疽菌属。有性世代为子囊菌亚门、球壳目、小丛壳属、小丛壳菌，子囊壳在病斑上排列呈轮纹状，聚生，瓶形，深褐色，壳壁有毛，直径125～320μm。

分生孢子盘埋生于寄主表皮下，后突出表皮，直径100～300μm。刚毛较少，深褐色，有分隔，长64～71μm。分生孢子梗无色，栅栏状排列，（12～21）μm×（3.5～7）μm。分生孢子圆柱形，两端钝圆，单胞，无色，大小为（11～20）μm×（4～6）μm，内有1～2个油珠。

图7-15 洒金珊瑚炭疽病

（3）发生规律。病原菌以菌丝体或分生孢子盘和分生孢子在病组织上越冬，翌春产生分生孢子，经风雨和昆虫传播，从伤口或气孔侵入，可多次侵染。

**3. 兰花炭疽病** 兰花炭疽病是一种分布广泛的病害，英、美、日本等国均有报道；也是我国四川、云南、贵州、江苏、浙江、上海、北京、天津、广州等省市兰花上的重要病害。发病兰花叶片上布满黑色病斑，去除病斑后的兰花叶片长短不一，杂乱无章，使兰花叶片的观赏性大为失色。发病严重时兰花整株死亡。

（1）症状。兰花炭疽病主要为害兰花叶片，也为害果实。发病初期，叶片上出现黄褐色稍凹陷的小斑点，逐渐扩大为暗褐色圆形斑或椭圆形斑，大病斑直径达几厘米。发生在叶尖及叶缘的病斑多为半圆形或不规则形，叶尖端的病斑向下延伸，枯死部分可占整个叶片的1/5～3/5。发生在叶基部的病斑大，导致全叶迅速枯死或整株死亡。病斑由红褐色变为黑色，病斑中央组织变为灰褐色，或有不规则的轮纹，有的品种病斑周围有黄色晕圈。后期病斑上有许多近轮状排列的黑色小点粒，即病原菌的分生孢子盘。

病斑的大小、形状因兰花品种的不同而异。建兰上的病斑主要发生在叶尖端，初为红褐色小斑，斑缘可能有褪绿晕圈，病斑椭圆形或长条状。潮湿条件下病斑上有粉红色的黏孢子团。在绿云、寒兰、百岁兰等品种上，病斑多发生在叶缘或叶尖。初期病斑黑色，病斑直径达20mm以上。在迎春蝶等兰花上，病斑散生，不规则，褐色，直径仅1mm左右。万带兰发病时花瓣上也有黑色坏死斑。果实上的病斑不规则（图7-16）。

（2）病原。兰花炭疽病病原为兰花炭疽菌，属半知菌亚门、腔孢纲、炭疽菌属（刺盘胞属）（图7-16）。

（3）发生规律及发生条件。兰花炭疽病病菌以菌丝体和分生孢子盘在病株残体、假鳞茎上越冬。翌年借风、雨、昆虫传播。一般自伤口侵入，幼嫩叶可直接侵入，潜育期2～8周，有多次再侵染。分生孢子萌发适温为22～28℃。每年3～11月均可发病，4～6月梅雨季节发病重。老叶片4～8月发病，新叶8～11月发病。最适pH是5～6，自由水有利于分生孢子萌发。

高湿闷热，天气忽晴忽雨，通风不良，花盆内积水均加重病害的发生。株丛过密，叶片

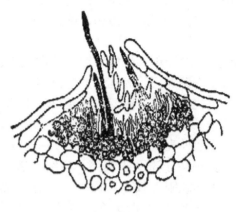

图 7-16 兰花炭疽病症状和病原
A. 症状  B. 分生孢子盘

相互摩擦易造成伤口，蚧虫为害严重时也有利于该病的发生。此外，喷灌提高环境湿度也是发病的重要因素。品种抗病性差异明显，春兰、寒兰、风寒兰、报春兰、大富贵等品种易感病；蕙兰、老十元抗性中等；台兰、秋兰、墨兰、建兰中的铁梗素较为抗病。

**4. 茉莉炭疽病** 茉莉炭疽病是茉莉上的重要病害。英、美、日等国均有报道；我国福州、长沙、广州、合肥、连云港、佛山、湛江、云南等省市均有发生。炭疽病引起茉莉的早落叶，降低茉莉花的产量及观赏性。

（1）症状。茉莉炭疽病主要侵害茉莉花的叶片，也为害嫩梢。发病初期，叶片上有褪绿的小斑点，病斑逐渐扩大形成浅褐色的圆形或近圆形的病斑，直径为 2～10mm。病斑边缘稍隆起，病斑中央组织后变为灰白色，边缘褐色。后期病斑上轮生着稀疏的黑色小粒点，即病原菌的分生孢子盘。病斑多为散生（图 7-17）。

（2）病原。茉莉炭疽病的病原菌为茉莉生炭疽菌，属半知菌亚门、腔孢菌纲、黑盘孢目、炭疽菌属。

（3）发生规律及发生条件。病原菌以分生孢子和菌丝体在病落叶上越冬，成为次年初侵染来源。分生孢子由风雨传播，自伤口侵入。该病在生长季节有多次再侵染。夏秋季炭疽病发生较严重。多雨、多露、多雾的高湿环境通常加重病害的发生。

图 7-17 紫茉莉炭疽病

**5. 米兰炭疽病** 米兰炭疽病是米兰上的重要病害。英、美、日等国有报导；该病在我国发生普遍，如广东、广西、湖南、湖北、天津、乌鲁木齐、合肥、南昌、福州等省市均有发生。米兰炭疽病是米兰包装运输、移栽、扦插繁殖过程中常见的病害，往往造成米兰的大量落叶，枝条枯死，降低苗木移栽的成活率，削弱植株的生长。

（1）症状。炭疽病主要侵害米兰的叶片，叶柄和嫩梢部位也发病。叶片上的病斑多发生在叶尖和叶缘，半圆形或不规则形，病斑上有波纹状皱缩。叶片上的病斑为圆形。病斑初为黄褐色，逐渐变为灰白色，病斑边缘为稍隆起的褐色纹。病斑大，有时占据整个叶面。病斑上散生着许多黑色的小点粒，即病原菌的分生孢子盘。叶柄上的病斑向叶片蔓延扩展，支脉、主脉乃至整个叶片变成褐色，也向复叶叶柄扩展蔓延，导致小枝、枝干枯死，引起米兰早落叶（图7-18）。

（2）病原。米兰炭疽病病原菌有有性态及无性态。有性态为围小丛壳菌，罕见。无性态为胶孢炭疽菌，属半知菌亚门、腔孢菌纲、黑盘孢目、炭疽菌属。

图7-18 米兰炭疽病病叶

（3）发生规律及发生条件。病原菌以菌丝体及分生孢子、子囊壳在病落叶、病枯梢上越冬。分生孢子由风雨传播，自伤口侵入。米兰炭疽病具有潜伏侵染的特点。植株生长衰弱发病重；运输期间的苗木、刚移栽的苗木易发病；光照不足，通风不良发病较重。病害在6～10月份发生。

**6. 炭疽病类的防治措施**

（1）加强栽培管理，增强植株的抗病能力。选用无病植株栽培；合理施肥与轮作，种植密度要适宜，加强通风透光，降低湿度；注意浇水方式，避免漫灌；盆土要及时更新或消毒。

（2）减少菌源。及时清除枯枝、落叶，剪除病枝，刮除茎部病斑，彻底清除根茎、鳞茎、球茎等带病残体，消灭初侵染来源。休眠期喷施3～5波美度的石硫合剂。

（3）药剂防治。在发病初期及时喷施杀菌剂，可选用47％春雷·王铜可湿性粉剂600～800倍液，50％多菌灵800倍液，70％甲基托布津1 000倍液，75％百菌清800倍液或80％福·福锌800倍液等喷雾。每10～15d施药一次，连喷4～5次。

**（四）叶斑病类**

叶斑病是叶片因组织受到病菌的局部侵染，而形成各种类型斑点的一类病害的总称。叶斑病种类很多，可因病斑的色泽、形状、大小、质地、有无轮纹的形成等因素，又分为黑斑病、褐斑病、圆斑病、角斑病、斑枯病、轮斑病等种类。这类病害的后期往往在病斑上产生各种小颗粒或霉层。叶斑病严重影响叶片的光合作用，并导致叶片提早脱落，影响植物的生长和观赏效果。有些叶斑病也给观赏植物造成巨大损失，如月季黑斑病、山茶斑枯病等。

每一种观赏植物都有许多斑点病，广义地说，锈病、炭疽病等，凡是造成叶部病斑的也都是叶斑病。但通常所说的叶斑病，主要是指由真菌中半知菌亚门丝孢纲和腔孢纲球壳目及部分子囊菌亚门中的一些真菌，以及细菌、线虫等病原物所致。苏南地区常见的有尾孢叶斑病类、假尾孢叶斑病类、链格孢叶斑病类、叶点霉叶斑病类、茎点霉叶斑病类、拟茎点霉叶斑病类、壳球孢叶斑病类等，另外还有盾壳霉、大茎点霉、柱隔孢霉、枝孢霉、壳二孢霉、壳针孢霉、壳多孢霉等其他叶斑病类。

**1. 月季黑斑病** 月季黑斑病为世界性病害，是蔷薇、月季、玫瑰上最为常见的病害。目前，我国各地均有发生，上海、北京、天津、沈阳、南京等城市发病很严重，已成为月季生产中亟待解决的重要问题。该病使月季叶片枯黄、早落，引起月季当年第二次发叶。该病除危害月季外，还危害黄刺玫、金樱子等蔷薇属中的多种植物。

（1）症状。月季黑斑病主要为害月季的叶片，也侵害花梗、叶柄、叶脉、嫩茎、嫩梢等部位。发病初期，叶片正面出现褐色小斑点，逐渐扩展成放射状近圆形病斑，直径为2~12mm，病斑黑紫色，其外常有黄色晕圈，边缘有羽绒状菌丝围绕，是该病的特征性症状。后期，病斑上有许多黑色小颗粒，即为分生孢子盘。有的月季品种病斑周围组织变黄，有的品种在黄色组织与病斑之间有绿色组织，称为"绿岛"（图7-19）。

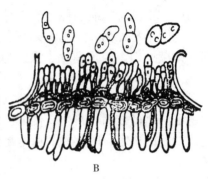

图7-19 月季黑斑病
A. 病叶　B. 分生孢子盘及分生孢子

（2）病原。月季黑斑病病原菌是蔷薇盘二孢菌，属半知菌亚门、黑盘孢目、盘二孢属，为常见的无性阶段。分生孢子盘生于角质层下，盘下有呈放射状分枝的菌丝，成熟后突破角质层。分生孢子萌发适温是20~25℃，温度范围是10~35℃，在适温下36h萌发达到高峰。萌发最适pH7~8，生长最适温度为21℃，侵入最适温度为19~21℃（图7-19）。

（3）发生规律及发生条件。病原菌的越冬方式因栽植方法而异。露地栽培时，病菌以菌丝体在芽鳞、叶痕等处越冬，或以分生孢子盘在病枝和枯枝落叶上越冬。温室栽培则以分生孢子和菌丝体在病部越冬，翌年春天产生分生孢子，借雨水或喷灌水飞溅传播，由表皮直接侵入，进行初侵染，昆虫亦可传播，生长季节有多次再侵染。在潮湿情况下，约26℃，叶片上的分生孢子6h之内可萌发侵入，22~30℃及其他适宜条件下，潜伏期最短3~4d，一般为6~14d，接种15d后产生子实体。

光照不足，通风透气不良，肥水不当，多雨、多雾、多露，雨后闷热均有利于发病。植物生长不良，尤其是刚移栽的植株发病重。露地栽培株丛密度大，或花盆摆放太挤，偏施氮肥，以及采用喷灌或"滋"水的方式浇水，地面残存病枝、落叶等均会加重病害的发生。一般地区5~6月开始发病，7~9月为发病盛期。月季黑斑病每年发生的早晚及危害程度，与当年降雨的早晚、降雨次数、降雨量密切相关。老叶较抗病，新叶较感病，展开6~14d的叶片最感病。所有的月季栽培品种均可受侵染，但抗病性差异明显。据国内报道，艳阳天、和平、茶香、金枝玉叶等月季品种感病；热带之王、墨龙等月季品种较抗病。据国外报道，月亮花、黄色无瑕、粉色无瑕等品种为高抗品种。

**2. 大叶黄杨褐斑病**　褐斑病是大叶黄杨上的主要叶斑病。广泛分布于江苏、浙江、山东、河南、湖北、四川、上海、北京等省市。褐斑病引起大叶黄杨早落叶,树势生长衰弱,也常引起扦插苗的死亡。据报道,病叶率高达80%。危害大叶黄杨、金边黄杨。

(1) 症状。大叶黄杨褐斑病病斑多从叶尖、叶缘处开始发生,初期为黄色或淡绿色小点,后扩展成直径2～3 mm近圆形褐色斑,病斑周缘有较宽的褐色隆起,并有一黄色晕圈,病斑中央黄褐色或灰褐色,后期几个病斑可连接成片,病斑上密布黑色绒毛状小点,即病原菌的子座组织。严重时叶片发黄脱落,植株死亡(图7-20)。

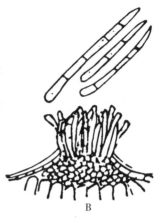

图7-20　大叶黄杨褐斑病
A. 症状　B. 分生孢子及分生孢子梗

(2) 病原。大叶黄杨褐斑病病原为坏损尾孢菌,属半知菌亚门、丝孢目、尾孢属。其子座发达(图7-20)。

(3) 发生规律及发生条件。病菌以菌丝体和子座在病组织内越冬,翌春产生分生孢子进行初侵染,分生孢子由风雨传播。据观察,大叶黄杨褐斑病从5月中旬开始初侵染,6月中旬至7月中旬为侵染盛期,8月中旬为发病盛期,9月份仍有少量侵染。在上海、南京等地,褐斑病有2个发病高峰期,即5～6月及9～10月,10～11月发生大量落叶。管理粗放,多雨,圃地排水不良,扦插苗过密,通风透光不良发病重。春季天气寒冷发病重;夏季炎热干旱,肥水不足,树势生长不良也加重病害的发生。

**3. 樱花褐斑穿孔病**　樱花褐斑穿孔病发生普遍,日本等国早有报道。该病在我国发生普遍,上海、南京、太原、苏州、连云港、武汉、台湾等省市均有发生。褐斑病引起樱花叶片穿孔早落,严重影响开花观赏。

(1) 症状。褐斑病主要为害樱花叶片,也侵染嫩梢。发病初期,叶片正面出现针尖大小的紫褐色小斑点,逐渐扩大形成直径为5～8mm的圆形或近圆形斑。病斑褐色至灰白色,边缘紫褐色,后期病斑着生小霉点,即病原菌的分生孢子及分生孢子梗。病原菌的侵入刺激寄主组织产生离层使病斑脱落,呈穿孔状,穿孔边缘整齐(图7-21)。

(2) 病原。樱花褐斑穿孔病的病原菌无性态是核果尾孢菌,属半知菌亚门、丝孢菌纲、丝孢目、尾孢属。分生孢子梗丛生,有1～8个分隔,有明显的膝状弯曲0～3处。分生孢子橄榄色,倒棍棒形,直或稍弯,有1～7个横隔。有性态为樱桃球壳菌,但在我国有性态罕见(图7-21)。

(3) 发生规律及发生条件。樱花褐斑穿孔病病原菌以菌丝体在枝梢病部，或者以子囊壳在病落叶上越冬。孢子由风雨传播，从气孔侵入。该病通常先在老叶上发生，或树冠下部先发病，逐渐向树冠上部扩展。据日本报道，日本樱花每年6月份左右开始发病，8~9月份为害严重，10月上旬病斑上有子囊壳形成。大风、多雨的年份发病严重；夏季干旱，树势衰弱发病也重。日本樱花和日本晚樱等树种抗病性弱，发病重。该病还侵害樱桃、梅花、桃等核果类观赏树木。

图7-21 樱花褐斑穿孔病
A. 症状　B. 分生孢子及分生孢子梗

**4. 桂花叶斑病**　桂花叶斑病是桂花叶片上各种斑点病的总称，如褐斑病、枯斑病、炭疽病等。我国广州、杭州、南京、上海、济南、福州、北京、台湾等省市均报道过桂花的各种叶斑病。桂花叶斑病引起早落叶，削弱植株生长势，降低桂花产花量，造成经济损失。

(1) 桂花褐斑病。

①症状。桂花褐斑病发病初期，叶片上出现褪绿小黄斑点，逐渐扩展成为近圆形病斑，或受叶脉限制成为不规则形病斑。病斑黄褐色至灰褐色，外围有一黄色晕圈，后期病斑上着生黑色霉状物，即为病原菌的分生孢子及分生孢子梗。

②病原。桂花褐斑病病原为木犀生尾孢菌，属半知菌亚门、丝孢菌纲、丝孢目、尾孢属。

③发生规律及发病条件。桂花褐斑病病菌以菌丝块在病叶、病落叶上越冬，次年春季产生分生孢子进行初侵染，分生孢子由气流和雨水传播。褐斑病一般发生在4~10月份，老叶比嫩叶易感病。

(2) 桂花枯斑病。

①症状。桂花枯斑病病原菌多从叶缘、叶尖侵入。发病初期，叶片上出现褐色小斑点，逐渐扩大成为圆形或不规则大型病斑。病斑灰褐色至红褐色，边缘为鲜明的红褐色。发病后期病斑上产生许多黑色小点粒，即病原菌的分生孢子器。发病严重时，病斑相互连接形成大枯斑，干枯面积达叶片的1/3~1/2，叶片卷曲、破裂（图7-22）。

②病原。桂花枯斑病病原为木犀生叶点霉菌，属半知菌亚门、腔孢菌纲、球壳孢目、叶点霉属。分生孢子器近球形，直径100~150μm。分生孢子椭圆形至近梭形，无色、单胞。病原菌发育温度范围为10~33℃，最适宜温度为27℃左右（图7-22）。

③发生规律及发生条件。桂花枯斑病病菌以分生孢子器在病落叶上越冬，分生孢子由风雨传播。越冬后的老叶及植株下部的叶片发病重。高温、高湿、通风不良的环境条件有利于病害的发生，植株生长不良的树发病较重。桂花枯斑病发生在7~11月份。

**5. 叶斑病类的防治措施**

(1) 加强栽培管理。合理施肥，肥水要充足；在排水良好的土壤上建造苗圃；种植密度

  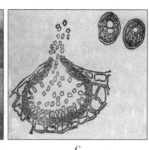

图 7-22　桂花枯斑病症状及病原
A、B. 症状　C. 分生孢子器及分生孢子

要适宜，以便通风透光降低叶片湿度；及时清除田间杂草。

（2）减少菌源。彻底清除病残落叶及病株，及时摘除病叶。冬季对重病株进行重度修剪，清除病植株上的越冬病原。休眠期喷施 3～5 波美度的石硫合剂。

（3）药剂防治。发病初期及时用药。根据病害种类可选用 70% 甲基托布津可湿性粉剂 1 500 倍液，50% 多菌灵可湿性粉剂 500～1 000 倍液，75% 百菌清可湿性粉剂 500 倍液，25% 腈嘧菌酯悬浮剂 1 000～2 000 倍液等药剂喷雾。10～15d 喷施一次，连续喷施 3～4 次。

### （五）灰霉病类

灰霉病是园林植物最常见的病害之一。各类花卉都可被灰霉病菌侵染。病原物在自然界广泛存在，并且许多种类寄主范围广。病原物寄生能力较弱，只有在寄主生长不良、受到其他病虫危害、冻伤、创伤，或植株幼嫩、多汁、抗性较差时，才会引起发病。植物发病部位发生水渍状病斑，直至腐烂。病害主要表现为花腐、叶斑和果实腐烂。在潮湿情况下，受害组织上产生大量灰色霉层，因而称之为灰霉病。

**1. 仙客来灰霉病**　仙客来灰霉病是世界性病害，全国各地均有发生。灰霉病危害仙客来叶片、叶柄和花瓣，造成腐烂，降低观赏性。

（1）症状。仙客来的叶片、叶柄和花瓣均可受到侵染。叶片受害呈暗绿色水渍斑，病斑逐渐扩展到整个叶片，使叶片变褐色干枯。叶柄和花梗受害后呈水渍状腐烂。在潮湿条件下，病部均可出现灰色霉层。发病严重时，叶片枯死，花器腐烂，霉层密布（图 7-23）。

（2）病原。仙客来灰霉病病原菌是灰色葡萄孢霉，属半知菌亚门、丝孢目、葡萄孢属。灰色葡萄孢霉寄主范围广，我国温室中常见的寄主有秋海棠、天竺葵、仙客来、一品红、瓜叶菊、芍药、月季等植物。

（3）发病规律。仙客来灰霉病病菌以菌核、菌丝或分生孢子随病残体在土壤中越冬。第二年春季当气温达 20℃，相对湿度达 90% 左右时，分生孢子大量产生，借风雨等传播侵染。北方地区 1 年中有 2 次发病

图 7-23　仙客来灰霉病的症状

高峰，即2～4月和7～8月；南方地区在梅雨季节和10月份以后。温室栽培可周年发生。高湿有利病害发生和流行。

**2. 防治措施**

（1）及时清除病残体，减少侵染来源。

（2）园林技术防治。加强栽培管理，改善通风透光条件，温室内要适当降低湿度，最好使用换气扇或暖风机。合理施肥，增施钙肥，控制氮肥用量。栽培地要及时清除病株。减少伤口发生。

（3）喷药防治。生长季节可选用40%嘧霉胺可湿性粉剂1 000～1 500倍液，50%腐霉利可湿性粉剂1 000～2 000倍液，10%多抗霉素可湿性粉剂1 000～1 500倍液等喷雾。

（4）温室熏烟防治。温室内为防止空气湿度过大，采用烟雾剂防治可获得较好效果。可用百菌清·速克灵熏剂进行熏烟处理，具体用量为0.2～0.3g/m³，每隔5～10d熏烟一次。烟剂点燃后，吹灭明火。

### （六）叶畸形病类

叶畸形病主要发生在木本观赏植物上。该类病害主要为害寄主的绿色部位。一般情况下，寄主受病菌侵害后，病原菌刺激寄主组织增生，症状明显，可使叶片肿大、皱缩、加厚，果实肿大、中空，呈囊果状，引起早落叶、早落果，发病严重的引起枝条枯死，削弱树势，容易遭受低温的为害，影响观赏效果。

**1. 桃缩叶病** 见果树部分桃缩叶病。

**2. 杜鹃饼病** 杜鹃饼病又叫杜鹃叶肿病、杜鹃瘿瘤病，在我国杜鹃栽培地区都有发生。危害杜鹃花芽、嫩叶、新梢，降低观赏性。

（1）症状。杜鹃饼病主要危害叶片和新梢。叶片发病，叶的边缘或全叶肿大，肥厚，呈瘤状菌瘿，或畸形卷曲。病斑部位近圆形，病部颜色逐渐由淡黄、淡红、变为黄褐色。病斑后期变黑褐色。花瓣受侵染变得异常肥厚，使整朵花变成一个硬质或肉质的球状物，称之为"杜鹃苹果"。果实发病变肥大，果呈囊肿状，可食。潮湿条件下，病部表面可长出白色粉状霉层（图7-24）。

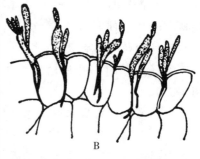

图7-24 杜鹃饼病症状及病原
A. 症状  B. 担子及担孢子

（2）病原。杜鹃饼病的病原菌种类较多，但均属于担子菌亚门、层菌纲、外担菌目、外担子菌属。我国常见的种有半球状外担菌及日本外担菌。

（3）发生规律及发生条件。杜鹃饼病病菌以菌丝体在病植物组织内越冬，条件适宜时产生担孢子，担孢子借风雨传播蔓延，潜育期为17d左右，生长季节有多次再侵染。菌丝体在寄主细胞间隙扩展、蔓延，刺激寄主组织产生大量增生组织，形成肿瘤症状。带菌苗木为远距离传播的重要来源。

杜鹃饼病是一种低温高湿病害，其发生的适宜温度为15～20℃时，适宜空气相对湿度在80%以上，多雨的条件下发病严重。栽植密度大、通风透光不良、偏施氮肥等均有利于病害的发生。在一年的生长季节中有2个发病高峰，即春末夏初和夏末秋初，但春末夏初发病期为害严重。据报道，高山杜鹃容易感病。

**3. 防治措施**

①减少菌源。发芽展叶前喷3～5波美度的石硫合剂，杀灭越冬菌源；生长季节发现病叶、病梢和病花，在灰白色子实层未产生以前及时摘除病叶、剪除病枝梢等发病部位并及时烧毁，防止病害进一步传播蔓延。

②加强栽培管理，提高植株抗病力。种植密度或花盆摆放不宜过密，使植株间有良好的通风透光条件。选择弱酸性且土质疏松的土壤栽培，不要积水，提高抗病能力。

③药剂防治。在重病区，休眠期喷洒3～5波美度的石硫合剂；新叶展开后喷0.3～0.5波美度的石硫合剂，15%三唑酮可湿性粉剂1 500倍液，25%丙环唑乳油3 000倍液等。

**（七）病毒病类**

病毒病在观赏花木上不仅普遍存在，而且为害严重。目前，无病毒病的花木基本上不存在。在自然界，一种花木常受到几种、几十种病毒的侵染。寄主受病毒侵害后，常导致叶色、花色异常，器官畸形，植株矮化；病重则不开花，甚至毁种。

**1. 郁金香碎锦病** 郁金香碎锦病是一种世界性病害，各郁金香产区都有发生。除为害郁金香外，还为害多种百合、水仙、风信子。该病是造成郁金香种球退化的重要原因之一。

（1）症状。郁金香碎锦病病毒侵害郁金香的叶片及花冠。发病初期，受害叶片上出现淡绿色或灰白色的条斑。受害花瓣畸形，由于病毒侵染影响花青素的形成，原为色彩均一的花瓣上出现淡黄色、白色条纹，或不规则的斑点，称为"碎锦"。症状的发展受郁金香品种及病毒株系的影响，或因病株发病时间的长短、环境条件的变化而不同。白色花品系的花冠多数不变色，少数白色花变成粉红色或红色；粉色和浅红色品系的花冠色泽变化不大；黑色品系的郁金香花冠由黑色变成灰黑色。病鳞茎退化变小，植株生长不良、矮化，花变小或不开花（图7-25）。

（2）病原。郁金香碎锦病的病毒为郁金香碎锦病毒。病毒粒体线状，内含体为束状或线圈状。钝化温度为65～70℃，稀释终点为$10^{-5}$，体外保毒期18℃时为4～6d。强毒株系导致叶片和花梗上出现褪色斑驳。

（3）发生规律。郁金香碎锦病毒在病鳞茎内越冬，成为次年的初侵染源。该病毒由桃蚜和其他蚜虫作非持久性的传播。郁金香碎锦病毒寄主范围广，能侵害福斯特氏郁金香、锐尖郁金香、山丹百合、卷丹百合、威尔逊氏百合、朝鲜百合、好望角、万年青等多种花卉。

（4）防治措施。

①注意选择和保存无病毒植株作繁殖材料。可在防虫室或隔离温室里播种无毒种球来繁殖。采用严格卫生措施，尽可能减少病毒的再次感染。繁殖无病毒的繁殖材料，采用茎尖培养脱毒和组织培养繁殖无毒苗。挖收时，将带病的鳞茎、叶片，集中焚毁，并对附近土壤打

图 7-25 郁金香碎锦病
A. 郁金香杂色花　B. 郁金香正常花

扫干净，彻底消毒。

②减少侵染源。消灭传病介体，如昆虫、线虫和真菌等。在管理操作过程中，注意人手和工具的消毒，以减少汁液接触传染；并注意与百合科植物隔离栽培，以免互相传染。田间种植期间，及时除去重病株和瘦弱退化株并烧毁。

③治蚜防病。蚜虫对郁金香危害甚大，为防止蚜虫飞袭并传染病害，可用防虫网隔离，或选用40％氧化乐果乳油1 000倍液，25％吡虫啉可湿性粉剂1 500～2 000倍液喷雾，以减少蚜虫传毒机会。在鳞茎贮藏前，对贮藏地点和器具用80％敌敌畏乳油80倍液喷洒，或用2.5％溴氰菊酯乳油2 000倍液喷雾，杀死存在的蚜虫，以防传毒。

④药剂防治。每半月用20％盐酸吗啉胍·铜可湿性粉剂500倍液，5％菌毒清水剂30倍液，1.5％烷醇·硫酸铜水剂800倍液喷雾。

**2. 美人蕉花叶病**　美人蕉花叶病分布广泛，在我国上海、北京、杭州、成都、武汉、哈尔滨、沈阳、福州、珠海、厦门等地区均有该病发生。被该病侵害的美人蕉植株矮化；花少、花小；叶片着色不匀，撕裂破碎，丧失观赏性。

（1）症状。美人蕉花叶病侵染美人蕉的叶片及花器。发病初期，叶片上出现褪绿小斑点，或呈花叶状，或有黄绿色和深绿相间的条纹，条纹逐渐变为褐色坏死，叶片沿着坏死部位撕裂，叶片破碎不堪。某些品种上出现花瓣杂色斑点或条纹，呈碎锦。发病严重时心叶畸形、内卷呈喇叭筒状。花穗抽不出或很短小，其上花少、花小，植株显著矮化（图7-26）。

（2）病原。美人蕉花叶病病原为黄瓜花叶病毒。病毒粒体为20面体，直径28～30 nm，钝化温度为70℃，稀释终点为$10^{-4}$，体外存活期为6～8d。另外，我国有关部门还从花叶病病株内分离出美人蕉矮化类病毒，初步鉴定为黄化类型症状的病原物。

（3）发生规律及发病条件。黄瓜花叶病毒在有病的块

图 7-26 美人蕉花叶病的症状

茎内越冬。该病毒可以由汁液传播，也可由棉蚜、桃蚜、玉米蚜、马铃薯长管蚜、百合新瘤额蚜等做非持久性传播，由病块茎作远距离传播。黄瓜花叶病毒寄主范围很广，能侵染40～50种花卉（参看唐菖蒲花叶病）。

美人蕉品种对花叶病的抗性差异显著。大花美人蕉、粉叶美人蕉、美人蕉均为感病品种；红花美人蕉抗病，其中的大总统品种对花叶病是免疫的。蚜虫虫口密度大，寄主植物种植密度大，枝叶相互摩擦发病均重。美人蕉与百合等毒源植物为邻，杂草、野生寄主多，均加重病害的发生。挖掘块茎的工具不消毒，也易造成有病块茎对健康块茎的感染。

（4）防治措施。淘汰有毒的块茎。秋天挖掘块茎时，把地上部分有花叶病症状的块茎淘汰掉；生长季节发现病株立即拔除；清除田间杂草等野生寄主植物。防治传毒蚜虫，可以定期地喷洒氧化乐果、吡虫啉等杀虫剂。用美人蕉布景时，不要把美人蕉和其他的寄主植物混合配置，如唐菖蒲、百合等。

**3. 香石竹病毒病** 香石竹病毒病是世界性病害。我国上海、厦门、广州、常州、武汉、南京、北京、昆明等地均有该病的发生。香石竹病毒病是香石竹上几种病毒病的总称，主要包括香石竹叶脉斑驳病、香石竹坏死斑病、香石竹潜隐病毒病及香石竹蚀环病。病毒病的侵害使香石竹植株矮化，叶片缩小、变厚、卷曲，花瓣碎锦，降低香石竹的切花产量及观赏性，造成经济损失。

（1）香石竹叶脉斑驳病。

①症状。香石竹叶脉斑驳病毒侵染香石竹、中国石竹和美国石竹，均产生系统花叶症状。冬季老叶常出现隐症现象。花瓣上出现变色斑点，红色大红花品种症状特别明显（图7-27）。

②病原。香石竹叶脉斑驳病病原为香石竹叶脉斑驳病毒。病毒粒体线状，钝化温度为60～65℃；稀释终点为$10^{-3}\sim10^{-5}$，体外存活期18℃时为2～10d，也有人报道是10～14d，沉降系数为20S，含有风轮状内含体及结晶体。

③发生规律。香石竹叶脉斑驳病毒由汁液传播，也可以由桃蚜进行非持久性传播，在园艺操作过程中（如切花、摘芽、剪枝等）工具和手也能传播病毒。带毒苗木可进行远距离传播。叶脉斑驳病发生的轻重与蚜虫种群的高峰期密切相关。上海地区有报道，5月份和10月份是蚜虫种群发生的高峰期，高峰过后叶脉斑驳病发生严重。叶脉斑驳病毒除侵

图7-27 香石竹叶脉斑驳病症状

染香石竹、美国石竹、中国石竹外，还侵染千日红、苋色藜、长叶车前草、繁缕等植物。

（2）香石竹蚀环病。

①症状。香石竹蚀环病主要侵害香石竹的叶片。在大花香石竹品种的叶片上产生轮纹状、环状或宽条状坏死斑。当蚀环病毒和香石竹叶脉斑驳病毒进行复合侵染时，这些症状更加明显。香石竹苗期症状明显，高温季节有隐症现象。发病严重时，许多灰白色轮纹斑相互愈合变成大病斑，叶片卷曲、畸形（图7-28）。

②病原。香石竹蚀环病的病原为香石竹蚀环病毒。病毒粒体为20面体，钝化温度为

$80\sim85℃$,稀释终点为$10^{-3}\sim10^{-4}$,体外存活期为140d。病毒内含体为X体,内含体可以用光学显微镜检查,有蚀环症状的部位内含体浓度高。

③发生规律。香石竹蚀环病毒由汁液、嫁接传播,也可以由桃蚜进行非持久性传播。园艺操作过程中,工具、人手也可以传播。香石竹种植过密造成病、健株叶片相互摩擦可以加重病害的发生。蚀环病毒除侵染香石竹以外,还侵染美国石竹、丹麦石竹等植物。肥皂草属植物对蚀环病毒的侵染极敏感。

(3) 香石竹坏死斑病。

①症状。香石竹被香石竹坏死斑病病毒侵染后,香石竹植株中部的叶片上有灰白色、淡黄色坏死斑驳,或不规则的条斑及条纹。植株下部叶片症状和中部的一样,但坏死斑为紫红色。发病严重时整个叶片枯黄坏死。

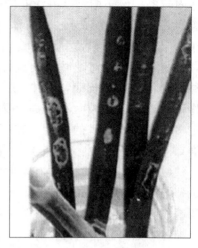

图7-28 香石竹蚀环病症状

②病原。香石竹坏死斑点病毒是坏死斑病的病原。病毒粒体线条状,钝化温度为$40\sim45℃$;稀释终点为$10^{-4}$,体外存活期20℃时$2\sim4$d,病毒内含体为泡囊状。

③发生规律。香石竹坏死斑病毒由桃蚜做非持久性传播,也可以由汁液传播,但汁液接种成功率很低。香石竹坏死斑点病毒还能侵染美国石竹等植物。

(4) 香石竹潜隐病毒病。

①症状。香石竹被该病毒侵染后一般不表现症状,或有轻微的花叶症状。但香石竹潜隐病毒与香石竹叶脉斑驳病毒复合侵染时产生花叶症状。

②病原。病原为香石竹潜隐病毒。病毒粒体线条状,钝化温度为$60\sim65℃$;稀释终点$10^{-3}\sim10^{-4}$,体外存活期20℃时$2\sim8$d,也有$6\sim9$d的报道,沉降系数为1.67S。

③发生规律。香石竹潜隐病毒由汁液传播,也可以由桃蚜非持久性传播。该病毒侵染香石竹、美国石竹、石竹、白滨石竹等植物。

(5) 香石竹病毒病的防治措施。

①加强检疫,控制病害的发生。对从外引进的香石竹组培苗要进行严格的检疫,检出的有毒苗要进行彻底销毁,或处理后再种植。

②建立无病毒母本园,以供采条繁殖。从健康植株上取$0.2\sim0.7$ mm的茎尖做脱毒组培的材料,组培苗成活率高,脱毒率也高。

③改进养护管理,控制病害的蔓延。母本种源圃与切花生产圃分开设置,保证种源圃不被侵染。修剪、切花等操作工具及人手必须用3%~5%的磷酸三钠溶液、酒精或热肥皂水反复洗涤消毒,以保证香石竹切花圃大规模商业生产有较好的卫生环境。

④治蚜防病。用吡虫啉等杀虫剂防治传毒昆虫。防治时间选在蚜虫尚未迁飞扩散前,才能取得较好的防治效果。

**4. 仙客来病毒病** 仙客来病毒病为世界性病害,在我国普遍发生。病毒病使仙客来种质退化,叶片变小、皱缩,花少、花小,严重降低其观赏价值。

(1) 症状。仙客来病毒病主要为害仙客来叶片,也侵染花冠等部位。仙客来叶片皱缩、反卷,变厚、质地脆,叶片黄化,有疱状斑,叶脉突起成棱。纯一色的花瓣上有褪色条纹,花畸形，花少而小，有时抽不出花梗。植株矮化，球茎退化变小（图7-29）。

（2）病原。仙客来病毒病病原为黄瓜花叶病毒。病毒粒体为多面体，直径32nm左右，稀释终点为$10^{-4}$，钝化温度为70～80℃，体外存活期22℃时8d。

（3）发生规律。病毒在病球茎内越冬，成为翌年的初侵染源。病毒主要通过汁液摩擦传毒，棉蚜、叶螨等昆虫也能传毒。苗期发病后，随着仙客来的生长发育，病情指数随之增加。病情指数与温室内棉蚜、叶螨的种群密度呈正相关。

图7-29 仙客来病毒病症状

（4）防治措施

①种球处理。将种球用70℃的高温进行干热处理或把种球浸入75%酒精中1min。

②采用茎尖组织培养法，培育无毒苗。

③加强栽培管理。栽植土壤用50%福美砷等药物处理。无土栽培发病率低，栽培基质可用蛭石、珍珠岩、沙土等物质。合理施肥，氮肥和钾肥的比例对仙客来的健康生长很重要，氮、钾肥比例为1：（1.2～1.5）。

④治虫防病。用10%吡虫啉可湿性粉剂2 000～3 000倍液＋1.8%阿维菌素乳油3 000～5 000倍液防治传毒昆虫。

（八）花木煤污病

煤污病是世界各国的常见病害。在热带、亚热带的花木及观赏树木上发生很普遍，在南方各省份的花木上普遍发生，温室及大棚栽培的花木上也时常发病。煤污病的寄主范围很广，常见的寄主有山茶、米兰、扶桑、木本夜来香、白兰花、五色梅、八仙花、牡丹、蔷薇、夹竹桃、木槿、桂花、玉兰、紫背桂、含笑、紫薇、苏铁、金橘、橡皮树等。发病部位的黑色"煤烟层"削弱植物的生长势，影响观赏效果。

**1. 症状** 煤污病又称煤烟病，在叶面、枝梢上形成黑色煤烟物，后扩大连片，使整个叶面、嫩梢上布满黑煤层。由于煤污病菌种类很多，同一植物上可感染上多种病菌，其症状上也略有差异。呈黑色霉层或黑色煤粉层是该病的重要特征（图7-30）。

**2. 病原** 引起花木煤污病的病原菌种类有多种，是多种附生菌和寄生菌。常见的病菌其有性阶段为子囊菌亚门、核菌纲、小煤炱菌目、小煤炱菌属的小煤炱菌和子囊菌亚门、腔菌纲、座囊菌目、煤炱菌属的煤炱菌。小煤炱菌的菌丝体生于植物表面，黑色，有附着枝，并以吸器伸入到寄主表皮细胞内吸取营养。煤炱菌的菌丝体由圆形细胞组成，菌丝体上常有刚毛。其无性阶段为半知菌亚门、丝孢菌纲、丝孢目、烟霉属的散播霉菌和枝孢霉属的枝孢霉菌。煤污病病原菌常见的是无性阶段。

图7-30 紫薇煤污病

**3. 发生规律** 煤污病病菌以菌丝体、分生孢子、子囊孢子在病部及病落叶上越冬。翌年孢子由风雨、昆虫等传播。寄生到蚜虫、介壳虫等昆虫的分泌物及排泄物上，或植物自身分泌物上，或寄生在寄主上。高温多湿、通风不良，蚜虫、介壳虫等分泌蜜露的害虫发生多，均加重发病。露地栽培的花木，其发病盛期为春秋季节；温室栽培的花木，可周年发生。

**4. 防治措施** 煤污病的防治以及时防治蚜虫、介壳虫的为害为防治本病的重要措施。

（1）治虫防病。喷洒杀虫剂防治蚜虫、介壳虫、粉虱等刺吸危害的害虫，减少其排泄物或蜜露，达到防病目的。

（2）加强管理。对寄主植物进行适度修剪，温室内提高通风透光，降低湿度。

（3）药剂防治。植物休眠季节喷施 3～5 波美度的石硫合剂杀死越冬病菌；发病季节喷施 0.3 波美度的石硫合剂，或 70% 甲基托布津 1 000 倍液等，每隔 7～10 d 喷一次。

## 二、观赏植物食叶性害虫

观赏植物食叶性害虫是指以咀嚼式口器取食为害观赏植物叶片的一类害虫。食叶害虫取食植物的叶、嫩枝、嫩梢等部位，形成孔洞、缺刻或咬断针叶，减少光合作用面积，增加水分蒸腾，严重时可使枝条或整株枯死。

食叶害虫的主要种类有鳞翅目的蓑蛾类、刺蛾类、灯蛾类、卷蛾类、尺蛾类、枯叶蛾类、舟蛾类、螟蛾类、斑蛾类、夜蛾类、天蛾类、毒蛾类和蝶类，膜翅目的叶蜂类，鞘翅目的金龟甲、叶甲类及直翅目的蝗虫类等。

食叶害虫的为害特点：

①一般以幼虫（鳞翅目、膜翅目）或成虫（鞘翅目、直翅目）咀嚼的方式取食，为害健康植物的叶片，低龄时取食叶片下表皮和叶肉，留下上表皮或呈沙网状，高龄时成孔洞、缺刻或咬断针叶，猖獗时能将叶片吃光，削弱树势，并为次期性害虫如天牛、小蠹虫等蛀干害虫的侵入和发生提供适宜条件。

②大多营裸露生活，少数卷叶、筑巢，因此受环境因子影响大，其虫口密度消长变动明显。

③多数种类繁殖能力强，产卵集中，易爆发成灾，能主动迁移扩散，迅速扩大为害范围。

④某些害虫发生具有周期性，如松毛虫，杨、柳毒蛾等。

### （一）刺蛾类

刺蛾俗称洋辣子、刺毛虫，属鳞翅目、刺蛾科，为观赏植物主要杂食性食叶害虫之一。国内已知 90 余种。幼虫蛞蝓形，体上常具有瘤和枝刺，并且具有毒的刺和刚毛，胸足小，不分节，腹足退化呈吸盘状。蛹外常有坚硬的茧。主要危害种类有黄刺蛾、丽绿刺蛾、褐边绿刺蛾、桑褐刺蛾、扁刺蛾等。

**1. 黄刺蛾**

（1）分布与为害。黄刺蛾分布于东北、华北、华东、华南、西南等地。为害杨、柳、榆、刺槐、三角枫、梅花、红叶李、海棠、紫薇等 120 多种植物，是一种杂食性害虫，初龄幼虫只食叶肉，4 龄后蚕食整叶，常将叶片食尽。

（2）形态特征。成虫雌蛾体长 15～16 mm，翅展 35～39 mm；雄蛾体长 13～15 mm，

翅展 30～32 mm，体橙黄色，触角丝状。卵扁椭圆形，淡黄色，表面有龟甲状刻纹。老熟幼虫头部黄褐色，胸部黄绿色，体背有一哑铃形褐色大斑，各节背侧有 1 对枝刺，体末节背面有 4 个褐色小斑。蛹黄褐色，茧灰白色，质坚硬，结于树干、枝上，蓖麻子状，形似雀蛋（图 7-31）。

图 7-31　黄刺蛾及病害症状

（3）发生规律。黄刺蛾一年发生 1～2 代，华北一年 1 代，华东、华南 2 代。以老熟幼虫在树干、枝杈、枝上等处结茧越冬。翌年 5 月中旬化蛹，下旬开始羽化。第一代幼虫 6 月上旬开始出现，6 月下旬开始老熟幼虫在树干、树枝上吐丝缠绕，随即分泌黏液造茧化蛹，8 月上旬羽化。第二代幼虫的为害盛期是 8 月下旬至 9 月中旬，其为害一般年份较第一代为轻，9 月下旬开始陆续在树干上结茧。

成虫羽化多在傍晚，羽化时破茧壳顶端小圆盖而出。白天潜伏于叶背，夜间活动产卵，有较强的趋光性。卵产于叶背，散产或少量聚在一起，每雌产卵 50～60 粒，卵期 5～6d。成虫寿命 4～6d。初孵幼虫先取食卵壳，后在叶背啃食叶肉，使叶片成筛网状，4 龄后蚕食整叶。幼虫共 6 龄，历期 22～33d。

黄刺蛾的天敌有上海青蜂和刺蛾广肩小蜂等，其幼虫及蛹被寄生率较高。

**2. 褐边绿刺蛾**

（1）分布与为害。褐边绿刺蛾又名黄缘绿刺蛾、四点刺蛾、青刺蛾、绿刺蛾、曲纹刺蛾。全国各地均有分布。为害榆、刺槐、悬铃木、三角枫、梅花、喜树、梧桐等几十种植物。

（2）形态特征。成虫雌虫体长 15～16 mm，翅展 36～40 mm；雄虫体长 12～15 mm，翅展 28～6 mm。卵扁椭圆形，浅黄绿色。老熟幼虫头红褐色，体翠绿色，背线黄绿至浅蓝色，背面有 2 排黄色枝刺，腹末有 4 个黑绒状刺突。蛹圆形，棕褐色。茧结于树下松土层或枝叶上，黄褐色，坚硬，两端钝平（图 7-32）。

(3) 发生规律。长江以南一年发生 2～3 代，苏州地区一年发生 2 代。以老熟幼虫在树下及附近浅土层中结茧越冬。翌年 4 月底开始化蛹，5 月中旬成虫开始羽化产卵。5～6 月中旬为第一代幼虫危害期，6 月中旬后幼虫结茧化蛹。8 月中旬后第二代幼虫开始危害，9 月下旬后老熟幼虫入土结茧越冬。初孵幼虫有群集性，4 龄后分散为害。第一代幼虫部分在叶背结茧化蛹，有的在浅土层中结茧化蛹。

成虫夜间活动，有较强的趋光性。卵多产于叶背，十几粒到几十粒鱼鳞状排列。卵期 5～6d，初孵幼虫不取食，2 龄后取食蜕下的皮及叶肉，3 龄前群集活动，以后分散。幼虫期 20～30d，蛹期 5～6d。

图 7-32 褐边绿刺蛾

**3. 丽绿刺蛾**

(1) 分布与为害。丽绿刺蛾是一种重要花木害虫。分布于广东、江西、贵州、四川、云南、浙江、江苏、河北、安徽、湖南、广西等省（自治区）。为害悬铃木、珊瑚树、榆、香樟、枫杨、杨、石榴、樱花、海棠、茶、日本晚樱、月季、梅、大叶紫薇、枫香、紫荆、桂花、白兰、法国梧桐、刺槐等很多园林观赏植物。幼虫食害叶片，低龄幼虫取食表皮或叶肉，致叶片呈半透明枯黄色斑块。大龄幼虫食叶呈较平直缺刻，严重的把叶片全部吃光。

(2) 形态特征。成虫雌虫体长 10～11 mm，翅展 22～23 mm；雄虫体长 8～9 mm，翅展 16～20 mm。胸背毛绿色，前翅绿色，前缘基部有一深褐色尖刀形斑纹。卵椭圆形，扁平，米黄色，数十粒成一块，鱼鳞状排列。老熟幼虫头褐色，体翠绿色。蛹深褐色，茧棕黄色，上覆灰白的丝状物（图 7-33）。

(3) 发生规律。丽绿刺蛾一年发生 2 代，以老熟幼虫在枝干上结茧越冬。翌年 5 月上旬化蛹，5 月中旬至 6 月上旬成虫羽化并产卵。1 代幼虫为害期为 6 月中旬至 7 月下旬，2 代为 8 月中旬至 9 月下旬。成虫有趋光性，雌蛾晚上产卵于嫩叶和叶背，十多粒或数十粒排列成鱼鳞状卵块，上覆一层浅黄色胶状物。每雌产卵期 2～3d，产卵量 100～3200 粒。低龄幼虫群集取食，初孵幼虫只食叶的下表皮及皮内组织，留下上表皮，3～4 龄开始分散，至 5 龄后取食全叶，幼虫共 7 龄。在 6～9 月份常出现流行病，是颗粒体病毒所致，这种流行对抑制丽绿刺蛾大发生起到很大的作用。老熟幼虫在树中下部枝干上结茧化蛹。天敌有爪哇刺蛾寄蝇。

图 7-33 丽绿刺蛾

### 4. 扁刺蛾

（1）分布与为害。扁刺蛾分布在东北、华北、华东、中南以及四川、云南、陕西等地区。为害山茶、海棠、枫杨、重阳木、樱花、紫荆、桂花、大叶黄杨等80多种园林观赏植物。

（2）形态特征。成虫体长16mm，头胸翅灰褐色，前翅从前缘到后缘有1条褐色线，线内有浅色宽带。卵扁长椭圆形，初产时淡黄绿色，孵化前呈灰褐色。老熟幼虫翠绿色体较扁平，背有白色线。体侧各有红点1列。茧结于树木周围浅土层中，黑褐色（图7-34）。

（3）发生规律。华南、华东地区每年发生2代。以老熟幼虫在树干基部周围土中结茧越冬。翌年4月中旬化蛹，5月中旬成虫开始羽化产卵。幼虫发生期分别在5月下旬至7月中旬、8月至第二年4月。初孵幼虫不取食，2龄幼虫开始取食卵壳和叶肉，3龄后开始啃叶形成孔洞，5龄幼虫食量大，为害重。

图7-34 扁刺蛾

### 5. 防治措施

（1）物理防治。可用黑光灯或高压杀虫灯诱杀成虫。结合冬春剪枝，疏除黄刺蛾带茧枝条；冬春季组织人力挖茧，消灭土中和周围杂草中扁刺蛾、褐边绿刺蛾越冬幼虫；利用小幼虫群集性，在叶片开始出现白色网眼时，及时摘除有虫叶片。

（2）生物防治。在果树冬剪时，将剪下的越冬茧收集于铁纱笼里，将纱笼挂在果园，待寄生性天敌羽化后飞走，将刺蛾成虫集中消灭。天敌主要有上海青峰、黑小蜂和朝鲜紫姬蜂。

（3）药剂防治。防治关键时期是幼虫发生初期，可选用90%晶体敌百虫1 000～1 500倍液，1%杀虫素2 000倍液，50%辛硫磷乳油2 000倍液，苏云金杆菌乳剂500～600倍液等喷雾，25%灭幼脲胶悬剂25～50mg/kg，或青虫菌800倍液等喷雾。

### （二）蓑蛾类

**1. 分布与危害** 蓑蛾属于鳞翅目蓑蛾科。雌雄异型，雄虫有翅，雌虫无翅、无足，似幼虫。除雄虫外，雌虫和幼虫都终生生活在幼虫营造成的蓑囊内。常见种类有大蓑蛾、茶蓑蛾、白囊蓑蛾等。

大蓑蛾又称大袋蛾、皮虫、吊死鬼等。分布广泛，但以长江流域及以南各省受害较重。幼虫为害悬铃木、泡桐、刺槐、杨、柳、苹果、梨、桃、杏、香樟、樱桃等多种植物。茶蓑蛾又称小蓑蛾，南方各省分布受害严重。为害茶、葡萄、杨、柳、悬铃木、刺槐、桃、杏、月季、玫瑰、樱桃、柑橘等。白囊蓑蛾又称棉条蓑蛾，主要分布在南方各省，为害悬铃木、枫杨、合欢、木槿、茶、柑橘、柿、桃、杏、刺槐等。几种蓑蛾均以幼虫取食叶片，大发生时能将叶片吃光，严重影响树木生长和观赏。

**2. 形态特征** 3种蓑蛾形态特征见表7-5和图7-35。

表 7-5  大蓑蛾、小蓑蛾、白囊蓑蛾形态特征

| 虫态＼种类 | 大蓑蛾 | 茶蓑蛾 | 白囊蓑蛾 |
|---|---|---|---|
| 成虫 | 雌成虫粗壮，肥胖，无触角、翅、足。雄成虫黑褐色，触角羽毛状。体、翅密披茸毛，前翅近外缘有 4～5 个透明斑 | 雌成虫长 6～8 mm，体白色，头小，翅、足均退化。雄成虫长 4～5 mm，褐色，体表有白色细毛，触角羽毛状 | 雌成虫长 9～15 mm，黄白色。雄成虫长 8～10 mm，体浅褐色，翅透明，无鳞片。体表及后翅基部密布白毛 |
| 卵 | 椭圆形，浅黄色 | 椭圆形，浅黄色 | 椭圆形，黄白色 |
| 幼虫 | 雌性老熟幼虫黑色，粗大，头胸背深褐色，前、中胸背板有数条白色纵带。雄性老熟幼虫黄褐色 | 体长 5～10 mm，头黄褐色，体乳白色，胸背板黄褐色。腹部各节有黑色小突起 4 个，排成八字形 | 长 30 mm，头褐色，有黑色点纹。腹部黄色至黄褐色，每一体节上均有深褐色点纹 |
| 蛹 | 雌蛹长 25～30 mm，红褐色，雄蛹 18～25 mm，黑褐色，腹节弯曲。护囊长 40～80 mm，纺锤形，囊外附有细小枝梗，囊体丝质，较松 | 雌蛹黄白色，无翅、足。雄蛹茶褐色，具翅芽。腹部末端有 2 个臀棘。护囊长 7～12 mm，褐色，囊外平行排列碎枝叶或小梗，袋体坚韧致密 | 雌蛹长 16 mm 左右，浅褐色，蛆蛹形，无翅膀、足。雄蛹 10～12 mm，浅红褐色，具翅芽。护囊 30～40 mm，灰白色，丝质，表面光滑无附属物 |

图 7-35 大蓑蛾
A. 雄成虫  B. 雌成虫  C. 产卵状  D. 幼虫  E. 蛹  F. 护囊

**3. 发生规律**

（1）大蓑蛾。大蓑蛾多数地区一年 1 代，少数 2 代，以老熟幼虫在虫囊中越冬。翌年 5 月上旬化蛹，5 月下旬至 6 月上旬成虫羽代。雄虫自虫囊下口飞出，具趋光性。雌虫仍居于虫囊中，分泌外激素吸引雄虫前来交尾，产卵于虫囊的蛹壳内，雌虫即由囊口脱落。每雌平均产卵 1 500～2 000 粒，卵期约 20 d。初孵幼虫滞留虫囊内 3～4 d，取食卵壳，后由虫囊下部爬出，借风力吐丝下垂，飘散至其他树叶。初孵幼虫先取食叶肉，3 龄后开始吐丝黏附碎叶，营造虫囊，终生负囊活动，取食为害。随虫体长大，虫囊也逐渐增大。幼虫共 5 龄，3 龄起雌雄二型明显。7～9 月是为害高峰期。幼虫耐饥性强，喜强光，因此树梢和树冠顶部

受害严重。8~9月幼虫老熟，爬到树梢，吐丝固定虫囊，封闭囊口越冬。大蓑蛾护囊较大，北方秋冬季节树叶落光后，护囊悬垂于顶部枝梢，清晰可见。该虫在高温干旱季节为害严重。

(2) 茶蓑蛾。一年1~2代，以3~4龄幼虫在囊中越冬，幼虫共6龄。翌年气温回升即开始活动，5月中下旬化蛹，6~10月是危害盛期。雄虫具趋光性，雌蛾交尾后产卵于囊内，平均卵量180粒左右。初孵幼虫借助风力，吐丝扩散，停落后即开始吐丝营缀虫囊，终生负囊活动。幼虫多早晚取食，阴天为害更重。9~11月开始陆续封闭囊口，黏附悬于树叶下越冬。由于雌蛾无翅，只能在原地产卵，幼虫的扩散能力有限，故一般发生比较集中。

(3) 白囊蓑蛾。一年发生1代，长江中下游茶区以低龄幼虫在护囊内越冬。翌年开春后继续取食危害，5月底前后开始化蛹，6月下旬至7月羽化。雄虫有趋光性，雌虫仍在蓑囊里，雄虫飞来交配，产卵在蓑囊内，每雌可产卵千余粒，卵期12~13d。幼虫孵化后爬出蓑囊，爬行或吐丝下垂分散传播，在枝叶上吐丝结蓑囊。开始在叶上群居食害叶肉，随幼虫生长，蓑囊逐渐扩大，幼虫活动时携囊而行，取食时头胸部伸出囊外，受惊扰时缩回囊内。幼虫主要为害期是8~9月，11月以后进入越冬。

**4. 防治措施**

(1) 物理防治。雄成虫趋性极强，可用黑光灯、性诱剂诱杀雄蛾。冬春季节摘除越冬虫囊，消灭越冬幼虫，生长季节可随时摘除虫囊。

(2) 药剂防治。初龄幼虫防治可选用5%氟啶脲乳油、90%晶体敌百虫乳油1 000倍液；50%辛硫磷乳油1 500倍液；2.5%溴氰菊酯乳油4 000倍；2.5%联苯菊酯2 000~3 000倍液喷雾。注意外围树冠和枝条的向阳面，用药时务必喷湿虫囊。

(3) 生物防治。保护利用天敌。蓑蛾的天敌种类较多，主要有寄生蜂、寄生蝇和一些寄生菌。也可应用核型多角体病毒，青虫菌等喷雾。

### (三) 夜蛾类

**1. 分布与危害** 夜蛾类害虫属鳞翅目、夜蛾科。种类很多，国内记载1 200余种，为害观赏植物的有近百种。夜蛾食性杂，大部分种类以幼虫取食植物叶片，少数种类蛀食嫩芽、茎干或为害植物根部等。观赏植物上危害较重的夜蛾主要有淡剑夜蛾、斜纹夜蛾、银纹夜蛾等。

淡剑夜蛾，又名淡剑袭夜蛾、淡剑蛾、稻小灰夜蛾。主要危害马尼拉草、高羊茅草、早熟禾草、水稻等禾本科植物。分布于江苏、上海、浙江、江西、湖北、河北等地。

斜纹夜蛾别名莲纹夜蛾或莲纹夜盗蛾。分布于全国各地，以长江流域和黄河流域华南、西南和华北等省为害严重，是一种间歇性发生的害虫。食性杂，为害方式有食叶性、切根(茎)性及钻蛀等。此外，还可为害蕾及花等。寄主有荷花、睡莲、唐菖蒲、香石竹、百合、牡丹、月季、唐菖蒲、木槿、菊花、瓜叶菊、丁香、山茶花、九里香、大丽花、细叶结缕草、仙客来和鸡冠花等多达290多种植物。幼虫取食叶、花及蕾，也咬食嫩茎、叶柄，大发生时，常把叶片和嫩茎吃光，造成严重损失。低龄幼虫啃食叶下表皮及叶肉，仅留上表皮及叶脉，高龄幼虫蚕食叶片，也可蛀食花。

银纹夜蛾俗称豆步曲，全国各地均有发生。为害大丽花、菊花、美人蕉、一串红、海棠、槐、香石竹等园林观赏花卉。

**2. 形态特征**　3种夜蛾形态特征见表7-6和图7-36。

表7-6　淡剑夜蛾、斜纹夜蛾、银纹夜蛾形态特征

| 虫态＼种类 | 淡剑夜蛾 | 斜纹夜蛾 | 银纹夜蛾 |
|---|---|---|---|
| 成虫 | 体淡灰褐色，体长约12 mm，前翅基线褐色在中室处不显，内线褐色呈微波浪形，环纹与肾纹明显，外线双线褐色呈波浪形；后翅白色 | 体暗褐色，体长14～20 mm，胸背有白色毛丛。前翅灰褐色，环状纹和肾状纹黑色，翅面中央自前缘向后缘有3条白色斜线；后翅白色，翅脉褐色 | 体灰褐色，体长约15 mm，前翅深褐色，有2条银色波形横纹，翅面中央有银色U形斑纹和一圆斑。后翅暗褐色，有金属光泽 |
| 卵 | 近圆形，每个卵块有卵20～140粒 | 半球形，黄白色渐变至灰黄色、暗灰色。上覆黄色绒毛 | 半球形，淡黄绿色 |
| 幼虫 | 体长13～15 mm，淡绿色，头浅褐色，背线、亚背线白色，在亚背线上每节有半圆形黑斑 | 体色、斑纹因龄期而不同。3龄前体线不明显。老熟幼虫体长35～50 mm，体背有灰色斑纹。各节背部有1对半月形小黑斑 | 淡绿色，老熟幼虫体长25～30 mm，背线、亚背线白色，气门线黑色。第一、二腹足退化，爬行时体背拱曲，形似尺蠖 |
| 蛹 | 淡褐色，纺锤形，蛹室通常在土表层，茧白色薄丝状 | 圆筒形，体长18～20 mm，红褐色或暗褐色 | 体长约16 mm，体色黄绿色渐变为黑褐色，外有白色丝茧 |

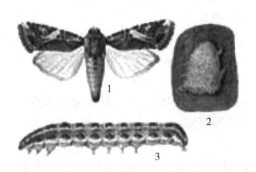

图7-36　斜纹夜蛾
1. 成虫　2. 卵　3. 幼虫　4. 蛹

**3. 发生规律**

（1）淡剑夜蛾。在江苏一年发生5代，以老熟幼虫越冬，翌年4月下旬化蛹并羽化。各代历期与温度条件密切相关，夏季高温时完成一个世代仅需23～25d。第三代和第四代为主害代，其低龄幼虫期（即防治适期）常年分别出现在8月中旬和9月上旬。

初孵幼虫群集危害，2龄后分散危害，幼虫常将马尼拉草、高羊茅草等从根颈处咬食切断，大发生年幼虫进入暴食期后可在几天内将成片草坪吃光。幼虫有假死性，中午高温时躲在草丛表土，早晚取食。

成虫有很强的趋光性，对糖醋也有一定趋性，昼伏夜出，有一定的迁飞性。

（2）斜纹夜蛾。华北地区一年发生3～5代，华中地区5～7代，世代重叠明显。大部分地区以蛹，少数地区以幼虫在土中越冬，也有在杂草间越冬的。在长江流域，7～9月份为发生严重期。

成虫昼伏夜出，白天常隐藏在植株茂密处、草丛及土壤缝隙内，傍晚出来活动，交尾产卵，以晚间8～12时活动最盛。成虫取食花蜜为补充营养，对糖、酒、醋等发酵物有很强的趋性，具较强趋光性和趋化性。成虫多产卵于枝叶茂密浓绿的叶片背面，植株中部着卵量较多。每卵块有卵百余粒，上覆盖绒毛，卵期4～6d。幼虫共6龄，少数7龄或8龄，多在晚上孵化，初孵幼虫群集叶背取食下表皮与叶肉，留下叶脉与上表皮。2龄末期吐丝下垂，随风转移扩散为害。4龄后进入暴食期，此时惧光，白天隐藏于阴暗处，很少活动，傍晚出来取食，至黎明又隐蔽起来，遇阴雨天时，白天有时在植株上活动。幼虫有群集迁移的习性。老熟幼虫入土做土室化蛹，蛹期为8～17d。6～7月阴湿多雨，常暴发成灾。荷花、芋、菜豆受害最重。长江流域一带6月中下旬和7月中旬草坪受害最重。

（3）银纹夜蛾。华北地区一年3代，华中地区4～5代，华南地区6～8代，以蛹在土中越冬，世代重叠严重。7～9月为幼虫主要危害期。成虫昼伏夜出，有趋光性，卵单产于叶片背面，以植株中部较多。初孵幼虫在叶背取食叶肉，残留上表皮，并可吐丝下垂，随风扩散，稍大后蚕食叶片，有假死性。老熟幼虫多在叶背吐丝结茧化蛹。10月幼虫入土化蛹越冬。

**4. 防治措施**

（1）农业防治。注意清除田间及地边杂草，灭卵及初孵幼虫。

（2）人工防治。结合冬季养护管理，翻耕土地，杀死土中越冬蛹或幼虫。夏季人工摘除卵块和群集初孵幼虫为害的叶片，并将其及时集中处理，可压低虫口密度。害虫发生危害期，根据残破叶片、花蕾及虫粪，人工捕杀幼虫和虫茧。珍稀花木品种也可采用人工捕捉幼虫等方法。

（3）诱杀成虫。利用成虫趋光性和趋化性，用黑光灯诱杀；也可用糖醋液（糖2份、酒1份、水2份、醋2份），调匀后加少量敌百虫诱杀；胡萝卜、甘薯、豆饼发酵液加少量红糖和敌百虫诱集成虫。

（4）保护和利用天敌。斜纹夜蛾天敌较多，包括广赤眼蜂、黑卵蜂、螟蛉绒茧蜂、家蚕追寄蝇和杆菌、病毒等，要注意保护这些天敌。

（5）药剂防治。防治时期在幼虫初龄阶段和幼虫3龄之前尚未分散时局部发生阶段挑治。可选用5%氟虫腈悬浮剂、10%吡虫啉可湿性粉剂2 500倍液；44%氯氰菊酯·克虫磷乳油600倍液；2.5%高效氯氟氰菊酯乳油3 000～4 000倍液；0.3%印楝素乳油1 000～2 000倍液；轮换用药，要求照顾到叶背和地面，傍晚施用效果较好。另外，淡剑夜蛾药剂防治的策略是放1～2代，主治3～4代，可选用25%喹硫磷1 000倍液或1%甲维盐2 000倍液或10%虫螨腈1 500倍液。用药时间最好选在傍晚，效果好。

**（四）舟蛾类**

**1. 分布与危害** 舟蛾属鳞翅目、舟蛾科，因幼虫静止时首尾上翘似小船而得名。幼虫为害叶片，严重发生时成片的树木叶片被吃光，影响树木生长并破坏景观。其中危害严重的种类有杨小舟蛾、杨二尾舟蛾、杨扇舟蛾等，主要受害树种是杨树、柳树。

杨小舟蛾又名杨褐天社蛾、小舟蛾。分布于东北、华北、华中、江苏、上海等地。幼虫危害杨树、柳树的叶片。杨二尾舟蛾又名双尾天社蛾、杨双尾天社蛾、杨双尾舟蛾。分布于东北、华北、华东、西南各地。以幼虫取食杨、柳、白榆等树木的叶片。杨扇舟蛾又名白杨天社蛾，分布于全国各地。寄主有杨、柳。

**2. 形态特征**　3种舟蛾的形态特征见表7-7和图7-37、图7-38。

表7-7　杨小舟蛾、杨二尾舟蛾、杨扇舟蛾形态特征

| 虫态 \ 种类 | 杨小舟蛾 | 杨二尾舟蛾 | 杨扇舟蛾 |
|---|---|---|---|
| 成虫 | 体长11~14 mm，体色有黄褐、红褐、暗褐色。前翅有3条灰白色横线。后翅黄褐色，臀角有赭色或红褐色小斑1个 | 体长28~30 mm，体灰白色。胸背有8个或10个黑点。前翅基部有2个黑点。后翅白色，外缘有7个黑点 | 体长15~20 mm，体和前翅灰褐色，翅面有4条灰白色横纹，后翅灰白色 |
| 卵 | 半球形，黄绿色，块状排列 | 赤褐色，馒头形，直径3mm | 扁圆形，约0.7 mm，初产橙红色，后变黑褐色 |
| 幼虫 | 老熟时体长21~23 mm。低龄幼虫绿色，高龄幼虫灰绿色并微带紫色光泽。体侧各具黄色纵带1条，各节具有不显著的灰色肉瘤 | 老熟幼虫体长48~53 mm，体黄绿色，前胸背板大而坚硬，后胸背面突起成峰，臀足延伸为1对长尾角，受惊时尾角可翻出红色肉带，安静时缩回 | 老熟幼虫32~38 mm，头黑褐色，体黄绿至棕黄色，体表有灰白色至浅褐色细毛。腹部第一和第八节背面中央各有一红色肉瘤 |
| 蛹 | 红褐色，近纺锤形 | 赤褐色，体有颗粒状突起。茧灰黑色 | 褐色，长15mm，长椭圆形，外有灰白色丝质茧 |

图7-37　杨二尾舟蛾
A. 成虫　B. 幼虫

图7-38　杨扇舟蛾
A. 成虫　B. 幼虫

**3. 发生规律**

（1）杨小舟蛾。杨小舟蛾在江苏一年发生5~6代，以蛹在树皮裂缝、枯枝落叶、地表土内越冬。来年4月中旬进入成虫羽化盛期。第一代卵孵化盛期在4月下旬，第二代卵孵化盛期在5月下旬至6月上旬，第三代卵孵化盛期在6月下旬至7月初，第4代卵孵化盛期在7月下旬，第5代卵孵化盛期在8月中旬末至8月下旬，第6代卵孵化盛期在9月20日前后，幼虫为害至10月底化蛹越冬。

杨小舟蛾成虫白天多隐蔽于叶背面及荫蔽物下，夜晚交尾产卵，有趋光性。卵多产于叶背，呈块状，每块有卵粒10~400粒，每头雌成虫一生可产卵400~500余粒。初孵幼虫群集啃食叶表皮，2龄后逐渐分散取食，大部分幼虫白天在枝杈间或树干上，夜晚取食。4龄以后进入暴食期，大发生时可在3~4d内把大面积的杨树叶片吃光，严重影响树木生长。7~8月高温多雨季节为害最甚，常将叶片吃光。卵期赤眼蜂寄生率很高，第五代卵寄生率可达90%以上。

（2）杨二尾舟蛾。杨二尾舟蛾上海一带一年2代，以老熟幼虫在树干基部、树皮缝、树枝分叉处和房舍上咬成木屑，吐丝黏合作茧化蛹越冬，常因幼虫啃木作茧，造成树枝受风易折。越冬蛹于4月下旬羽化，第一代成虫5月中下旬出现，成虫有趋光性，幼虫6月上旬为害；第2代成虫7月上中旬，幼虫7月下旬至8月初发生。每雌产卵130~400粒。卵散产于寄主叶面上，初产时暗绿色，渐变为赤褐色。初孵幼虫体黑色，老熟后成紫褐色或绿褐色。幼虫活泼，受惊时尾突翻出红色管状物，并左右摆动。老熟幼虫爬至树干基部，咬破树皮和木质部吐丝结成坚实硬茧，紧贴树干，其颜色灰褐如树皮。

（3）杨扇舟蛾。杨扇舟蛾发生世代因地区而异，华北地区一年发生2~3代，华东5~6代，华南7~8代，均以蛹在土中、墙根、枯叶卷苞内和杂草丛下结茧越冬。翌年4~5月成虫羽化，以后每隔1至1个半月左右发生一代。成虫有趋光性，卵散产在叶背面，卵期约7d左右。初孵幼虫群集卵块附近啃食下表皮和叶肉，叶片呈灰白色网状，3龄后分散蚕食叶片，随着虫龄增长，常将整叶食光。9~10月幼虫陆续老熟下树作茧化蛹越冬。

**4. 防治措施**

（1）物理防治。冬春季节在树皮缝、土层等处清茧灭蛹；利用成虫趋光性进行用黑光灯诱杀；树木生长期人工摘除卵块、虫苞，特别针对春季第一代幼虫，抑制效果较好。

（2）药剂防治。常用药剂有50%辛硫磷乳油1 500~2 000倍液，40%阿维·敌畏乳油1 000倍液，苏云金杆菌乳剂500~800倍液，4.5%高效氯氰菊酯乳油或10%醚菊酯悬浮剂2 000倍液。对于高大树木用注干法防治效果较好。在幼虫发生期间，往树干基部注内吸剂。

（3）保护利用天敌。如胡蜂、小茧蜂、舟蛾赤眼蜂等。

**（五）尺蛾类**

**1. 分布与危害** 尺蛾属于鳞翅目、尺蛾科。幼虫体细长，腹部只有1对腹足和1对臀足，行动时一曲一伸，似以尺量步，故称尺蠖、步曲、造桥虫。比较常见的尺蛾类害虫有国槐尺蛾、丝棉木金星尺蛾等。国槐尺蛾又称国槐步曲、吊死鬼。分布于北京、辽宁、山东、河北、陕西、浙江等地，主要危害国槐、龙爪槐、刺槐等槐树。丝棉木金星尺蛾又称大叶黄杨尺蛾，在国内分布广泛，危害丝棉木、大叶黄杨、木槿、卫矛、杨、柳、榆等多种植物。2种尺蛾均以幼虫取食叶片，常将树叶蚕食一光，并吐丝排粪，影响环境卫生。

**2. 形态识别** 国槐尺蛾、丝棉木金星尺蛾形态特征见表7-8和图7-39、图7-40。

表 7-8  国槐尺蛾、丝棉木金星尺蛾形态特征

| 虫态 \ 种类 | 国槐尺蛾 | 丝棉木金星尺蛾 |
|---|---|---|
| 成虫 | 体长 12～14 mm，体褐色，丝状触角，前翅有 3 条明显波状横纹，后翅 2 条，后翅外缘明显呈锯齿状 | 体长 13～15mm，翅白色，前翅中室内有一圆形斑，翅基部颜色较深，有深黄、褐色、灰色花斑 |
| 卵 | 椭圆形，0.5 mm，初产时黄绿色，孵化前褐色 | 卵圆形，0.5～0.7 mm，绿色，表面有网纹 |
| 幼虫 | 小幼虫黄绿色，渐变绿色，老熟幼虫体长 30～40 mm，体背灰白或紫红色，气门线白色 | 老熟幼虫体长 20～30 mm，体黑色，前胸背板黄色，有 5 个黑斑，体背有蓝白纵线 |
| 蛹 | 圆锥形，体长 13～17 mm，初绿色，渐变紫褐色 | 椭圆形，体长 13～15 mm，暗棕色 |

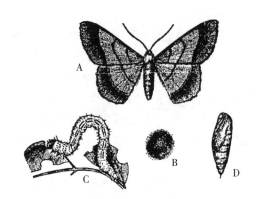

图 7-39  国槐尺蛾
A. 成虫  B. 卵  C. 幼虫  D. 蛹

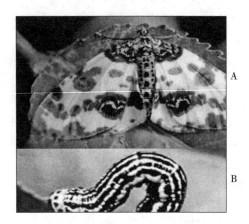

图 7-40  丝棉木金星尺蛾
A. 成虫  B. 幼虫

**3. 发生规律**

（1）国槐尺蛾。国槐尺蛾一年发生 3～4 代，以蛹在树冠下 5～10cm 松土层中越冬，翌年 4 月至 5 月羽化。成虫喜灯光，白天多在灌木、草丛、墙壁缝内停留，夜晚补充营养和交尾产卵，喜在树冠顶端和外围产卵，一般每叶主脉处产卵 1 粒，每雌平均产卵 400 粒。6～9 月均可见幼虫，幼虫共 6 龄，初孵幼虫能将叶片啃出小白点，5 龄后进入暴食阶段，每一复叶有 1 只幼虫，即可将叶片吃光。幼虫受惊后可吐丝下垂，随风飘荡，称"吊死鬼"。暴风雨对幼虫有致命的冲刷和溺水作用，尤其是化蛹前的几次雨水，可使下一代虫量明显下降。9 月下旬幼虫陆续下树入土化蛹越冬。

（2）丝棉木金星尺蛾。丝棉木金星尺蛾一年发生 2～4 代，以蛹在树冠下 2～5cm 土层中越冬。翌年 5 月成虫羽化。成虫有趋光性，昼伏夜出，交尾后产卵于叶片背面，成块状排列，每雌产卵 200 粒。幼虫 5 龄，初孵幼虫黑色，群集叶背取食危害，3 龄后分散。每年 5～10 月均可见幼虫，发生量大时可将叶片吃光。

**4. 尺蛾的防治措施**

（1）物理防治。尺蛾类成虫均有趋光性，可利用黑光灯进行诱杀。秋冬季节人工挖蛹，或深翻土层，消灭越冬害虫。利用幼虫吐丝下垂习性，振落幼虫，收集杀死。

（2）药剂防治。发生量较大时最好选择卵孵化盛期或 3 龄前用药，可选用 50％辛硫磷

乳油、50%杀螟松乳油、20%菊·杀乳油1 500～2 000倍液；40%毒死蜱乳油1 500倍液；20%除虫脲10 000倍液喷雾。

（3）生物防治。幼虫发生期，可用苏云金杆菌乳剂600倍或青虫菌液，每克含孢子100亿的可湿性粉剂100倍液。保护利用天敌，如寄生蝇、螳螂、胡蜂等。

### （六）灯蛾类

**1. 分布与危害**　灯蛾属于鳞翅目、灯蛾科昆虫，成虫翅多白、黄白色。园林观赏害虫中常见的有美国白蛾、人纹污灯蛾等。

美国白蛾又称秋幕毛虫，美国白灯蛾，是世界性检疫害虫。原发于北美，墨西哥，1979年传入我国辽宁省，以后逐渐扩散到陕西、河北、天津、山东、上海等地。危害杨、柳、法国梧桐、樱桃、榆、刺槐、桃、苹果、山楂等300多种植物。幼虫群集吐丝结网，形成大型网幕，幼虫在网幕内取食叶片，重者可将全树叶片吃光，是我国重要的检疫害虫之一。

人纹污灯蛾又称红腹灯蛾。分布于华北、华东、华中及四川、云南等地。危害桑、茶、柑橘、猕猴桃、木槿、蔷薇、月季、菊花、萱草、榆等植物，主要以幼虫啃食叶肉，蚕食叶片，造成叶片残缺不全和孔洞。

**2. 形态识别**　美国白蛾、人纹污灯蛾形态特征见表7-9和图7-41、图7-42。

表7-9　美国白蛾、人纹污灯蛾形态特征

| 虫态＼种类 | 美国白蛾 | 人纹污灯蛾 |
| --- | --- | --- |
| 成虫 | 体长9～14 mm，纯白色，雌虫触角栉齿状，雄虫触角羽毛状，前翅纯白色，后翅常散生几个小黑点。前足胫节、腿节为橘红色，胫节、跗节内侧白色，外侧黑色 | 长约20 mm，头胸黄白色，腹背红色。前翅黄白色，后缘中央向顶角斜生一列小黑点。停栖时左右翅面的黑点合成人字形。后翅略带红色 |
| 卵 | 圆球形，0.5 mm，初产时浅绿色，后变为灰绿色、褐色，有光泽，单层排列呈卵块，上覆盖白色鳞毛 | 半球形，0.6 mm，浅绿色，有光泽 |
| 幼虫 | 老熟幼虫体长28～35 mm，头黑色或红色，有光泽。体色多变，多黄绿至黑色，背线、气门上线、下线均为黄色，体侧、腹面灰黄色。背部毛瘤黑色，体侧毛瘤多橙黄色，上生白色长毛丛，混杂有少量黑毛 | 头部黑色，胴部淡黄褐色，背线不明显，亚背线暗绿色；腹部第7～9节两侧各有一黑色毛瘤。体密生棕黄色长毛 |
| 蛹 | 体长8～15 mm，暗红褐色，腹部布满凹陷刻点，具多根臀棘，外被灰色薄茧 | 体长约18 mm，赤褐色，椭圆形，腹末端棘上有短刺12根 |

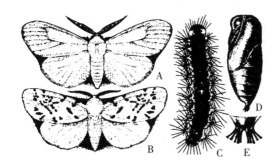

图7-41　美国白蛾
A. 雌成虫　B. 雄成虫　C. 幼虫　D. 蛹　E. 蛹的臀棘
（温俊宝等，2006）

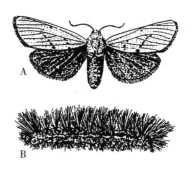

图7-42　人纹污灯蛾
A. 成虫　B. 幼虫
（王善龙，2001）

**3. 发生规律**

(1) 美国白蛾。美国白蛾在辽宁、唐山等北方地区一年发生2代。以蛹结茧在树皮下、枯枝落叶下、浅土层等隐蔽处越冬。翌年4月底或5月初成虫羽化。成虫发生期分别是5月中旬至6月，7月中、下旬至8月上旬，两代幼虫发生期分别是6月上旬至7月下旬，8月上旬至11月上旬。9月下旬幼虫陆续下树化蛹越冬。

美国白蛾成虫飞翔力较弱，白天多静伏，晚间交尾产卵，卵产于树冠中下部外围叶片背面，呈单层排列，每一卵块有几百至上千粒卵不等。幼虫7龄，幼虫期约40d，孵化几小时后即开始吐丝结网，缀叶1～3片成小型网幕，在内取食叶肉，受害叶片呈透明白膜状。随虫体生长食量增加，更多新叶被包围在内，3～4龄时网幕直径可达1米多，其中常有幼虫几百头，最大网幕可长3m以上，能将较小的幼树整个包裹其中，5龄以后进入暴食阶段，并脱离网幕分散为害，蚕食叶片仅留主脉。幼虫耐饥性强，最长可达15d不取食，有利于幼虫的传播。幼虫一生可取食叶10～15片，当被害树上的叶片食尽后，幼虫即顺树干而下转移危害。

(2) 人纹污灯蛾。该虫因地区不同一年发生2～6代，以蛹在表土或枯枝落叶内越冬。翌春4～6月成虫羽化，成虫有趋光性，但羽化期不整齐，因而世代重叠严重。成虫白天潜伏隐蔽处，夜间活动产卵。卵多产在叶背或枝条上，成块状排列，每块有卵数十粒至百余粒不等，卵期7天。第一代幼虫在5～6月开始危害，初孵幼虫有群集性，稍后分散，取食叶肉残留叶柄。老熟幼虫有假死性，受振动后即落地蜷缩呈环。9～11月幼虫陆续老熟，下树化蛹做茧越冬。

**4. 防治措施**

(1) 加强检疫。美国白蛾的所有虫态都能随着交通工具及货物进行传播，其中以蛹、老龄幼虫传播距离最远，必须加强由疫区调运货物的检疫，严格执行各项检疫制度，防止美国白蛾传播扩散。

(2) 人工防治。

①摘除卵块。美国白蛾多产卵于树冠中下部外围叶片背面，每年5～8月产卵盛期组织人力摘除卵块，集中销毁。

②剪除网幕。在幼虫3龄前发现美国白蛾网幕后人工剪除，并集中处理。

(3) 物理防治。用黑光灯或性诱剂诱杀成虫。清除落叶、枯枝，秋季翻整地面，消除部分越冬蛹；或在老熟幼虫转移时，可在树干周围束草，诱集化蛹，然后解下诱草烧毁，减少害虫越冬基数。

(4) 化学药剂防治。在美国白蛾幼虫网幕始见期至高峰期，即在幼虫3龄以前，选用25%灭幼脲悬浮剂2 000倍液；1.2%烟参碱乳油1 000～1 500倍液。对各龄幼虫也可选用80%敌敌畏乳油1 000倍液，2.5%溴氰菊酯乳油2 500倍液，5%氰戊菊酯4 000倍液，1.8%阿维菌素3 000倍液喷雾，要求对发生树木及其周围50 m范围内所有植物、地面进行立体式周到、细致喷洒药防治。

(5) 生物防治。

①保护利用天敌。卵期天敌有草蛉、瓢虫、姬蜂等，幼虫期有蜘蛛、草蛉、螳螂等，蛹期有寄生蝇、周氏啮小蜂等。

②生物制剂。苏云金杆菌乳剂600～800倍液，美国白蛾核型多角体病毒等喷雾，在美国白蛾和人纹污灯蛾低龄幼虫期使用效果较好。

**(七) 枯叶蛾类**

**1. 分布与危害** 枯叶蛾属于鳞翅目、枯叶蛾科。许多种类的成虫体粗多厚毛，静止时如枯叶状，因而得名。其幼虫体多毛，俗称"毛毛虫"。枯叶蛾科常见的观赏植物害虫有马尾松毛虫、黄褐天幕毛虫等。

马尾松毛虫又称松毛虫，是我国南方重要的森林害虫。广泛分布于长江以南马尾松分布区，尤以秦岭以南为重灾区。主要危害马尾松，其次是湿地松、油松、云南松、火炬松等。幼虫群集取食松树针叶，针叶呈团状卷曲枯黄，轻者造成材积损失、松脂减产、种子产量降低，重者常将松针食光，呈火烧状，致使松树生长极度衰弱，容易招引松墨天牛、松纵坑切梢小蠹、松白星象鼻虫等蛀干害虫的入侵，造成松树大面积死亡。此外，松毛虫具毒毛，皮肤接触容易引起皮炎、关节肿痛，影响人体健康。

黄褐天幕毛虫又称顶针虫。国内广泛分布在除新疆、西藏外的各省区。食性较杂，危害杨、柳、桃、苹果、海棠、榆叶梅、黄刺玫、樱花、小叶黄杨、榆、栎、桦、落叶松等多种树木和花卉。以幼虫在春季危害植物嫩芽和叶片，在枝条和分叉处吐丝结网张幕，群集天幕内取食。大发生时能在短期内将大片树木啃食一光，为害十分严重。

**2. 形态识别** 马尾松毛虫和黄褐天幕毛虫形态区别见表 7-10 和图 7-43、图 7-44。

表 7-10 马尾松毛虫、黄褐天幕毛虫形态特征

| 虫态 \ 种类 | 马尾松毛虫 | 黄褐天幕毛虫 |
| --- | --- | --- |
| 成虫 | 体长 20～30 mm，体色变化较大，有深褐、黄褐、深灰和灰白等色。雌蛾触角短栉齿状，雄蛾触角羽毛状，前翅较宽，外缘呈弧形弓出，翅面有 4～5 条不显著的波状横纹，近外缘有 9 个黑斑，中室处有一白色圆点，后翅三角形，暗褐色，无斑纹 | 雌雄异型。雌蛾体长 20～25 mm，体翅褐色，触角栉齿状，前翅中部有 2 条深褐色横线纹，两横线间为红褐色宽带，外侧具黄色镶边。雄蛾体长约 15 mm，黄褐色，触角双栉齿状，前翅褐色，宽带颜色较深 |
| 卵 | 椭圆形，粉红色，近孵化时紫褐色，在针叶上呈串状或堆状排列 | 卵椭圆形，灰白色，顶部中央凹下，产于小枝上，呈指环状，犹如顶针 |
| 幼虫 | 老熟幼虫体长 60～80 mm，体色棕红或黑褐色，胸部第二、三节背面有 2 丛深蓝色毒毛，两侧间丛生黄毛，体侧有白色长毛，各节背面有橙红色、灰白色的不规则斑纹。腹面淡黄色 | 老熟幼虫体长 50～60 mm，头部蓝灰色，有两个黑色圆斑，背中线为白色纵带，两侧具鲜艳的橙黄、蓝、黑色纵行条纹。2 龄前小幼虫全体灰黑色，仅背部有黄、白纵线 |
| 蛹、茧 | 纺锤形，棕褐色，体长 20～30 mm。茧长椭圆形，灰白或黄褐色，附有黑色毒毛 | 椭圆形，背面黑褐色，腹面色淡，长 15～20 mm，有金黄色毛。外有双层灰白色丝茧 |

 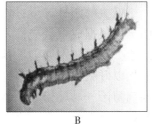

A　　　　　　　　　　B

图 7-43 马尾松毛虫
A. 成虫　B. 幼虫

**3. 发生规律**

(1) 马尾松毛虫。马尾松毛虫在长江流域一年发生 2～3 代，珠江流域 3～4 代。以 4～

5龄幼虫在针叶丛中或树皮缝隙中越冬。翌年3~4月活动取食，4月下旬化蛹，5月上旬羽化，交尾产卵。第一代幼虫发生较整齐，于5月中旬至7月危害；第二代幼虫于8~9月危害。3代地区第一代幼虫发生期4~6月；第二代6~8月；第三代8月下旬至11月上旬。

马尾松毛虫的成、幼虫均有很强的迁移扩散能力。成虫有趋光性，繁殖力强，产卵量大，喜在生长健康茂盛的中龄林和林木边缘产卵，卵多成块或成串产在未曾受害的幼树针叶上，树冠中下部卵块较多，一般每雌产卵400~500粒。幼虫期35~80d。1~2龄幼虫有群

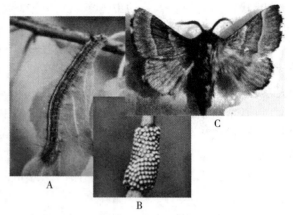

图7-44 黄褐天幕毛虫
A.幼虫　B.卵　C.成虫

集和受惊吐丝下垂扩散的习性，啃食针叶边缘，使叶丛呈现枯黄卷曲；3龄后分散活动，取食整根针叶，受惊扰有弹跳现象；5~6龄幼虫食量最大，占一生总食量的70%~80%。幼虫一般喜食老叶，老熟后在树皮裂缝或针叶丛结茧化蛹。马尾松毛虫发生与环境因子关系密切，一般海拔200m以下的丘陵地区及干燥型纯松林容易大发生，各种类型混交林，均有减轻虫害作用。5月或8月份，雨天多，湿度大，有利于松毛虫卵的孵化及初孵幼虫的生长发育，易引起大发生。马尾松毛虫的自然天敌多达258种，其中许多种类对其发生有一定的抑制作用，应注意保护和利用。

（2）黄褐天幕毛虫。黄褐天幕毛虫一年发生1代，以小幼虫在卵内越冬。次年4月上旬幼虫孵出，群集卵块附近取食幼芽、嫩叶，在枝杈处吐丝结网，呈天幕状，故有天幕毛虫之称。白天群居于网巢之内，夜晚活动危害。幼虫近老熟时分散活动，此时幼虫食量大增，容易暴发成灾，严重时常将整枝整树叶片吃光。5月中旬幼虫老熟开始在卷叶内作茧化蛹，6~7月羽化产卵。成虫有趋光性，卵产在当年生小枝上，横向环形排列，形似"顶针"，故又被称为"顶针虫"。卵块在树枝的枝头上非常明显，识别和采集比较容易。每雌一般产1个卵块，有卵150~500粒。幼虫孵化后在卵壳内越夏和越冬。黄褐天幕毛虫是一种喜阳昆虫，一般林缘的虫口密度高于林内。

**4. 防治措施**

（1）栽培措施防治。营造针阔叶混交林，改造马尾松纯林为混交林，适当密植，营造造成有利于天敌而不利松毛虫的园林环境；做好封山育林，防止强度修枝，提高林木自控能力。

（2）物理防治。根据成虫趋光性，在成虫盛发期设置黑光灯诱杀。

（3）人工防治。结合树木修剪，秋冬季节剪除带天幕毛虫卵块的小枝；春季捣毁丝幕及其中的小幼虫，加以歼灭。

（4）化学药剂防治。马尾松毛虫越冬前和越冬后抗药性最差，是一年之中药剂防治最有利的时期，用药省、效果好。常用药剂有50%马拉硫磷乳油、90%敌百虫晶体2 000倍液；2.5%溴氰菊酯5 000倍，20%氰戊菊酯或20%氯氰菊酯2 000倍，20%除虫脲悬浮剂10 000倍液，10%联苯菊酯乳油5 000倍液等喷雾。

（5）生物防治。要注意保护与利用松毛虫和天幕毛虫的自然天敌，如赤眼蜂、黑卵蜂、红头小茧蜂、两色瘦姬蜂、姬蜂、寄生蝇、螳螂、胡蜂、食虫鸟等捕食性天敌，以及真菌（白僵菌）、细菌（松毛虫杆菌等）、病毒的寄生。有条件的地区可在松毛虫卵期释放赤眼蜂，

每 667m² 5 万～10 万头，或低龄幼虫期用含孢子数 100 亿/g 的青虫菌或杀螟杆菌、白僵菌、苏云金杆菌乳剂 500～1 000 倍液防治。收集被核型多角体病毒感染的天幕毛虫或松毛虫虫体，经捣烂加以喷施，可扩大该虫感病率，延长控制期。

### （八）蝶类

蝶类属于鳞翅目中的蝶亚目，俗称蝴蝶。我国记载 2 300 多种，对园林观赏植物为害较重的主要有柑橘凤蝶、玉带凤蝶等。

**1. 分布与危害** 柑橘凤蝶又称花椒凤蝶，别名橘凤蝶、黄菠萝凤蝶等。属于鳞翅目、凤蝶科，全国大部地区均有分布。被害植物主要有柑橘类、金橘、佛手、玳玳、花椒、柠檬、柚子、吴茱萸等。幼虫食芽、叶，初龄幼虫食成缺刻与孔洞，稍大常将叶片吃光，只残留叶柄。苗木和幼树受害较重。

玉带凤蝶又称白带凤蝶、黑凤蝶、缟凤蝶等。我国主要分布于黄河以南如广东、广西、福建、四川及国内其他柑橘产区；国外分布于印度、马来半岛、日本等地。寄主植物有柑橘、枸橘、樟、九里香、金橘、佛手、柠檬、棋木、茜草、花椒、四季橘、黄柏、柚等。

**2. 形态特征** 柑橘凤蝶和玉带凤蝶形态区别见表 7-11 和图 7-45、图 7-46。

表 7-11 柑橘凤蝶、玉带凤蝶形态特征

| 虫态\种类 | 柑橘凤蝶 | 玉带凤蝶 |
| --- | --- | --- |
| 成虫 | 有春型和夏型 2 种。春型体长 21～24 mm，夏型体长 26～30 mm。雌略大于雄，色彩不如雄艳。两型翅上斑纹相似，体淡黄绿至暗黄，体背中央有黑色纵带，两侧黄白色。臀角处有一橙黄色圆斑，斑中心为一黑点，有尾突 | 雌雄异型，翅黑色。雌蝶体长 28 mm，雄蝶体长 25 mm。雄蝶前翅外缘有 8 个黄白斑。雌蝶有两型：即黄斑型和赤斑型，黄斑型与雄蝶相似，但后翅斑有些为黄色，极稀少；赤斑型为常见型，前翅黑色，前、后翅外缘各有小黄白斑 8 个 |
| 卵 | 近球形，直径 1.2～1.5 mm，初产时淡黄色，后变深黄，近孵化时灰黑色 | 圆球形，直径 1.2 mm，初产为黄绿色，后变为深黄色，孵化前紫黑色 |
| 幼虫 | 体长 35～45 mm，黄绿色，第一胸节背面有 1 对 Y 形橙色翻缩腺。老龄幼虫体绿色 | 1 龄幼虫淡褐色，体被白色刺毛。2～4 龄虫呈鸟粪状，老熟幼虫体长 45 mm，深绿色 |
| 蛹 | 纺锤形，前端有 2 个尖角，长 28～32 mm，鲜绿色，有褐点，体色常随环境变化而变化，有淡绿、黄白、暗褐等多种颜色 | 体色变化较大，有灰黄、灰褐及绿色等。体较肥胖，腹面弯曲呈弧状，中胸背突起短钝，头顶角状突起，中间凹入较浅 |

A　　　　　　　　　　　B

图 7-45　柑橘凤蝶
A. 成虫　B. 幼虫

图 7-46 玉带凤蝶
A. 成虫　B. 幼虫

### 3. 发生规律

(1) 柑橘凤蝶。柑橘凤蝶发生代数各地不一，长江流域每年 3～4 代。各地均以蛹在叶背、枝干及其他隐蔽场所越冬，越冬蛹期 95～108d。田间世代重叠。初孵幼虫体似粪粒，食量小，先食嫩叶，稍长大后食老叶。3 龄后幼虫食量大增，一般先由枝梢上部向下取食，轻则将叶片吃成缺刻，重则可将全叶食光。

成虫白天活动，中午至黄昏前活动最盛，喜食花蜜。卵散产于寄主的嫩芽、叶背、嫩枝以及枝梢上，卵期约 7d。幼虫孵化后先食卵壳，然后食害芽和嫩叶及成叶，共 5 龄。老熟后多在枝叶或叶柄等隐蔽处吐丝作垫，以臀足趾钩抓住丝垫，然后吐丝在胸腹间环绕成带，缠在枝干等物上化蛹越冬。凤蝶的卵及蛹有如凤蝶金小蜂、广大腿小蜂等数种寄生蜂。

(2) 玉带凤蝶。玉带凤蝶在长江以北一般一年发生 3～4 代，自福建、广东以南则可一年发生 5～6 代，中间各地则一年发生 4～5 代。最末代以蛹附在寄主枝干或附近其他植物枝干上越冬。田间 4～11 月都能见到幼虫，成虫见于 10 月底至 11 月初。成虫飞行力强，交配后雌虫当日或隔日产卵，散产。幼虫孵化后先吃卵壳，再取食嫩叶边缘，长大后常将嫩叶吃光，一头 5 龄幼虫一昼夜可食大叶 5～6 片。幼虫、蛹跨期寄生的天敌有凤蝶金小蜂和广大腿小蜂，寄生率很高，对其发生能起一定的抑制作用。

### 4. 凤蝶类的防治措施

(1) 人工防治。人工清除越冬蛹，结合花木修剪管理工作，采卵、捕捉幼虫和蛹。

(2) 保护和引放天敌。为保护天敌，可将蛹放在纱笼里置于园内，使蛹寄生蜂羽化后飞出笼外，再行寄生。

(3) 药剂防治。虫口密度大时，同时结合防治其他害虫，幼虫 3 龄前，可用每克 300 亿孢子青虫菌粉剂 1 000～2 000 倍液或 40% 菊·杀乳油 1 000～1 500 倍液，10% 溴·马乳油 2 000 倍液，80% 敌敌畏或辛硫磷乳油等 1 500 倍液，每隔 10～15d 喷一次，连续喷 2～3 次。

## (九) 叶蜂类

**1. 分布与危害**　叶蜂类属于膜翅目、叶蜂总科。叶蜂类给观赏园林植物造成较大危害的有三节叶蜂科的蔷薇三节叶蜂和叶蜂科的柳厚壁叶蜂等。蔷薇三节叶蜂又称月季叶蜂、黄腹虫，主要分布华北、东北、华南等省区。危害月季、蔷薇、黄刺玫、玫瑰、十姊妹等花木。幼虫取食叶片，严重时将叶片吃光；成虫产卵于嫩梢，使嫩梢枯萎。公园、苗圃均有发生。柳厚壁叶蜂又称柳瘿叶蜂，主要危害垂柳、绦柳及旱柳等。分布于北京、河北、河南、山西、辽宁、吉林等地。以幼虫啃食叶肉，叶片上、下表皮逐渐肿起，形成红褐至紫褐色虫瘿。

**2. 形态识别**　蔷薇三节叶蜂和柳厚壁叶蜂形态特征见表7-12和图7-47、图7-48。

表7-12　蔷薇三节叶蜂和柳厚壁叶蜂形态特征

| 虫态 \ 种类 | 蔷薇三节叶蜂 | 柳厚壁叶蜂 |
| --- | --- | --- |
| 成虫 | 体长7~9.5 mm，头、胸、足均为黑色，有光泽，前翅黑色半透明，腹部黄色 | 体长5 mm左右，体土黄色，有黑色斑纹，翅脉多为黑色 |
| 卵 | 椭圆形，长约1 mm，绿色 | 椭圆形，灰白色 |
| 幼虫 | 老熟幼虫长20 mm，体黄绿色或橙黄色，各节有3列黑色小毛瘤。胸足3对，腹足6对 | 老熟时体长为12~15 mm，黄白色，稍弯曲，体表光滑有背皱。胸足3对，腹足8对 |
| 蛹 | 乳白色。茧椭圆形，暗黄色 | 黄色。茧长椭圆形，污白色 |

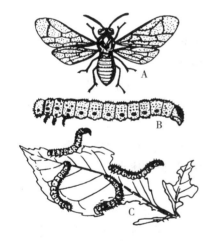

图7-47　蔷薇三节叶蜂
A. 成虫　B. 幼虫　C. 危害状
（王善龙，2008）

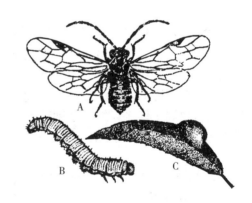

图7-48　柳厚壁叶蜂
A. 成虫　B. 幼虫　C. 危害状
（赵怀谦等，1997）

**3. 发生规律**

（1）蔷薇三节叶蜂。蔷薇三节叶蜂由北向南每年2~8代，均以老熟幼虫在土中做茧越冬。以二代区为例，翌年4~5月成虫羽化，交尾后产卵于半木质化新梢皮下2~3 mm处，产卵处呈2cm长的刻痕，并可导致新梢纵裂，发黑倒折。6月可见第一代幼虫为害，严重时将叶片吃光，仅留叶柄和粗叶脉。7月上旬幼虫老熟，入土作茧化蛹，7月中旬第一代成虫羽化，8月上旬第二代幼虫开始孵化危害，9~10月幼虫入土做茧越冬。该虫发生严重时，常常因成虫产卵导致新梢变黑萎蔫下垂，叶片被蚕食一光，影响花木生长和观赏。生长季节可以通过观察新梢的变化预测叶蜂危害。

(2) 柳厚壁叶蜂。柳厚壁叶蜂一年发生1代，以老熟幼虫在土中结茧过冬。次年4月下旬成虫羽化，营孤雌生殖，产卵于柳叶边缘组织内，单粒散产。幼虫孵化后，就地啃食叶肉，受害部位逐渐肿起，开始形成黄豆大小的绿色小虫瘿，像是柳叶上的"小果子"，幼虫藏在其中取食。虫瘿多呈椭圆形或肾形，上下鼓起，逐渐加厚，并由绿色渐变为红褐色，表面散生小颗粒，大者可达6~12 mm。虫瘿以叶背面中脉上为多，严重时一叶有5~6个虫瘿成串，致使枝条下垂。带瘿叶片易变黄提早落叶，影响植株生长。幼虫在虫瘿内一直危害到11月份，落叶或脱离虫瘿入地结薄茧越冬。

**4. 防治措施**

(1) 加强栽培养护。结合花木抚育，冬季翻耕，消灭越冬幼虫；在幼树和苗木上发现柳厚壁叶蜂虫瘿后，及早摘除，杀灭其中幼虫；秋后及时扫除落叶，消灭幼虫在钻出虫瘿之前；春秋季节剪除叶蜂成虫产卵枝梢和小幼虫群集的叶片，集中销毁。

(2) 药剂防治。蔷薇三节叶蜂的防治最佳用药期在3龄幼虫前；防治柳厚壁叶蜂最好在成虫羽化产卵盛期，4月下旬至5月中旬用药较好。幼虫危害期可喷洒40%氧化乐果乳油1 500倍液，50%辛硫磷乳油800~1 000倍液，苏云金杆菌乳剂500~800倍液，25%灭幼脲悬浮剂3 000倍液，1.8%阿维菌素乳油2 000~3 000倍液等。

### 三、观赏植物吸汁类害虫

吸汁类害虫是园林观赏植物上较大的一个类群。其分为两大类：一类是昆虫纲，主要种类有同翅目的蚜虫、蚧虫、叶蝉、木虱、粉虱；半翅目的椿象、网蝽；缨翅目的蓟马等。另一类为蛛形纲，蜱螨目中的螨类，如朱砂叶螨、山楂叶螨等。

危害特点：为害园林观赏植物的吸汁类害虫，以刺吸式口器吸取植物汁液，掠夺其营养，造成生理伤害，使受害部分褪色发黄、畸形、营养不良、枝叶枯萎，甚至整株枯萎死亡。同时还传播病毒病、植原体病害，排泄蜜露诱发花木煤污病。

吸汁类害虫因个体小，发生初期被害状不明显，易被人们忽视。这类害虫繁殖力强，扩散蔓延快，在防治时如果未抓住有利时机，采取综合防治措施，很难达到满意的防治效果。

#### (一) 蚜虫类

**1. 分布与危害**　蚜虫属于同翅目蚜总科。其生活史复杂，常有世代交替和转主寄生习性。为害园林植物的蚜虫种类很多，蚜虫除了以成、若蚜直接刺吸汁液，使叶片卷曲、褪色、变形、发黄脱落，导致植株生长不良，组织增生，形成虫瘿外，同时排泄蜜露诱发煤污病，有些种类的蚜虫还可传播病毒病，造成损失更为严重。园林观赏植物上常见的蚜虫有棉蚜、桃蚜、月季长管蚜等。

棉蚜又称瓜蚜、蜜虫、腻虫，在园林植物中危害柳、枫、木槿、花椒、扶桑、石榴、紫荆、柑橘、菊花、紫叶李、兰、梅等花木。桃蚜又称烟蚜、温室蚜、红蚜虫，危害桃、山桃、木槿、夹竹桃、蜀葵、李、杏、樱花、大丽菊、柑橘等花木。棉蚜和桃蚜都有转主寄生习性。月季长管蚜的寄主主要有月季、蔷薇、玫瑰、七里香、刺槐、紫穗槐等蔷薇科花木。主要在春秋两季危害新梢、嫩叶和花蕾，使植株生长缓慢，不能正常展叶，开花。3种蚜虫在全国均有分布。

**2. 形态识别**　棉蚜、桃蚜、月季长管蚜的形态区别见表7-13和图7-49、图7-50、图7-51。

表 7-13 棉蚜、桃蚜、月季长管蚜形态特征

| 虫态\种类 | 棉蚜 | 桃蚜 | 月季长管蚜 |
|---|---|---|---|
| 成虫 | 见蔬菜部分瓜蚜 | 见蔬菜部分桃赤蚜 | 无翅雌蚜 3~4 mm，黄绿色，少数橘红色。有翅雌蚜草绿色，3~4 mm，第八腹节有一横带斑 |
| 卵 | 椭圆形，初产时橙黄色，渐变为深褐色、黑色 | 椭圆形，初产时绿色，后变黑色 | |
| 若蚜 | 形似成蚜，黄绿色或黄色 | 形似无翅蚜，浅绿或浅红色 | 似无翅蚜，白绿色或淡黄绿色 |

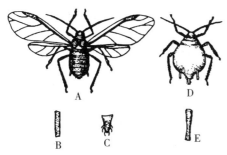

图 7-49 棉 蚜
A. 有翅胎生雌蚜成虫 B. 腹管 C. 尾片
D. 无翅胎生雌蚜成虫 E. 腹管
（黄少彬，2006）

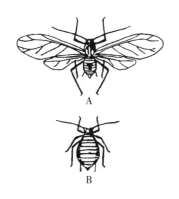

图 7-50 桃 蚜
A. 有翅胎生雌蚜 B. 无翅胎生雌蚜
（黄少彬，2006）

### 3. 发生规律

（1）棉蚜。见蔬菜部分瓜蚜。

（2）桃蚜。见蔬菜部分桃赤蚜。

（3）月季长管蚜。月季长管蚜一年发生 10~20 代，不同地区发生代数有异，冬季在温室内可继续繁殖为害。以成、若蚜在寄主叶芽、叶背越冬。越冬虫营孤雌生殖。翌年 3~4 月开始危为害，4 月中、下旬虫口密度剧增。5~6 月是第一个为害高峰，大量成若蚜群集于嫩梢、嫩叶、花蕾上刺吸汁液，严重时可盖满一层，并排泄大量油状蜜露，诱发煤污病，影响寄主开花和观赏。夏季高温高湿，虫量减少，9 月后开始回升，9~10 月是第二个为害高峰，11 月后陆续开始越冬。

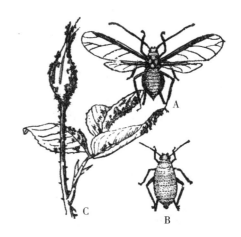

图 7-51 月季长管蚜
A. 有翅胎生雌蚜 B. 无翅胎生雌蚜 C. 为害状
（赵怀谦等，1979）

月季长管蚜在平均气温 20℃左右，气候干旱少雨时，繁殖特别迅速。因此每年以春秋两季发生严重，盛夏阴雨连天不利于其发生与为害。自然天敌有蚜茧蜂、瓢虫、食蚜蝇、草蛉、蜘蛛、食蚜绒螨等。

**4. 防治措施**

（1）加强园林栽培管理。通过调制温、湿度，改善小气候，不利于蚜虫繁殖为害；及时清扫落叶，减少越冬基数；在冬季或早春剪除有蚜梢叶集中处理。

（2）物理防治。利用棉蚜和桃蚜对银灰色有负趋性的特点，用银灰色薄膜遮盖育苗，以达到避蚜目的，并可预防早期病毒病。在花圃或温室内放置黄色黏胶板，诱杀黏附有翅蚜虫。

（3）药剂防治。寄主植物休眠期，喷洒 3~5 波美度石硫合剂。虫量较少时，可直接用清水淋洗，或用 200 倍液的中性洗衣粉液。发生量较大时，可以选用 5% 鱼藤酮 1 000 倍液，2.5% 溴氰菊酯乳油 3 000~5 000 倍液，10% 吡虫啉可湿性粉剂 2 000 倍，25% 吡蚜酮可湿性粉剂 2 500~5 000 倍液等喷雾，重点喷药部位是生长点和叶片背面。

家庭盆花有少量蚜虫时，用毛笔蘸水刷净，或将盆花倾斜放于自来水下旋转冲洗，既灭蚜又清洗叶片，或用 1∶15 的比例配制烟叶水，炮制 4h 后喷洒，或土中埋施 15% 涕灭威颗粒剂 2~4g（根据盆大小决定用药量）。

（4）保护和利用天敌。春季注意保护蚜茧蜂、瓢虫、食蚜蝇和草蛉等蚜虫的天敌，尽量少用广谱触杀剂。

**（二）介壳虫类**

**1. 分布与危害** 介壳虫类属于同翅目蚧总科。本类昆虫外观奇特，雌雄异型，雄虫具 1 对前翅；雌虫、若虫均无翅，口器发达，触角、复眼和足通常消失；体壁柔软，但多数具有蜡粉、蜡块、介壳等被覆物，药剂难以透入，防治困难。危害园林植物的介壳虫种类很多，其中以吹绵蚧、草履蚧、桑白盾蚧、朝鲜球坚蚧、松突圆蚧的危害较重，是本节介绍的重点。

（1）吹绵蚧。吹绵蚧又称澳洲吹绵蚧、绵团介壳虫，全国分布，以长江以南各省危害较重，寄主有柑橘、苹果、梨、桃、樱桃、枇杷、海桐、杨梅、柠檬、葡萄、柿、栗、广玉兰、牡丹、玫瑰、蔷薇、月季、含笑、米兰、木芙蓉、扶桑、石榴、山茶、茶等 200 多种植物。

（2）草履蚧。草履蚧又称日本履绵蚧、草鞋蚧，国内分布很广。为害海棠、月季、法国梧桐、女贞、黄杨、玉兰、樱花、杨、槐等。

（3）桑白盾蚧。桑白盾蚧又称桑白蚧、桃白蚧、桑介壳虫，全国分布。主要为害桑、桃、李、油桐、青桐、榆、丁香、山茶、梅、杨、柳、苏铁、柑橘、桂花、葡萄、银杏等花木植物。

（4）朝鲜球坚蚧。朝鲜球坚蚧又称朝鲜毛球蚧、朝鲜球坚蜡蚧、杏毛球蚧。为害李、杏、桃、海棠、山楂、苹果、樱桃等，在山桃及杏树上发生普遍。

上述 4 种介壳虫对园林植物的危害症状比较类似，均以雌成虫和若虫群栖在叶片、嫩芽、枝梢上，吮吸汁液危害，造成植株树势衰弱，生长不良，叶色发黄，枝梢枯萎，引起大量落叶，严重时全株枯死；虫体排泄蜜露引发煤污病，阻碍植物光合作用并降低观赏性。

（5）松突圆蚧。松突圆蚧是我国松树重要的检疫害虫之一。现分布于福建、广东、台湾、香港和澳门等地。主要为害马尾松，其次为湿地松、黑松等 10 余种松属植物。以雌成虫和若虫群栖于松树叶鞘、嫩梢、球果等处吸汁液。被害处变色发黑，缢缩或腐烂，继而上部针叶枯黄卷曲或脱落，影响松树生长，植株连续几年受害，可引起全株死亡。受害松林生长减退,易招致次生害虫的发生,加速松树的死亡。

**2. 形态识别**（图 7-52、图 7-53、图 7-54、图 7-55,几种介壳虫的形态区别见表 7-14。）

图 7-52 吹绵蚧

图 7-53 草履蚧

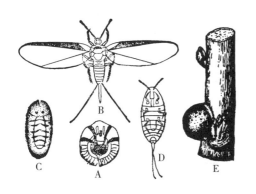

图 7-54 朝鲜球坚蚧
A. 雌虫腹面 B. 雄成虫 C. 雄介壳
D. 幼虫腹面 E. 为害状
（陕西省仪祉农业学校,1985）

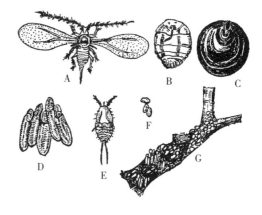

图 7-55 桑白盾蚧
A. 雄成虫 B. 雌成虫 C. 雌虫介壳 D. 雄虫介壳
E. 若虫 F. 卵 G. 为害状
（赵怀谦等,1979）

**3. 发生规律及发生条件**

（1）吹绵蚧。吹绵蚧发生代数因地区而异,华北地区一年 2 代,长江流域 2~3 代,南方各地一年 3~4 代。以若虫和雌成虫或南方地区少数带卵囊的雌虫越冬,有世代重叠。温室和大棚内可终年繁殖。翌年 3~4 月雌虫开始产卵,每个卵囊有卵数百粒,卵期 1 个月。初龄若虫活泼,多在叶背主脉两侧或新梢上为害,每次蜕皮转移 1 次,逐渐移至外围小枝或侧枝,在枝干分叉处背阴面群集,后营卵囊产卵,2 龄后可分辨雌雄。10~11 月后以各种虫态越冬。

吹绵蚧繁殖方式多以孤雌生殖为主。雄成虫数量很少,不易发现,雄虫常在枝干裂缝或附近松土层中、杂草中作白色薄茧化蛹,经 7d 左右羽化为成虫,飞翔力强。温暖潮湿的气候有利于虫害的发生。天敌有澳洲瓢虫、红环瓢虫、大红瓢虫等。

表 7-14 吹绵蚧、草履蚧、桑白盾蚧、朝鲜球坚蚧、松突圆蚧形态特征

| 项目 | 吹绵蚧 | 草履蚧 | 桑白盾蚧 | 朝鲜球坚蚧 | 松突圆蚧 |
|---|---|---|---|---|---|
| 成虫 | 雌成虫体长4～7mm，椭圆形，暗红色。背面隆起并有很多黑色细毛，被有一层白色蜡粉。产卵时腹末形成白色蜡质隆起卵囊，表面有脊状线14～16条，内有大量卵粒。雄成虫瘦小，长2～3mm，胸部黑色，腹部橘红色。1对前翅深紫色，后翅退化成平衡棒 | 雌成虫约10mm，淡灰褐色，被有白色蜡粉层，呈棕褐色。体分节明显，胸足3对，有力，善爬行。形态似草鞋底。雄成虫5～6mm，虫体紫红或紫黑色，1对前翅黑色或黑褐色，半透明，停落时呈八字形 | 雌成虫体长1mm，卵圆形，虫体淡黄或橘红色；雌介壳直径约2mm，圆形，灰白色。雄介壳长1mm，灰白色、细长条形，具有3条隆脊，壳点橙黄色，偏于介壳一端。雄成虫0.7mm，橙色至橘红色，具1对前翅 | 雌成虫长约4mm，体近球形，深褐色，介壳初期较软，黄褐色，后期硬化红褐至黑褐色。介壳后端略垂直，前端和两侧下缘凹入。雄成虫长1.5～2mm，长椭圆形，头胸赤褐色，有1对透明前翅，腹部末端有1对白色蜡质长毛 | 雌成虫体长0.7～1.1mm，梨形，淡黄色，背面稍隆起，雌介壳1.2mm，圆形或椭圆形，灰白色或淡黄色，有3圈明显轮纹，脱皮壳2个，橘黄色，位于介壳边缘。雄成虫体橘黄色，具翅1对，后翅退化为平衡棍，腹末交尾器发达。雄介壳0.9mm，长椭圆形，灰黄色，脱皮壳位于介壳前端中央 |
| 卵 | 长0.7mm，长椭圆形，橘红色，密集于雌成虫卵囊内 | 长1mm，白色，近孵化时变橘黄色，藏于15mm长的白色絮状卵囊中 | 长0.3mm，初产粉红色，渐变为黄褐色、橘红色 | 长约0.3mm，椭圆形，表层有白粉，初产时白色，渐变粉红 | 长约0.3mm，椭圆形，卵壳白色透明，表面有细小颗粒 |
| 若虫 | 椭圆形，红褐色，触角及眼为黑色，体背覆盖淡黄色蜡粉。雌若虫黑色 | 褐色，形似雌虫，体型较小 | 初孵若虫浅黄褐色，分泌蜡丝覆盖全身 | 初孵化若虫浅褐色至粉红色，被有白色蜡粉。越冬后虫体黑褐色 | 初孵若虫淡黄色。2龄后虫外形似雌成虫。分泌蜡丝覆盖全身后增厚变白，形成圆形介壳 |
| 雄蛹 | 橘红色，散生淡黄褐色细毛。茧长椭圆形，质疏松，外被白色蜡粉 | 褐色，翅芽外露。外有白色薄蜡茧 | 橙黄色，长椭圆形 | 长椭圆形，赤褐色，腹部末端有1个黄褐色刺突 | 棒槌状，淡黄色。触角、足及交配器淡黄色而稍显透明。口器完全消失 |

（2）草履蚧。草履蚧一年发生1代，以卵囊内的卵在植物根际土层中、石块下等处越冬。翌年2月至3月上旬孵化，小若虫先在树干基部1m以下的主干缝隙内刺吸危害，植物萌芽时开始上树，群集1～2年生枝条上为害，晴天、气温较暖时大量迁移上树。若虫期长达1至1个半月，以4月危害最重。5月中旬成虫开始羽化，雄若虫2次蜕皮后，以蜡丝做茧在枝干缝隙等处化蛹，蛹期10d。5月中下旬雌成虫交尾，下树至浅土层中分泌白色绵毛状蜡质做卵囊产卵，每雌产卵20～50粒，以卵越冬。

草履蚧越冬卵的孵化时间很不整齐，可长达1个月。小若虫耐干旱，耐饥，早期有日出上树，午后下树入土潜伏的习性，稍大后即不再下树。天敌昆虫有黑缘红瓢虫等。

（3）桑白盾蚧。桑白盾蚧一年发生2～5代，2代区以受精的雌成虫在2年生以上的枝干缝隙内越冬，翌年春季树液流动时继续危害，至4月下旬开始产卵于介壳下，雌成虫随即干缩死亡，仅留介壳。卵期7～14d，5月中旬孵化。小若虫先群集幼嫩枝条刺吸汁液，只需8～10d即可产生蜡粉，蜕皮后开始形成介壳，雌虫形成圆形介壳，雄虫介壳细长。6月中下旬雄成虫羽化，交尾后随即死亡。雌成虫于7月中下旬产卵，平均每雌产卵120粒左右，卵产于雌虫身体后面，堆积于介壳下方，相连呈念珠状。8月至9月为第二代若虫危害期。9

月下旬至 10 月，雌成虫受精后寻找隐蔽处越冬。

桑白盾蚧喜好荫蔽多湿的小气候，通风不良、透光不足，发生较重。以 2～5 年生枝条受害最多。一般新感染枝条上雌虫数量较多，时间较久后雄虫逐渐增多，严重时介壳层层叠叠覆满枝条，呈灰白色，严重时甚至整株枯死。自然天敌有桑白盾蚧褐黄蚜小蜂和红点唇瓢虫等。

(4) 朝鲜球坚蚧。朝鲜球坚蚧一年发生 1 代，以 2 龄若虫固着在枝条上越冬，外覆有蜡被。3 月中旬开始从蜡被里爬出另找固着点，群居在枝条上为害，而后雌雄分化。4 月下旬至 5 月上旬雄若虫开始分泌蜡茧化蛹，5 月中旬羽化，交尾后雌成虫迅速膨大、硬化，腹面与树枝贴接处有白色蜡粉。5 月中旬前后为产卵盛期，雌虫产卵于虫体下面，每雌产卵 1 000 粒左右，卵期约 7d。5 月下旬至 6 月上旬为孵化盛期。初孵若虫分散到枝、叶背为害，以叶痕和缝隙处居多，并分泌白色丝状蜡质物，覆盖虫体背面。6 月中旬后蜡丝逐渐溶化成白色蜡层，包在虫体四周，此时若虫发育极慢。越冬前脱皮 1 次，10 月后以 2 龄若虫在蜡堆中进入越冬。全年 4 月下旬至 5 月上旬为害最盛。主要天敌有黑缘红瓢虫和寄生蜂类。

(5) 松突圆蚧。松突圆蚧在广东省一年发生 5 代，世代重叠严重。主要以若虫在寄主上越冬。每年的 3～5 月是该蚧发生的高峰期，9～11 月为低谷期。3 月中旬至 4 月中旬为第一代若虫出现的高峰期，以后各代依次为 6 月上中旬，7 月下旬至 8 月中旬，9 月下旬至 11 月中旬。4～7 月是全年虫口密度最大、危害最严重时期。初孵若虫很小，尚未固定前可随风力传播，一般从孵化到固定需经 1～2h。小若虫极活泼，沿松针来回爬行，寻找合适的取食部位，固定后开始分泌蜡质，蜡被逐渐增厚变白，形成圆形介壳。2 龄后期开始雌雄分化，部分虫体介壳颜色加深，发育成蛹，进而羽化为雄成虫；部分虫体继续增大，蜕皮后成为雌虫。一般雌虫多寄生在针叶叶鞘内，雄虫多寄生在叶鞘外、球果和嫩梢上。

松突圆蚧传播扩散速度非常迅速，雌蚧虫的生命力很强，即使在砍伐后的枝叶中日晒 10d，其存活率仍达 70% 以上，成虫、若虫、卵均可经人为运输、动物、雨水传播，因此远距离传播几率大。判断松树是否为松突圆蚧危害，首先观察受害株的下部枝条是否枯死、上部的针叶是否枯黄、灰褐色、落叶；在完全枯死的松林针叶上较难找到松突圆蚧。天敌有花角蚜小蜂等。

**4. 防治措施**

(1) 加强检疫。引进和调运各种苗木时，要严格执行检疫制度，防止松突圆蚧等检疫性害虫的传入及传出。带虫的植物材料应立即进行消毒处理。

(2) 园林技术措施。结合修剪，剪除虫枝；松林应适当进行修枝间伐，保持植株生长地通风透光，增强树势，可减轻虫口为害；对草履蚧可于秋冬季节在树下挖除卵囊，集中销毁；早春若虫上树前，在树干缠绕光滑的塑料薄膜，或涂以 20cm 宽的黏虫胶，阻止若虫上树；虫量较少时，可以人工刷除或直接捏杀虫体。

(3) 药剂防治。花木休眠期喷洒 3～5 波美度石硫合剂或 45% 晶体石硫合剂 20～30 倍液，含油量 95% 的机油乳剂 80 倍液或 10 倍液的松脂合剂。若虫活动期，可喷施 10% 吡虫啉乳油、40% 杀扑磷乳油、30% 蜡蚧灵乳油各 1 000 倍液，3% 啶虫脒乳油 1 500 倍液等。药剂应轮换使用，以免产生抗药性。也可用 10% 吡虫啉乳油 5～10 倍液树干打孔注药。

(4) 生物防治。介壳虫天敌种类多，数量大，是抑制其大发生的主要因素，保护和利用天敌昆虫是控制介壳虫的有效方法。例如澳洲瓢虫、大红瓢虫等，因其捕食作用大，可以达到有效的抑制作用；其次，尚有小红瓢虫、黑缘红瓢虫、红环瓢虫和花角蚜小蜂等寄生蜂。

### （三）粉虱类

**1. 分布与危害**　粉虱属于同翅目粉虱科。观赏植物上常见的有温室白粉虱、烟粉虱和柑橘刺粉虱等。

（1）温室白粉虱。见蔬菜部分。

（2）烟粉虱。烟粉虱又称棉粉虱、木薯粉虱，分布全国，主要危害柑橘、橄榄、非洲菊、扶桑、一品红、棉、番茄、甘蓝等多种花木、作物。成虫、若虫刺吸植物汁液，受害叶片褪绿、萎蔫或枯死。近年来该虫危害呈上升趋势，并常与温室白粉虱混合发生，花木受害更为严重。

（3）柑橘刺粉虱。见果树部分。以幼虫群集在叶片背面刺吸汁液，被害初形成黄斑，并分泌蜜露诱发煤污病，导致枝叶变黑，甚至枯死，对我国南方柑橘生产危害极重。

**2. 形态识别**　温室白粉虱、烟粉虱和柑橘刺粉虱形态特征见表7-15和图7-56、图7-57。

表7-15　温室白粉虱、烟粉虱、柑橘刺粉虱形态特征

| 虫态\种类 | 温室白粉虱 | 烟粉虱 | 柑橘刺粉虱 |
| --- | --- | --- | --- |
| 成虫 | 长1mm，体淡黄色，翅面被有白色蜡粉，外观呈白色。复眼红色，喙发达，触角丝状。两翅合拢时平展在腹部背面 | 长1mm，体淡黄白色到白色，翅透明，覆盖白色蜡粉。复眼红色，前翅有2条翅脉，两翅合拢呈屋脊状 | 长约1.3mm，橙红色，体背蜡粉，呈淡灰褐色。前翅灰褐色，有7个不规则形状的白斑，后翅较小，淡紫褐色，无斑纹 |
| 卵 | 长约0.2mm，长椭圆形，有卵柄，初产淡绿色，渐变褐色 | 长约0.5mm，长椭圆形，有小柄，与叶面垂直，初产时淡黄绿色，孵化前深褐色 | 长约1mm，肾形。初产时乳黄色，孵化前深黄色，有一短柄直立于叶面上 |
| 若虫 | 0.5～1mm，浅绿色至淡黄色透明，体扁平，椭圆形，周围有长短不等的蜡丝。蛹长0.8mm，椭圆形，初为黄褐色，近羽化时为黑色。体背有5～8对长短不齐蜡丝，体侧有数根短刺 | 0.2～0.5mm，椭圆形。淡绿色至黄色，蛹长0.6～0.9mm，淡绿色或黄色，蛹壳边缘扁平，在有毛的叶片上，蛹体背面具4对刚毛，在光滑无毛的叶片上，蛹体背面不具刚毛 | 0.6～0.7mm，椭圆形，体周缘呈锯齿状分布有白色蜡丝。若虫初孵时淡黄色，后变黑色。蛹长0.9mm左右，长椭圆形，漆黑色，透明而有光泽 |

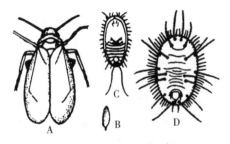

图7-56　温室白粉虱
A. 成虫　B. 卵　C. 若虫　D. 蛹背面观
（韩召军等，2002）

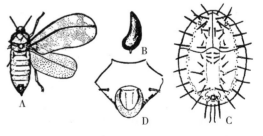

图7-57　柑橘刺粉虱
A. 成虫　B. 卵　C. 蛹壳　D. 管状孔
（韩召军等，2002）

**3. 发生规律**

（1）温室白粉虱。见蔬菜部分。

（2）烟粉虱。烟粉虱在热带和亚热带地区一年可发生10～15代，在温带地区露地一年可发生4～6代，有世代重叠现象。一般情况下，烟粉虱在露地不能正常越冬。成虫具有趋嫩、趋黄性，喜聚集在植株顶部嫩叶背面活动，植株中下部叶片上主要是卵和若虫。每雌产卵120粒左右，在适宜条件下可多达300～500粒。卵多产在植株中部嫩叶背面上。1龄若虫有触角和足，能爬行迁移，脱皮后触角及足退化，固定在植株上取食。3龄若虫脱皮后形成蛹，脱下的皮硬化成蛹壳，是识别粉虱种类的重要特征。烟粉虱喜高温干旱环境，气温降到4℃以下就很难存活，低于12℃停止发育，14.5℃开始产卵，气温21～33℃时，随温度升高产卵量增加，高于40℃成虫死亡。相对湿度低于60%成虫停止产卵或死去，暴风雨能抑制其大发生。在25℃条件下，从卵发育到成虫只需18～30d。每年7～9月是烟粉虱繁殖的旺盛期，9月底开始陆续迁入温室为害。

烟粉虱在寄主植株上的分布有由中下部逐渐向上部转移的趋势，成虫主要集中在下部，从下到上，卵及1～2龄若虫的数量逐渐增多，3～4龄若虫及蛹壳的数量逐渐减少。在危害寄主植物时，对不同的植物表现出不同症状。如危害一品红，导致植株茎部发白，叶片黄化脱落；危害甘蓝、花椰菜时，导致叶片萎缩、黄化、枯萎；番茄被害，表现果实不均匀成熟；西葫芦被害表现为银叶等。烟粉虱虽然一次飞行距离不是很远，但由于身躯轻小，可随风飘移，喜飞善跳，扩散迅速，严重时，出现成团成团的成虫乱飞乱撞的现象。

（3）柑橘刺粉虱。柑橘刺粉虱一年发生4～5代，多以末龄幼虫在叶背越冬。次年3月越冬幼虫化蛹，4月初羽化成虫。成虫日间活动，喜欢较阴暗的环境，常在树冠内幼嫩的枝叶上活动，能借风力传播，有趋光性。单雌产卵数十至百余粒，在叶背散生或密集呈圆弧形，一般数粒到数十粒排在一起，多者一片橘叶上有数百粒卵，卵期10～18d。初孵若虫在叶背稍作移动，多在卵壳附近吸食汁液，不久即行固定，排泄蜜露诱发煤污病。11月以老熟若虫越冬。世代不整齐，1～4代若虫发生期依次是：5月下旬至6月上旬，7月下旬，8月至9月上旬，10月至翌年2月。

**4. 防治措施**

（1）加强植物检疫。做好隔离工作，避免将虫体带入温室和大棚内。通风口加一层尼龙纱，阻断外来虫源。

（2）园林技术措施。加强管理，合理修剪，使橘园通风透光，减轻黑刺粉虱的发生；清除温室和大棚附近杂草，以减少虫源。温室附近避免种植黄瓜、番茄等白粉虱发生危害严重的蔬菜。

（3）物理防治。温室白粉虱和烟粉虱对黄色有强烈趋性，可在温室内设置黄板诱杀，摇动植株使成虫惊飞。一般7～10d更换一次黄板。

（4）药剂防治。粉虱类世代重叠现象十分严重，同一时间内存在各种虫态，因此应连续几次用药，尽量掌握在1～2龄若虫期或卵孵化盛期喷药。常用药剂20%氰戊菊酯或甲氰菊酯乳油2 000倍液，2.5%溴氰菊酯4 000倍液，10%噻嗪酮可湿性粉剂1 000～1 500倍液，10%吡虫啉可湿性粉剂1 500倍液，25%噻虫嗪水分散粒剂7 500倍液、20%啶虫脒可溶性粉剂3 000倍液，2.5%鱼藤酮400倍液，隔10d左右喷一次，连续喷2～3次。密闭的温室和大棚内可用敌敌畏等熏蒸剂按推荐剂量杀虫。注意轮换使用不同类型的农药，不随意提高浓度,以免产生抗性和抗性增长。同时还应注意与生物防治措施的配合,尽量使用对天敌杀伤力较小的选择性农药。

(5) 保护和引放天敌。自然天敌有粉虱寡节小蜂、刺粉虱黑蜂、红点唇瓢虫、草蛉、花蝽等。有条件地区可释放丽蚜小蜂防治烟粉虱,10d 放一次,连续放蜂 3~4 次,可基本控制其为害。

### (四) 叶蝉类

**1. 分布与危害**　叶蝉类属于同翅目叶蝉科。园林中常见的害虫有大青叶蝉和小绿叶蝉。

(1) 大青叶蝉。大青叶蝉又称大绿浮尘子、青叶蝉,各地均有发生。主要危害杨、柳、榆、刺槐、白蜡、桑、松柏、法国梧桐、丁香、月季等花木。以成虫和若虫群集刺吸汁液,叶片呈现小白点,后干枯脱落;成虫在皮层内产卵,形成半月形伤口,常使幼树和苗木大量失水,干枯死亡,并能传播病毒。

(2) 小绿叶蝉。小绿叶蝉又称桃小浮尘子、叶跳虫。全国分布,以长江以南发生极盛。危害桃、樱桃、杏、李、泡桐、葡萄、月季、芙蓉等花木及草坪,成虫、幼虫群栖叶背及茎干刺吸汁液,使之失绿、提早落叶;草坪受害后成片干枯,影响美观。

**2. 形态识别**　大青叶蝉和小绿叶蝉形态特征见表 7-16 和图 7-58。

表 7-16　大青叶蝉和小绿叶蝉形态特征

| 虫态＼种类 | 大青叶蝉 | 小绿叶蝉 |
| --- | --- | --- |
| 成虫 | 长 8~12mm,体绿色,头黄色,三角形,头顶有 2 个黑斑。前翅绿色,端部半透明,后翅烟黑色半透明。腹背黑色,腹部腹面、足橙黄色 | 长约 3.5mm,浅绿色,有光泽。头部近三角形,中央有一小黑点。前翅浅黄白色,半透明。后翅膜质透明 |
| 卵 | 长肾形,约 2mm,初产时乳白色,近孵化黄白色 | 形似香蕉,0.8mm,初产时乳白色,后变淡绿色 |
| 若虫 | 似成虫,有翅芽。初孵化时灰白色,渐变为黄绿色。腹背面有 4 条褐色纵纹 | 似成虫,只有翅芽。体黄绿色 |

**3. 发生规律**

(1) 大青叶蝉。大青叶蝉每年发生 3~4 代,以卵在枝条皮层内越冬。翌年 4 月孵化,若虫群集叶背或嫩茎上刺吸为害,叶片出现失绿小点,以后逐渐分散到较矮小植物上。3 代区成虫分别出现在 5 月下旬、7~8 月、9~11 月。1~2 代成虫产卵分散,在杂草、农作物上比较多。10 月后第三代成虫迁回花木产卵,以卵越冬。大青叶蝉以成虫产卵危害较重。成虫多选择阔叶树 1~5cm 直径小枝,以产卵器刺入皮层内产卵,每处落卵 10 多粒。产卵痕呈新月形,严重时枝条上伤痕累累,幼树和小苗木常因大量失水枯死。成虫

图 7-58　大青叶蝉成虫

喜栖息在潮湿背风处,有很强的趋光性。成虫、若虫受惊均可横行、跳跃。

(2) 小绿叶蝉。小绿叶蝉在华北地区每年 4~5 代,华南地区多达 10 代以上。以成虫在杂草、落叶、树皮缝内越冬。世代重叠严重。翌年 4 月成虫开始出蛰,刺吸产卵,卵多产于

叶片背面主脉内,卵期约10d。若虫孵化后群集叶背为害,致使叶片出现小白点,严重时全叶苍白,干枯脱落。若虫喜跳跃、横走,故名叶跳虫。6月后虫口数量上升,8~9月最多,为害也最重,以后每半个月至1个月发生1代,直至11月以末代成虫越冬。

成虫飞翔力和趋光性较强,但多隐蔽在叶背或新梢上,喜斜向横行,常在叶丛间做短距离飞行。

**4. 防治措施**

(1) 人工防治。及时清理杂草,减少越冬虫源;剪除产卵枝条,伤口较少时可用硬物挤压产卵处,将卵压死。

(2) 物理防治。成虫发生盛期使用黑灯光诱杀。10月前大青叶蝉尚未产卵时,枝条涂刷石灰白涂剂阻止成虫产卵。

(3) 药剂防治。掌握各代若虫孵化盛期及时用药,喷洒10%吡虫啉可湿性粉剂2 500倍液,25%异丙威可湿性粉剂600~800倍液,2.5%溴氰菊酯或高效氯氟氰菊酯乳油3 000~4 000倍液,20%噻嗪酮可湿性粉剂1 000倍液,1.2%烟参碱乳油1 000倍液,10%氯噻林可湿性粉剂20g/每667m$^2$,均能收到较好效果。

### (五) 木虱类

**1. 分布与危害** 木虱属于同翅目木虱科。园林植物上常见的有青桐木虱。青桐木虱又称梧桐木虱,分布于山西、河北、河南、山东、安徽、浙江、福建、贵州等地。单食性,仅为害青桐。成、若虫群集嫩梢、枝叶刺吸危害,尤以嫩梢和叶背最多。若虫分泌白色棉絮状蜡质物,阻塞气孔,影响植物光合作用和呼吸作用,使枝叶提早变黄、脱落,嫩梢枯萎,叶面污染变黑,影响树木生长。

**2. 形态识别** 青桐木虱成虫体黄绿色,卵长卵圆形,初产时浅黄色或黄褐色,近孵时为红黄色,并可见红色眼点。若虫共五龄,第1、2龄若虫身体扁平,黄色或绿色。末龄若虫身体近圆筒形,茶黄色常带绿色,腹部有发达的蜡腺,故身体上覆盖有白色的絮状物(图7-59)。

**3. 发生规律** 该虫一年发生2代,以卵在枝干上越冬,次年4月底5月初越冬卵开始孵化危害,若虫期30多天。第一代成虫6月上旬羽化,下旬为盛期;第二代成虫于8月上中旬羽化。成虫羽化后需补充营养才能产卵。第一代成虫多产卵于叶背,经2周左右孵化。第二代卵大都产在主枝阴面、侧枝分叉处或主侧枝表皮粗糙处。发育很不整齐,有世代重叠现象。若虫和成虫均有群居性,常常十多头至数百头群居在叶背等处。若虫潜居生活于白色蜡质物中,行走迅速。成虫飞翔力

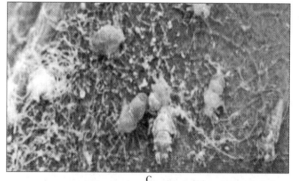

图7-59 青桐木虱
A. 成虫  B. 为害状  C. 若虫

差，有很强的跳跃能力。

**4. 防治措施**

（1）加强苗木检疫。青桐木虱只为害青桐，苗木调运时，加强苗木检疫可控制其扩散。

（2）园林技术措施。在为害期间，喷洒清水冲掉白色蜡质絮状物，消灭若虫与成虫。虫量较少时，及时剪除虫枝，就地销毁。冬春季在主枝刷石灰白涂剂，混合少量石硫合剂，消灭越冬卵。

（3）药剂防治。若虫期用1.2%烟参碱1 000倍液，10%吡虫啉、25%噻嗪酮可湿性粉剂2 000倍液，10%烯啶虫胺可溶液剂4 000倍液等喷雾。

（4）保护天敌。注意保护食蚜蝇、瓢虫、草蛉等天敌昆虫。

## （六）观赏及园林植物其他吸汁类害虫

**1. 杜鹃花冠网蝽**

（1）分布与危害。杜鹃花冠网蝽又名杜鹃冠网蝽，属半翅目网蝽科。分布全国各地，是杜鹃花的主要害虫。以若虫和成虫为害杜鹃叶片，群集在叶背面刺吸汁液，受害叶背面出现似被溅污的黑色黏稠物，这一特征易区别于其他刺吸害虫。排泄粪便，使整个叶片背面呈锈黄色，叶片正面形成很多苍白色斑点，受害严重时斑点成片，以至全叶失绿，远看一片苍白，严重影响光合作用，使植物生长缓慢，提早落叶，不再形成花芽，大大影响观赏价值。

（2）形态识别。成虫体形扁平，黑褐色。前胸背板中央纵向隆起，向后延伸成叶状突起，前胸两侧向外突出成羽片状。前翅、前胸两则和背面叶状突起上均有很一致的网状纹。静止时，前翅叠起，由上向下正视整个虫体，似由多翅组成的X形。卵长椭圆形，初产时淡绿色，半透明，后变淡黄色。若虫初孵时乳白色，后渐变暗褐色（图7-60）。

（3）发生规律。杜鹃花冠网蝽一年发生代数各地不同，在长江流域4～5代，各地均以成虫在枯枝、落叶、杂草、树皮裂缝以及土、石缝隙中越冬。4月上中旬越冬成虫开始活动，集中到叶背取食和产卵。卵产在叶组织内，上面附有黄褐色胶状物，卵期半个月左右。初孵若虫多数群集在主脉两侧危害。若虫脱破5次，经半个月

图7-60　杜鹃花冠网蝽成虫

左右变为成虫。第一代成虫6月初发生，以后各代分别在7月旬、8月初、8月底9月初，因成虫期长，产卵期长，世代重叠，各虫态常同时存在。一年中7～8月危害最重，9月虫口密度最高，10月下旬后陆续越冬。成虫喜在中午活动，每头雌成虫的产卵量因寄主不同而异，可由数十粒至上百粒，卵分次产，常数粒至数十粒相邻，产卵处外面都有1个中央稍为凹陷的小黑点。

（4）防治方法。

①冬季彻底清除盆花、盆景园内周围的落叶、杂草。

②对茎干较粗并较粗糙的植株，涂刷白涂剂。

③药剂防治。在越冬成虫出蛰活动到第一代若虫开始孵化的阶段，是药剂防治的最有利时机。可用10%氯氰菊酯乳油1 000倍液，25%噻虫嗪水分散粒剂5 000倍液，2.5%高效氯

氟氰菊酯乳油2 500～3 000倍液，10%吡虫啉可湿性粉剂1 500倍液喷雾，每隔10～15d喷施一次，连续喷施2～3次。盆栽花卉可用3%克百威颗粒剂，每盆约5g埋入盆土中；或用40%氧化乐果乳油50倍液涂茎。

④保护和利用天敌。

**2. 绿盲蝽**

（1）分布与危害。绿盲蝽又称牧草盲蝽，属半翅目盲蝽科。分布全国各地，以长江流域各省市发生较为普遍。为害月季、菊花、大丽菊、茶花、扶桑、一串红、紫薇、海棠、木槿、石榴等多种花木以及多种果树、蔬菜、棉花、苜蓿等经济作物。成虫和若虫为害嫩叶、叶芽和花蕾，叶片被害后，出现黑斑和孔洞，严重时，叶片扭曲皱缩。花蕾被害后，在被害处渗出黑褐色汁液。叶芽嫩尖被害后，焦黑色，不能发叶。

（2）形态识别。绿盲蝽成虫体黄绿至绿色，前胸背板为深绿色，有许多小黑点。小盾片黄绿色，呈暗灰色。卵香蕉形，黄绿色。若虫体鲜绿色，体表密被黑色细毛，翅芽尖端黑色，达腹部第四节（图7-61）。

（3）发生规律及发生条件。绿盲蝽一年发生4～5代，以卵在木槿、杂草、病残体等植物组织内及浅层土壤中越冬。翌年3～4月份，平均气温10℃以上，相对湿度达70%左右时，越冬卵开始孵化。5月上中旬羽化为成

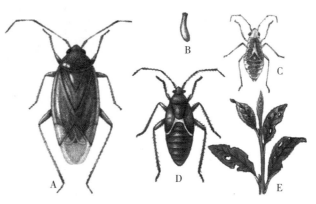

图7-61 绿盲蝽
A. 成虫 B. 卵 C、D. 若虫 E. 为害状

虫，2～4代成虫发生期分别在6月上旬、7月中旬、8月中旬和9月中旬。成虫寿命长，30～57d，产卵期也长，30～40d。有世代重叠现象。据调查，5月份在月季上出现明显被害状，月季品种不同，受害轻重不一，如和平和墨龙等月季品种，被害株率达50%以上。6月下旬在月季上为害减轻而转向菊花为害。菊花被害株率可高达100%。

绿盲蝽成虫善飞翔，稍有趋光性。卵产于月季和其他植物嫩茎皮层组织中。每雌平均产卵约100粒。成虫和若虫白天均潜伏隐蔽处，夜里爬至芽、叶上刺吸取食，以芽、嫩叶和幼蕾受害最重。气温在20℃，相对湿度80%以上时，最适于该虫发生。不耐高温、干燥，7～8月很少危害。在适温下，高温多雨，发生多，危害烈。绿盲蝽的发生与气候条件关系密切，气温在20～30℃、相对湿度80%～90%最适合其发生。

（4）防治措施

①栽培防治。冬季清园，开春刮树皮，可减少越冬虫卵。或于3月中下旬结合刮树皮，喷3～5波美度的石硫合剂，可杀死部分越冬卵。

②药剂防治。分别于5月初、6月中旬、7月中下旬，幼叶出现小黑点时喷药，应注意在傍晚时喷药，地面、草丛都喷到。可用4.5%的高效氯氰菊酯3 000倍液和5%啶虫脒乳油3 000倍液混合或用吡虫啉与高效氯氰菊酯混合喷施。

**3. 花蓟马**

（1）分布与危害。花蓟马属缨翅目蓟马科，别名台湾蓟马。分布广泛，危害木槿、紫

薇、月季、牡丹、香石竹、唐菖蒲、兰花、瓜叶菊、蜀葵、茉莉、大丽花、非洲菊、夜来香、矮牵牛、兰花、金盏菊等花木。成虫、若虫锉吸寄主汁液，使叶片凹凸不平，叶背呈现白色有光泽的斑痕，斑痕脱落后形成不规则小洞；嫩叶、嫩芽表现黄褐色锈斑，后焦枯；花瓣受害后褪色，卷曲、凋零，影响生长和观赏，并能传播病毒。

（2）形态识别。成虫褐色带紫，头胸部黄褐色，触角较粗壮。卵肾形，乳白色。2龄若虫基色黄，复眼红，触角7节（图7-62）。

图7-62 花蓟马成虫

（3）发生规律。花蓟马在我国南方年发生11~14代，以成虫越冬。成虫有趋花性，卵大部分产于花内植物组织中，如花瓣、花丝、花柄，一般产在花瓣上。每雌产卵约180粒。产卵历期长达20~50d。

（4）防治措施

①加强栽培管理。清除花木周围杂草和落叶，减少虫量。

②药剂防治。虫量较少时，可直接用清水或肥皂、洗衣粉水冲洗；盆花可集中小密室内，用80%敌敌畏或用2.5%溴氰菊酯洒废纸或棉球上，挥发熏杀；埋施15%涕灭威克颗粒剂1~2g，木本花木高2m以上时，每株施用50g左右，效果较好。

为害较重时，可用5%氟虫腈悬浮剂1 500倍液，1.8%阿维菌素4 000倍液，2.5%溴氰菊酯乳油3 000倍液，10%吡虫啉可湿性粉剂2 000倍液等喷雾，连用2~3次。

③保护利用天敌。充分发挥小花蝽、草蛉、猎蝽、捕食性蓟马等自然天敌的抑制作用。

**4. 朱砂叶螨**

（1）分布与危害。朱砂叶螨又名棉红蜘蛛、棉叶螨、红叶螨，属蜱螨目叶螨科，分布在全国各地。主要为害枫香、国槐、玉米、高粱、向日葵、桑树、香石竹、菊花、凤仙花、茉莉、月季、桂花、一串红、鸡冠花、蜀葵、木槿、木芙蓉、桃等。若螨、成螨群聚于叶背吸取汁液，使叶片呈灰白色或枯黄色小斑，严重时叶片干枯脱落，并在叶上吐丝结网，严重的影响植物生长发育。

（2）形态识别。雌成螨体长0.48~0.55 mm，体宽0.32 mm，体色常随寄主而异，多为锈红色至深红色，体背两侧各有1对黑斑。雄成螨体长0.36 mm，宽0.2 mm，体色较雌浅。卵长0.13 mm，初产时透明无色，后渐变为橙黄色，孵化前略红。幼螨近圆形，半透明。取食后体色呈暗绿色，足3对。若螨体色较深，体侧有较明显的块状斑纹，足4对（图7-63）。

图7-63 朱砂叶螨
A. 为害状 B. 成螨和卵

（3）发生规律及发生条件。朱砂叶螨每年可发生10～20代，发生代数由北向南逐增。越冬虫态及场所随地区而不同，在北方，主要以雌成螨在土块缝隙、树皮裂缝及枯叶等处越冬，此时螨体为橙红色，体侧的黑斑消失；在南方以成螨、若螨、卵在寄主植物及杂草上越冬，但气温升高时，仍可繁殖。翌年春季，平均气温达10℃以上时，雌螨出蛰活动，取食并开始大量繁殖产卵，3～4月先在杂草或其他寄主上取食，观赏植物发芽后陆续向上迁移，每雌产卵50～150粒，卵多产于叶背叶脉两侧贪食，有向上爬的习性。先为害下部叶片，而后向上蔓延。繁殖数量过多时，常在叶端群集成团，滚落地面，被风刮走，向四周爬行扩散。朱砂叶螨发育起点温度为6.6～8.8℃，发育最适温度为25～30℃，最适相对湿度为35%～55%，因此高温低湿的5～6月份为害重，尤其干旱年份易于大发生。但温度达30℃以上和相对湿度超过60%时，不利其繁殖。降雨，特别是暴雨，可起到冲刷致死的作用。

（4）防治措施。

①越冬期防治。叶螨越冬的虫口基数直接关系到翌年的虫口密度，因而必须做好有关防治工作，以杜绝虫源。对木本植物，越冬前树干束草，诱集螨类越冬，冬季或开春后解下并烧毁。刮除粗皮、翘皮。结合修剪，剪除病、虫枝条。对花圃地，要勤锄杂草，结合翻耕整地，冬季灌水，销毁残株落叶，减少越冬虫口。

②药剂防治。越冬叶螨出蛰期，可喷3～5波美度石硫合剂，防治在枝干上越冬的成螨、若螨和卵。生长期叶螨为害严重时，应及早喷药，防治早期为害，是控制后期猖獗的关键。当前对朱砂叶螨有特效的是仿生农药1.8%农克螨乳油2 000倍液效果极好，持效期长，并且无药害。此外，可采用20%甲氰菊酯乳油2 000倍液、1%螨虫清乳油4 000～6 000倍液、10%联苯菊酯乳油6 000～8 000倍液，1.8%阿维菌素乳油5 000倍液，15%哒螨灵乳油2 500倍液等药剂，防治2～3次，对各种叶螨均有效。

③浸泡球根。对受螨害的球根，在收获后贮藏前，用40%三氯杀螨醇乳油1 000倍液浸

泡 2min，有较好效果。

④生物防治。叶螨天敌种类很多。捕食性天敌有瓢虫、草蛉、粉蛉、花蝽、六点蓟马、捕食性螨类等；寄生性天敌有虫生藻菌、芽枝霉，感染柑橘全爪螨，对该螨的种群数量有一定的抑制作用。

## 第三节　观赏植物枝干病虫害

### 一、腐烂、溃疡病类

#### （一）槐树溃疡病

槐树溃疡病又名槐树烂皮病或腐烂病，在我国华北地区发生普遍且严重，常引起幼苗、幼树的枯死和大树的枝枯。

**1. 症状**　槐树溃疡病是由 2 种病原菌引起的，其症状表现也不同。

（1）镰孢霉属真菌引起的溃疡病。枝干上最初出现黄褐色水渍状近圆形病斑，后扩展成梭形。较大的病斑中央略下陷，有酒糟味，呈典型的湿腐状。后期病斑中央渐呈橘红色，约 20d 左右，橘红色分生孢子堆突破表皮而出。病斑常可环切主茎，致使病斑以上部分枯死。若病斑未能环切主茎，通常病斑能当年愈合。

（2）小穴壳属真菌引起的溃疡病。初期与镰孢菌引起的溃疡病相似，但病斑颜色较深，边缘为紫黑色，病斑扩展迅速。后期病斑上产生许多黑色小点状的分生孢子器。病斑逐渐干枯下陷或开裂，其周围很少产生愈伤组织。

**2. 病原**　病原菌有 2 种。一种是三隔镰孢菌，属半知菌亚门、丝孢纲、瘤座孢目、镰孢霉属。分生孢子 2 种类型，大孢子镰刀形，2～5 个隔膜，多数为 3 个隔膜，无色，老熟孢子的中部常可形成厚垣孢子；小孢子无色，单生，长卵圆形。另一种是多主小穴壳菌，属半知菌亚门、腔孢纲、球壳孢目、小穴壳属。子座暗褐色，近圆形，埋生在寄主皮层组织内；分生孢子器球形或椭圆形，单生或数个聚生于子座中，暗色；分生孢子无色，纺锤形（图 7-64）。

**3. 发生规律及发生条件**　槐树溃疡病病菌有潜伏侵染的特性，病菌终年存在于健康的绿色树皮内。病菌以分生孢子越冬。早春多自皮孔侵入，也可从伤口、叶痕、死芽等处侵入，潜育期约 1 个月，无再次侵染。病害多发生在 2～4 年生幼树的绿色主干及大树的 1～2 年生绿色枝条上。镰孢菌型腐烂病 3 月开始发病，4 月达到发病盛期，6～7 月停止发展；小穴壳菌型腐烂病发生较晚，病菌为弱寄生菌。植株生长衰弱是诱发该病的原因之一，当土壤瘠薄、干旱、虫害严重，管理

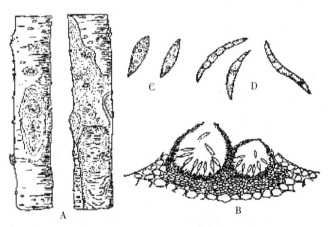

图 7-64　槐树溃疡病
A. 由小穴壳菌引起幼干上的病斑
B、C. 小穴壳菌的分生孢子器和分生孢子
D. 镰刀菌的分生孢子

粗放，或移栽时根系损伤过多，根幅过小，苗木严重失水，植后不及时灌足水等均会导致槐树溃疡病的发生。

### （二）月季枝枯病

月季枝枯病又名月季普通茎溃疡病。我国上海、江苏、湖南、河南、陕西、山东、天津、安徽、广东等地均有发生。为害月季、玫瑰、蔷薇等蔷薇属多种植物，常引起枝条枯死，严重的甚至全株枯死。

**1. 症状**　月季枝枯病病菌主要侵染枝干。发病初期，枝干上出现灰白、黄或红色小点，后扩大为椭圆形至不规则形病斑，中央灰白色或浅褐色，并有一清晰的紫色边缘，后期病斑下陷，病斑周围隆起，树表皮纵向开裂。溃疡斑上着生许多黑色小颗粒，即病菌的分生孢子器。病斑环绕枝条一周，引起病部以上部分枯死（图7-65）。

图 7-65　月季枝枯病症状

**2. 病原**　月季枝枯病病原菌为伏克盾壳霉，属半知菌亚门、腔胞纲、球壳孢目、盾壳霉属。分生孢子器生于寄主植物表皮下，黑色，扁球形，具乳突状孔口；分生孢子梗较短，不分枝，单胞，无色；分生孢子小，浅黄色，单胞，近球形或卵圆形。

**3. 发生规律及发生条件**　月季枝枯病病菌以菌丝和分生孢子器在枝条的病组织中越冬。翌年春天，在潮湿情况下分生孢子器内的分生孢子大量涌出，借风雨传播，成为初侵染来源。病菌通过休眠芽和伤口侵入寄主。管理不善、过度修剪、生长衰弱的植株发病重。

### （三）防治措施

**1. 加强栽培管理**　促进园林植物健康生长，增强树势，是防治茎干腐烂、溃疡病的重要途径。夏季搭荫棚或合理间作或及时灌水降温，可以有效防止银杏等的茎腐病的发生；适地适树，合理修剪，剪口涂药保护，避免干部皮层损伤，随起苗随移植避免假植时间过长，秋末冬初树干涂白防止冻害，防治蛀干害虫等措施，对防治杨树腐烂病、溃疡病，槐树溃疡病，松树烂皮病，月季枝枯病，落叶松枯梢病都十分有效。用无菌土作栽培土，厩肥充分腐熟，合理施肥是防治仙人掌茎腐病的关键。

**2. 加强检疫**　茎干溃疡、腐烂病中有些是危险性病害，是检疫对象，如柑橘溃疡病、毛竹枯梢病、落叶松枯梢病等，要防止带病苗木、种竹、毛竹传入无病区，必须加强检疫。一旦发现，立即烧毁。

**3. 减少侵染菌源** 及时清除病死枝条和植株,结合修剪去除其他枯枝或生长衰弱的植株及枝条,刮除老病斑,减少侵染来源,可减轻病害的发生。

**4. 药剂防治** 树干发病时可用50%多菌灵可湿性粉剂200倍液,或80%二硫丙磺钠对乙基硫代磺酸乙酯200倍液喷,或2波美度的石硫合剂注射树干或涂抹病斑。茎、枝梢发病时可喷洒50%多菌灵可湿性粉剂800~1000倍液,或60%百菌清可湿性粉剂1000倍液,或80%二硫丙磺钠对乙基硫代磺酸乙酯200倍液、12%松脂酸酮乳油500倍液。

## 二、干锈病类

干锈病是园林植物的一类常见病害,是由锈菌侵染引起的。受害树干往往形成瘤肿,有的不明显,在一定的季节,病部会出现锈黄色的锈孢子器或鲜黄色的夏孢子堆或锈褐色的冬孢子,有的锈病要转主寄生才能完成其生活史。

**松瘤锈病** 松瘤锈病又称松栎锈病。分布于黑龙江、吉林、辽宁、河南、河北、山西、江苏、浙江、江西、安徽、广西、贵州、云南、四川、内蒙古等许多松树分布区。危害樟子松、油松、赤松、兴凯湖松、黑松、马尾松、黄山松、云南松、华山松、巴山松等,转主寄主有麻栎、栓皮栎、蒙古栎、槲栎、白栎、枹桐、板栗、波罗栎等,尤其麻栎、栓皮栎、蒙古栎更普遍。松树感病后树干畸形,生长缓慢,严重的可引起侧枝、主梢枯死,甚至整株死亡。

(1) 症状。松瘤锈病病菌主要侵害松树的主干、侧枝和栎类的叶片。枝干受害,木质部增生,形成瘿瘤,通常瘿瘤为近圆形,大小不等。每年春夏之际,瘿瘤的皮层不规则破裂,自裂缝中溢出蜜黄色液滴,其中混有性孢子。第二年在瘤的表皮下产生黄色疱状锈孢子器,后突破表皮外露。锈孢子器成熟后破裂,散放出黄粉状的锈孢子。破裂处当年形成新表皮,来年再形成锈孢子器、再破裂。连年发病后瘿瘤上部的枝干枯死,或易风折。锈孢子侵染栎树叶片,在栎叶的背面初生鲜黄色小点,即夏孢子堆,叶面的相对位置色泽较健康部分淡。1个月后在夏孢子堆中生出许多近褐色的毛状物,即冬孢子柱(图7-66)。

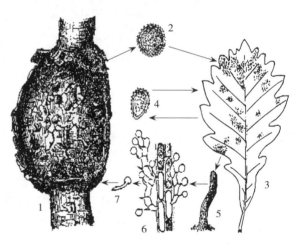

图 7-66 松瘤锈病
1. 病瘤上的疱囊 2. 锈孢子 3. 蒙古栎叶上的冬孢子柱
4. 夏孢子 5. 冬孢子柱放大 6. 担子及担孢子
7. 担孢子萌发状态

(2) 病原。松瘤锈病病原菌为栎柱锈菌,属担子菌亚门、锈菌纲、锈菌目、柱锈菌属。性孢子无色,混杂在黄色蜜液内,自皮层裂缝中外溢。锈孢子器扁平,疱状,橙黄色;锈孢子球形或椭圆形,黄色或近无色,表面有粗疣。夏孢子堆黄色,半球形;夏孢子卵形至椭圆形,内含物橙黄色,壁无色,表面有细刺。冬孢子柱褐色,毛状;冬孢子长椭圆形,黄褐色,冬孢子互相联结成柱状。冬孢子萌发产生担子及担孢子。

（3）发生规律及发生条件。病菌的冬孢子成熟后不经休眠即萌发产生担子和担孢子。担孢子随风传播，落到松针上萌发产生芽管，自气孔侵入，后由针叶进入小枝再进入侧枝、主干，在皮层中定殖。有的担孢子直接自伤口侵入枝干，以菌丝体越冬。病菌侵入皮层后2～3年，春天可在瘤上挤出混有性孢子的蜜滴，3～4年产生锈孢子器，成熟后，锈孢子随风传播到栎叶上，萌发后由气孔侵入。5～6月产生夏孢子堆，6～8月产生冬孢子柱，8～9月冬孢子萌发产生担子和担孢子，当年侵染松树。病害与温、湿度关系密切，夏秋季节气温较低，加上连续空气湿度饱和，容易发病。

（4）防治措施。

①清除转主寄主，不与转主寄主植物混栽，是防治干锈病的有效途径。

②加强检疫。禁止将疫区的苗木、幼树运往无病区，防止松瘤锈病的扩散蔓延。

③减少侵染菌源。及时、合理地修除病枝，及时清除病株。

④药剂防治。用松焦油原液、60%百菌清乳剂300倍液直接涂于发病部位。发病初期可用15%三唑酮可湿性粉剂1 000～1 500倍液，10%苯醚甲环唑水分散粒剂6 000～8 000倍液，40%氟硅唑乳油8 000～10 000倍液喷雾防治。

## 三、丛枝病类

丛枝病的典型症状是树冠的部分枝条密集簇生呈扫帚状或鸟巢状，故又称扫帚病或鸟巢病。丛枝病通常是由植原体、真菌引起的，大多是系统侵染，病害从局部枝条扩展到全株需数年或数十年。丛枝病是一类危险性病害，常导致植株死亡。

**1. 竹丛枝病** 竹丛枝病分布于我国竹子产区，江苏、浙江、安徽、上海、湖南、山东均有发生。为害刚竹属、短穗竹属、麻竹属中的部分竹种，其中以刚竹属中的竹种发生较为普遍。病竹生长衰弱，出笋减少。为害严重者，整株枯死。

（1）症状。竹丛枝病发病初期，个别细弱枝条节间缩短，叶退化呈小鳞片形，后病枝在春秋季不断长出侧枝，形似扫帚，严重时侧枝密集成丛，形如雀巢，下垂。4～5月，病枝梢端、叶鞘内产生白色米粒状物，为病菌菌丝和寄主组织形成的假子座。雨后或潮湿的天气，子座上可见乳状的液汁或白色卷须状的分生孢子角。6月间假子座的一侧又长出一层淡紫色或紫褐色的垫状子座。9～10月，新长的丛枝梢端叶鞘内，也可产生白色米粒状物，但不见子座产生。病竹从个别枝条丛枝发展到全部枝条发生丛枝，致使整株枯死（图7-67）。

（2）病原。竹丛枝病病原菌为竹瘤座菌，

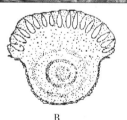

图7-67 竹丛枝病
A. 症状  B. 假菌核和子座切面
C. 子囊壳和子囊  D. 子囊孢子

属子囊菌亚门、核菌纲、球壳菌目、瘤座菌属。病菌的白色假子座内有多个不规则相互连通的腔室，腔室内产生许多分生孢子。分生孢子无色，细长，3个细胞，两端细胞较粗，中间细胞较细。子囊壳埋生于垫状子座中，瓶状，并露出乳头状孔口。子囊圆筒形；子囊孢子线形，无色，8个束生，有隔膜，会断裂。

（3）发生规律及发生条件。病菌以菌丝体在竹的病枝内越冬，翌年春天在病枝新梢上产生分生孢子成为初侵染源。分生孢子借雨水传播，由新梢的心叶侵入生长点，刺激新梢在健康春梢停止生长后仍继续生长而表现出症状，2~3年后逐渐形成鸟巢状或扫帚状的典型症状。郁闭度大，通风透光不好的竹林，或者低洼处、溪沟边、湿度大的竹林以及抚育管理不善的竹林，病害发生较为常见。病害大多发生在4年生以上的竹林内。

**2. 泡桐丛枝病**　泡桐丛枝病在我国泡桐栽培区普遍发生，分布于河南、陕西、安徽、湖南、湖北、山东、江苏、浙江、江西等地。以华北平原为害最严重。发病严重时引起植株死亡。

（1）症状。泡桐丛枝病病菌为害泡桐的树枝、干、根、花、果。幼树和大树发病，多从个别枝条开始，枝条上的叶腋和不定芽萌发出不正常的细弱小枝，小枝上的叶片小而黄，叶序紊乱，病小枝又抽出不正常细弱小枝，局部枝叶密集成丛。有些病树多年只在一边枝条发病，没有扩展，仅由于病情发展使枝条枯死。有的树随着病害逐年发展，丛枝现象越来越多，最后全株都呈丛枝状而枯死。病树须根明显减少，并有变色现象。1年生苗木发病，表现为全株叶片皱缩，边缘卷，叶色发黄，叶腋处丛生小枝，发病苗木当年即枯死。有的病株花器变形，即柱头或花柄成小枝，小枝上的腋芽又抽出小枝，花瓣变成小叶状，整个花器形成簇生小丛枝状。

（2）病原。泡桐丛枝病病原物为植原体。植原体圆形或椭圆形，直径200~820 nm，无细胞壁，但具3层单位膜，内部具核糖核蛋白颗粒和脱氧核糖核酸的核质样纤维。

（3）发生规律。植原体大量存在于韧皮部输导组织的筛管内，随汁液流动通过筛板孔而侵染到全株。病害由刺吸式口器昆虫（如椿象、叶蝉等）在泡桐植株之间传播；带病的种根和苗木的调运是病害远程传播的重要途径。病害的发生与育苗方式、地势、气候因素及泡桐种类有关。种子繁殖的实生苗发病率低；行道树发病率高；相对湿度大、降雨量多的地区发病轻；白花泡桐、川桐、台湾泡桐较抗病。

**3. 防治措施**

（1）选种抗病品系和无病繁殖材料。在进行扦插、嫁接、分株、压条等方法繁殖花木时，一定要选择健康的母株。

（2）及时修剪。发现花卉枝条上出现少量丛枝时，应及时将丛枝剪去烧毁，同时对修剪的刀具进行严格的消毒。

（3）药剂防治。在春季花木抽梢展叶时，用10%吡虫啉可湿性粉剂2 000倍液，或40%氧化乐果乳油1 500倍液喷雾，防治刺吸式口器传病害虫。对已发病的植株注射或喷洒四环素或土霉素等药。

## 四、枯萎病

### （一）香石竹枯萎病

香石竹枯萎病在我国各地都有发生。可引起植株枯萎死亡。

**1. 症状** 香石竹整个生长期都可发病。发病初期植株顶梢生长不良，植株逐渐枯萎死亡。发病后期，叶片变成稻草色。有时植株一侧生长正常，一侧萎蔫。剖开病茎时，可见到维管束中变褐的条纹，一直延伸到茎上部（图7-68）。

**2. 病原** 香石竹枯萎病病原属半知菌亚门、丝孢纲、瘤座孢目、镰孢属。

**3. 发生规律及发生条件** 香石竹枯萎病病原菌主要在病残体或随病残体在土中越冬。通过伤口侵入植株根系和插枝，在病部产生子实体和分生孢子，分生孢子借风雨和灌溉水进行传播。连作、高温多雨条件下，该病发生较重。广州地区4～6月为发病期。

### （二）合欢枯萎病

合欢枯萎病在我国华东、华北等省都有发生，为合欢的一种毁灭性病害，引起合欢枯萎死亡。

图7-68 香石竹枯萎病
A. 症状  B. 分生孢子器及分生孢子
（林焕章等，1999）

**1. 症状** 合欢枯萎病发病植株叶片首先变黄，萎蔫，最后叶片脱落。发病植株可一侧枯死或全株枯萎死亡。纵切病株木质部，其内变成褐色。夏季树干粗糙，病斑菱形，病部皮孔肿胀，可产生黑色液体。潮湿时产生大量分生孢子座和粉红色分生孢子（图7-69）。

**2. 病原** 合欢枯萎病病原属半知菌亚门、丝孢纲、瘤座孢目、镰孢属。

**3. 发生规律及发生条件** 该病菌以在病残体和随病残体在土中越冬。翌年春，产生分生孢子，从根部伤口侵入，也能从树木枝干的伤口侵入。病菌在茎部向上蔓延，造成枯萎死亡。高温、高湿有利病害发生，连作地块发病较重。

### （三）防治措施

图7-69 合欢枯萎病症状

**1. 加强栽培管理** 及时拔除病株，减少病菌在土壤中的积累。在苗圃实行轮作3年以上。

**2. 土壤处理** 种植前用40％甲醛100倍液浇灌土壤，$36kg/m^2$药液，然后用薄膜覆盖1～2周，揭开3d以后再用，或用30％噁霉灵水剂喷淋苗床土壤，$3g/m^2$药液。

**3. 喷药防治** 发病初期可选用70％甲基托布津可湿性粉剂500倍液，30％噁霉灵水剂800倍液，20％铬氨铜·锌水剂400～600倍液喷淋根部。

## 五、观赏植物枝干害虫

观赏植物枝干害虫主要包括蛀干、蛀茎、蛀新梢以及蛀蕾、花、果、种子等的各种害虫。种类有鞘翅目的天牛类、吉丁虫类、小蠹虫类、象甲类；鳞翅的木蠹蛾类、透翅蛾类、夜蛾类、卷蛾类、螟蛾类；膜翅目的茎蜂类、树蜂类；等翅目的白蚁类等。多数枝干害虫为次期性害虫，以幼虫钻蛀树干，危害树势衰弱或濒临死亡的植物，对观赏植物的生长发育造成较大程度的为害，以至成株成片死亡，被称为"心腹之患"。

枝干害虫的发生特点是：

①生活隐蔽。除成虫期进行补充营养、觅偶、寻找繁殖场所等活动时较易发现外，其他各虫态均隐蔽在植物体内部韧皮部、木质部为害。害虫危害初期不易被发现，等到受害植物表现出凋萎、枯黄等明显被害症状时，则已失去防治有利时机，已接近死亡，难以恢复生机。

②虫口稳定。枝干害虫大多生活在植物组织内部，受环境条件影响小，天敌少，虫口密度相对稳定。

③危害严重。枝干害虫蛀食韧皮部、木质部等，影响输导系统传递养分、水分，导致树势衰弱或死亡，一旦受侵害后，植株很难恢复生机。

对钻蛀类害虫的防治，常因其活动隐蔽而较为困难，因此采取防患于未然的综合措施显得更为重要。蛀干害虫的发生与园林观赏植物的抚育管理有着密切的关系。适地适树，加强抚育管理，合理修剪，适时灌水与施肥，促使植物健康生长，是预防次期性害虫大发生的根本途径。

**1. 天牛类**

（1）分布与危害。天牛属于鞘翅目天牛科。主要以幼虫钻蛀植物茎干，在韧皮部和木质部形成蛀道。危害观赏园林植物的天牛种类主要有星天牛、桑天牛、青杨天牛、双条合欢天牛、松褐天牛等。

星天牛又称柑橘星天牛、白星天牛、柳天牛、花牯牛等，幼虫被称为围头虫、盘根虫。在国内分布广泛，辽宁以南、甘肃以东各省（区）都有发生。主要危害苹果、梨、杨、柳、刺槐、青桐、柑橘、樱桃、枇杷、苦楝、无花果等多种林木。成虫取食嫩枝皮层和嫩叶，形成枯梢；幼虫蛀食成年树的主干基部和主根，树干下有成堆虫粪，植株生长衰弱，枝干易风折，重者造成"围头"（环切），使全株枯死。

桑天牛又称黄褐天牛、桑干黑天牛、粒肩天牛，我国南北各地均有分布，主要危害海棠、梨、樱桃、山楂、苹果、李、杏树、无花果等树木。幼虫在韧皮部和木质部蛀食，形成长1～2.5m的蛀道，每隔一定距离向外蛀一排粪孔，排出红褐色粪便，受害枝条生长不良，易风折；成虫啃食嫩枝和嫩叶、芽。

菊天牛又称菊小筒天牛、菊虎等。分布广泛，尤以江苏、上海，华北一带为重。主要危害菊花。成虫啃食茎尖10cm左右处的表皮，出现长条形斑纹，产卵时把菊花茎梢咬成一圈小孔，造成茎梢失水萎蔫或折断。幼虫钻蛀取食，被害菊花不能开花甚至全株枯死。也危害野菊、除虫菊。

双条合欢天牛又称青条天牛，分布于河北、山东、浙江、四川、广东、广西等地。主要危害合欢、桑树、国槐、木棉、榕树等植物。以幼虫钻蛀植物枝条和枝干，导致树势衰弱，轻者抑制树木正常生长、材质变坏，重则造成风折或死亡。

松褐天牛又称松天牛、松墨天牛，分布于河北、河南、山东、陕西、江苏、浙江、江西、福建、四川、云南、贵州、广东、广西等省（自治区）。以幼虫和成虫两种形态危害松类、云杉、落叶松、桧属等林木。成虫补充营养，啃食嫩枝皮，幼虫多在衰弱植株上钻蛀树干，致松树枯死。松褐天牛还是传播松树毁灭性病害——松材线虫病的媒介昆虫，被列为国际国内危险性检疫害虫。

（2）形态识别。几种天牛的形态特征见表7-17和图7-70至图7-74。

表7-17 星天牛、桑天牛、菊天牛、双条合欢天牛、松褐天牛形态特征

| 种类<br>虫态 | 星天牛 | 桑天牛 | 菊天牛 | 双条合欢天牛 | 松褐天牛 |
| --- | --- | --- | --- | --- | --- |
| 成虫 | 体长约4cm，漆黑色，具光泽。鞘翅基部有黑色小颗粒。翅鞘上有不规则排列白色斑点 | 体长36～40mm，土黄褐色，密布黄褐色绒毛。翅鞘基部密布黑色光亮的瘤状颗粒及许多黄色小细毛 | 体长6～11mm。前胸背板中央有一橙红色卵圆形斑，腹部及足橘红色，鞘翅上被有稀疏的灰色绒毛 | 长22～26mm，棕色或黄棕色。背板中央及两侧有金绿色纵纹。鞘翅色较浅，每翅中央有1条蓝绿色纵纹。鞘翅刻点粗密 | 体长15～28mm。橙黄或赤褐色。每一翅鞘具有5条纵纹。触角棕栗色。雄虫体比雌虫小 |
| 卵 | 长圆筒形，5～6mm，中部稍弯，乳白色，孵化前黄褐色 | 长椭圆形，长6mm，乳白色，孵化时转为淡褐色 | 长椭圆形，长2～3mm，浅黄色 | 长卵圆形，淡绿色 | 长椭圆形，长约4mm，乳白色 |
| 幼虫 | 老熟幼虫体长40～67mm，乳白色，头小，前胸背板前方两侧各有一黄褐色飞鸟状斑纹 | 体长50～70mm，黄褐色，前胸背板密生褐色短毛，成放射排列 | 老熟幼虫体长9～10mm，乳白色至淡黄色。前胸背板前半部有1个淡褐色斑，背板后1/3处有颗粒状的"蝙蝠形"斑 | 老熟幼虫体长50mm左右，乳白色；前胸背板前缘有6个灰褐色斑纹，胸足3对 | 老熟幼虫体长25～43mm，乳白色，头部黑褐色，前胸背板褐色，中央有波状横线 |
| 蛹 | 长28～33mm，乳白色，羽化前黑褐色 | 长50mm，淡黄色，腹部1～6节背面各有1对长刚毛 | 长9～10mm，浅黄色至黄褐色。腹未具黄褐色刺毛多根 | 长30～40mm，略扁，深黄色 | 长20～30mm，黄白色，离蛹 |

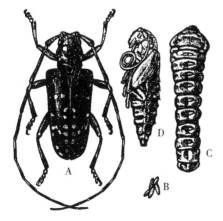

图7-70 星天牛
A. 成虫　B. 卵　C. 幼虫　D. 蛹

图7-71 桑天牛
A. 成虫　B. 为害状

 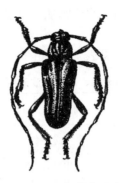 

图 7-72 菊天牛　　　图 7-73 双条合欢天牛　　　图 7-74 松褐天牛

(3) 发生规律。

①星天牛。星天牛在浙江以南1年发生1代，黄河以北2～3年1代，以幼虫在被害寄主木质部内越冬。越冬幼虫于次年3月以后开始活动，4月中下旬至5月初，老熟幼虫在蛀道内用木屑做蛹室化蛹，5月下旬化蛹基本结束。5月上旬成虫开始羽化，5月底至7月上旬为成虫羽化高峰，羽化后的成虫在蛹室停留4～8d后飞出，啃食寄主幼嫩枝梢皮层补充营养，也能取食叶片成粗糙缺刻。成虫飞翔力不强，栖息在枝干或地面杂草间，中午多停息枝端，10～15d后才交尾产卵，多在黄昏前后，6～8月为成虫产卵期。6月上旬，雌成虫开始在树干下部或主侧枝下部产卵，以树干基部以上10cm以内为多，产卵前先在树皮上咬T或人形刻槽，深达木质部，产卵于皮层下，产卵处隆起裂开，表面湿润，流出树脂泡沫。一般每一刻槽产1粒，每雌虫可产卵23～32粒。成虫寿命一般1～2个月，卵期9～15d。7月中下旬为孵化高峰；初孵幼虫即从产卵处向下蛀食于表皮和木质部之间，形成不规则的扁平虫道，虫道中充满虫粪。此时常因数只幼虫同时环绕树皮蛀食成圈，蛀道环绕树干一周形成"围头"，常使整株枯死。1～2个月后幼虫开始深入木质部蛀食，蛀至木质部2～3cm深度就转向上蛀，蛀道加宽，并开有通气孔，从中排出粪便。9月下旬后，绝大部分幼虫顺着原虫道向下移动，至蛀入孔后，再开辟新虫道向下部蛀进，并在其中为害和越冬，整个幼虫期长达10个月至2年，虫道长35～57cm。2～3年区的幼虫在其后2年可连续为害。

②桑天牛。桑天牛2～3年完成1代，以幼虫在树干内越冬，翌年4月开始活动，此时可见排粪孔外有新鲜虫粪及红褐色汁液排出。5～6月为害最重，6月下旬开始在蛀道内化蛹，蛹期约1个月，7月上中旬可见成虫。成虫羽化后在蛹室内静伏5～7d，后咬一直径11～16mm圆形羽化孔钻出。成虫需补充营养10～15d，有假死性，极易捕捉。喜在一年生枝条上产卵，多在傍晚和早晨在枝干上咬一U形刻槽，每槽内产卵1粒。每只雌虫可产卵100余粒。卵经2周孵化，幼虫先在产卵处附近韧皮部蛀食，受害部位表皮凹陷，呈黑褐色，症状易于识别。以后逐渐向下蛀入木质部，每隔5～6cm向外咬一排粪孔，随虫体增大排粪孔距离加大，一生可咬出15～17个，危害期间幼虫均在最下一个排粪孔下方。小幼虫粪便呈细绳状，大幼虫粪便为木屑状。蛀道直，可长达2m左右。被害植物多因极度生长不良衰弱死亡。

③菊天牛。菊天牛在江苏1年发生2～3代。以幼虫、蛹或成虫在菊科植物根内越冬，

幼虫常占50%，成虫和蛹各约占1/4。翌年5~7月羽化为成虫。5月上旬至8月下旬进入幼虫为害期，8月中下旬至9月上中旬又开始越冬。

该虫白天活动，9~10时及15~16时最活跃，多在上午交尾，14~15时产卵，成虫产卵前环绕茎梢咬一半圈，似刀切，然后产卵于茎内。卵单产，卵期12d。幼虫孵化后即沿茎干由上向下蛀食，蛀至茎基部时，从侧面蛀一排粪孔，还没发育好的幼虫又转移其他株由下向上为害，幼虫期90d左右，至9月后末龄幼虫在根颈部越冬或发育成蛹或羽化为成虫越冬。天敌有赤腹茧蜂、姬蜂、肿腿蜂等。

④双条合欢天牛。双条合欢天牛2年完成一代，以幼虫在树干隧道内越冬。越冬虫龄不整齐，翌春越冬幼虫在树皮下大量为害，5月上旬幼虫老熟化蛹，盛期在6月底至7月中旬。羽化为成虫后，树皮脱落，露出木质部和幼虫蛀入时的长圆形孔。成虫6月至8月出现，有趋光性，不需补充营养，羽化后即可交尾产卵。卵产在树皮缝隙处，一般由5~8粒组成卵块，单雌产卵量可达356粒。幼虫孵化后先在表皮下绿色部分为害，随后渐渐蛀入韧皮部及木质部，在边材部分蛀成不规则弯曲隧道。隧道由细变粗，充满粪便和木屑而呈淡黄色，但不向外排出，前蛀后塞。老龄幼虫在隧道末端做蛹室化蛹。由于幼虫期大量取食树木的韧皮部，直接影响树木的生长，为害严重时全株枯死。据调查，双条合欢双条天牛主要天敌有卵寄生的跳小蜂、花绒坚虫甲幼虫（寄生于天牛幼虫及蛹）、黄僵菌（寄生于幼虫）和蚂蚁等。但在自然界，以前两者寄生率较高。

⑤松褐天牛。松褐天牛一年发生1代，以老熟幼虫在木质部坑道中越冬。次年，湖南地区在3月下旬，四川地区的5月，越冬幼虫在虫道末端蛹室中化蛹，此时，被蛀食松树所感染的松材线虫乘机潜入其体内。成虫羽化后在蛹室内停留约7d后爬出，啃食嫩枝、树皮补充营养，昼夜都能活动，交尾后寻找衰弱木，在树干基部或短树枝上咬一短刻痕，产卵其中，每只雌虫可产卵100~200粒，同时将所携带的松材线虫传播到被取食树上。感染松材线虫的树木似火烧，很快枯死。幼虫孵出后即蛀入皮下，在内皮层和边材形成宽而不规则的平坑，使树木输导系统受到破坏，坑道内充满褐色虫粪和白色纤维状蛀屑。5月为活动盛期，在广东9~10月还能发现成虫活动、产卵。

松褐天牛成虫喜在生长衰弱的植株上产卵，产卵活动需要较多的光线，在温度20℃左右最适宜。故一般在稀疏的林分发生较重；郁闭度大的林分，则以林缘感染最多，或自林中空地先发生，再向四周蔓延。伐倒木如不及时运出林外，留在林中过夏，若不经剥皮处理，则很快即被松褐天牛侵害。

（4）防治措施。

①严格检疫。加强植物检疫，防止带虫木材运输传播松材线虫病。

②加强栽培管理。合理疏枝，增强肥水管理，培强树势，淘汰和伐除受害严重的老树，减少松褐天牛产卵危害。

③物理防治。成虫发生期的5~6月注意巡视捕捉，利用成虫的假死性，震落捕杀。

④人工捕杀幼虫和卵。成虫产卵多在不同形状刻槽内，产卵后刻槽湿润或有分泌物，而且小幼虫初期蛀入较浅，易于发现和剥离，6~7月间注意观察树干基部产卵裂口和流出泡沫状胶质，用利刀或圆凿削杀虫卵和初孵幼虫；也可用铁锤锤击树皮，杀死卵和初孵幼虫，并涂以石硫合剂或波尔多液等消毒防腐。幼虫发生期发现树干有木屑虫粪堆积的蛀孔时，可用钢丝钩杀幼虫。成虫产卵前在树干上刷白涂剂（生石灰5kg，硫黄0.5kg，食盐25g，水

20kg，兽油 25g），防治其产卵。

⑤药剂防治。

a. 药剂熏杀幼虫。用布条或棉球等蘸取 80%敌敌畏乳油或 40%乐果乳油等 5~10 倍液，往蛀洞内塞紧；或用注射器将药液注入，每孔用药 5mL，同时注意封闭其他排粪孔。用毒签插入蛀孔毒杀幼虫（毒签可用磷化锌、桃胶、草酸和竹签自制）。

b. 药剂喷杀成虫。根据成虫补充营养的特性，羽化期在树冠或枝干喷洒 2.5%溴氰菊酯 4 000 倍液，50%辛硫磷 800 倍液等。

c. 长效内吸注干法。用树干注射机注入长效内吸注干剂，也可用钢钉或钻孔机在距离地面 50~80cm 处斜向下 45°打孔，孔深 3~5cm，以注射器或滴管注入注干剂。一般 1cm 干径注入 5ml。此法除防治蛀干害虫外，还可兼治介壳虫和蚜虫等。

⑥保护利用天敌。招引啄木鸟，保护利用跳小蜂、肿腿蜂等天敌。

**2. 小蠹虫类**

（1）分布与危害。小蠹虫类是鞘翅目小蠹科害虫。体型较小，大多数以成虫和幼虫蛀食皮层和木质部，是园林植物的重要钻蛀害虫。主要种类有松纵坑切梢小蠹和柏肤小蠹。

松纵坑切梢小蠹又称松小蠹虫，分布于辽宁、陕西、河南、江苏、浙江、湖南、四川、云南等省。主要为害马尾松、黑松、华山松、高山松、油松、云南松及其他松属树种。幼虫蛀食枝干韧皮部形成大量坑道，阻断树液流通，松树衰弱甚至枯死。成虫钻蛀松梢，使梢头枯黄，造成死枝枯杈，严重影响树木生长。

柏肤小蠹别名柏树小蠹、侧柏小蠹，分布于山东、江西、河北、甘肃、四川、河南、台湾等省，主要为害侧柏、桧柏、柳杉等。以成虫蛀食枝梢补充营养，常将枝梢蛀空，遇风即折断。繁殖期成、幼虫蛀食枝干韧皮部，造成枯枝或树木死亡。

（2）形态识别。松纵坑切梢小蠹和柏肤小蠹形态特征见表 7-18 和图 7-75、图 7-76。

表 7-18　松纵坑切梢小蠹和柏肤小蠹形态特征

| 虫态 \ 种类 | 松纵坑切梢小蠹 | 柏肤小蠹 |
| --- | --- | --- |
| 成虫 | 长 4~5 mm，椭圆形，黑褐色有光泽，触角锤状。鞘翅密布 10 行刻点和灰黄色绒毛。前胸背板近梯形。鞘翅近端部光滑，略下凹。雄虫尤其显著 | 体长 2~3 mm，赤褐色或黑褐色，触角黄褐色，末端的纺锤部分呈椭圆形，色暗。鞘翅上各有 9 条纵纹。前翅上有颗粒，靠近翅基部的颗粒较大，雌虫的颗粒要比雄虫的大 |
| 卵 | 约 1 mm，椭圆形，黄白色 | 长 0.5 mm，椭圆形，白色透明 |
| 幼虫 | 老熟幼虫 5~6 mm，乳白色，体多皱，弯曲。头黄色，口器蓝褐色 | 老熟幼虫体长 2.5~5.0 mm，头淡褐色，体乳白色，稍弯曲成 C 形 |
| 蛹 | 4.5 mm，白色，腹末有 1 对针状突起向两侧伸出 | 乳白色，体长 2.5~4.0 mm，尾端较尖，近羽化时黑灰色 |

（3）发生规律。

①松纵坑切梢小蠹。松纵坑切梢小蠹一年发生 1 代，以成虫在树干基部树皮下或被害梢内越冬。次年 3 月中下旬越冬成虫飞出，侵入嫩梢补充营养，造成枯梢，后寻找倒伏木、濒

图 7-75　松纵坑切梢小蠹
A. 成虫　B. 幼虫　C. 坑道

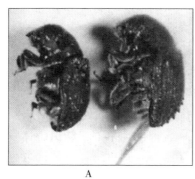 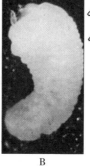 

图 7-76　柏肤小蠹
A. 成虫　B. 幼虫　C. 坑道

死木、衰弱木、伐根等处蛀入。雌虫先侵入，筑交配室，雄虫进入交配。交尾后雌虫在树皮与边材间咬出与树干平行的单纵坑，称母坑道。卵密集地产于母坑道两侧，每雌产卵40～50粒，多者至140粒，产卵期长达2个月，虫态很不整齐。4月下旬左右小幼虫开始孵化，在母坑道两侧横向蛀食，形成垂直向外的子坑道。幼虫期约1个月，老熟幼虫在子坑道末端咬一蛹室化蛹。新羽化成虫在其中停留4～8d后飞出。6～7月可见成虫，侵入新梢补充营养。每一成虫可危害3～7个新梢，形成中空隧道，被害梢枯萎，易风折。10月后以成虫在树干基部皮下越冬，外有黄褐色木屑。

松纵坑切梢小蠹发生为害规律：阳坡较阴坡发生早；衰弱木较健康木发生早，受害重。

②柏肤小蠹。柏肤小蠹一年发生1～2代，北方地区多为1代。以成虫在柏树枝梢内越冬。次年3月下旬至4月中旬陆续出蛰，雌虫寻找衰弱的侧柏、桧柏立木和新伐倒木，在树皮上咬圆形侵入孔，蛀入皮下和木质部表层。雌虫交配后向上蛀纵形母坑道，并沿坑道两侧蛀成卵室，每室产卵1粒。雌虫一生产卵26～104粒。卵期7d，4月中旬孵化。幼虫由卵室向外沿边材韧皮部筑细长而弯曲的子坑道。坑道位于韧皮部与边材之间，母坑道纵向，长约5cm；子坑道稠密，长3～4cm。幼虫发育期为45～50d，5月中下旬老熟幼虫在坑道末端与

子坑道垂直方向筑深约 4mm 的圆筒形蛹室，并在其中化蛹。蛹室外口用半透明膜状物封住。蛹期 10d 左右。成虫于 6 月上旬出现，羽化后沿羽化孔向上爬行，待翅变硬即飞向健康的柏树冠上部、边缘的枝梢上，蛀侵入孔并向下蛀食，进行补充营养。柏树枝梢常被蛀空，遇大风即折断，严重时，林地上落许多断梢，使柏树受严重损害，成虫于 10 月中旬后进入越冬状态。

（4）防治措施。

①园林技术防治。加强林区管理，及时清除虫害木、被压木、倒伏木，注意保持林地卫生；营造混交林，选择良种壮苗，加强抚育，增强林木的抗性；林地设置饵木，于 4 月底以前放在林中空地，6 月下旬至 7 月上旬在新的成虫飞出之前进行剥皮处理。

②物理防治。人工设置饵木诱杀柏肤小蠹，在早春时选择直径在 2cm 以上的木段进行诱集，及时将诱集木段置入较细的密闭纱网内处理。

③化学防治。在北方地区针对松纵坑切梢小蠹在根颈内越冬的特点，早春 4 月可挖开根颈土层 10cm，撒施 3％辛硫磷颗粒剂，后覆土踏实。在该虫飞出之前在地面喷洒 20％杀螟松或 90％晶体敌百虫 1 000 倍液。幼虫危害期必要时用 20％菊·马乳油 1 500 倍液，2.5％溴氰菊酯 1 500～3 000 倍液等喷干防治。

**3. 木蠹蛾类**

（1）分布与危害。木蠹蛾类属于鳞翅目木蠹蛾总科。此类昆虫均以幼虫蛀食枝干和树梢。园林中常见的有芳香木蠹蛾东方亚种和咖啡木蠹蛾。

芳香木蠹蛾东方亚种分布于北京、河北、山东、上海、江苏、上海、江苏、四川等。寄主有杨、柳、榆、槐树、白蜡、栎、核桃、苹果、香椿、梨等。幼虫孵化后，蛀入皮下取食韧皮部和形成层，以后蛀入木质部，向上向下穿凿不规则虫道，被害处可有十几条幼虫，蛀孔堆有虫粪，幼虫受惊后能分泌一种特异香味。

咖啡木蠹蛾别名豹纹蠹蛾、麻木蠹蛾，分布广泛，但主要分布在华北、东南、西南等地。寄主有月季、石榴、白兰花、樱花、山茶、樱桃、菊花、香石竹、枫杨等园林观赏植物。以幼虫钻蛀茎枝内取食为害，致使枝叶枯萎，甚至全株枯死。

（2）形态识别。芳香木蠹蛾东方亚种和咖啡木蠹蛾形态特征见表 7-19 和图 7-77、图 7-78。

表 7-19　芳香木蠹蛾东方亚种和咖啡木蠹蛾形态特征

| 虫态＼种类 | 芳香木蠹蛾东方亚种 | 咖啡木蠹蛾 |
| --- | --- | --- |
| 成虫 | 雌成虫体长 30～34 mm，雄成虫体长 27～32 mm。粗壮，体及前翅灰褐色，触角单栉齿状，胸、腹部粗壮多毛，前翅散布许多黑褐色横纹 | 体灰白色，长 15～18 mm，雄蛾端部线形。胸背面有 3 对青蓝色斑。前翅白色，布满大小不等的青蓝色斑点。雌蛾一般大于雄蛾，触角丝状 |
| 卵 | 椭圆形，约 1 mm，灰褐色 | 卵为圆形，淡黄色 |
| 幼虫 | 老熟幼虫长 58～90 mm，初龄幼虫体粉红色，老熟时，体背紫红色，尾部淡黄色。各节有很多粒状小突起，上有白毛 1 根 | 老龄幼虫体长 30 mm，头部黑褐色，体紫红色或深红色，尾部淡黄色。各节有很多粒状小突起，上有白毛 1 根 |
| 蛹 | 长圆筒形，褐色，26～45 mm，略弯曲。茧土质，肾形，32～58 mm | 长椭圆形，红褐色，长 14～27 mm，背面有锯齿状横带。尾端具短刺 12 根 |

图 7-77 芳香木蠹蛾东方亚种
A. 成虫　B. 幼虫

图 7-78 咖啡木蠹蛾
A. 成虫　B. 幼虫

(3) 发生规律。

①芳香木蠹蛾东方亚种。该虫2年完成1代,第一年以幼虫在被害树木的木质部内越冬,第二年幼虫入土越冬。第一年4~5月份化蛹。5~6月成虫羽化外出,成虫有弱趋光性。雌雄交尾后,产卵于1.5m以下的树干及根颈部的裂缝等处,每头雌虫平均产卵200余粒,卵成块状,每块一般有卵50~60粒。5~6月幼虫孵化,常十余头小幼虫群集钻入树皮蛀食为害,在树皮裂缝处排出细匀松碎深褐色木屑和虫粪,并有褐色树液流出。幼虫在皮层下蛀食,木质部表面形成槽状蛀坑,皮层极易剥离,虫体长大后蛀入木质部,10月下旬在虫道内越冬。翌年4月中旬开始活动,9月上旬后幼虫老熟,爬出隧道,在根际处或离树干几米处向阳干燥处约10cm深的土壤中结茧越冬。老熟幼虫爬行速度较快,遇到惊扰,可分泌出一种有麝香气味的液体,因此而得名。

②咖啡木蠹蛾。该虫1年发生1~2代,以幼虫在被害部越冬。以1代区为例,翌年春季转蛀新梢,继续取食危害。5月上旬开始化蛹,蛹期16~30d。5月下旬开始羽化,羽化时,蛹体向羽化孔口蠕动,半露于羽化孔外,羽化后蛹壳留在羽化孔口,长时间不落。成虫寿命3~6d。羽化后1~2d内交尾产卵。一般将卵产于树皮缝、旧虫道、嫩梢处,数粒成块。卵期10~11d。5月下旬孵化,孵化后吐丝下垂,随风扩散,7月上旬至8月上旬是幼虫为害期。幼虫由嫩枝或芽腋下蛀入茎内向上钻,蛀入1~2d后蛀孔以上的叶柄凋萎干枯,枝条枯萎,外面可见排粪孔。幼虫有转棵为害习性,虫龄增大时转移至较粗的枝条。幼虫历期1个多月。10月上旬幼虫越冬。

(4) 防治措施。

①加强栽培管理。及时伐除枯死木、衰弱木,并注意消灭其中的幼虫。在成虫产卵期,树干涂白,以阻止成虫产卵。

②人工挖虫。生长期间经常巡查树干,发现树皮翘起,易剥离,内有湿润虫粪时,立即用小刀挖除幼虫,若幼虫已经蛀入木质部,可用铁丝钩杀,或用小刀挖出。

③药剂防治。6~7月份,在树干1.5m以下至根部喷洒20%氰戊菊酯乳油3 000~5 000

倍液，或2.5%高效氯氟氰菊酯乳油2 000倍液等，隔15d左右喷一次，连喷2～3次，以毒杀初孵幼虫。发现有新鲜虫粪的排粪孔时，用80%敌敌畏乳油5～10倍液注入孔内，然后用泥将孔堵死。

## ■ 本章小结

观赏植物病虫害防治
- 苗期病害
  - 病害种类→立枯病、猝倒病。
  - 发生规律
    - 病菌发生发展过程中可应用于防治的特性。
    - 影响病害发生轻重的因素。
  - 防治措施→注重苗床和土壤处理。选用环保、有效的防治方法。
- 根部病害
  - 病害种类→白绢病、根癌病。
  - 发生规律
    - 菌源和传播途径等。
    - 影响病害发生的因素。
  - 防治措施→苗床和种苗消毒。
- 地下害虫
  - 害虫种类及特征→蝼蛄、金针虫、地老虎等的形态特征和危害特征。
  - 发生规律→习性与防治的关系。
  - 防治措施→毒土和灌根。
- 叶、花、果病害
  - 病害种类→白粉病、锈病、炭疽病、叶斑病、灰霉病、叶畸形病、病毒等病。
  - 发生规律→分析菌源、传播两因素。
  - 防治措施→根据发生规律，选用经济、有效、环保的防治方法。
- 食叶、吸汁害虫
  - 害虫种类及特征→刺蛾、蓑蛾、夜蛾、螟蛾、毒蛾、舟蛾、尺蛾、蚜虫、介壳虫、叶蝉、粉虱、椿象、蓟马类等形态特征和危害特征。
  - 发生规律→主要发生期以及习性与防治的关系。
  - 防治措施→保护利用天敌、物理防治与药剂防治结合。
- 枝干病害
  - 病害种类→腐烂和溃疡病、丛枝病、枯萎病类等。
  - 发生规律
    - 菌源和传播途径等。
    - 影响病害发生的因素。
  - 防治措施→加强栽培管理，选用高效、低毒农药。
- 枝干害虫
  - 害虫种类及特征→天牛、蠹虫、木蠹蛾等的形态特征和危害特征。
  - 发生规律→习性与防治的关系。
  - 防治措施→保护利用天敌、诱杀、撒毒土、注射药剂等。

## ■ 复习思考题

1. 简述大叶黄杨白粉病的症状、发生规律及其综合防治方法。
2. 简述玫瑰锈病、海棠锈病的症状、发生规律及锈病类的综合防治方法。
3. 简述兰花炭疽病的症状、发生规律及其综合防治方法。

4. 简述仙客来灰霉病的症状、发生条件及其综合防治方法。
5. 简述月季黑斑病的病原、发生条件及叶斑病类的综合防治方法。
6. 简述园艺植物地下害虫蛴螬、小地老虎的发生规律、发生条件及防治措施。
7. 简述吸汁害虫蚜虫的常见种类及综合防治措施。
8. 比较四种刺蛾成、幼虫形态特征,并简述其发生规律、生活习性及综合防治措施。
9. 引起苗期病害的病原有哪些?苗期立枯病、猝倒病的症状和发病规律有何异同?防治措施有哪些?
10. 根部病害的发病规律有哪些共同点?针对根癌病发病规律,应采取哪些相应措施预防该病的发生?
11. 白绢病的病原、发生规律、发生条件是什么?怎样防治?
12. 简述丝棉木金星尺蛾、国槐天蛾的发生规律、生活习性及综合防治措施。

# 实 验 实 训

## 实验一　昆虫外部形态观察

【目的要求】

认识昆虫外部形态特征,观察其各附器的结构和类型;区分昆虫纲与节肢动物门其他纲的特征;为学习昆虫分类和进一步识别园艺植物害虫奠定基础。

【材料与用具】

蝗虫、蝼蛄、螳螂、蝉、椿象、草蛉、白蚁、蛾类、蝶类、龙虱、金龟甲、步甲、象甲、家蝇、蜜蜂、蜘蛛、蜈蚣、马陆、虾等浸渍或干制标本,部分微小昆虫的玻片标本,昆虫塑料模具、昆虫外部特征挂图、彩色照片及多媒体课件等。双目体视显微镜、放大镜、解剖针、挑针、镊子、培养皿和多媒体教学设备等。

【内容及步骤】

1. 观察节肢动物门的蛛形纲(蜘蛛)、甲壳纲(虾)、唇足纲(蜈蚣)、重足纲(马陆)与昆虫纲(蝗虫)的主要区别。

2. 观察蝗虫的体躯,注意其体壁的特征及头、胸、腹3个体段的划分,触角、复眼、单眼、口器、足、翅及气门、听器、尾须、雌雄外生殖器等的着生位置和形态。

3. 观察蜜蜂或象甲触角的柄节、梗节、鞭节的构造。对比观察蛾类、蝶类、椿象、金龟甲、步甲、家蝇、白蚁等昆虫的触角,了解触角的类型。

4. 观察蝗虫前足的基节、转节、腿节、胫节、跗节、前跗节的构造。对比观察步甲的前足、蝼蛄的前足、蝗虫的后足、蜜蜂的后足、螳螂的前足、龙虱的后足的变化,了解昆虫足的类型。

5. 取蝗虫后翅,展开观察翅的三角、三边、三褶、四区;对比观察蝗虫、蛾类、蜂类、草蛉的前后翅、蜻类、金龟甲类的前翅、蝇类的后翅,在体视显微镜下观察了解昆虫不同类型翅的质地和特征。

6. 昆虫口器观察

(1) 用镊子取下蝗虫咀嚼式口器的上唇、上颚、下颚、下唇和舌对照挂图进行观察。

(2) 在体视显微镜下将蚱蝉的刺吸式口器取下(注意上唇部分),用挑针、镊子等工具将喙拨开,并分开上、下颚口针进行观察。

(3) 观察蛾类或蝶类的虹吸式口器、蜜蜂的嚼吸式口器、家蝇的舔吸式口器、蓟马的锉吸式口器等示范标本。

【实验作业】

1. 绘蝗虫外部形态特征侧面图,注明昆虫体躯分段。
2. 绘昆虫足、触角的基本构造图,并注明各部分名称。
3. 列表说明所给昆虫的口器、触角、足和翅的类型。
4. 粘贴昆虫咀嚼式口器的解剖构造,并注明各部分名称。

**【成绩评定标准】**

成绩根据实验态度、操作过程、实验报告等方面综合评定。评定等级分为优秀（90～100分）、良好（80～89分）、及格（60～79分）、不及格（小于60分）。

| 评定项目（所占分值） | 评定内容和环节 | 评定标准 | 备注 |
| --- | --- | --- | --- |
| 实验态度（10%） | 积极、认真 | 主动、仔细地观察实验内容 | |
| 操作过程（50%） | 昆虫纲特征观察<br>体躯基本构造观察<br>触角、口器、足、翅的观察 | ①正确划分体段，确切指明各附器着生位置<br>②能确切区分昆虫与其相似纲的动物<br>③正确熟练地解剖蝗虫口器<br>④正确说明所观察标本的各附器类型及结构 | |
| 实验报告（40%） | 实验报告质量 | ①目的明确，按时完成报告<br>②绘图认真，并正确标明各部分名称<br>③列表正确说明各附器的类型<br>④蝗虫口器粘贴规范、完整和标注明确 | |

附：双目实体显微镜的使用方法和保养

**（一）双目实体显微镜的类型和构造**

常用的双目实体显微镜有连续变倍实体显微镜和转换物镜的实体显微镜两种，它们的结构都是由底座、支柱、镜体、目镜套筒及目镜、物镜、调焦螺旋、紧固螺丝、载物盘等组成。

**（二）双目实体显微镜的使用方法及注意事项**

以 XTB—01 型连续变倍实体显微镜为例，其操作步骤如下：

1. 根据观察物体颜色选择载物台（有黑白两色），使观察物衬托清晰，并将观察物放在载物圆盘上。裸露标本或浸渍标本，应先放在载玻片上或培养皿中，然后放在载物圆盘上。把放大环上刻值"｜"对准下面的标志。

2. 转动左右目镜座，调整两目镜间距，再调整工作距离。松开紧固手柄，使镜体缓慢升降至看见焦点时，然后紧固手柄。最后用调焦手轮调至物像清晰为止。调焦距时，应先粗调后细调，先低倍后高倍的寻找观察物。调焦螺旋内的齿轮有一定的活动范围，不可强扭以免损坏齿轮。

3. 如需变换倍数，用手旋转变倍转盘，观察放大指数环下面的标记，直至所需倍数为止。

4. 两目镜各装有视度调节机构，根据使用者两眼视力不同，可进行调节。

**（三）双目实体显微镜的保养**

1. 双目实体显微镜为精密光学仪器，不用时必须置于干燥、无灰尘、无酸碱蒸气的地方，特别应做好防潮、防尘、防霉、防腐蚀的保养工作。

2. 取动时，必须一手紧握支架，一手托住底座，保持镜身垂直，轻拿轻放。使用前需要掌握其性能，使用中按规程操作，使用后应及时降低镜体，取下载物台面上的观察物，清洁镜体，按要求放入镜箱内。

3. 透镜表面有灰尘时，切勿用手擦拭，可用吹气球吹去，或用干净的毛笔、擦镜纸轻轻擦去。透镜表面有污垢时，可用脱脂棉蘸少许乙醚与酒精的混合物或二甲苯轻轻擦净。

# 实验二　昆虫的变态和各虫态观察

## 【目的要求】

熟悉昆虫变态的类型及其主要特点；掌握昆虫不同发育阶段的主要形态特征；了解成虫的性二型和多型现象。

## 【材料与用具】

蝗虫、蝽、叶蝉、草蛉、天蛾、菜粉蝶、瓢虫等的卵或卵块；蝗虫、叶蝉、蝽的若虫；尺蛾、菜粉蝶、金龟甲、瓢甲、蝇类等的成虫、幼虫及蛹；小地老虎、独角仙等成虫的针插标本、浸渍标本和昆虫的生活史标本。主要园艺昆虫的挂图、彩色照片及多媒体课件等。

体视显微镜、放大镜、镊子、搪瓷盘、培养皿等。

## 【内容及步骤】

1. 比较观察菜粉蝶与蝗虫的生活史标本，观察这两类昆虫在发育阶段和各虫态的形态特征方面的主要区别。取家蚕、蝽类、蝼蛄、天蛾等生活史标本进行观察比较，了解各自的变态类型。

2. 观察各种供试昆虫的卵粒或卵块形态，注意它们在排列及有无保护物等方面各有何主要特点。

3. 比较观察蝗虫、蝽等昆虫的若虫与成虫在形态上的主要区别，并注意翅的形态与大小。

4. 观察天蛾、尺蠖、菜粉蝶、蝇类、瓢甲、金龟甲、象甲、寄生蜂等幼虫，它们在外部形态上与成虫的显著区别是什么；各属何种类型。

5. 观察菜粉蝶、金龟甲、瓢甲、蝇、寄生蜂等蛹的形态，它们各属何种类型；各有何主要特征。

6. 观察独角仙、小地老虎等成虫，它们的雌虫和雄虫在形态上有何主要区别。蚜虫成虫在形态上有何主要特点。

## 【实验作业】

1. 列表注明所观察昆虫卵、幼虫、蛹各属何种类型。
2. 绘 3 种昆虫幼虫类型的形态图。
3. 简述不全变态昆虫的若虫与成虫在形态上有什么区别。

## 【成绩评定标准】

成绩根据实验态度、操作过程、实验报告等方面综合评定。评定等级分为优秀（90～100 分）、良好（80～89 分）、及格（60～79 分）、不及格（小于 60 分）。

| 评定项目（所占分值） | 评定内容和环节 | 评定标准 | 备注 |
| --- | --- | --- | --- |
| 实验态度（10%） | 积极、认真 | 主动、仔细地观察实验内容 | |
| 操作过程（50%） | 观察昆虫变态类型<br>观察昆虫各个发育阶段的特性<br>观察卵、幼虫、蛹的类型<br>观察性二型、性多型的特征 | ①正确说明两种变态类型的特点<br>②正确说明所观察标本的各发育阶段类型 | |

(续)

| 评定项目（所占分值） | 评定内容和环节 | 评定标准 | 备注 |
|---|---|---|---|
| 实验报告（40%） | 实验报告质量 | ①目的明确，按时完成报告<br>②绘图认真<br>③列表正确说明各发育阶段的类型<br>④简答题表述明确 | |

## 实验三　直翅目、半翅目、同翅目及其常见科的形态特征观察

**【目的要求】**

识别直翅目、半翅目、同翅目及其主要科的形态特征。

**【材料与用具】**

蝗虫、蟋蟀、蝼蛄；椿象、盲蝽、猎蝽；蚱蝉、叶蝉、粉虱、蚜虫等玻片标本、针插标本或浸渍标本。直翅目、半翅目、同翅目昆虫的分类示范标本，昆虫挂图、彩色照片及多媒体课件等。

体视显微镜、放大镜、镊子、挑针、培养皿和多媒体教学设备等。

**【内容及步骤】**

1. 观察直翅目、半翅目、同翅目昆虫的分类示范标本，简要说明它们在外形上有何主要区别。

2. 观察蝗虫、蟋蟀、蝼蛄的触角形状和口器，以及前、后翅的质地和形状，前足、后足，它们各属何种类型。并观察前胸背板、听器、产卵器及尾须等各有何主要特征。

3. 观察椿象、盲蝽、猎蝽的口器，其喙由何处伸出；前后翅各属何种类型。

4. 观察蚱蝉、叶蝉、粉虱、蚜虫等昆虫触角类型、口器类型及喙从何处伸出；前翅质地、休息时翅的状态如何；观察蚜虫的腹管和触角感觉圈的形状。

**【实验作业】**

1. 列表比较直翅目、半翅目、同翅目及其主要科昆虫的主要特征。

2. 绘叶蝉的后足图。

**【成绩评定标准】**

成绩根据实验态度、操作过程、实验报告等方面综合评定。评定等级分为优秀（90～100分）、良好（80～89分）、及格（60～79分）、不及格（小于60分）。

| 评定项目（所占分值） | 评定内容和环节 | 评定标准 | 备注 |
|---|---|---|---|
| 实验态度（10%） | 积极、认真 | 主动、仔细地观察实验内容 | |
| 操作过程（50%） | 直翅目及其主要科特征观察<br>半翅目及其主要科特征观察<br>同翅目及其主要科特征观察 | ①正确观察各目、科的特征，能确切地从外部形态特征指明各目、科特点<br>②能确切说明不同昆虫的特征 | |
| 实验报告（40%） | 实验报告质量 | ①目的明确，按时完成报告<br>②绘图认真<br>③列表正确说明各目科昆虫的特征 | |

# 实验四 鞘翅目、鳞翅目、双翅目、膜翅目等及其常见科的形态特征观察

【目的要求】

识别鞘翅目、鳞翅目、双翅目、膜翅目等及其主要科的形态特征。

【材料与用具】

步甲、虎甲、吉丁虫、金龟甲、瓢甲、象甲、叶甲、天牛、凤蝶、粉蝶、弄蝶、眼蝶、天蛾、潜蝇、食蚜蝇、叶蜂、姬蜂、胡蜂、茧蜂、小蜂等针插标本、浸渍标本或玻片标本。鞘翅目、鳞翅目、双翅目、膜翅目等分类示范标本，昆虫挂图、彩色照片及多媒体课件等。

体视显微镜、放大镜、镊子、挑针、培养皿和多媒体教学设备等。

【内容及步骤】

1. 观察鞘翅目、鳞翅目、双翅目、膜翅目等昆虫分类示范标本，各有何主要特征。
2. 观察步甲、虎甲、金龟甲、瓢甲、象甲、叶甲、天牛等昆虫的前后翅各属何种类型。头式、触角形状、足的类型、跗节数目等特征如何。幼虫类型、口器特征怎样。并观察比较步甲和金龟甲腹部第一节腹板是否被后足基节臼（窝）分开。
3. 对比蛾类与蝶类的主要形态区别。在体视显微镜下观察蛾、蝶类幼虫腹足的趾钩。对比观察凤蝶、粉蝶、弄蝶、螟蛾、夜蛾、毒蛾、舟蛾、卷叶蛾、潜叶蛾、刺蛾、天蛾、蛀果蛾等成虫的触角形状，翅的形状、颜色，体型以及幼虫的足式、体型等的形态特点。
4. 观察瘿蚊、潜蝇、食蚜蝇的成虫口器、触角、前翅、后翅各属何种类型。
5. 观察叶蜂、姬蜂、胡蜂、茧蜂、小蜂成虫的胸腹部连接处是否缢缩。幼虫是多足型，还是无足型。

【实验作业】

1. 列表比较鞘翅目、鳞翅目、膜翅目、双翅目及其主要科昆虫的主要特征。
2. 以粉蝶、夜蛾为代表，比较锤角亚目和异角亚目的主要区别。

【成绩评定标准】

成绩根据实验态度、操作过程、实验报告等方面综合评定。评定等级分为优秀（90~100分）、良好（80~89分）、及格（60~79分）、不及格（小于60分）。

| 评定项目（所占分值） | 评定内容和环节 | 评定标准 | 备注 |
| --- | --- | --- | --- |
| 实验态度（10%） | 积极、认真 | 主动、仔细地观察实验内容 | |
| 操作过程（50%） | 鞘翅目及其主要科特征观察<br>鳞翅目及其主要科特征观察<br>双翅目及其主要科特征观察<br>膜翅目及其主要科特征观察 | ①正确观察各目、科的特征，能确切地从外部形态特征指明各目、科特点<br>②能确切说明不同目昆虫的特征 | |
| 实验报告（40%） | 实验报告质量 | ①目的明确，按时完成报告<br>②列表正确说明各目科昆虫的特征<br>③简答题表述正确 | |

# 实验五 植物病害症状类型观察

**【目的要求】**

识别植物病害的主要症状类型，能够描述植物病害的症状特点，为田间诊断病害奠定基础。

**【材料与用具】**

全套典型病状及病征类型示范标本。当地主要栽培植物各种类型症状的新鲜、干制或浸渍标本。如病毒病、霜霉病、黑斑病、炭疽病、疮痂病、早疫病、软腐病、猝倒病、立枯病、青枯病、枯萎病、根肿病、白粉病、锈病、灰霉病、菌核病、花叶病、菟丝子、线虫等。

显微镜、放大镜、镊子、挑针、搪瓷盘和多媒体教学设备等。

**【内容及步骤】**

**1. 病状类型观察**

（1）变色。观察受害植物变色病状发生的部位及特征。

（2）坏死。观察坏死病状中的斑点发生的部位，斑点的形状、颜色、大小及特征。观察穿孔、叶枯、疮痂病、猝倒和立枯等发生的部位及特征。

（3）腐烂。观察腐烂发生的部位，腐烂的性质。

（4）萎蔫。观察枯萎病、黄萎病、青枯病病状的特点。萎蔫发生在局部还是全株。病株茎干维管束颜色与健康植株的区别？

（5）畸形。观察病毒病、缩叶病、根癌病等病害标本，注意受病植物各个器官发生变态的特征。

**2. 病征类型观察**

（1）粉状物。观察粉状物病征标本，注意锈粉、黑斑、白粉发生的部位及特征。

（2）霉状物。观察霉状物病征标本，注意霉状物发生的部位、颜色和厚薄。

（3）粒状物。观察粒状物病征标本，注意粒状物发生的部位，粒状物的大小、颜色及排列。

（4）菌核。观察菌核形成的部位，菌核的大小、形状和颜色。

（5）脓状物。以大白菜软腐病为例观察菌脓特征。

**【实验作业】**

将观察结果填入下表（实表1）

**实表1 植物病害症状观察记录表**

| 寄主名称 | 病害名称 | 发病部位 | 病征类型 | 病征类型 |
|---|---|---|---|---|
| | | | | |

**【成绩评定标准】**

成绩根据实验态度、操作过程、实验报告等方面综合评定。评定等级分为优秀（90～

100分)、良好（80~89分）、及格（60~79分）、不及格（小于60分）。

| 评定项目（所占分值） | 评定内容和环节 | 评定标准 | 备注 |
|---|---|---|---|
| 实验态度（10%） | 积极、认真 | 主动、仔细地观察实验内容 | |
| 操作过程（50%） | 病害病状观察<br>病害病征观察 | ①正确区分病状类型，确切说明各病状特点<br>②正确区分病征类型，确切说明各病征特点<br>③正确说明所观察标本的各症状类型 | |
| 实验报告（40%） | 实验报告质量 | ①目的明确，按时完成报告<br>②正确说明植物病害症状特点 | |

## 实验六　植物病原真菌形态特征观察

【目的要求】

认识鞭毛菌亚门、接合菌亚门、子囊菌亚门、担子菌亚门、半知菌亚门真菌菌丝体、无性孢子、有性孢子、子实体等的形态特征。练习植物病害玻片标本的一般制作方法。

【材料与用具】

茄绵疫病、马铃薯晚疫病、黄瓜霜霉病、白菜霜霉病、谷子白发病、蕹菜白锈病、瓜类白粉病、丁香白粉病、甘薯黑斑病、甘蓝菌核病、豆类锈病、蔬菜灰霉病、豆类叶斑病、辣椒炭疽病、芹菜斑枯病、茄褐纹病等新鲜材料或标本，病原菌玻片标本、挂图、光盘及多媒体课件等。

显微镜、放大镜、培养皿、挑针、刀片、载玻片、盖玻片、搪瓷盘、滤纸、蒸馏水、多媒体教学设备等。

【内容及步骤】

**1. 菌丝体观察及玻片标本制作方法**　取擦净的载玻片，中央滴蒸馏水一小滴，再用挑针挑取少许茄绵疫病菌或根霉菌或其他病害上的霉状物放入水滴中，然后自水滴一侧慢慢加盖擦净的盖玻片。注意菌丝的形态和有无隔膜。

**2. 无性孢子观察**　观察示范标本或挑取相应的新鲜标本，分别注意孢囊梗着生的情况，孢子囊的形态，孢囊孢子的形状、大小和颜色；分生孢子梗和分生孢子的形态以及分生孢子的着生情况。

**3. 孢子囊观察**　取茄绵疫病、马铃薯晚疫病、霜霉病病叶新鲜标本，用挑针挑取病部的白色菌体制片，观察孢囊梗和孢子囊的形态特征。

**4. 卵孢子观察**　通过示范玻片或取相应病害标本（谷子白发病或油菜白锈病）制片进行观察。注意卵孢子的形状、颜色和特征。

**5. 接合孢子观察**　镜检根霉菌接合孢子封片，观察接合孢子的形态特征。

**6. 子囊菌有性孢子及子实体观察**　观察示范玻片。注意闭囊壳、子囊壳、子囊盘的形状、颜色和子囊着生情况。

**7. 锈菌观察**　通过示范玻片或任选两种带有冬孢子堆的锈菌材料，刮取冬孢子制片，观察时注意锈菌冬孢子的形状、颜色、柄的长短。

**8. 半知菌亚门主要真菌观察**　通过示范玻片或取相应病害标本制片进行观察。注意分生孢子器、分生孢子梗的特征，分生孢子的形状、颜色等。

**【实验作业】**

1. 绘霜霉菌形态特征图。
2. 绘白粉病菌的分生孢子梗和分生孢子图。
3. 根据玻片制作绘锈菌冬孢子形态特征图（如豇豆锈病）。

**【成绩评定标准】**

成绩根据实验态度、操作过程、实验报告等方面综合评定。评定等级分为优秀（90～100分）、良好（80～89分）、及格（60～79分）、不及格（小于60分）。

| 评定项目（所占分值） | 评定内容和环节 | 评定标准 | 备注 |
| --- | --- | --- | --- |
| 实验态度（10%） | 积极、认真 | 主动、仔细地观察实验内容 | |
| 操作过程（50%） | 主要病害病原物形态特征示范玻片观察<br>病害标本玻片的一般制作观察 | ①正确规范操作显微镜<br>②能确切说明主要病原菌的形态特征<br>③能熟练地进行玻片的一般制作方法（刮片或挑片） | |
| 实验报告（40%） | 实验报告质量 | ①目的明确，按时完成报告<br>②绘图认真，并正确标明各部分名称 | |

## 实验七　植物病原细菌、线虫及寄生性种子植物形态观察

**【目的要求】**

认识植物病原细菌、线虫及寄生性种子植物的形态特征，学会细菌染色方法，为鉴别植物病害奠定基础。

**【材料与用具】**

白菜软腐病、马铃薯环腐病、番茄青枯病、菜豆细菌性疫病标本或细菌的培养菌落；小麦线虫病、大豆根线虫病；菟丝子、列当等病害新鲜材料或标本、挂图、光盘及多媒体课件等。

显微镜、载玻片、盖玻片、解剖刀、挑针、蒸馏水、滴瓶、酒精灯、滤纸、香柏油、二甲苯、碱性品红、95%酒精、结晶紫、多媒体教学设备等。

**【内容及步骤】**

**1. 细菌性病害症状及病原细菌观察**

（1）细菌性病害症状观察。取白菜软腐病、马铃薯环腐病、番茄青枯病、菜豆细菌性疫病等标本观察，注意其症状特点和病部有无溢出的菌脓。

（2）病组织检查。取新鲜细菌病害标本的病组织，选初发病的部位，切取一小块病健交界处的病组织放在载玻片上的水滴中，加盖玻片在低倍显微镜下检查，观察有无大量的细菌从组织中流出。

（3）革兰氏染色法。革兰氏染色反应是细菌分类和鉴定的重要性状。

①涂片。先取一小滴蒸馏水，滴加于清洁的载玻片上，从培养24～48h的菌落上挑取少量细菌放入载玻片上的水滴中，用挑针搅匀摊开，涂成一薄层。

②干燥和固定。在空气中干燥后通过火焰上方2～3次固定。

③用结晶紫草酸铵染剂染色1分钟，水洗（染色后，用洗瓶自染色处的上方轻轻冲去多余的染液，注意不要冲掉涂抹的细菌层），吸干（用滤纸吸去水分）。

④在碘液中浸1分钟，水洗，吸干。

⑤95%酒精褪色，时间约30s，水洗，吸干。

⑥用复染剂（如品红）染色10s，水洗，吸干。

⑦镜检。低倍镜对光后，将染好载片的观察部位滴少许香柏油放在显微镜载物台上，换用油镜并将油镜头慢慢放下，同时由侧面观察，使油镜头浸入油滴中，然后在油镜中观察，并用微动螺旋慢慢调节至观察物象清晰为止。镜检完后，用搽镜纸蘸二甲苯轻搽镜头，除去香柏油。注意勿使二甲苯渗入镜头内部，防止损坏镜头。

阳性反应的细菌染成紫色；阴性反应的细菌染成红色。

**2. 线虫观察**　取小麦线虫病虫瘿用水浸泡至发软时切开，挑取其中内容物微量制片，在低倍镜下观察线虫的形态。也可观察大豆根线虫，大豆根线虫的雌虫寄生于大豆细根外部，呈黄白色小粒状，可刮取镜检。

**3. 菟丝子或列当观察**　观察菟丝子或列当形态特征，比较其与一般种子植物的主要区别。

【实验作业】

1. 细菌革兰氏染色情况检查并现场打分。
2. 将所观察的细菌和线虫绘图。

【成绩评定标准】

成绩根据实验态度、操作过程、实验报告等方面综合评定。评定等级分为优秀（90～100分）、良好（80～89分）、及格（60～79分）、不及格（小于60分）。

| 评定项目（所占分值） | 评定内容和环节 | 评定标准 | 备注 |
| --- | --- | --- | --- |
| 实验态度（10%） | 积极、认真 | 主动、仔细地观察实验内容 | |
| 操作过程（50%） | 细菌染色的操作及观察<br>线虫特征观察<br>寄生性种子植物特征观察 | ①正确规范操作显微镜<br>②能熟练进行细菌的革兰氏染色 | |
| 实验报告（40%） | 实验报告质量 | ①目的明确，按时完成报告<br>②绘图认真，并正确标明各部分名称<br>③细菌染色合格 | |

# 实验八　常用农药性状观察与质量检验

【目的要求】

明确常用农药理化性状特点和质量的简易检测方法，学习阅读农药标签和使用说明书。

【材料与用具】

当地常用的杀虫剂、杀螨剂和杀菌剂，如敌敌畏、敌百虫、氧化乐果、辛硫磷、杀螟松、马拉松、杀虫双、西维因、溴氰菊酯、除虫精、三氯杀螨醇、代森锌、代森铵、福美双、退菌特、百菌清、三唑酮、三乙膦酸铝等粒剂、可湿性粉剂、乳油、油剂、颗粒剂、微粒剂、胶悬剂、胶囊剂、水剂等。

酒精灯、牛角勺、试管、烧杯、量筒、玻棒、吸管等。

【内容及步骤】

**1. 农药理化性状的简易辨别方法**

（1）常见农药物理性状的辨别。辨别粉剂、可湿性粉剂、乳油、颗粒剂、水剂、烟雾剂、悬浮剂等剂型在颜色、形态等物理外观上的差异（注意辨别农药气味时不要把鼻子对准瓶口吸气，可用手轻轻在瓶口扇动来分辨农药气味）。

（2）粉剂和可湿性粉剂质量的简易鉴别。取少量药粉轻轻地撒在水面上，粉粒长期漂浮在水面的为粉剂。在1min内粉粒吸湿下沉入水，搅动时可产生大量泡沫的为可湿性粉剂。另取5g可湿性粉剂倒入盛有200mL水的量筒内，轻轻搅动，30min后观察药液的悬浮情况。沉淀越少，药粉质量越好。如有3/4的粉粒沉淀，表示悬浮性不良。在上述悬浮液中加入0.2～0.5g洗衣粉，充分搅拌，观察其悬浮性是否改善。

（3）乳油质量简易测定。将乳油2～3滴滴入盛有清水的试管中，轻轻振荡，观察油水融合是否良好，稀释液中有无油层漂浮或沉淀。稀释后油水融合良好，呈半透明或乳白色稳定的乳状液，表明乳油的乳化性能好；若出现少许油层，表明乳化性尚好；出现大量油层、乳油被破坏，则不能使用。

**2. 农药标签和说明书**

（1）农药名称包含内容有：农药有效成分及含量、名称、剂型等。农药名称通常有两种，一种是中（英）文通用名称，中文通用名称按照国家标准《农药中文通用名称》（GB4839—2009）规定的名称，英文通用名称引用国际标准组织（ISO）推荐的名称；另一种为商品名，经国家批准可以使用。不同生产厂家有效成分相同的农药，即通用名称相同的农药，其商品名可以不同。

（2）农药三证。三证指的是农药登记证号、生产许可证号和产品标准证号，国家批准生产的农药必须三证齐全，缺一不可。

（3）净重或净容量。

（4）使用说明。按照国家批准的作物和防治对象简述使用时期、用药量或稀释倍数、使用方法、限用浓度及用药量等。

（5）注意事项。包括中毒症状和急救治疗措施；安全间隔期，即最后一次施药距收获时的天数；储藏运输的特殊要求；对天敌和环境的影响等。

（6）质量保证期。不同厂家的农药质量保证期标明方法有所差异。一是注明生产日期和质量保证期；二是注明产品批号和有效日期；三是注明产品批号和失效日期。一般农药的质量保证期是2～3年，应在质量保证期内使用，才能保证作物的安全和防治效果。

（7）农药毒性与标志。农药的毒性不同，其标志也有所差别。毒性的标志和文字描述皆用红字，十分醒目。使用时注意鉴别。

（8）农药种类标识色带。农药标签下部有一条与底边平行的色带，用以表明农药的类别。其中红色表示杀虫剂（昆虫生长调节剂、杀螨剂、杀软体动物剂）；黑色表示杀菌剂（杀线虫剂）；绿色表示除草剂；蓝色表示杀鼠剂；深黄色表示植物生长调节剂。

【实验作业】

1. 列表叙述主要农药的物化特性及使用特点。
2. 观察1～2种可湿性粉剂和乳油的悬浮性和乳化性，并记载其结果。

## 【成绩评定标准】

成绩根据实验态度、操作过程、实验报告等方面综合评定。评定等级分为优秀（90～100分）、良好（80～89分）、及格（60～79分）、不及格（小于60分）。

| 评定项目（所占分值） | 评定内容和环节 | 评定标准 | 备注 |
| --- | --- | --- | --- |
| 实验态度（10%） | 积极、认真 | 主动、仔细地观察实验内容 | |
| 操作过程（50%） | 主要农药的物化特性观察<br>可湿性粉剂质量鉴别操作观察<br>乳油质量测定操作观察 | ①能正确规范进行农药质量鉴定的操作<br>②能正确辨别农药的物理性状 | |
| 实验报告（40%） | 实验报告质量 | ①目的明确，按时完成报告<br>②列表正确说明主要农药的物化特性及使用特点<br>③简答题表述正确、真实 | |

# 实验九　波尔多液的配制和质量检查

## 【目的要求】
掌握波尔多液的配制和质量检查的方法

## 【材料与用具】
硫酸铜、生石灰、熟石灰等。

烧杯、量筒、试管、试管架、盛水容器、台秤、天平、玻棒、研钵、试管刷、小刀（或铁钉）、石蕊试纸等。

## 【内容及步骤】

**1. 波尔多液的配制**　分小组按以下方法配制1%等量式波尔多液（1:1:100）。注意原料的选择，硫酸铜应呈蓝色半透明结晶体，生石灰应为新鲜、洁白、质轻、烧透的块状体，最好用软水。

（1）两液同时注入法。用1/2水溶解硫酸铜，1/2水溶化生石灰，然后将两液同时倒入第三个容器中，边倒边搅拌即成。

（2）兑硫酸铜液注入浓石灰水法。用4/5水溶解硫酸铜，1/5水溶化生石灰，然后将稀硫酸铜液倒入浓石灰水中，边倒边搅拌即成。

（3）浓石灰水注入稀硫酸铜液法。原料准备同方法（2），但将浓石灰水倒入稀硫酸铜液中，搅拌方法同前。

（4）两液混合后稀释法。各用1/5水溶化硫酸铜和生石灰，两液混合后，再加3/5水稀释，搅拌方法同前。

（5）用熟石灰代替生石灰，按方法（2）配制。

配制注意事项：原料称量要准确；硫酸铜和生石灰要研细；生石灰应先滴加少量水使其崩解化开；两液混合时速度、搅拌要一致；配制时两液温度要相同。

**2. 波尔多液质量鉴别**

（1）物态观察。比较观察不同方法配制的波尔多液，其颜色质地是否相同，质量好的波尔多液应为天蓝色胶态悬浊液。

(2) 酸碱性测定。以微碱性反应为好,即药液使红色石蕊试纸慢慢变为蓝色为好。

(3) 镀铜试验。用磨亮的小刀(或铁钉)插入药液片刻,观察亮面有无镀铜现象,以不产生镀铜现象为好。

(4) 滤液吹气试验。取波尔多液过滤后的滤液少许滴在载玻片上,对液面轻吹约1min,液面产生薄膜为好,或取滤液10~20mL置三角瓶中,插入玻璃管吹气,滤液变混浊为好。

(5) 将不同方法配好的波尔多液分别装入200mL量筒中,静置45min,按时记载沉淀情况,沉淀越慢越好,将上述鉴定结果记入下表(实表2):

**实表2  5种方法配制的波尔多液的质量鉴定**

| 配制方法 | 悬浮率(%) | | | 物态现象 | 酸碱性测定 | 镀铜试验 | 吹气反应 |
| --- | --- | --- | --- | --- | --- | --- | --- |
| | 15min | 30min | 45min | | | | |
| (1) | | | | | | | |
| (2) | | | | | | | |
| (3) | | | | | | | |
| (4) | | | | | | | |
| (5) | | | | | | | |

悬浮率公式如下:

$$悬浮率 = \frac{悬浮液柱的容量}{波尔多液柱总容量} \times 100\%$$

【实验作业】

比较不同方法制成的波尔多液质量的优劣。

【成绩评定标准】

成绩根据实验态度、操作过程、实验报告等方面综合评定。评定等级分为优秀(90~100分)、良好(80~89分)、及格(60~79分)、不及格(小于60分)。

| 评定项目(所占分值) | 评定内容和环节 | 评定标准 | 备注 |
| --- | --- | --- | --- |
| 实验态度(10%) | 积极、认真 | 主动、仔细地观察实验内容 | |
| 操作过程(50%) | 不同方法的操作 | ①能正确规范进行波尔多液的配置<br>②能正确规范地进行波尔多液的质量检查 | |
| 实验报告(40%) | 实验报告质量 | ①目的明确,按时完成报告<br>②表中数据真实<br>③对波尔多液质量的优劣结果表述正确 | |

# 实验十 园艺植物苗期和根部病虫害特征观察

【目的要求】

识别园艺植物苗期和根部病害的症状特点和病原菌形态特征;识别园艺植物主要地下害

虫的形态特征及为害状特点，为防治奠定基础。

【材料与用具】

园艺植物立枯病、猝倒病、紫纹羽病、白绢病、根癌病、白纹羽病、根腐病标本或新鲜材料、病原菌玻片标本；华北大黑鳃金龟、暗黑鳃金龟、铜绿丽金龟、东方蝼蛄、华北蝼蛄、细胸金针虫、种蝇、小地老虎和大地老虎等针插标本、浸渍标本、为害状标本、挂图及多媒体课件等。

显微镜、解剖镜、放大镜、解剖刀、刀片、镊子、挑针、滴瓶、载玻片、盖玻片、多媒体教学设备等。

【内容及步骤】

**1. 立枯病和猝倒病观察** 观察立枯病和猝倒病为害幼苗茎基部的病斑形状、颜色，注意是否缢缩；是否倒伏；病部是否有丝状霉或菌核；观察病菌菌丝的形态特征。

**2. 白绢病观察** 观察病部皮层腐烂情况，有无酒糟味；是否溢出褐色汁液；表面菌丝层颜色和形状如何；是否形成菌核；颜色、形状和大小如何。

**3. 根癌病观察** 观察病害发生的部位、颜色、形状和大小。

**4. 其他园艺植物根部病害观察** 观察发病部位、症状特点和病原菌形态。

**5. 金龟甲及其幼虫（蛴螬）类形态观察** 观察成虫形状、大小、鞘翅特点和体色，注意幼虫头部前顶刚毛的数量与排列，臀节腹面覆毛区刺毛排列情况及肛裂特点。

**6. 东方蝼蛄和华北蝼蛄形态观察** 观察成虫体形、大小、体色，前胸背板中央长心形斑大小，后足胫节的主要区别。

**7. 地老虎类形态观察** 观察成虫体长、体色、前翅斑纹、后翅颜色、雌雄蛾的触角；观察幼虫体长、体色，体表皮特征；蛹的大小、颜色及其他区别。

**8. 当地园艺植物其他地下害虫观察** 主要观察它们的形态和为害状。

【实验作业】

1. 列表比较所观察园艺植物苗期及根部病害的症状。
2. 绘东方蝼蛄和华北蝼蛄前足腿节内侧外缘形态图。
3. 绘小地老虎类前翅斑纹形态图。

【成绩评定标准】

成绩根据实验态度、操作过程、实验报告等方面综合评定。评定等级分为优秀（90~100 分）、良好（80~89 分）、及格（60~79 分）、不及格（小于 60 分）。

| 评定项目（所占分值） | 评定内容和环节 | 评定标准 | 备注 |
| --- | --- | --- | --- |
| 实验态度（10%） | 积极、认真 | 主动、仔细地观察实验内容 | |
| 操作过程（50%） | 病害的症状特点观察<br>病原菌形态特征观察<br>地下害虫的形态特征观察<br>地下害虫为害状特点观察 | ①正确掌握苗期及根部不同病害的症状特点<br>②能较确切进行苗期及根部病害的诊断<br>③正确掌握不同地下害虫的形态特征和为害特点<br>④能较确切地进行地下害虫诊断 | |
| 实验报告（40%） | 实验报告质量 | ①目的明确，按时完成报告<br>②绘图认真，并正确标明各部分名称<br>③列表正确说明各病害的症状 | |

# 实验十一　观赏植物病害症状和病原形态观察

## 【目的要求】

了解观赏植物病害的种类，识别常见观赏植物叶部病害及主要枝干病害症状及病原菌形态特征，为诊断和防治观赏植物病害奠定基础。

## 【材料与用具】

紫薇白粉病、月季白粉病、海棠锈病、玫瑰锈病、兰花炭疽病、山茶炭疽病、月季黑斑病、樱花穿孔病、仙客来灰霉病、唐菖蒲病毒病、香石竹枯萎病、郁金香茎腐病、鸢尾细菌性软腐病、月季枝枯病、竹丛枝病、泡桐丛枝病、松材线虫和水仙茎线虫病等盒装标本、新鲜标本、浸渍标本、病原菌玻片标本、挂图及多媒体课件等。

显微镜、放大镜、镊子、挑针、刀片、滴瓶、纱布、盖玻片、载玻片、擦镜纸、吸水纸及多媒体教学设备等。

## 【内容及步骤】

1. 观察白粉病症状，注意发病部位的白色粉层，是否有小黑点；病叶是否扭曲；镜检分生孢子、闭囊壳及附属丝形态。
2. 观察锈病病叶上冬孢子堆、性子器、锈子器夏孢子堆的形状和颜色。切片或挑取锈病的锈子器、夏孢子堆、性子器，并观察其形态结构。
3. 观察所示病害标本叶片病斑形状及颜色变化，注意有无小黑点或霉层。镜检分生孢子盘、分生孢子器、分生孢子梗分生孢子的形态特征。
4. 观察灰霉病为害仙客来嫩梢、幼叶、花蕾症状特点，注意病部是否产生灰色霉层。
5. 观察球根观赏植物枯萎病地上部分枯萎和种球基腐的症状特点。
6. 观察炭疽病类枝干病害的症状特点，注意病斑中央是否有同心轮纹状排列的小黑点。
7. 观察竹丛枝病和泡桐丛枝病的小叶，叶革质化，枝叶丛生，腋芽多次萌发及节间缩短等症状特点。
8. 观察水仙茎线虫病、松材线虫病的症状特点。
9. 观察其他病害症状，注意其主要症状及病原菌的形态特征。

## 【实验作业】

1. 列表比较所观察观赏植物叶部病害的症状。
2. 绘白粉病、炭疽病病原菌的形态特征图。

## 【成绩评定标准】

成绩根据实验态度、操作过程、实验报告等方面综合评定。评定等级分为优秀（90~100分）、良好（80~89分）、及格（60~79分）、不及格（小于60分）。

| 评定项目（所占分值） | 评定内容和环节 | 评定标准 | 备注 |
| --- | --- | --- | --- |
| 实验态度（10%） | 积极、认真 | 主动、仔细地观察实验内容 | |
| 操作过程（50%） | 病害的症状特点观察<br>病原菌形态特征观察 | ①正确掌握观赏植物叶部病害的症状特点<br>②正确掌握和区分主要病原菌的形态特征<br>③能较确切进行观赏植物叶部病害的诊断 | |

| 评定项目（所占分值） | 评定内容和环节 | 评定标准 | 备注 |
|---|---|---|---|
| 实验报告（40%） | 实验报告质量 | ①目的明确，按时完成报告<br>②绘图认真，并正确标明各部分名称<br>③列表正确说明各病害的症状 | |

# 实验十二　观赏植物害虫的形态和为害状观察

## 【目的要求】

了解观赏植物害虫的种类，识别观赏植物常见害虫的形态特征和为害状，为正确识别和防治观赏植物害虫奠定基础。

## 【材料与用具】

叶甲、叶蜂、负蝗、刺蛾、袋蛾、尺蛾、夜蛾、螟蛾、蝶类、棉蚜、大青叶蝉、草履蚧、红蜡蚧、朱砂叶螨、梧桐木虱、梨网蝽、绿盲蝽、星天牛、光肩星天牛、桃红颈天牛、松纵坑切梢小蠹、柏肤小蠹、六星吉丁虫、大叶黄杨吉丁虫、白杨透翅蛾、桃蛀螟等害虫的成虫、幼虫、若虫、蛹以及卵的盒装标本、浸渍标本、干制标本、新鲜标本、挂图及多媒体课件等。

解剖镜、放大镜、镊子、挑针、载玻片、盖玻片、培养皿及多媒体教学设备等。

## 【内容及步骤】

1. 观察负蝗、叶甲、叶蜂的形态特征及为害状。观察叶蜂幼虫的形态特征。
2. 比较观察不同刺蛾各虫态的形态特征和为害状。
3. 观察袋蛾的护囊形态及大小，注意比较不同种类袋蛾护囊的区别。
4. 观察尺蛾、夜蛾、毒蛾成、幼虫的形态特征及为害状。
5. 观察新鲜的蚜虫标本，注意体色、蜡粉、口针、触角、尾片、腹管和翅等的形态构造。观察不同蚜虫的为害状特征。
6. 观察不同叶蝉的为害状特征、体形、大小、体色变化及口针的位置。
7. 观察不同介壳虫的为害状特征、形态特征及雌雄异型现象。
8. 观察不同螨类的为害状特征，形态特征，颜色、足的数目等。
9. 观察星天牛、桃红颈天牛、光肩星天牛等天牛类害虫的成虫和幼虫的形态特征与为害部位、为害状。
10. 观察合欢吉丁虫、六星吉丁虫、大叶黄杨吉丁虫等吉丁虫类害虫的形态特征及为害状。
11. 观察其他观赏植物害虫的成、幼虫的形态特征、为害状。

## 【实验作业】

1. 将观赏植物害虫观察结果填入下表（实表3）。

实表3　观赏植物害虫观察结果记录表

| 害虫名称 | 为害虫态 | 危害部位及危害状 | 主要形态特征 |
|---|---|---|---|
| | | | |

2. 绘一种观赏植物蟥象成虫形态图。

3. 绘吉丁虫类幼虫的形态图。

**【成绩评定标准】**

成绩根据实验态度、操作过程、实验报告等方面综合评定。评定等级分为优秀（90～100分）、良好（80～89分）、及格（60～79分）、不及格（小于60分）。

| 评定项目（所占分值） | 评定内容和环节 | 评定标准 | 备注 |
|---|---|---|---|
| 实验态度（10%） | 积极、认真 | 主动、仔细地观察实验内容 | |
| 操作过程（50%） | 形态特征观察<br>为害状特点观察 | ①正确掌握不同害虫的形态特征和为害特点<br>②能较确切地进行害虫诊断 | |
| 实验报告（40%） | 实验报告质量 | ①目的明确，按时完成报告<br>②绘图认真，并正确标明各部分名称<br>③表中说明正确 | |

# 实验十三　蔬菜病害症状和病原菌形态观察

**【目的要求】**

熟悉并识别当地蔬菜主要病害的症状及其病原菌的形态特征。

**【材料与用具】**

十字花科蔬菜病毒病、霜霉病、软腐病、黑腐病、菌核病、根癌病，番茄病毒病、灰霉病、叶霉病、脐腐病，茄子褐纹病、黄萎病、绵疫病，辣椒病毒病、炭疽病、黄瓜霜霉病、细菌性角斑病、菌核病，瓜类疫病、枯萎病、白粉病、炭疽病，豆类炭疽病、菜豆细菌性疫病、豇豆煤霉病，葱紫斑病，大蒜叶枯病，芹菜斑枯病，姜瘟病等病害新鲜标本、浸渍标本、干制标本、病原菌玻片标本、挂图及多媒体课件等。

显微镜、放大镜、挑针、解剖刀、载玻片、盖玻片、吸水纸、纱布、蒸馏水及多媒体教学设备等。

**【内容及步骤】**

1. 观察十字花科蔬菜病害标本　注意病毒病病株的矮化、扭曲、皱缩等畸形现象，叶上症状；观察霜霉病叶片正反面病斑的颜色、形状，霉层的特点；观察软腐病标本，注意受害部位的腐烂状况及叶片失水后的薄纸状特征；观察菌核病发病的部位，病斑颜色，病斑上是否有白色絮状霉层和黑色菌核等特征；观察提供的其他常发生十字花科蔬菜病害的发病部位、症状特点。

2. 观察茄科蔬菜病害标本

（1）番茄病害观察。观察番茄病毒病，注意叶片是否有花叶、蕨叶、坏死斑等症状；观察番茄早疫病，注意病斑的形状、大小和发生部位、有无轮纹等特征；观察番茄叶霉病，注意病斑的形态、大小、颜色，叶片背面是否有黑色霉层；观察其他的番茄病害，注意发病部位及症状特征并观察病原菌的形态特征。

（2）茄子病害观察。观察茄子褐纹病，注意病果的发病部位、病斑大小、颜色，有无腐烂等；观察茄子绵疫病，注意病果的发病部位、病斑大小、颜色、腐烂与茄子褐纹病的区别；观察茄子黄萎病，注意叶片上变黄部分的分布特点，维管束是否变成褐色；观察其他的茄子病害，注意发病部位及症状特征。

(3) 其他茄科蔬菜病害观察。注意发病部位、症状特点。

3. 观察葫芦科蔬菜病害标本

(1) 黄瓜病害观察。注意霜霉病叶片上病斑前后期的发展，是否有灰黑色霉层；观察黄瓜黑星病，注意叶片、茎及叶柄上病斑的区别；观察黄瓜细菌性角斑病，注意病斑前后期的变化，叶背是否有污白色菌脓或粉末状物或白膜，比较其症状表现与黄瓜霜霉病的异同。

(2) 观察瓜类病害。注意瓜类白粉病叶片正面白色粉斑及粉斑形态、粉斑中黑褐色的小粒点；观察瓜类枯萎病，注意茎基部表皮的纵裂，根是否变褐色，剖检病茎维管束是否变成褐色，茎基部表面是否有白色或粉红色霉层；观察瓜类炭疽病幼苗、叶片、茎蔓、果实上病斑的大小、形状和颜色等特点；观察瓜类疫病叶片上水渍状病斑，注意茎基部是否缢缩、扭折，维管束是否变褐，病部表面是否产生稀疏的白色霉层；观察瓜类其他病害，注意观察叶片、果实上的症状特点。

4. 观察豆科蔬菜病害标本

(1) 观察豆类锈病。注意叶背黄白色的小疱斑，表皮破裂后是否有大量铁锈色粉状夏孢子或黑褐色粉状冬孢子散出？挑取病变部的粉状物制片观察夏孢子及冬孢子的形态特征。

(2) 观察菜豆细菌性疫病。注意观察叶片的不规则形深褐色病斑，病斑周围是否有黄色晕圈；豆荚上是否有近圆形或不规则形的褐色病斑，病斑是否凹陷；茎部是否有凹陷的长条形病斑，潮湿时病部是否有黄色菌脓或菌膜。

(3) 观察菜豆炭疽病。注意叶背沿叶脉的病斑，豆荚上的病斑的形状，病斑上是否有粉红色黏质物。

5. 观察其他科蔬菜病害标本　注意发病部位、病状特点等。

**【实验作业】**

1. 列表描述蔬菜常见病害的症状特点。
2. 绘白菜霜霉病、茄子褐纹病、瓜类枯萎病病原菌形态图，注明各部位名称。

**【成绩评定标准】**

成绩根据实验态度、操作过程、实验报告等方面综合评定。评定等级分为优秀（90～100分）、良好（80～89分）、及格（60～79分）、不及格（小于60分）。

| 评定项目（所占分值） | 评定内容和环节 | 评定标准 | 备注 |
| --- | --- | --- | --- |
| 实验态度（10%） | 积极、认真 | 主动、仔细地观察实验内容 | |
| 操作过程（50%） | 病害的症状特点观察<br>病原菌形态特征观察 | ①正确掌握蔬菜病害的症状特点<br>②正确掌握和区分主要病原菌的形态特征<br>③能较确切进行蔬菜常见病害的诊断 | |
| 实验报告（40%） | 实验报告质量 | ①目的明确，按时完成报告<br>②绘图认真，并正确标明各部分名称<br>③列表正确说明各病害的症状 | |

# 实验十四　蔬菜害虫形态和为害状观察

**【目的要求】**

认识蔬菜常见害虫种类，区别蔬菜常见害虫形态特征及为害特点。

## 【材料与用具】

菜蚜、菜粉蝶、小菜蛾、甘蓝夜蛾、斜纹夜蛾、银纹夜蛾、菜螟、菜叶蜂、猿叶虫、黄曲条跳甲、棉铃虫、烟青虫、茶黄螨、马铃薯瓢虫、茄二十八星瓢虫、茄黄斑螟、朱砂叶螨、瓜蚜、美洲斑潜蝇、温室白粉虱、黄守瓜、瓜绢螟、豆天蛾、豌豆潜叶蝇、豆芫菁、豆野螟、豆荚螟、豌豆象、蚕豆象、葱蝇、葱蓟马、慈姑钻心虫等的浸渍标本、干制标本、挂图、光盘及多媒体课件等。

解剖镜、放大镜、挑针、镊子、培养皿及多媒体教学设备等。

## 【内容及步骤】

1. 十字花科蔬菜害虫形态特征及为害状观察

(1) 形态观察。观察菜蚜类有翅成蚜、若蚜及无翅成蚜、若蚜的体形、大小、形态、体色、腹管、尾片的特征；观察菜粉蝶、小菜蛾、甘蓝夜蛾、黄曲条跳甲成虫的大小、颜色、翅的形状，幼虫的体形、体色、斑纹，蛹的类型等；观察十字花科蔬菜其他常见害虫各虫态的特征，注意不同害虫的形态区别。

(2) 为害状观察。观察菜蚜成蚜或若蚜群集叶背刺吸寄主汁液的现象，注意受害植株叶片是否卷曲畸形。观察菜粉蝶幼虫为害植株状况，初孵幼虫是否在叶背啃食叶肉并留一层透明的上表皮；大龄幼虫是否将叶片咬成缺刻或将叶片全部吃光，仅剩粗大叶脉和叶柄；幼虫能否蛀入叶球中为害；是否排出大量粪便污染菜心；是否有腐烂现象。观察小菜蛾初孵幼虫潜食肉叶肉情况，注意是否形成细小的隧道。观察甘蓝夜蛾初孵幼虫是否群集叶背卵块附近取食叶肉；较大幼虫是否将叶片吃成孔洞或将叶片全部吃光仅留叶脉。观察十字花科蔬菜常发生其他害虫的为害的特点。

2. 茄科蔬菜害虫形态特征及为害状观察

(1) 形态观察。对比观察棉铃虫和烟青虫各虫态的形态特征，注意比较两种害虫成虫的体形、大小、体色、前翅特征，幼虫的体色、体形、大小、体线颜色、前胸气门前两根侧毛的连线与前胸气门下端是否相切等。对比观察茄二十八星瓢虫和马铃薯瓢虫的形态特征，注意比较成虫的大小、体形、体色、前胸背板斑点等，比较两种害虫鞘翅上二十八斑点的大小、形状、排列特点是否相同；幼虫体背的枝刺及蛹的形态是否相同。观察茄科蔬菜其他害虫的形态特征，注意不同害虫的形态区别。

(2) 为害状观察。比较观察棉铃虫为害的番茄果实和烟青虫为害的辣椒果实，注意虫孔的特征，果内有无虫粪等。注意比较茄二十八星瓢虫和马铃薯瓢虫为害叶片形成的斑纹，果皮是否龟裂。观察茄科蔬菜其他害虫的为害特点，注意不同害虫为害状的区别。

3. 葫芦科蔬菜害虫形态特征及为害状观察

(1) 形态观察。观察瓜蚜有翅胎生雌蚜、支翅胎生雌蚜及若蚜的体形、体色，翅的有无及特征，额瘤的有无，腹管的形状、颜色、长短，尾片的形状等。观察温室白粉虱成虫的大小、体形、体色、体表及翅面覆盖白色蜡粉情况，注意若虫与成虫的区别。观察美洲斑潜蝇成虫体形大小、体色和体背的颜色，幼虫的体色、大小等特征。观察黄守瓜成虫的大小、体形、体色、前胸背板长和宽的比例、鞘翅特点等，幼虫的大小、体形、体色、臀板等特征。观察葫芦科蔬菜其他害虫各虫态的形态特征。

(2) 为害状观察。观察瓜蚜为害的植株，注意被害株生长是否停滞；叶片是否皱缩、弯曲畸形。观察温室白粉虱为害的叶片褪绿变黄、萎蔫的情况。观察美洲斑潜蝇幼虫潜食叶肉在叶片上形成的蛇形潜道特征；潜道中是否有虚线状交替平行排列的黑色粪便等。观察黄守瓜成虫取食叶片形成的为害状，幼虫为害根部、幼茎及幼瓜的特点。观察葫芦科蔬菜其他害虫的为害特点。

4. 豆科蔬菜害虫形态特征及为害状观察

（1）形态观察。观察豆野螟成虫的体形、体色、大小、前后翅特征。观察幼虫的大小、颜色，中、后胸及腹部各节背面是否有黑色毛片。观察豆荚螟成虫的体色和大小，注意前翅前缘、前翅近翅基的斑纹，幼虫的大小、颜色等特征。观察其他害虫各虫态的形态特征。

（2）为害状观察。观察豆野螟虫蛀食花蕾、嫩荚，造成花和嫩荚脱落或枯梢的现象；观察其幼虫吐丝缀合多张叶片，在卷叶内蚕食叶肉的现象等。观察豆荚螟幼虫钻蛀豆荚、食害豆粒造成瘪荚、空荚的现象，注意幼虫是否在豆荚上结一白色薄丝茧。观察其他害虫的为害特点。

5. 其他科蔬菜害虫形态特征及为害状观察　注意其各虫态的形态特征和为害特点。

【实验作业】

1. 列表记载蔬菜常见害虫的典型形态特征。
2. 绘菜粉蝶、温室白粉虱、豆荚螟 3 种成虫形态特征图。
3. 绘美洲斑潜蝇前翅图。

【成绩评定标准】

成绩根据实验态度、操作过程、实验报告等方面综合评定。评定等级分为优秀（90～100 分）、良好（80～89 分）、及格（60～79 分）、不及格（小于 60 分）。

| 评定项目（所占分值） | 评定内容和环节 | 评定标准 | 备注 |
| --- | --- | --- | --- |
| 实验态度（10%） | 积极、认真 | 主动、仔细地观察实验内容 | |
| 操作过程（50%） | 形态特征观察<br>为害状特点观察 | ①正确掌握不同害虫的形态特征和为害特点<br>②能较确切地进行蔬菜主要害虫识别 | |
| 实验报告（40%） | 实验报告质量 | ①目的明确，按时完成报告<br>②绘图认真，并正确标明各部分名称<br>③列表正确说明主要害虫的形态特征 | |

# 实验十五　果树病害症状和病原菌形态观察

【目的要求】

认识果树常发生的病害种类，区别主要病害的病状特点及病原菌的形态，为正确诊断和防治病害奠定基础。

【材料与用具】

苹果树木腐烂病、苹果干腐病、苹果轮纹病、苹果斑点落叶病、苹果褐斑病、苹果锈病、苹果白粉病、苹果轮纹烂果病、苹果炭疽病、苹果紫纹羽病、苹果立枯病、苹果锈果病、苹果花叶病、梨黑星病、梨锈病、梨轮纹病、梨炭疽病、梨腐烂病、柑橘黄龙病、柑橘溃疡病、柑橘疮痂病、柑橘黑星病、柑橘炭疽病、柑橘黑斑病、柑橘根结线虫病、柑橘青霉病、柑橘绿霉病、柑橘黑腐病、柑橘煤污病、葡萄霜霉病、葡萄白腐病、葡萄黑痘病、葡萄炭疽病、葡萄黑腐病、葡萄白粉病等病害的新鲜标本、浸渍标本、盒装标本、病原菌玻片标本、照片、挂图及多媒体课件等。

显微镜、放大镜、挑针、解剖刀、镊子、载玻片、盖玻片、吸水纸、纱布、蒸馏水及多媒体教学设备等。

【内容及步骤】

1. 苹果树病害症状和病原菌形态观察 观察苹果树腐烂病、苹果干腐病、苹果轮纹病枝干病斑的部位、形状、质地、表面特征和气味；观察苹果斑点落叶病、苹果褐斑病、苹果锈病、苹果白粉病病斑的形状、颜色；观察苹果轮纹烂果病、苹果炭疽病为害果实部位、病斑形状、质地和表面特征等；观察苹果紫纹羽病、苹果立枯病地上、地下症状；观察苹果锈果病、苹果花叶病的果、叶、枝干特征。以上部分病害可以通过制作徒手切片或观察切片标本来识别病原菌的形态特征。

2. 梨树病害症状和病原菌形态观察 观察梨黑星病、梨锈病、梨白粉病病斑的形状、大小；观察梨轮纹病、梨黑星病、梨炭疽病发病部位、病斑形状、质地和表面特征等；观察梨轮纹病、梨腐烂病等枝干病害，注意病斑的形状、质地、小黑点着生情况等特征。以上部分病害可以通过制作徒手切片或观察切片标本来识别病原菌的形态特征。

3. 柑橘病害症状和病原菌形态观察 观察柑橘黄龙病新梢的新叶颜色、中脉及侧脉颜色变化，病梢上老叶叶脉和叶肉的颜色、形状和厚度。观察柑橘溃疡病叶片病斑大小、分布、颜色，注意枝梢和果实上病斑是否表现木栓化。观察柑橘炭疽病叶片、枝梢和果实病斑的形状、颜色、轮纹和小黑点，比较叶、枝、果症状的异同。观察柑橘疮痂病叶片、嫩梢和果实病斑形状，注意与柑橘溃疡病症状的区别。观察柑橘黑星病、柑橘青霉病、柑橘绿霉病、柑橘树脂病、柑橘根结线虫病和柑橘煤污病等标本及症状特点。以上部分病害可以通过制作徒手切片或观察切片标本来识别病原菌的形态特征。

4. 葡萄病害症状和病原菌形态观察 观察葡萄霜霉病叶片背面病斑的颜色及形状，注意病斑有无密生的白色双霉状物。观察葡萄白腐病病果干缩失水和果梗干枯缢缩状态，病蔓和病梢皮层形态，病叶病斑形状、大小，注意病部是否生有灰色颗粒状物。观察葡萄黑痘病叶片、新梢及果实病斑，注意各部位病斑形状、大小、颜色、晕圈，观察果实病斑有无鸟眼状表现。观察葡萄炭疽病、锈病等病害在叶片上的症状特点。以上部分病害可以通过制作徒手切片或观察切片标本来识别病原菌的形态特征。

4. 其他果树病害症状和病原菌形态观察 注意发病部位、病状特点等。

【实验作业】

1. 将果树病害的观察结果填入下表（实表4）。

**实表4 柑橘病害观察结果记录表**

| 病害名称 | 为害部位和症状特点 | 病原菌形态特征 |
| --- | --- | --- |
|  |  |  |

2. 绘梨锈病病菌、葡萄霜霉病菌形态图。

【成绩评定标准】

成绩根据实验态度、操作过程、实验报告等方面综合评定。评定等级分为优秀（90～

100分)、良好（80～89分）、及格（60～79分）、不及格（小于60分）。

| 评定项目（所占分值） | 评定内容和环节 | 评定标准 | 备注 |
| --- | --- | --- | --- |
| 实验态度（10%） | 积极、认真 | 主动、仔细地观察实验内容 | |
| 操作过程（50%） | 病害的症状特点观察<br>病原菌形态特征观察 | ①正确掌握当地主要果树常见病害的症状特点<br>②正确掌握和区分主要病原菌的形态特征<br>③能较确切进行果树常见病害的诊断 | |
| 实验报告（40%） | 实验报告质量 | ①目的明确，按时完成报告<br>②绘图认真，并正确标明各部分名称<br>③表中说明正确 | |

## 实验十六　果树害虫形态和为害状观察

【目的要求】

认识果树常发生害虫的种类，识别主要害虫的形态特征及为害特点，为正确识别、鉴定和防治害虫奠定基础。

【材料与用具】

桃小食心虫、梨小食心虫、苹果小卷叶蛾、褐卷叶蛾、苹果大卷叶蛾、顶梢卷叶蛾、黄斑卷叶蛾、苹果瘤蚜、苹果绵蚜、山楂叶螨、苹果小吉丁、苹果透翅蛾、桑天牛，梨大食心虫、梨椿象、梨象甲、梨实蜂、梨木虱、梨二叉蚜、梨网蝽、天幕毛虫、舞毒蛾、美国白蛾、梨金缘吉丁虫、梨眼天牛、梨茎蜂，柑橘潜叶蛾、介壳虫、粉虱、木虱、星天牛、褐天牛、吉丁虫、卷叶蛾类、吸果夜蛾类、金龟甲类、花蕾蛆、实蝇、刺蛾、袋蛾、叶甲、柑橘叶螨、锈壁虱、瘤壁虱，葡萄透翅蛾、葡萄虎蛾、葡萄天蛾、葡萄虎天牛、葡萄二星叶蝉、葡萄缺节瘿螨和葡萄短须螨等害虫的浸渍标本、干制标本、挂图及多媒体课件等。

解剖镜、放大镜、挑针、镊子、培养皿及多媒体教学设备等。

【内容及步骤】

1. 苹果害虫形态和为害状观察　观察桃小食心虫及梨小食心虫成虫大小、翅的颜色及斑纹形状，幼虫的体色、体形、趾钩、臀栉及卵的特征，区别为害果实特点；观察苹果小卷叶蛾、褐卷叶蛾、苹果大卷叶蛾、顶梢卷叶蛾等成虫翅的颜色及斑纹形状，幼虫体色、斑纹、臀栉的区别；观察苹果瘤蚜、苹果绵蚜、山楂叶螨等刺吸口器害虫，注意蚜虫的为害部位、体形、颜色、有无被蜡等特征；观察苹果小吉丁、苹果透翅蛾、桑天牛等枝干害虫成虫和幼虫的主要特征、为害部位及特点；观察其他害虫的为害特点和形态特征。

2. 梨树害虫形态和为害状观察　观察梨大食心虫、梨象甲和梨实蜂成、幼虫的形态特征，区别不同果实害虫对梨果的为害状；观察梨木虱、梨二叉蚜、梨网蝽的形态大小、体形和触角特点和为害状；观察天幕毛虫、舞毒蛾成虫翅的质地、颜色，幼虫体形及为害状；观察其他害虫的为害特点和形态特征。

3. 柑橘害虫形态和为害状观察　比较观察吹绵蚧、红蜡蚧、龟蜡蚧、褐圆蚧、矢尖蚧、黑点蚧等的形态特征。观察柑橘潜叶蛾成虫的体形、体色、前翅的特征，幼虫形态和为害状。观察黑刺粉虱及柑橘木虱的形态特征和为害状。观察柑橘拟小黄卷叶蛾及褐带长卷叶蛾成虫体形、大小、颜色和前翅特征，幼虫头部、前胸背板、前中后足的颜色，幼虫为害果实、叶片的症状特点。对比观察星天牛、褐天牛以及吉丁虫类中的爆皮虫、溜皮虫成虫体色、前翅、前胸背板的特征，幼虫的体形、体色、前胸背板斑纹等特征和为害状。对比观察柑橘叶螨、始叶螨、锈壁虱、瘤壁虱的成螨、卵、幼螨、若螨的形态特点，注意柑橘叶螨、锈壁虱果实、叶片为害状区别。观察其他害虫的为害特点和形态特征。

4. 葡萄害虫形态和为害状观察　观察葡萄透翅蛾成虫的体形、体色、前翅的特征，幼虫形态和为害状。观察葡萄天蛾成虫前翅特征，注意幼虫体色、体上线纹和锥状尾角。观察比较葡萄短须螨和葡萄缺节瘿螨的形态特征及为害状。观察其他害虫的为害特点和形态特征。

5. 其他果树害虫形态特征及为害状观察　注意其各虫态的形态特征和为害特点。

【实验作业】

1. 将果树害虫的观察结果填入下表（实表5）。

**实表5　果树病害观察结果记录表**

| 害虫名称 | 为害虫态 | 为害部位及为害状 | 主要形态特征 |
|---|---|---|---|
|  |  |  |  |

2. 绘梨网蝽成虫、锈壁虱成螨形态图。

【成绩评定标准】

成绩根据实验态度、操作过程、实验报告等方面综合评定。评定等级分为优秀（90~100分）、良好（80~89分）、及格（60~79分）、不及格（小于60分）。

| 评定项目（所占分值） | 评定内容和环节 | 评定标准 | 备注 |
|---|---|---|---|
| 实验态度（10%） | 积极、认真 | 主动、仔细地观察实验内容 |  |
| 操作过程（50%） | 形态特征观察<br>为害状特点观察 | ①正确掌握不同害虫的形态特征和为害特点<br>②能较确切地进行果树主要害虫识别 |  |
| 实验报告（40%） | 实验报告质量 | ①目的明确，按时完成报告<br>②绘图认真，并正确标明各部分名称<br>③表中说明正确 |  |

# 实训一　植物病害标本的采集、制作和保存

【目的要求】

学习采集、制作和保存植物病害标本的方法，并通过标本采集，鉴定，熟悉当地病害种类、识别特点和发生情况。

【材料与用具】

标本夹、标本纸、采集箱、剪枝剪、小锯、放大镜、镊子、塑料袋、记载本、标签等。

【内容及步骤】

(一) 病害标本采集用具

1. 标本夹　用以夹压各种含水分不多的枝叶病害标本，多为木制的栅状板。

2. **标本纸** 应选用吸水力强的纸张，可较快吸除枝叶标本内的水分。

3. **采集箱** 采集较大或易损坏的组织如果实、木质根茎，或在田间来不及压制的标本时用。

4. **其他采集用具** 剪枝剪、小刀、小锯及放大镜、纸袋、塑料袋、记录本、标签等。

### （二）采集方法

1. **采集具有典型症状的病害标本** 尽可能采集到不同时期、不同部位的症状，如梨黑星病标本应有分别带霉层和疮痂斑的叶片、畸形的幼果、龟裂的大果等。另外，同一标本上的症状应是同一种病害的，当多种病害混合发生时，更应注意仔细选择。可以通过数码相机真实记录和准确反映病害的症状特点。

2. **采集有病征的病害标本** 采集有病征的病害标本，以便进行病原物的鉴定工作。对真菌性病害的标本如白粉病，因其子实体分有性和无性两个阶段，应尽量在不同的适当时期分别采集，还有许多真菌的有性子实体常在地面的病残体上产生，采集时要注意观察。

3. **采集应避免病原物混杂** 对容易混淆污染的标本（如黑粉病和锈病）要分别用纸夹（包）好，以免鉴定时发生差错。因发病而败坏的果实，可用纸分别包好后放在标本箱中以免损坏和沾污。

4. **要随采集随压制** 对于容易干燥卷缩的标本，如禾本科植物病害更应做到随采随压，或用湿布包好，防止变形；其他不易损坏的标本如木质化的枝条、枝干等，可以暂时放在标本箱中，带回室内进行压制和整理。

5. **随采集随记载** 所有病害标本都应有记录，没有记录的标本会使鉴定和制作工作的难度加大。标本记录内容应包括寄主名称、标本编号、采集地点、生态环境、采集日期、采集人姓名、病害危害情况等。标本应挂有标签，同一份标本在记录本和标签上的编号必须相符，以便查对；标本必须有寄主名称，这是鉴定病害的前提，如果寄主不明，鉴定时困难就很大。对于不熟悉的寄主，最好能采到花、芽和果实，对鉴定会有很大帮助。

### （三）标本的制作与保存

1. **干燥标本的制作与保存**

（1）标本压制。对于含水量少的标本，如禾本科、豆科植物的病叶、茎标本，应随采随压，以保持标本的原形；含水量多的标本，如甘蓝、大白菜、番茄等植物的叶片标本，应自然散失一些水分后，再进行压制；有些标本制作时可适当加工，如标本的茎或枝条过粗或叶片过多，应先将枝条劈去一半或去掉一部分叶子再压，以防标本因受压不匀，或叶片重叠过多而变形。有些需全株采集的植物标本，一般是将标本折成适当形状后压制。压制标本时应附有临时标签。

（2）标本干燥。为了避免病叶类标本变形，并使植物组织上的水分易被标本纸吸收，一般每层标本放一层（3~4张）标本纸，每个标本夹的总厚度以10cm为宜。标本夹好后，要用绳将标本夹扎紧，放到干燥通风处，使其尽快干燥，避免发霉变质。同时要注意勤换标本纸，一般是前3~4d每天换纸2次，以后每2~3d换1次，直到标本完全干燥为止。在第一次换纸时，由于标本经过初步干燥，已变软而容易铺展，可以对标本进行整理。

不准备做分离用的标本也可在烘箱或微波炉中迅速烘干。标本干燥愈快，就愈能保存原有色泽。干燥后的标本移动时应十分小心，以防破碎；对于果穗、枝干等粗大标本，可在通风处自然干燥即可，注意不要使其受挤压而变形。

（3）标本保存。标本经选择整理和登记后，应连同采集记载一并放入道林纸袋、牛皮纸袋或玻面标本盒中，贴好标签，然后按寄主种类或病原类别分类存放。

①玻面标本盒保存。玻面标本盒的规格不一，通常一个标本室内的标本盒都统一规格。在标本盒底铺一层重磅道林纸，将标本和标签用乳白胶粘于道林纸上。在标本盒的侧面还应注明病害的种类和编号，以便于存放和查找。盒装标本一般按寄主种类进行排列较为适宜。

②蜡叶标本纸袋保存。用重磅道林纸折成纸袋，纸袋的规格可根据标本的大小决定。将标本和采集记载装在纸袋中，并把鉴定标签贴在纸袋的右上角。纸袋的折叠方式和鉴定标签的格式如实图1。标本室和标本柜要保持干燥以防生霉，同时还要注意清洁以防虫蛀。可用樟脑放于标本袋和盒中，并定期更换。

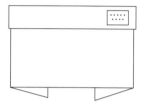 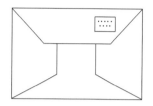

实图1　植物病害标本纸袋折叠方法

2. 浸渍标本的制作与保存　园艺植物病害有许多是果实病害，以及为了保持茎、叶部标本原有色泽和症状特征时可制成浸渍标本进行保存。果实因其种类和成熟度不同，颜色差别很大。应根据果实的颜色，选择浸渍液的种类。如绿色标本可用醋酸铜浸渍液，黄色或橘红色标本可用亚硫酸浸渍液，红色标本用瓦查浸渍液保存。制成的标本应存放于标本瓶中，并贴好标签。因为浸渍液所用的药品多数具有挥发性或者容易氧化，标本瓶的瓶口应很好的封闭。

另外，园艺植物病害的病原物可以制成玻片标本永久保存。

【实训作业】

1. 根据当年病害发生情况，每人采集制作10种病害的蜡叶标本，每种标本的数量在5件以上，并详细写明采集记载。

2. 采集标本时，为什么要采集病症完全的标本？

【成绩评定标准】

成绩根据实验态度、操作过程、实验报告等方面综合评定。评定等级分为优秀（90～100分）、良好（80～89分）、及格（60～79分）、不及格（小于60分）。

| 评定项目（所占分值） | 评定内容和环节 | 评定标准 | 备注 |
| --- | --- | --- | --- |
| 实训态度（10%） | 积极、认真 | 主动、仔细地进行和完成实训内容 | |
| 操作过程（50%） | 实训工具的准备<br>标本的采集过程<br>标本的制作过程 | ①能正确选择和采集植物病害标本<br>②能确切地完成病害标本采集、制作和保存的各个步骤 | |
| 实训报告（40%） | 实训报告质量 | ①目的明确，按时完成报告<br>②表述正确<br>③蜡叶标本符合规定要求 | |

# 实训二 昆虫标本的采集、制作和保存

**【目的要求】**

学习采集、制作和保存植物昆虫标本的方法，并通过标本采集、鉴定，熟悉当地昆虫种类、识别特点和发生情况。

**【材料与用具】**

剪刀、小刀、镊子、放大镜、挑针、标本瓶、大烧杯、福尔马林、酒精、捕虫网、吸虫管、毒瓶、纸袋、采集箱、诱虫灯等。

**【内容及步骤】**

(一) 昆虫的采集

1. 采集用具

（1）捕虫网。由网圈、网袋和网柄三部分组成。捕虫网用途分为用于采集空中飞行昆虫的空网；用来扫捕植物丛中昆虫的扫网；用来捕捉水生昆虫的水网。

（2）吸虫管。用于采集蚜虫、蓟马、叶螨等微小昆虫。主要利用吸气时形成的气流将虫体带入容器。

（3）毒瓶和毒管。专用于毒杀昆虫。一般有严密封盖的磨口广口瓶制成。由教师示范制备简易毒瓶（广口瓶底放一些棉花，滴入几滴三氯甲烷或四氯甲烷，或棉花上蘸上较多的敌敌畏，最后放入大小适宜的滤纸即可），注意向学生说明注意事项。

（4）指形管。用于暂时存放虫体较小的昆虫。管底一般是平的，形状如手指。

（5）三角纸袋。常用来暂时存放蝶、蛾类昆虫的标本。一般用坚韧的光面纸，裁成长宽比为3∶2的方形纸片，大小可多备几种，折叠成三角形，如实图2所示。

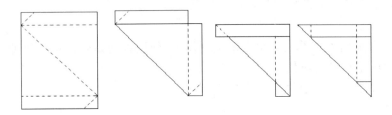

实图2 三角纸袋折叠方法

（6）采集盒。通常用于暂时存放活虫。用铁皮制成，盖上有一块透气的铜纱和一个带活盖的孔。

（7）采集箱和采集袋。防压的标本和需要及时针插的标本，及三角纸包装的标本，可放在木制的采集箱内。外出采集的玻璃用具（如指形管、毒瓶等）和工具（如剪刀、镊子、放大镜、橡皮筋等）、记录本、采集箱等可放于一个有不同规格分格的采集袋内，其大小可自行设计。

（8）其他用具。镊子、诱虫灯、砍刀、枝剪、手锯、手持扩大镜、毛笔、铅笔、记录本等都是必不可少的用品。

2. 采集方法

（1）网捕。网捕主要用来捕捉能飞善跳的昆虫。对于能飞的昆虫，可用气网迎头捕捉或从旁掠取，并立即摆动网柄，将网袋下部连同昆虫一并甩到网框上。如果捕到大型蝶蛾，可由网外用手捏压胸部，使之失去活动能力，然后直接包于三角纸袋中；如果捕获的是一些中小型昆虫，可抖动网袋，使虫集中于网底部，放入毒瓶中，待虫毒死后再取出分拣，装入指形管中。栖息于草丛或灌木丛中的昆虫，要用扫网边走边扫捕。

（2）振落。摇动或敲打植株、树枝，昆虫假死坠地或吐丝下垂，再加以捕捉；或受惊起飞，暴露了目标，便于网捕。

（3）搜索。仔细搜索昆虫活动的痕迹，如植物被害状、昆虫分泌物、粪便等，特别要注意在朽木中、树皮下、树洞中、枯枝落叶下、植物花果中、砖石下、泥土中和动物粪便中仔细搜索。

（4）诱集。即利用昆虫的趋性和栖息场所等习性来诱集昆虫，如灯光诱集（黑光灯诱虫）、食物诱集（糖醋酒液诱虫）、色板诱集（黄色黏虫板诱蚜）、潜所诱集（草把、树枝把诱集夜蛾成虫）和性诱剂诱集等。

3. 采集标本时应注意的问题　一件好的昆虫标本个体应完好无损，在鉴定昆虫种类时才能做到准确无误，因此在采集时应耐心细致，特别对于小型昆虫和易损坏的蝶、蛾类昆虫。

此外，昆虫的各个虫态及为害状都要采到，这样才能对昆虫的形态特征和为害情况在整体上进行认识，特别是制作昆虫的生活史标本，不能缺少任何一个虫态或为害状，同时还应采集一定的数量，以便保证昆虫标本后期制作的质量和数量。

在采集昆虫时还应作简单的记录，如寄主植物的种类、被害状、采集时间、采集地点等，必要时可编号，以保证制作标本时标签内容的准确和完整。

(二) 昆虫标本的制作

1. 干制标本的制作用具

（1）昆虫针。昆虫针一般用不锈钢制成，共有00、0、1、2、3、4、5号等7种型号（实图3）。

（2）展翅板。展翅板常用来展开蝶类、蛾类、蜻蜓等昆虫的翅。展翅板一般长为33cm，宽8~16cm，厚4cm，在展翅板的中央可挖一条纵向的凹槽（实图4）。

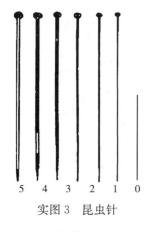
实图3　昆虫针

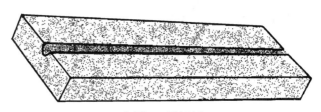
实图4　展翅板

（3）还软器。对于已干燥的标本进行软化的玻璃器皿。一般使用干燥器改装而成。

（4）三级台。由整块木板制成，长7.5cm，宽3cm，高2.4cm，分为三级，每级高皆是8mm，中间钻有小孔（图5）。

此外，大头针、三角纸台、黏虫胶等也是制作昆虫标本必不可少的用具。

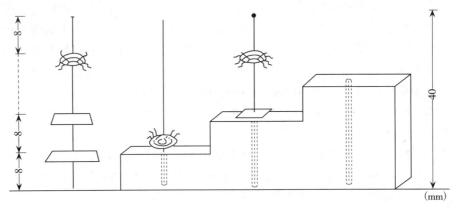

图 5　三级台

2. 干制标本的制作方法

（1）针插昆虫标本。插针时，按照昆虫标本体型大小选择型号合适的昆虫针。一般插针位置在虫体上是相对固定的。蝶、蛾、蜂、蜻蜓、蝉、叶蝉等从中胸背面正中央插入，穿透中足中央；蚊、蝇从中胸中央偏右的位置插针；蝗虫、蟋蟀、蝼蛄的虫针插在前胸背板偏右的位置；甲虫类虫针插在右鞘翅的基部；蝽类插于中胸小盾片的中央（图6）。昆虫插针后要调高和整姿。

（2）展翅。蝶、蛾和蜻蜓等昆虫插针后还需展翅。虫体身体嵌入展示板凹槽，虫体的背面应与两侧面的展翅板水平。借助玻璃纸条、大头针等工具使姿态固定（图7）。

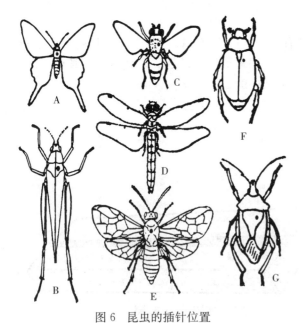

图6　昆虫的插针位置
A. 鳞翅目　B. 双翅目　C. 鞘翅目　D. 直翅目
E. 蜻蜓目　F. 膜翅目　G. 半翅目

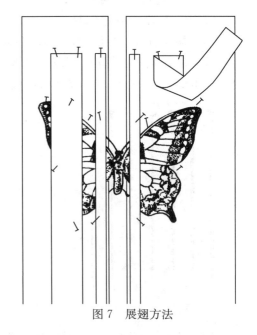

图7　展翅方法

3. 浸渍标本的制作和保存　身体柔软、微小的昆虫和少数虫态（幼虫、蛹、卵）、螨类可用保存液浸泡后，装于标本瓶内保存。

常用的保存液配方如下：

（1）酒精液。常用酒精液浓度为75%。小型和体壁较软的虫体可先在低浓度酒精中浸泡后，再用75%酒精液保存以免虫体变硬。也可在75%酒精液中加入0.5%~1%的甘油，可使虫体体壁长时间保持柔软。

（2）福尔马林液。福尔马林（含甲醛40%）1份：水17~19份。保存昆虫标本效果较好，但会略使标本膨胀，并有刺激性的气味。

（3）绿色幼虫标本保存液。硫酸铜10g，溶于100mL水中，煮沸后停火，并立即投入绿色幼虫，刚投入时有褪色现象，待一段时间绿色恢复后可取出，用清水洗净，浸于5%福尔马林液中保存。

（4）红色幼虫浸渍液。用硼砂2g，50%酒精100mL混合后浸渍红色饥饿幼虫。

（5）黄色幼虫浸渍液。用无水酒精6mL，三氯甲烷3mL，冰醋酸1mL。先将黄色昆虫在此混合液中浸渍24h，然后移入70%酒精中保存。

4. 昆虫生活史标本的制作　将前面用各种方法制成的标本，按照昆虫的发育顺序，即卵、幼虫（若虫）的各龄、蛹、成虫的雌虫和雄虫及成虫和幼虫（若虫）的为害状，安放在一个标本盒内，在标本盒的左下角放置标签即可（图8）。

图8　生活史标本盒

**（三）昆虫标本的保存**

昆虫标本是园艺植物病虫害防治课程的研究对象和参考资料，必须妥善保存。保存标本，主要是防蛀、防鼠、避光、防尘、防潮和防霉。

1. 针插标本的保存　针插的昆虫标本，必须放在有盖的标本盒内。盒有木质和纸质的两种，规格也多样，盒底铺有软木板或泡沫塑料板，适于插针；盒盖与盒底可以分开，用于展示的标本盒盖可以嵌玻璃，长期保存的标本盒盖最好不要透光，以免标本出现褪色现象。

标本在标本盒中应分类排列，如天蛾、粉蝶、叶甲等。鉴定过的标本应插好学名标签，在盒内的四角还要放置樟脑球以防虫蛀，樟脑球用大头针固定。然后将标本盒放入关闭严密的标本橱内，定期检查，发现蛀虫及时用敌敌畏进行熏杀。

2. 浸渍标本的保存　盛装浸渍标本的器皿，盖和塞一定要封严，以防保存液蒸发；或者用石蜡封口，在浸渍液表面加一薄层液体石蜡，也可起到密封的作用，后将浸渍标本放入专用的标本橱内。

**【实训作业】**

采集、识别当地10个目的昆虫，并按教师指定要求制作一定数量的针插标本和浸渍标本，并写好主要标本的标签和详细采集记载。

**【成绩评定标准】**

成绩根据实验态度、操作过程、实验报告等方面综合评定。评定等级分为优秀（90~100分）、良好（80~89分）、及格（60~79分）、不及格（小于60分）。

| 评定项目（所占分值） | 评定内容和环节 | 评定标准 | 备注 |
| --- | --- | --- | --- |
| 实训态度（10%） | 积极、认真 | 主动、仔细地进行和完成实训内容 | |
| 操作过程（50%） | 实训工具的准备<br>标本的采集过程<br>标本的制作过程 | ①能正确选择方法采集昆虫标本<br>②能熟练地完成昆虫标本采集、制作和保存的各个步骤 | |
| 实训报告（40%） | 实训报告质量 | ①目的明确，按时完成报告<br>②表述正确<br>③上交的标本符合规定要求 | |

# 实训三　园艺植物病虫害田间调查与统计

**【目的要求】**

了解园艺植物病虫害田间调查统计的重要性，掌握病虫害田间调查与统计的方法。

**【材料与用具】**

皮尺、记录本、铅笔、计算器、扩大镜及标本采集用具等。

**【内容及步骤】**

## （一）病虫害田间调查

1. 调查内容

（1）发生和为害情况调查。为了了解一个地区在一定时间内的病虫发生及为害情况，一般可分为一般调查和重点调查。一般调查主要了解一个地区的病虫种类、发生期与发生量及为害程度等，病虫害的调查以田间调查为主，根据调查的目的，选适当的调查时间。了解病虫害基本情况，多在病虫盛发期进行，比较容易正确反映病虫发生情况和获得有关发病因素的对比资料。对于重点病虫的专题研究和预测预报等，则应根据需要分期进行，必要时还应定点调查。重点调查病虫害的始发期、盛发期及盛发末期及数量消长规律等。除了调查其发生时间和数量、为害程度外，还需调查该病、虫的生活习性，发生规律和寄主范围等。

（2）病虫及天敌发生规律的调查。调查某种重要病害或新发生的病虫害和天敌的寄主范围、发生世代、病虫越冬场所、越冬基数、越冬虫态、病原越冬方式等主要习性及不同生态条件下的数量变化情况。

（3）防治效果调查。施药前与施药后病虫发生程度和密度的对比调查；施药区与对照区的发生程度对比及不同防治措施、时间、次数的对比调查等。

2. 调查方法

（1）病虫害的田间分布类型。不同的病虫害在田间的分布形式不同。通常有3种分布类型，即随机分布型、核心分布型和嵌纹分布型。

（2）调查取样方法。取样方法有多种，可根据病虫在田间的分布不同而采取不同的取样方法。无论采用何种取样，总的原则是最大限度的缩小误差。常用的取样方法有五点取样、棋盘式取样、对角线取样、平行线取样和Z形取样。

（3）取样单位。取样单位因病虫种类、分布方式和植物品种不同而异。常用长度单位

(m)，适用于调查地下害虫和密集植物或植物苗期病虫害；面积单位（$m^2$）运用于调查地下害虫和密集植物或植物苗期病虫害；重量单位（kg），多用于调查种子中的病虫害；植株和部分器官为单位，适用于调查全株或茎、叶、果等部位上的虫害；网补为单位，即以一定大小口径捕虫网的扫捕次数为单位，多用于调查虫体小而活动性大的害虫；此外还有以重量，体积为单位。

### （二）调查资料的计算及整理

调查中所获得的数据必须进行整理，才能简明准确地反映客观实际情况，便于分析比较。常用的统计方法有：

1. 被害率　反应病虫发生或危害的普通程度。

$$被害率 = \frac{有虫（或发病）样本数}{调查样本总数} \times 100\%$$

2. 虫口密度　表示一个单位内的虫口数量，常用百株密度或 $m^2$ 虫口密度表示。

$$百株虫数 = \frac{调查所得总虫数}{调查总株数} \times 100\%$$

3. 病情指数　在植物局部被害的情况下，各受害单位的受害程度是不同的。用发病率表示不了受害程度，需按被害的严重程度分级（见附表1、2、3、4），再以病情指数表示。

$$病情指数 = \frac{\sum[各级病叶（株）数 \times 发病级别]}{调查总叶（株）数 \times 分析标准最高级别} \times 100$$

4. 损失估计　大部分病虫的被害率与损失率不一致。病虫所造成的损失应以生产水平相同的受害田与未受害田的产量或经济产量对比来计算。

$$损失率 = \frac{未受害区产量（产值） - 受害区产量（产值）}{未受害区产量（产值）} \times 100\%$$

**【实训作业】**

1. 根据什么来确定田间调查取样方法？
2. 选取当地1～2种园艺植物病虫害进行调查，计算发病率及病情指数或虫口密度后并计算损失率。

**【成绩评定标准】**

成绩根据实验态度、操作过程、实验报告等方面综合评定。评定等级分为优秀（90～100分）、良好（80～89分）、及格（60～79分）、不及格（小于60分）。

| 评定项目（所占分值） | 评定内容和环节 | 评定标准 | 备注 |
| --- | --- | --- | --- |
| 实训态度（10%） | 积极、认真 | 主动、仔细地进行和完成实训内容 | |
| 操作过程（50%） | 调查前期工作的准备 整个调查工作的进行 | ①能根据植物品种及病虫害种类正确选择调查方法 ②能熟练地完成调查资料记录和整理 | |
| 实训报告（40%） | 实训报告质量 | ①目的明确，按时完成报告 ②表述正确 ③数据详实 | |

**实附表 1　叶部病害的分级标准**

| 病级 | 病情 | 代表数值 |
| --- | --- | --- |
| 1 | 叶片上无病斑 | 0 |
| 2 | 叶片上有个别病斑 | 1 |
| 3 | 病斑面积占叶面积 1/3 以下 | 2 |
| 4 | 病斑面积占叶面积 1/3～1/2 | 3 |
| 5 | 病斑面积占叶面积 2/3 以上或叶柄有病斑 | 4 |

**实附表 2　黄瓜霜霉病分级标准**

| 病级 | 病情 | 代表数值 |
| --- | --- | --- |
| 1 | 叶片上无病斑 | 0 |
| 2 | 单位面积（9cm$^2$）中少于 2 个病斑 | 1 |
| 3 | 单位面积（9cm$^2$）中 2～4 个病斑 | 2 |
| 4 | 单位面积（9cm$^2$）中 5～9 个病斑 | 3 |
| 5 | 单位面积（9cm$^2$）中 10 个以上病斑 | 4 |

**实附表 3　果实病害分级标准**

| 病级 | 病情 | 代表数值 |
| --- | --- | --- |
| 1 | 果面无病斑 | 0 |
| 2 | 果面上有个别病斑 | 1 |
| 3 | 病斑面积占果面面积 1/4 以下 | 2 |
| 4 | 病斑面积占果面面积 1/4～1/3 | 3 |
| 5 | 病斑面积占果面面积 1/3 以上 | 4 |

**实附表 4　枝干病害分级标准（苹果树腐烂病）**

| 病级 | 病情 | 代表数值 |
| --- | --- | --- |
| 1 | 枝干无病 | 0 |
| 2 | 树体有几个小病斑或 1～2 个较大病斑（15cm 左右），枝干齐全对树势无明显影响 | 1 |
| 3 | 树体有多块病斑或在粗大枝干部位有 3～4 个较大病斑，枝干基本齐全，对树势有些影响 | 2 |
| 4 | 树体病斑较多或粗大枝干部位有几个大病斑（20cm 以上）已锯除 1～2 个主枝或中心枝，树势及产量已受到明显影响 | 3 |
| 5 | 树体遍布病斑或粗大枝干病斑很大或很多大枝干残缺不全，树势极度衰弱，以至枯死 | 4 |

# 实训四　病原物的分离与培养

【目的要求】

了解培养基的配制原理，掌握培养基的制备方法；了解分离与纯化微生物的基本原理及方法；掌握组织分离、稀释分离的基本操作技术；掌握在平板、斜面培养基上培养病原菌及观察其培养性状的方法。

【材料与用具】

病害材料（柑橘炭疽病、黄瓜灰霉病、番茄灰霉病、黄瓜细菌性角斑病、白菜软腐病等）、马铃薯、葡萄糖、牛肉膏、蛋白胨、琼脂、1mol/L NaOH、1mol/L HCl、高压蒸汽灭菌锅、pH试纸、试管、铝锅、搅拌棒、可调式电炉、三角瓶、烧杯、漏斗、量筒、培养皿、纱布、棉花、天平、超净工作台、培养箱、吸管、吸水纸、三角玻璃棒、剪刀、解剖刀、镊子、接种针、接种环、70%酒精、0.1%升汞、酒精灯、火柴、记号笔、橡皮筋套等。

【内容及步骤】

病原物的分离与培养的步骤包括：玻璃器皿的灭菌和消毒；制作培养基；病原菌的分离；病原菌的培养。

(一) 玻璃器皿的灭菌和消毒

1. 玻璃器皿的洗涤和包装

(1) 玻璃器皿在使用前必须洗涤干净。培养皿、试管等可用洗衣粉加去污粉洗刷并用自来水冲净。洗刷干净的玻璃器皿自然晾干后或放入烘箱中烘干备用。

(2) 包装。

①试管和三角瓶等的包装。用棉塞或泡沫塑料塞将试管管口和锥形瓶瓶口部塞住，然后在棉塞与管口和瓶口的外面用两层报纸与细线（或用铝箔）包扎好待灭菌。

②培养皿的包装。培养皿由一底一盖组成一套，用牛皮纸或报纸将每套培养皿包好待灭菌。

2. 干热灭菌　干热灭菌是利用高温使微生物细胞内的蛋白质凝固变性而达到灭菌的目的。干热灭菌有火焰烧灼灭菌和热空气灭菌两种。火焰烧灼灭菌适用于接种环、接种针和金属用具如镊子等，无菌操作时的试管口和瓶口也在火焰上作短暂烧灼灭菌。热空气灭菌是在烘箱内利用高温干燥空气（160～170℃）进行灭菌，时间长1～2h。此法适用于玻璃器皿如试管、培养皿等的灭菌。通常所说的干热灭菌就是指热空气灭菌。

附烘箱干热灭菌操作步骤

(1) 装入待灭菌物品。预先将各种器皿用纸包好后放入烘箱中。

提示：物品不要摆得太挤，以免妨碍空气流通。

(2) 升温。关好电烘箱门，打开电源开关，旋动恒温调节器至所需温度刻度（160～170℃），此时烘箱红灯亮，表明烘箱已开始加热。当温度上升至所设定温度后，则烘箱绿灯亮，表示已停止加温。

提示：温度不能超过170℃，否则包器皿的纸会烧焦，甚至引起燃烧。

(3) 恒温。当温度升到所需温度后，维持此温度2h。

(4) 降温。切断电源，自然降温。

提示：刚切断电源时烘箱内温度仍然为160℃左右，切勿立即自行打开箱门以免骤然降温导致玻璃器皿炸裂产生危险。

(5) 取出灭菌物品。待电烘箱内温度降到50℃左右，才能打开箱门，取出灭菌物品。

提示：灭菌好的器皿应保存好，切勿弄破包装纸，否则会染菌。

3. 湿热灭菌。湿热灭菌就是将物品放在密闭的高压蒸汽灭菌锅内，0.1MPa，121℃保持15～30min进行灭菌。时间的长短可根据灭菌物品种类和数量的不同而有所变化，以达到彻底灭菌。这种灭菌适用于培养基、工作服、橡皮物品等，也可用于玻璃器皿的灭菌。

附高压锅湿热灭菌操作步骤：

(1) 加水。将内层锅取出，向外层锅内加入适量的水，使水面与三角搁架相平为宜。

(2) 装入待灭菌物品。放回内层锅，并装入待灭菌物品。

提示：注意不要装得太挤，以免妨碍蒸汽流通而影响灭菌效果。

(3) 加盖。对称方式旋紧相对的两个螺栓，使螺栓松紧一致，勿使漏气。

(4) 加热。一定时候水沸腾后排除锅内的冷空气，待冷空气完全排尽后，关上排气阀，让锅内的温度随蒸汽压力增加而逐渐上升。当锅内压力升到所需压力时，调节电炉控温旋钮，维持压力至所需时间。本实验用 MPa，121.5℃，20min 灭菌。

(5) 取出灭菌物品。灭菌所需时间到后，切断电源，让灭菌锅内温度自然下降，当压力表的压力降至"0"后，打开排气阀，旋松螺栓，打开盖子，取出灭菌物品。

提示：将取出的灭菌培养基放入 25℃ 温箱培养 48h，经检查若无杂菌生长，即可待用。

### (二) 培养基的制作

1. 马铃薯葡萄糖培养基（真菌基础培养基）的制作　马铃薯葡萄糖培养基配方：马铃薯（去皮）200g、葡萄糖 20g、琼脂 15～20g、蒸馏水 1 000mL，自然 pH。

(1) 称量。称量去皮马铃薯 200g，葡萄糖 20g，琼脂 15～20g。

提示：琼脂加入的量取决于琼脂的质量，质量好的 15g 即可，质量差的应适当增加用量。另外，在夏天气温较高时，适当增加用量。

(2) 将马铃薯切成小块，放入锅中，加水 1 000mL，煮沸 30min。用纱布滤去残渣。

(3) 将马铃薯滤液放回锅中，加入琼脂，加热熔化。

提示：在琼脂熔化的过程中，需要用玻璃棒不断搅拌，并控制火力不要使培养基溢出或烧焦。

(4) 加入葡萄糖。葡萄糖溶解后，加入适量的水以补充加热过程中损失的水分，定容至 1 000mL。

提示：通常在制作培养基的锅内用红蓝铅笔标记出不同体积的刻度，如 1 000mL、2 000mL 等，在定容时直接将水加至已标记的刻度即可。

(5) 分装。根据不同实验目的，将配制的培养基分装于试管内或三角瓶内。分装试管，其量为管高的 1/5，灭菌后制成斜面。分装三角瓶的容量以不超过三角瓶容积之一半为宜。

(6) 加塞。在管口或瓶口塞上棉塞。棉塞要用未脱脂的经弹松的棉花，棉塞可过滤空气，防止杂菌侵入并可减缓培养基水分的蒸发，在植物病理学研究工作中普遍使用。

正确的棉塞是形状、松紧与管口或瓶口完全适合，过紧时妨碍空气流通，操作不便；过松则达不到滤菌的目的，且棉塞过小往往容易掉进试管内。正确的棉塞头较大，约有 1/3 在外，2/3 在试管内。分装过程中注意不要使培养基沾染在管（瓶）口上以免浸湿棉塞，引起污染。

(7) 包扎。加塞后，将试管用线绳捆好，再在棉塞外包一层牛皮纸，防止灭菌时冷凝水润湿棉塞，其外再用一道线绳扎好。用记号笔注明培养基名称、配制日期、组别、制作人等。

(8) 灭菌。将上述培养基以 0.1MPa，121℃，高压蒸气灭菌 20min。

(9) 搁置斜面。将灭菌的试管培养基竖置冷至 50℃ 左右（以防斜面上冷凝水太多），将试管口端搁在玻棒或其他合适高度的器具上，搁置的斜面长度以不超过试管总长的一半为宜。

(10) 无菌检查。培养基经灭菌后，必须放在 37℃ 温箱培养 24h，无菌生长者方可使用。

2. 牛肉膏蛋白胨培养基（细菌基础培养基）的制作　牛肉膏蛋白胨培养基的配方：牛

肉膏3g，蛋白胨10g，氯化钠5g，琼脂15～20g，水1 000mL，pH7.4～7.6。

（1）称量和溶解。药品实际用量计算后，按培养基配方逐一称取牛肉膏、蛋白胨等营养成分依次放入烧杯中。牛肉膏可放在小烧杯或表面皿中称量，用热水溶解后倒入大烧杯；也可放在称量纸上称量，随后放入热水中，牛肉膏便与称量纸分离，立即取出纸片。蛋白胨极易吸潮，故称量时要迅速。

（2）加热溶解。在烧杯中加入少于所需要的水量，然后放在石棉网上，小火加热，并用玻棒搅拌，待药品完全溶解后再补充水分至所需量。若配制固体培养基，则将称好的琼脂放入已溶解的药品中，再加热溶解，此过程中，需不断搅拌，以防琼脂糊底或溢出，最后补充所失的水分。

（3）调pH。检测培养基的pH，若pH偏酸，可滴加1mol/L NaOH，边加边搅拌，并随时用pH试纸检测，直至达到所需pH范围。若偏碱，则用1mol/L HCl进行调节。应注意pH不要调过头，以免回调而影响培养基内各离子的浓度。

（4）过滤。液化培养基可用滤纸过滤，固体培养基可用4层纱布趁热过滤，去除杂质便于观察。但是供一般使用的培养基，可省略过滤步骤。

（5）分装。按实验要求，将配制的培养基分装入试管或三角瓶内。分装时可用三角漏斗以免使培养基沾在管口或瓶口上造成污染。

提示分装量：固体培养基约为试管高度的1/5，灭菌后制成斜面，分装入三角瓶内以不超过其容积的一半为宜；半固体培养基以试管高度的1/3为宜，灭菌后垂直待凝。

（6）加棉塞。培养基分装完毕后，在试管口或三角烧瓶口上塞上棉塞（或泡沫塑料塞或试管帽等），以阻止外界微生物进入培养基内造成污染，并保证有良好的通气性能。

（7）包扎。加塞后，将全部试管用麻绳或橡皮筋捆好，再在棉塞外包一层牛皮纸（有条件的实验室，可用市售的铝箔代替牛皮纸，省去用绳扎，而且效果好），以防止灭菌时冷凝水润湿棉塞，其外再用一道麻绳或橡皮筋扎好，用记号笔注明培养基名称、组别、配制日期。

（8）灭菌。将上述培养基以0.1MPa，121℃，20min高压蒸汽灭菌。

（9）搁置斜面。将灭菌的试管培养基冷至50℃左右（以防斜面上冷凝水太多），将试管口端搁在玻棒或其他合适高度的器具上，搁置的斜面长度以不超过试管总长的一半为宜。

（10）无菌检查。将灭菌培养后的培养基放入37℃的恒温箱中培养24～48h，以检查灭菌是否彻底。

### （三）病原菌的分离培养和纯化

1. 病原真菌的分离（组织分离法）

（1）取灭菌培养皿1个，置于湿纱布上，在皿盖上用玻璃铅笔注明分离日期、材料和分离人的姓名。

提示：工作前将所需的物品都放在超净工作台内；操作前用肥皂洗手，操作时还需用70%酒精擦拭双手；无菌操作时，呼吸要轻，不要说话。

（2）用无菌操作法向培养皿中加入25%乳酸1～2滴（可减少细菌污染），然后将融化而冷至60℃左右的马铃薯葡萄糖琼脂培养基倒入培养皿中，每皿倒10～15mL，轻轻摇动使之成平面。凝固后即成平板培养基。

（3）取真菌叶斑病的新鲜病叶（或其他分离材料），选择典型的单个病斑。用剪刀或解剖刀从病斑边缘（病健交界处，）切取小块（每边长 3～4mm）病组织数块。

提示：选择新患病的组织作为分离的材料，可以减少腐生菌混入的机会。腐生菌一般在发病很久而已经枯死或腐败的部分滋生，因此，一般斑点病害应在临近健康组织的部分分离。

（4）将病组织放入 70％酒精中浸 3～5s 后，按无菌操作法将病组织移入 0.1％升汞液中分别表面消毒 0.5、1、2、3、5min，如植物组织柔嫩，则表面消毒时间宜短；反之则可长些。然后放入灭菌水中连续漂洗 3 次，除去残留的消毒剂。

提示：先用 70％的酒精浸 2～3s 是为了消除寄主表面的气泡，减少表面张力，处理的时间较短。升汞溶液消毒的时间因材料而异，可自 30s 至 30min 不等，一般情况下，需时间 3～5min。

（5）用无菌操作法将病组织移至平板培养基上，每皿内放 4～6 块。

提示：在将病组织小块移放到平板表面之前，应将其在无菌吸水纸上吸去多余的水，以大大减少病组织附近出现细菌污染。

（6）将培养皿倒置放入 25℃左右恒温箱内培养。一般 3～4d 后观察待分离菌生长结果。

（7）若病组织小块上均长出较为一致的菌落，则多半为要分离的病原菌。在无菌条件下，用接种针自菌落边缘挑取小块移入斜面培养基上，在 25℃左右恒温箱内培养，数日后，观察菌落生长情况，如无杂菌生长即得该分离病菌纯菌种，便可置于冰箱中保存。

提示：除根据菌落的一致性初步确定长出的菌落是否目标菌外，还要在显微镜下检查，进一步确定。如果是对未知病原菌的组织分离，则要将长出的菌落分别转出，通过进一步的接种实验明确哪一种为其病原菌。

在组织分离工作中，如果植物材料体积较大且较软（如患灰霉病的番茄果实），在分离过程中可直接挖取内部患病组织移入平板培养基上，完成分离工作。

2. 病原细菌的分离（稀释分离法）

（1）取灭菌培养皿 3 个，平放在湿纱布上，编号，并注明日期、分离材料及分离人姓名。

（2）用灭菌吸管吸取灭菌水，在每一皿中分别注入 0.5～1.0mL。

（3）用移植环蘸一滴孢子悬浮液，与第一个培养皿中的灭菌水混合，再从第一个培养皿移三环到第二个培养皿中，混合后再移三环到第三个培养皿中。

（4）将熔化并冷却到 45～50℃的培养基，分别倒在 3 个培养皿中（为防止细菌污染，也可以向每个培养皿中事先加入 1～2 滴 25％乳酸），摇匀，凝固，要使培养基与稀释的菌液充分混匀。

提示：倒平板时的培养基温度一定要掌握好，过热易将病原菌烫死而使分离失败，过冷则倒入培养皿中后难以形成平板，不利于分离。

（5）将培养皿翻转后置恒温箱（25℃）中培养，数日后观察菌落生长情况。

（6）挑菌。将培养后长出较为整齐一致的单个菌落分别挑取，接种到斜面培养基上，置 25℃左右培养。待菌长出后，检查菌是否单纯，若有其他菌混杂，就要再一次进行分离纯化，直到获得纯培养。

（四）真菌、细菌培养性状

1. 真菌培养性状观察　取已分离纯化的某种真菌菌种；按前述稀释分离法中（1）～

(5) 步骤进行，待某培养皿中形成单个菌落后观察。记载以下内容：菌落颜色、菌丛密集及繁茂程度、是否有色素分泌出来而渗透到培养基中、菌落生长速度快慢等。同时要记载培养基种类（成分及 pH）和培养温度、光照条件。

2. 细菌培养性状观察

(1) 仿照上述真菌菌落形成步骤，观察记载以下内容：菌落颜色、菌落边缘形状、菌落表面是光亮还是粗糙或有皱折、菌落隆起情况、是否有色素分泌到培养基中、菌落生长速度快慢、是否有特殊气味形成等，同时要记载培养基种类（成分及 pH）和培养温度、光照条件。

(2) 用接种铒（环）蘸细菌菌种后，通过无菌操作在牛肉膏蛋白胨等斜面培养基表面从下向上划一直线，过 2～3d 后长出的细菌群体称为菌苔。可仿照观察记载细菌菌落的记载内容，记载菌苔颜色、边缘形状、表面是光亮还是粗糙有皱折、隆起情况、是否有色素分泌到培养基中、是否有特殊气味生成、生长速度快慢等，也要记载培养基种类（成分及 pH）和培养温度、光照条件。

(3) 用接种铒（环）蘸取细菌菌种后，通过无菌操作，将其接种在某种液体培养基中，数日后观察记载培养基中是否变混浊，是否有色素、气体、沉淀生成，培养液表面是否可生成菌膜等，也要记载培养基种类（成分及 pH）和培养温度、光照条件。

【实训作业】

1. 培养基配制完成后，为什么必须立即灭菌？已灭菌的培养基如何进行灭菌检查？
2. 高压蒸汽灭菌中为什么要排净冷空气？为什么在灭菌后不能骤然快速降压，而应在放尽锅内的蒸汽后才能打开锅盖？
3. 选 1～2 种病害材料进行组织分离培养，根据所获结果总结操作中的体会。
4. 上交分离的病原真菌、细菌菌种。

【成绩评定标准】

成绩根据实验态度、操作过程、实验报告等方面综合评定。评定等级分为优秀（90～100分）、良好（80～89分）、及格（60～79分）、不及格（小于60分）。

| 评定项目（所占分值） | 评定内容和环节 | 评定标准 | 备注 |
| --- | --- | --- | --- |
| 实训态度（10%） | 积极、认真 | 主动、仔细地进行和完成实训内容 | |
| 操作过程（50%） | 灭菌与消毒<br>培养基的制作<br>病原物的分离<br>病原物的培养 | ①能正确进行消毒和灭菌的操作<br>②能熟练地完成培养基的制作<br>③能熟练地进行病原物的分离和培养各个步骤 | |
| 实训报告（40%） | 实训报告质量 | ①目的明确，按时完成报告<br>②表述正确，详实<br>③上交材料达到规定要求 | |

# 实训五　园艺植物病虫害综合治理方案的制订

【目的要求】

通过学习和制订园艺植物病虫害综合治理方案，进一步了解病虫害综合治理的基本内容；掌握当地主要园艺植物病虫害的综合治理方案的方法，能结合实际撰写出技术水平较高的方案，并会实施或指导实施。进一步熟悉当地各种病虫害防治措施及当地园艺植物病虫害的发生发展规律、自然条件和生产条件。

【材料与用具】

当地气象资料、栽培品种介绍、栽培技术措施方案和病虫害种类及分布情况等资料。

【内容及步骤】

1. 资料整理　资料整理包括调查资料、查阅文献资料、田间试验资料等。

（1）调查当地园艺病虫害发生种类及为害情况。

（2）调查或查阅文献得出病虫害侵入途径。

（3）调查当地园艺植物种植情况，包括园艺植物配置、园艺植物种类、同一植物不同品种等。

（4）调查当地园艺植物感病情况。

（5）调查当地栽培技术对病虫害发生消长变化的影响。

（6）调查了解近几年病虫害预测预报资料。

（7）调查了解当地对病虫害的防治情况。

2. 确定防治对象　根据调查资料确定防治对象。当前综合治理类型大体上有三种：一是以一种病虫为对象；二是以一种植物整个生育期的所有病虫为对象；三是以某一区域为对象。

3. 制定防治标准　由于各地情况不同，对园艺植物和综合治理要求不同，则防治标准也不同。如对圃地等的园艺植物的病虫害防治偏重于经济效益兼顾生态效益等；而处于城市、街道、公园等地的园艺植物，以生态效益及绿化观赏效益为目的，其病虫害的防治不可单纯为了经济效益而忽略了病虫的防治。

4. 制定防治计划

（1）制定防治方法。贯彻以"预防为主、综合防治"的植保方针，根据病虫活动规律、侵入特点、植物栽培管理技术以及植物各发育阶段的病虫发生情况和防治标准等，采取植物检疫、园艺栽培技术等措施预防病虫害的发生，在病虫严重时采取化学防治等措施。要根据病虫轻重缓急进行考虑，明确关键时期的主攻对象，系统并有侧重地安排防治措施。初步构成一个因地制宜的防治系统。

（2）制定防治时间。根据病虫害预测预报，针对植物主要受害的敏感期及防治指标，掌握有利时机，及时进行防治。

（3）建立机构，组织力量。对病虫害防治工作，特别是大型的灭虫、治病活动应建立机构。说明需要的劳动力数量和来源，便于组织力量。

（4）准备防治物资。事先准备好防治器械、药剂品种等，以免影响防治工作。

（5）技术培训，按计划实施防治措施。对参加防治人员进行防治技术培训，确保每种防治措施的正确应用，保证防治效果。

（6）做出预算，拟定经费计划。

5. 园艺植物综合治理方案的基本内容

（1）标题。×××综合治理方案。

（2）单位。略。

（3）前言。根据方案类型概述本地区、园艺植物、病虫害的基本情况。

（4）正文包括：

①基本生产条件。气候条件分析、土壤肥力、施肥、灌溉等基本生产条件。

②主要栽培技术措施。园艺植物品种特性、肥料使用计划、灌溉量及次数、田间管理、主要技术措施指标等。

③发生的主要病虫害种类及天敌控制情况分析。

④综合治理措施。根据当地具体情况，依据园艺植物及主要病虫害发生的特点统筹考虑，确定各种防治方法的整合。

在正文中，要以综合治理防治措施为重点，按照指定综合治理防治方案的原则和要求具体撰写。

**【实训作业】**

结合当地情况对某一种虫害或病害做出综合治理方案。

**【成绩评定标准】**

成绩根据实验态度、操作过程、实验报告等方面综合评定。评定等级分为优秀（90～100分）、良好（80～89分）、及格（60～79分）、不及格（小于60分）。

| 评定项目（所占分值） | 评定内容和环节 | 评定标准 | 备注 |
| --- | --- | --- | --- |
| 实训态度（10%） | 积极、认真 | 主动、仔细地进行和完成实训内容 | |
| 操作过程（50%） | 资料的查看<br>资料的整理<br>现场的调查 | ①能通过资料的查阅进行情况的汇总和分析<br>②能根据某种病虫害合理协调各种防治措施 | |
| 实训报告（40%） | 实训报告质量 | ①目的明确，按时完成报告<br>②表述正确，详实，规范 | |

# 主要参考文献

《常用农药使用手册》编委会.2006.常用农药使用手册［M］.成都：四川科学技术出版社.
北京农业大学.1999.昆虫学通论［M］.北京：中国农业出版社.
蔡平，祝树德.2003.园林植物昆虫学［M］.北京：中国农业出版社.
蔡祝南，张中义，丁梦然，等.2003.（彩图）花卉病虫害防治大全［M］.北京：中国农业出版社.
曹若彬.1996.果树病理学［M］.北京：中国农业出版社.
陈岭伟.2002.园林植物病虫害防治［M］.北京：高等教育出版社.
费显伟.2005.园艺植物病虫害防治［M］.北京：高等教育出版社.
费显伟.2005.园艺植物病虫害防治实训［M］.北京：高等教育出版社.
韩召军，杜相革，徐志宏.2001.园艺昆虫学［M］.北京：中国农业大学出版社.
韩召军.2001.园艺昆虫学［M］.北京：中国农业大学出版社.
华南农业大学.2010.普通昆虫学［M］.北京：中国农业出版社.
华中农业大学.1986.蔬菜病理学［M］.北京：农业出版社.
黄少彬.2006.园林植物病虫害防治［M］.北京：高等教育出版社.
金波.1994.花卉病虫害防治［M］.北京：中国农业出版社.
林焕章，张能唐.1999.花卉病虫害防治手册［M］.北京：中国农业出版社.
刘承焕，王继煌.2010.园林植物病虫害防治技术［M］.北京：中国农业出版社.
刘树生.2000.害虫综合治理面临的机遇、挑战和对策［J］.植物保护，26（4）：35-38.
吕佩珂.2001.中国花卉病虫原色图鉴［M］.北京：蓝天出版社.
马飞.2001.害虫预测预报研究进展［J］.安徽农业大学学报，38（1）：92-96.
农业部农药检定所.1989.新编农药手册［M］.北京：农业出版社.
农业部农药检定所.1998.新编农药手册（续集）［M］.北京：中国农业出版社.
农业部药检所.1989.新编农药手册［M］.北京：农业出版社.
上海市园林学校.1990.园林植物保护学［M］.北京：中国林业出版社.
沈阳农学院.1969.蔬菜昆虫学［M］.北京：农业出版社.
孙耀良.1986.园林花木病虫害及其防治［M］.长沙：湖南科学技术出版社.
王瑞灿.1984.园林植物病虫害［M］.北京.中国林业出版社.
王善龙.2001.园林植物病虫害防治［M］.北京：中国农业出版社.
王险峰.2000.进口农药应用手册［M］.北京：中国农业出版社.
吴福祯.1990.中国农业百科全书（昆虫卷）［M］.北京：中国农业出版社.
吴文君.2000.农药学原理［M］.北京：中国农业出版社.
吴雪芬.2009.园艺植物病虫害防治技术［M］.苏州：苏州大学出版社.
徐明慧.1993.园林植物病虫害防治［M］.北京：中国林业出版社.
袁锋.1996.昆虫分类学［M］.北京：中国农业出版社.
张随榜.2001.园林植物保护［M］.北京：中国农业出版社.
张孝羲.1985.昆虫生态及预测预报［M］.北京：农业出版社.
张孝羲，周立阳.1995.害虫预测预报的理论基础［J］.昆虫知识，32（1）：55-60.
张中社，江世宏.2005.园林植物病虫害防治［M］.北京：高等教育出版社.
赵怀谦，赵宏儒，杨志华.1994.园林植物病虫害防治手册［M］.北京.中国农业出版社.

赵善欢.2000.植物化学保护[M].第3版.北京：中国农业出版社.
郑乐怡，归鸿.1999.昆虫分类学[M].南京：南京师范大学出版社.
网站：
http：//www.hzau.edu.cn
http：//www.ipmchina.net
http：//www.cau.cn/mpp
http：//www.sdagri.com
http：//www.ccain.hzau.edu.cn

图书在版编目（CIP）数据

园艺植物病虫害防治/吴雪芬主编．—北京：中国农业出版社，2013.3（2024.8重印）
中等职业教育农业部规划教材
ISBN 978-7-109-17540-2

Ⅰ.①园… Ⅱ.①吴… Ⅲ.①园林植物－病虫害防治－中等专业学校－教材 Ⅳ.①S436.8

中国版本图书馆CIP数据核字（2012）第316753号

中国农业出版社出版
（北京市朝阳区农展馆北路2号）
（邮政编码 100125）
策划编辑 吴 凯 钟海梅
文字编辑 浮双双

北京通州皇家印刷厂印刷 新华书店北京发行所发行
2013年3月第1版 2024年8月北京第3次印刷

开本：787mm×1092mm 1/16 印张：23.25
字数：560千字
定价：40.00元
（凡本版图书出现印刷、装订错误，请向出版社发行部调换）